高职高专系列教材

化工分离过程与案例

（第二版）

魏　刚　编著

U0264276

中国石化出版社

内 容 提 要

　　全书共分为十个学习项目，从分离过程的共性和特性出发，按照从基础到理论再到实践的认知规律，详细介绍了平衡分离基础、闪蒸分离过程、多组分普通精馏技术、特殊精馏技术、多组分吸收和解吸过程、吸附与解吸过程、结晶分离过程、膜分离技术等内容。各学习项目通过案例引导课程学习，均附有习题与练习，以利于对本书内容的理解和运用。本书针对学习者不同的学习要求和学习基础，将每个学习项目划分为基本任务、任务解析、能力提升三个难度依次递增的学习进阶，可以供不同的学习者对"化工分离过程"作认识、学习、研究和提高。就常用的分离过程而言，本书具有较高的针对性和应用性，内容丰富，循序渐进，既有对分离过程常识的普及，又有对分离过程的剖析，还着手对复杂的分离问题提出解决方案。

　　本书可作为高等院校化工专业的教科书和参考书，也可作为过程设备、化工自动控制、化工安全管理等专业认识分离过程的入门教材。

图书在版编目(CIP)数据

　　化工分离过程与案例／魏刚编著. — 2版. — 北京：
中国石化出版社，2020.11(2024.2重印)
　　ISBN 978-7-5114-6008-0

　　Ⅰ.①化… Ⅱ.①魏… Ⅲ.①化工过程-分离-案例
Ⅳ.①TQ028

　　中国版本图书馆 CIP 数据核字(2020)第 199455 号

中国石化出版社出版发行
地址：北京市东城区安定门外大街 58 号
邮编：100011　电话：(010)57512500
发行部电话：(010)57512575
http://www.sinopec-press.com
E-mail：press@ sinopec.com
北京科信印刷有限公司印刷
全国各地新华书店经销
*
787×1092 毫米 16 开本 21.75 印张 519 千字
2020 年 12 月第 2 版　2024 年 2 月第 3 次印刷
定价：54.00 元

前　言

　　化工分离工程是高等工科院校化学工程与工艺专业的一门重要专业课程。这是因为几乎任何化工生产过程都离不开分离过程，绝大多数反应过程的原料和反应产物都是混合物，需要利用混合物中各组分中分子性质、热力学和传递性质的差异，通过能量分离剂和质量分离剂的加入实现分离。同时，分离工程在充分利用资源和控制环境污染方面也具有不可或缺的作用。

　　化工分离工程课程是物理化学、化工热力学及化工原理等理论课程的后续课程，主要研究化学工业和化学工程领域常见的分离过程。其主要任务是使学生掌握化工生产中常用的分离过程(如多组分闪蒸分离、多组分精馏、复杂精馏、萃取取精馏、恒沸精馏、吸收和解吸过程、吸附和脱附过程、结晶过程、膜分离过程等)的基本原理、基础知识和设计计算方法，了解分离过程的前沿技术。通过该课程的学习，培养学生分析和解决化工生产中有关分离工程问题的能力。

　　根据高职高专化工专业的培养目标和培养方向，本书以适应培养 21 世纪高水平专业技术人才的需要为宗旨。主要突出化工应用案例，并对学习内容按难易程度做了分级，使用者可以根据学习和工作需求有选择性地阅读。在总结第一版教材多年使用经验的基础上，针对学习者不同的学习要求和学习基础，第二版将每个学习项目的内容划分为"基本任务""任务解析""能力提升"三个难度依次递增的层次，供不同的学习者对"化工分离过程"认识、学习、研究和提高。如果只作认知学习，完成各项目的"基本任务"部分的学习即可；对于高职院校化工专业学生必须学习"基本任务"和"任务解析"两部分；若希望加深认识，则还需研究学习"能力提升"部分。

　　本书作者拥有多年的工作教学实践经验，阅读和参考了大量的同类文献，概括了单级平衡分离过程、多组分精馏、特殊精馏、吸收和解吸过程、吸附和脱附过程、结晶分离过程、膜分离过程的要点和石油化工生产过程的典型案例。以分离工程设计为主线，注重理论联系实际，密切结合工程实际问题，内容由浅入深、循序渐进，力求概念清晰、层次分明，便于自学。本书可作为化工类及相关专业的教材，也可供有关科研、设计及生产单位的科技人员参考。

限于作者水平，书中不足及欠妥之处在所难免，恳请使用本书的师生和读者批评指正。

目　　录

项目1　化工分离过程概述 ·················· （ 1 ）

1.1　分离过程在石油化工生产中的重要性 ·················· （ 2 ）

1.1.1　分离过程应用案例 ·················· （ 2 ）

1.1.2　分离过程在化学工业中的地位和作用 ·················· （ 3 ）

1.1.3　分离过程在清洁生产和环境保护中的重要性 ·················· （ 4 ）

1.2　分离过程的分类和特征 ·················· （ 5 ）

1.2.1　机械分离技术 ·················· （ 6 ）

1.2.2　平衡分离技术 ·················· （ 6 ）

1.2.3　速率分离技术 ·················· （ 9 ）

1.3　分离过程的耦合和集成化 ·················· （ 11 ）

1.3.1　分离方法的类型与选用的原则 ·················· （ 11 ）

1.3.2　物系分离难易的简单判定 ·················· （ 12 ）

1.3.3　分离过程集成化 ·················· （ 12 ）

项目2　平衡分离基础 ·················· （ 18 ）

2.1　相平衡常数 ·················· （ 18 ）

2.1.1　平衡分离应用案例 ·················· （ 18 ）

2.1.2　相平衡常数和分离因子 ·················· （ 19 ）

2.1.3　相平衡判据 ·················· （ 20 ）

2.2　相平衡常数的计算 ·················· （ 20 ）

2.2.1　根据实验数据计算 ·················· （ 20 ）

2.2.2　完全理想系相平衡常数的计算 ·················· （ 21 ）

2.2.3　查 $p-T-k$ 图获得相平衡常数 ·················· （ 23 ）

2.2.4　相平衡常数的经验计算式 ·················· （ 25 ）

2.3　相平衡常数的热力学基础 ·················· （ 25 ）

2.3.1　化学位（势） ·················· （ 25 ）

2.3.2　流体（包括气体和液体）的逸度和逸度系数 ·················· （ 26 ）

2.3.3　流体的活度和活度系数 ·················· （ 35 ）

2.4　非理想体系相平衡常数的计算 ·················· （ 40 ）

2.4.1　相平衡常数对称型计算式 ·················· （ 40 ）

2.4.2　相平衡常数非对称型计算式 ·················· （ 41 ）

2.4.3　Chao（赵广绪）-Seader 法计算相平衡常数 ·················· （ 45 ）

Ⅰ

项目3 工业闪蒸——单级平衡分离 ································ (51)

3.1 多组分物系的泡点和露点及计算 ································ (51)

3.1.1 泡露点技术在工业生产中的应用案例 ··················· (52)

3.1.2 多组分物系的泡点温度和压力的计算 ··················· (54)

3.1.3 露点温度和压力的计算 ··························· (60)

3.2 单级平衡分离 ······································ (61)

3.2.1 单级平衡分离案例 ······························ (61)

3.2.2 单级平衡分离(闪蒸)过程控制 ······················ (64)

3.2.3 闪蒸过程计算 ······························· (64)

3.2.4 绝热闪蒸过程 ······························· (69)

3.2.5 非绝热闪蒸过程 ····························· (74)

项目4 多组分普通精馏技术 ······························ (80)

4.1 精馏概述 ·· (80)

4.1.1 多组分精馏技术的工业应用案例 ····················· (81)

4.1.2 多组分精馏的特点和精馏方案的选择 ··················· (85)

4.1.3 精馏塔的结构 ······························· (88)

4.2 多组分精馏的过程分析 ································ (97)

4.2.1 多组分精馏的物料衡算 ··························· (98)

4.2.2 塔压的确定 ······························· (105)

4.2.3 回流比 ································· (106)

4.2.4 理论塔板数 ······························· (111)

4.2.5 非关键组分的分配 ·························· (115)

4.2.6 塔板效率和实际塔板数的确定 ····················· (117)

4.2.7 塔顶冷凝器、塔釜再沸器的选择 ···················· (119)

4.3 精馏塔的操作 ····································· (123)

4.3.1 精馏塔的开、停车 ··························· (124)

4.3.2 精馏塔运行调节 ·························· (125)

4.3.3 精馏操作中不正常现象及处理方法 ················· (127)

4.3.4 精馏过程仿真实例 ························· (128)

4.4 精馏塔简单数学模型法计算和复杂精馏塔计算 ·············· (132)

4.4.1 逐板计算法 ······························ (132)

4.4.2 多组分复杂精馏的简捷法计算案例 ················· (134)

项目5 特殊精馏技术 ······························· (155)

5.1 特殊精馏案例 ···································· (155)

5.1.1 加盐精馏案例 ······························ (155)

5.1.2 萃取精馏案例 ······························ (157)

5.1.3 共沸精馏案例 ······························ (159)

　5.1.4　反应精馏案例 ……………………………………………………（162）

　5.2　萃取精馏 ……………………………………………………………（164）

　　5.2.1　萃取精馏基础 ……………………………………………………（164）

　　5.2.2　萃取精馏流程 ……………………………………………………（165）

　　5.2.3　萃取精馏原理和萃取剂的选择 …………………………………（166）

　　5.2.4　萃取精馏过程分析 ………………………………………………（168）

　　5.2.5　多组分萃取精馏典型案例分析 …………………………………（175）

　5.3　共沸精馏 ……………………………………………………………（179）

　　5.3.1　共沸精馏基础 ……………………………………………………（179）

　　5.3.2　共沸物系的特点及工业分离方案 ………………………………（180）

　　5.3.3　共沸剂精馏塔计算 ………………………………………………（188）

项目6　多组分气体吸收和解吸过程 …………………………………（198）

　6.1　多组分气体吸收典型案例 …………………………………………（198）

　　6.1.1　吸收操作及工程目的 ……………………………………………（198）

　　6.1.2　多组分吸收和解吸技术的工业应用案例 ………………………（200）

　6.2　多组分吸收塔的结构 ………………………………………………（203）

　　6.2.1　填料塔的总体结构 ………………………………………………（203）

　　6.2.2　填料塔的附属结构 ………………………………………………（203）

　6.3　多组分吸收和解吸分析 ……………………………………………（209）

　　6.3.1　多组分吸收和解吸过程的特点 …………………………………（209）

　　6.3.2　多组分解吸过程常用的工业方法 ………………………………（211）

　6.4　多组分吸收与解吸的简捷法计算 …………………………………（212）

　　6.4.1　气液相平衡 ………………………………………………………（213）

　　6.4.2　多组分物系的物料平衡及操作线方程 …………………………（213）

　　6.4.3　吸收因子法 ………………………………………………………（214）

　6.5　化学吸收 ……………………………………………………………（222）

　　6.5.1　化学吸收类型和增强因子 ………………………………………（222）

　　6.5.2　化学吸收和解吸计算 ……………………………………………（224）

　6.6　工业吸收装置实操要点 ……………………………………………（226）

　　6.6.1　填料吸收塔的开、停车 …………………………………………（226）

　　6.6.2　吸收操作的调节 …………………………………………………（227）

　　6.6.3　吸收操作不正常现象及处理方法 ………………………………（228）

项目7　吸附分离技术 …………………………………………………（234）

　7.1　应用案例 ……………………………………………………………（234）

　　7.1.1　工业烟气中的 SO_2 的净化 ……………………………………（234）

　　7.1.2　糖液脱色 …………………………………………………………（235）

　　7.1.3　移动床从裂解气冷箱尾气中提取乙烯 …………………………（235）

    7.1.4　其他工业应用实例 ······················· (235)

  7.2　吸附分离的基本原理 ······················· (236)

    7.2.1　吸附与脱附 ······················· (236)

    7.2.2　影响吸附的因素 ······················· (238)

    7.2.3　吸附剂 ······················· (239)

  7.3　吸附过程动力学 ······················· (243)

    7.3.1　吸附平衡 ······················· (243)

    7.3.2　吸附动力学和传递过程 ······················· (245)

  7.4　吸附分离工艺 ······················· (247)

    7.4.1　固定床吸附 ······················· (247)

    7.4.2　其他吸附分离方法 ······················· (254)

  7.5　吸附过程计算 ······················· (256)

    7.5.1　搅拌槽吸附分离计算 ······················· (256)

    7.5.2　固定床吸附分离计算 ······················· (259)

项目8　离子交换技术 ······················· (270)

  8.1　离子交换原理 ······················· (270)

    8.1.1　基本概念 ······················· (270)

    8.1.2　离子交换树脂的物理结构 ······················· (271)

    8.1.3　离子交换树脂的性能参数 ······················· (273)

    8.1.4　离子交换过程原理 ······················· (276)

    8.1.5　离子交换历程和动力学 ······················· (278)

  8.2　离子交换设备和工艺 ······················· (279)

    8.2.1　离子交换设备 ······················· (279)

    8.2.2　离子交换工艺过程 ······················· (280)

    8.2.3　离子交换技术的工业应用 ······················· (284)

    8.2.4　固定床离子交换设备的设计 ······················· (285)

项目9　膜分离技术 ······················· (288)

  9.1　膜分离技术工业应用案例 ······················· (288)

  9.2　膜分离概述 ······················· (291)

    9.2.1　膜的分类 ······················· (293)

    9.2.2　膜材料 ······················· (293)

    9.2.3　膜的分离透过参数 ······················· (295)

    9.2.4　膜组件 ······················· (297)

  9.3　膜分离过程 ······················· (300)

    9.3.1　反渗透 ······················· (301)

    9.3.2　超滤与微滤 ······················· (303)

    9.3.3　电渗析 ······················· (304)

IV

  9.3.4 气体膜分离 ┄┄┄┄┄┄┄┄┄┄┄┄┄┄┄┄┄┄┄┄┄ （307）

  9.3.5 液膜分离 ┄┄┄┄┄┄┄┄┄┄┄┄┄┄┄┄┄┄┄┄┄┄ （308）

项目 10 结晶分离技术 ┄┄┄┄┄┄┄┄┄┄┄┄┄┄┄┄┄┄┄┄┄┄ （312）

 10.1 结晶的基本概念 ┄┄┄┄┄┄┄┄┄┄┄┄┄┄┄┄┄┄┄┄┄┄ （313）

  10.1.1 晶体相关知识 ┄┄┄┄┄┄┄┄┄┄┄┄┄┄┄┄┄┄┄┄ （313）

  10.1.2 结晶过程 ┄┄┄┄┄┄┄┄┄┄┄┄┄┄┄┄┄┄┄┄┄┄ （315）

 10.2 溶液结晶基础 ┄┄┄┄┄┄┄┄┄┄┄┄┄┄┄┄┄┄┄┄┄┄┄ （316）

  10.2.1 溶解度与过饱和度 ┄┄┄┄┄┄┄┄┄┄┄┄┄┄┄┄┄ （316）

  10.2.2 结晶动力学 ┄┄┄┄┄┄┄┄┄┄┄┄┄┄┄┄┄┄┄┄ （318）

 10.3 熔融结晶基础 ┄┄┄┄┄┄┄┄┄┄┄┄┄┄┄┄┄┄┄┄┄┄┄ （321）

  10.3.1 固液平衡 ┄┄┄┄┄┄┄┄┄┄┄┄┄┄┄┄┄┄┄┄┄┄ （322）

  10.3.2 熔融结晶动力学分析 ┄┄┄┄┄┄┄┄┄┄┄┄┄┄┄ （325）

 10.4 结晶过程与设备 ┄┄┄┄┄┄┄┄┄┄┄┄┄┄┄┄┄┄┄┄┄┄ （327）

  10.4.1 溶液结晶类型和设备 ┄┄┄┄┄┄┄┄┄┄┄┄┄┄┄ （327）

  10.4.2 熔融结晶过程和设备 ┄┄┄┄┄┄┄┄┄┄┄┄┄┄┄ （330）

参考文献 ┄┄┄┄┄┄┄┄┄┄┄┄┄┄┄┄┄┄┄┄┄┄┄┄┄┄┄┄┄┄ （336）

后 记 ┄┄┄┄┄┄┄┄┄┄┄┄┄┄┄┄┄┄┄┄┄┄┄┄┄┄┄┄┄┄ （337）

项目1　化工分离过程概述

任何有价值的化工原料，不论它是来自于自然界或是由化学反应合成，其最初产品都是不纯的。而工业生产过程所需的原料、中间产品或生产所得的商品级别产品大多要求有一定的纯度。分离操作的目的就是实现产品从不纯到纯净的物理过程，或是物理过程和化学过程的集成。

物质分离并不是什么高深的问题，自然界一直给我们演示着这一过程，如雨水的形成，如图1-1所示。不论是来自海洋、湖泊、陆地、动植物的水分，经过太阳能的加热，都会脱离原来的海洋盐环境或污水环境、动植物的水-固体系，蒸发变成水蒸气，在高空冷气流作用下，生成相对纯净的淡水，这就是大自然中物质分离的一个例证。还有许多其他的例子，如自然界中红宝石、蓝宝石的生成，玉石矿的生成，天然狗头金的形成等是地壳下高压导致高温，或火山熔岩等"冶炼"过程形成的相对纯净的矿物晶体。

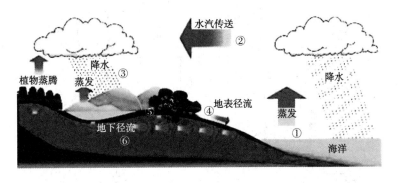

图1-1　雨水的形成与循环

1.1 分离过程在石油化工生产中的重要性

在石油化工、冶金、电力等行业，分离过程是普遍应用的操作过程，这些分离不仅有对复杂混合物的分离，也有将同一种物质（可能是纯净物）分离成不同的相态加以利用的。均相混合物的传质分离中，多将被分离的混合物变为气-液两相，或液-液两相，或液-固两相，或气-液-固多相，然后用适合的方法分离出我们需要的组分。

纯组分变成混合物，是熵增自发过程；反之，混合物变成纯净物则需作功或借助于某种分离媒介，才能实现混合物中组分的分级（Fractionalization）、浓缩（Concentration）、富集（Enrichment）、纯化（Purification）、精制（Refining）与隔离（Isolation）等，这些化工操作过程称为分离过程。分离过程是将混合物分成组分互不相同的两种或几种产品的操作。化工分离操作所依赖的分离方法和工艺过程种类多，原理和操作侧重点各有不同。我们将在本书的后续学习项目中重点介绍化工生产中常用的分离方法和过程。

1.1.1 分离过程应用案例

（1）纯净物按照相态不同加以分离和利用的工业应用案例——工业生产中蒸汽和水的分离

许多放热反应过程、产物出口温度较高的反应或工艺、大型加热炉烟气余热回收系统等都存在要回收热量以产生蒸汽的问题，图1-2就是在硫酸工业中沸腾燃烧炉回收 SO_2 气体中余热的工艺流程。硫矿在沸腾炉中燃烧温度在1000℃以上，所以产物 SO_2 气体中蕴含有大量的热能需要回收，汽包是个水-汽平衡系统，液位一般保持在1/2～2/3之间，汽包下部的水源源不断与 SO_2 气体在余热锅炉换热器中间壁换热，水沸腾产生饱和水同蒸汽的混合物进入汽包，汽包维持恒定压力，汽水-混合物平衡稳定后释放出蒸汽，蒸汽供加热、发电、推动透平等使用，同时锅炉给水泵源源不断地将去离子水送入汽包以维持液位稳定。这个工业过程中汽包将汽-水混合物分离成为饱和蒸汽和饱和水。

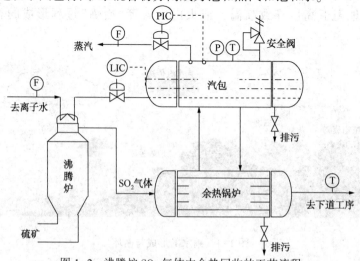

图1-2 沸腾炉 SO_2 气体中余热回收的工艺流程

这一分离过程的核心是水受热汽化、闪蒸的物理分离过程。

（2）复杂混合物多种物质的分离提纯——对二甲苯生产过程中所使用的分离方法

在多数化工生产中，分离过程是整个过程的主体部分。图1-3所示为石脑油催化重整提取芳烃工艺流程简图。对二甲苯是一种重要的石油化工产品，主要用于制造对苯二甲酸。将沸程在120~230℃的石脑油送入重整反应器，使烷烃转化为苯、甲苯、二甲苯和高级芳烃的混合物。

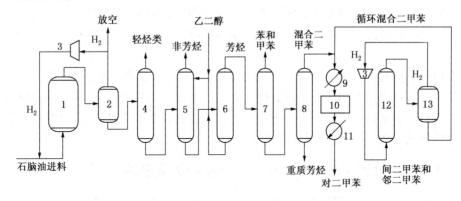

图1-3　石脑油催化重整提取芳烃工艺流程

1—重整反应器；2、13—气液分离器；3—压缩机；4—脱丁烷塔；5—萃取塔；6—再生塔；
7—甲苯塔；8—二甲苯回收塔；9—冷却器；10—结晶器；11—熔融器；12—异构化反应器

该混合烃首先经脱丁烷塔除去丁烷和轻组分。塔底出料进入液-液萃取塔，在此烃类与溶剂（如乙二醇）相接触。芳烃选择性地溶解于溶剂中，而烷烃和环烷烃则不溶。含芳烃的溶剂被送入再生塔中，在此将芳烃从溶剂中分离，溶剂则循环回萃取塔。在流程中，继萃取之后还有两个精馏塔，第一塔用以从二甲苯和重芳烃中脱除苯和甲苯，第二塔将混合二甲苯中的重芳烃除去。

从二甲苯回收塔塔顶馏出的混合二甲苯经冷却后在结晶器中生成对二甲苯的晶体。通过离心分离或过滤分出晶体，所得的对二甲苯晶体经融化后便是产品。滤液则被送至异构化反应器，在此得到三种二甲苯异构体的平衡混合物，可再循环送去结晶。用这种方法几乎可将二甲苯馏分全部转化为对二甲苯。

在对二甲苯的生产和分离过程中所使用过的分离方法有闪蒸、精馏、萃取精馏、结晶等四种方法，可见分离用途之广。举一反三，还有许多同类型的分离案例等待你的认识和学习。

从重整油中提取芳烃的核心是多组分传质分离，所使用的分离方法有闪蒸、多组分精馏、萃取精馏、结晶分离等方法。

1.1.2　分离过程在化学工业中的地位和作用

不论是石油化工，还是基本有机化工生产，抑或是精细化工生产过程，其产品品种繁多，生产方法各异，但都由原料预处理、化学反应过程、产品的分离与精制三部分组成，同时还必须对化工"三废"加以分离减害处理，分离过程贯穿整个化工过程。分离过程一方面为化学反应提供符合质量要求的原料，清除对反应或催化剂有害的杂质，减少副反应和提高产品收率；另一方面对反应产物进行分离提纯以得到合格的产品，并使未反应的反应物得以循环利用。因此，分离过程在化工生产中占有十分重要的地位，在提高生产过程的经济效益和产品质量中起着举足轻重的作用。此外，分离过程在环境保护和充分利用资源方面也起着特别重要的作用。对大型的石油工业和以化学反应为中心的石油化工生产过程，分离装置的设备费用和操作费用占总投资的 50% ~ 90% 之多，在化工生产中的地位和作用也是不可或缺的。

事实上，在医药、材料、冶金、食品、生化、原子能和环保等领域也都广泛地应用到分离过程。例如：药物的精制和提纯；从矿产中提取和精选金属；食品的脱水、除去有毒或有害组分；抗生素的净制和病毒的分离；同位素的分离和重水的制备等，都离不开分离过程。并且这些领域对产品的纯度要求越来越高，对分离、净化、精制等分离技术提出了更多、更高的要求。

随着现代工业趋向大型化生产，所产生的大量废气、废水、废渣更需集中处理和排放。对各种形式的流出废物进行末端治理，使其达到有关的排放标准，不但涉及物料的综合利用，而且还关系到环境污染和生态平衡。如原子能废水中微量同位素物质，很多工业废气中的硫化氢、SO_2、氧化氮等都需妥善处理。

1.1.3 分离过程在清洁生产和环境保护中的重要性

清洁生产在不同的发展阶段或者不同的国家有不同的叫法，例如"废物减量化""无废工艺""污染预防"等，但其基本内涵是一致的，即对产品和产品的生产过程采用预防污染的策略来减少污染物的产生。清洁生产通常是指在产品生产过程和预期消费中，既合理利用自然资源，把对人类和环境的危害减至最小，又能充分满足人类需要，使社会经济效益最大化的一种生产模式。

清洁工艺也称少废无废技术，它是面向 21 世纪社会和经济可持续发展的重大课题，也是当今世界科学技术进步的主要内容之一。所谓清洁工艺，即生产工艺和防治污染有机地结合起来，将污染物减少或消灭在工艺过程中，从根本上解决工业污染问题。开发和采用清洁工艺，既符合"预防优于治理"的方针，同时又降低了原材料和能源的消耗，提高企业的经济效益，是保护生态环境和经济建设协调发展的最佳途径，故清洁工艺是一种节能、低耗、高效、安全、无污染的工艺技术。就化学工业而言，清洁工艺的本质是合理利用资源，减少甚至消除废料的产生。化学工业是工业污染的大户，化工生产所造成的污染来源于：①未回收的原料；②未回收的产品；③有用和无用的副产品；④原料中的杂质；⑤工艺的物料损耗。

化工清洁工艺的核心是要考虑合理的原料选择，反应路径的洁净化，物料分离技术的选择以及确定合理的流程和工艺参数等。因为化学反应是化工生产过程的核心，所以，废物最小化问题必须首先考虑催化剂、反应工艺及设备，并与分离、再循环系统、换热器网络和公用工程等有机结合起来，作为整个系统予以解决。

化工清洁工艺包括的内容很多，其中，与化工分离过程密切相关的有：①降低原材料和能源的消耗，提高有效利用率、回收利用率和循环利用率；②开发和采用新技术、新工艺，改善生产操作条件，以控制和消除污染；③采用生产工艺装置系统的闭路循环技术；④处理生产中的副产物和废物，使之减少或消除对环境的危害；⑤研究、开发和采用低物耗、低能耗、高效率的"三废"治理技术。因此，清洁工艺的开发和采用离不开传统分离技术的改进，新分离技术的研究、开发和工业应用，以及分离过程之间、反应和分离过程之间的集成化。

闭路循环系统是清洁工艺的重要方面，其核心是将过程所产生的废物最大限度地回收和循环使用，减少生产过程中排出废物的数量。生产工艺过程的闭路循环见图1-4。

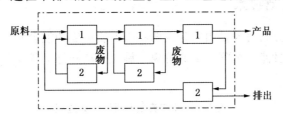

图1-4　生产工艺过程的闭路循环示意图
1—单元过程；2—处理过程

如果工艺中的分离系统能够有效地进行分离和再循环，那么该工艺产生的废物就最少。实现分离与再循环系统使废物最小化的方法有以下几种：

① 废物直接再循环。在大多数情况下，能直接再循环的废物常常是废水，虽然它已被污染，但仍然能代替部分新鲜水作为进料使用。

② 进料提纯。如果进料中的杂质参加反应，那么就会使部分原料或产品转变为废物。避免这类废物产生的最直接方法是将进料净化或提纯。如果原料中有用成分浓度不高，则需提浓，例如许多氧化反应首选空气为氧气来源，而用富氧代替空气可提高反应转化率，减少再循环量，在这种情况下可选用气体膜分离制造富氧空气。

③ 除去分离过程中加入的附加物质。例如在共沸精馏和萃取精馏中需加入共沸剂和溶剂，如果这些附加物质能够有效地循环利用，则不会产生太多的废物，否则，应采取措施降低废物的产生。

④ 附加分离与再循环系统。含废物的物料一旦被丢弃，它含有的任何有用物质也将变为废物，在这种情况下，需要认真确定废物流股中有用物质回收率的大小和对环境构成的污染程度，或许增加分离有用物质的设备，将有用物质再循环是比较经济的办法。

上述分析表明，清洁工艺避免在工艺过程中生成污染物除从源头减少三废之外，生成废物的分离、再循环利用和废物的后处理也是极其重要的，而这后一部分任务大多是由化工分离过程承担和完成的。

上述种种原因都促使传统分离过程(如蒸发、精馏、吸收、吸附、萃取、结晶等)不断改进和发展；同时，新的分离方法(如固膜与液膜分离、热扩散、色层分离等)也不断出现和实现工业化应用。

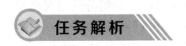

1.2　分离过程的分类和特征

化工生产过程中所使用的分离方法很多，但按其特性分类，分离过程可分为机械分离和传质分离两大类。

传质分离过程用于各种均相混合物的分离，其特点是有质量传递现象发生，按所依据的物理化学原理不同，工业上常用的传质分离过程又可分为两大类，即平衡分离过程和速率分离过程。

1.2.1 机械分离技术

机械分离过程的分离对象是由两相或两相以上所组成的混合物。其目的只是简单地将各相加以分离，例如过滤、沉降、离心分离、旋风分离和静电除尘等。几种典型的机械分离过程见表1-1。

表1-1 几种典型的机械分离过程

名称	原料相态	分离媒介	产生相态	分离原理	工业应用实例
过滤	液-固	压力	液+固	颗粒尺寸大于过滤介质孔	浆液中催化剂的回收
沉降	液-固	重力	液+固	密度差	污水澄清
离心分离	液-固	离心力	液+固	离子尺寸	蔗糖生产
旋风分离	气-固(液)	流体惯性	气+固(液)	密度差	催化剂细粒收集
静电除尘	气-固(细粒)	电场力	气+固	离子带电性	合成氨气体除尘

1.2.2 平衡分离技术

平衡分离过程是借助分离媒介(如热能、溶剂或吸附剂)使均相混合物系统变成两相系统，再以混合物中各组分在处于相平衡的两相中不等同的分配为依据而实现分离。分离媒介可以是能量媒介(ESA，Energy-Separating Agent)或物质媒介(MSA，Mass-Separating Agent)，有时也可两种同时应用。ESA是指传入或传出系统的热，还有输入或输出的功。MSA可以只与混合物中的一个或几个组分部分互溶或吸附它们，此时，MSA常是某一相中浓度最高的组分，例如吸收过程中的吸收剂、萃取过程中的萃取剂等。MSA也可以和混合物完全互溶。当MSA与ESA共同使用时，还可有选择性地改变组分的相对挥发度，使某些组分彼此达到完全分离，例如萃取精馏。

当被分离混合物中各组分的相对挥发度相差较大时，闪蒸或部分冷凝即可充分满足所要求的分离程度。

如果组分之间的相对挥发度差别不够大，则通过闪蒸及部分冷凝不能达到所要求的分离程度，而应采用精馏才可能达到所要求的分离程度。

当被分离组分间相对挥发度很小，必须采用具有大量塔板数的精馏塔才能分离时，就要考虑采用萃取精馏。在萃取精馏中采用MSA有选择地增加原料中一些组分的相对挥发度，从而将所需要的塔板数降低到比较合理的程度。一般说来，MSA应比原料中任一组分的挥发度都要低。MSA在接近塔顶的塔板引入，塔顶需要有回流，以限制MSA在塔顶产品中的含量。

如果由精馏塔顶引出的气体不能完全冷凝，可从塔顶加入吸收剂作为回流，这种单元操作称为吸收蒸出(或精馏吸收)。如果原料是气体，又不需要设蒸出段，便是吸收。通常，吸收是在室温和加压下进行的，无需往塔内加入ESA。气体原料中的各组分按其不同溶解度溶于吸收剂中。

解吸是吸收的逆过程，它通常是在高于室温及常压下，通过气提气体(MSA)与液体原料接触，来达到分离的目的。由于塔釜不必加热至沸腾，因此当原料液的热稳定性较差时，这一特点显得很重要。如果在加料板以上仍需要有气液接触才能满足所要求的分离程度，则可采用带有回流的解吸过程。如果解吸塔的塔釜液体是热稳定的，可不用 MSA，而仅靠加热沸腾，则称为再沸解吸。

能形成最低共沸物系统的分离，采用一般精馏是不合适的，常常采用共沸精馏。例如，为使醋酸和水分离，选择共沸剂醋酸丁酯（MSA），它与水所形成的最低共沸物由塔顶蒸出，经分层后，酯再返回塔内，塔釜则得到纯醋酸。

液液萃取是工业上广泛采用的分离技术，有单溶剂和双溶剂之分，在工业实际应用中有多种不同形式。

干燥是利用热量除去固体物料中湿分（水分或其他液体）的单元操作。被除去的湿分从固相转移到气相中，固相为被干燥的物料，气相为干燥介质。

蒸发一般是指通过热量传递，引起汽化使液体转变为气体的过程。增湿和蒸发在概念上是相近的，但采用增湿或减湿的目的往往是向气体中加入或除去蒸汽。

结晶是多种有机产品以及很多无机产品的生产装置中常用的一种单元操作，用于生产小颗粒状固体产品。结晶实质上也是提纯过程。因此，结晶的条件是要使杂质留在溶液里，而所希望的产品则由溶液中分离出来。

升华是物质由固体不经液体状态直接转变成气体的过程，一般是在高真空下进行。主要应用于由难挥发的物质中除去易挥发的组分，例如硫的提纯、苯甲酸的提纯、食品的熔融干燥。其逆过程就是凝聚，在实际中也被广泛采用，例如由反应的产品中回收邻苯二甲酸酐。

浸取广泛用于冶金及食品工业，分为间歇、半间歇和连续操作方式。浸取的关键在于促进溶质由固相扩散到液相，对此最为有效的方法是把固体减小到可能的最小颗粒。固-液和液-液系统的主要区别在于前者存在级与级间输送固体或固体泥浆的困难。

吸附的应用一般仍限于分离低浓度的组分。近年来，由于吸附剂及工程技术的发展，使吸附的应用扩大了，已经工业化的过程有多种气体和有机液体的脱水和净化分离。

离子交换也是一种重要的单元操作。它采用离子交换树脂有选择性地除去某组分，而树脂本身能够再生。一种典型的应用是水的软化，采用的树脂是钠盐形式的有机或无机聚合物，通过钙离子和钠离子的交换，可除去水中的钙离子。当聚合物的钙离子达饱和时，可与浓盐水接触而再生。

泡沫分离是基于物质有不同的表面性质，当惰性气体在溶液中鼓泡时，某组分可被选择性地吸附在从溶液上升的气泡表面上，直至带到溶液上方泡沫层内浓缩并加以分离。为了使溶液产生稳定的泡沫，往往加入表面活性剂。表面化学和鼓泡特征是泡沫分离的基础。该单元操作可用于吸附分离溶液中的痕量物质。

区域熔炼是根据液体混合物在冷凝结晶过程中组分重新分布的原理，通过多次熔融和凝固，制备高纯度的金属、半导体材料和有机化合物的一种提纯方法。目前已经用于制备铝、镓、锑、铜、铁、银等高纯金属材料。

上述基本的平衡分离过程经历了长时期的应用实践，随着科学技术的进步和高新产业的兴起，日趋完善不断发展，演变出多种各具特色的新型分离技术。

在传统分离过程中，精馏仍列为石油和化工分离过程的首位，因此，强化方法在不断地研究和开发。例如，从设备上广泛采用新型塔板和高效填料；从过程上开发与反应或其他分离方法的集成。

随着生物化工学科的发展，适用于分离提纯含量微小的生物活性物质的新型萃取过程应运而生。双水相萃取即属此列，它是由于亲水高聚物溶液之间或高聚物与无机盐溶液之间的不相容性，形成了双水相体系，依据待分离物质在两个水相中分配的差异，而实现分离提纯。反胶团萃取为另一新型萃取过程，反胶团是油相中表面活性剂的浓度超过临界胶团浓度后形成的聚集体，它可使水相中的极性分子"溶解"在油相中。用于从水相中提取蛋白质和其他生物制品。

新型多级分步结晶技术是重复运用部分凝固和部分熔融，利用原料中不同组分间凝点的差异而实现分离。与精馏相比，能耗可大幅度下降，设备费也低于精馏。该技术已用于混合二氯苯、硝基氯苯的分离，精萘的生产，均四甲苯提取和蜡油分离等工业生产中。

变压吸附技术是近几十年来在工业上新崛起的气体分离技术。其基本原理是利用气体组分在固体吸附材料上吸附特性的差异，通过周期性的压力变化过程实现气体的分离。该技术在我国的工业应用有十多年的历史，已进入世界先进行列，由于其具有能耗低、流程简单、产品气体纯度高等优点，在工业上迅速得到推广。例如，从合成氨尾气、甲醇尾气等各种含氢混合气中制纯氢；从含 CO_2 或 CO 混合气中制纯 CO_2、CO；从空气中制富氧、纯氮等。

超临界流体萃取技术是利用超临界区溶剂的高溶解性和高选择性将溶质萃取出来，再利用在临界温度和临界压力以下溶解度的急剧降低，使溶质和溶剂迅速分离。超临界萃取可用于天然产物中有效成分和生化产品的分离提取，食品原料的处理和化学产品的分离精制等。

膜萃取是以膜为基础的萃取过程，多孔膜的作用是为两液相之间的传递提供稳定的相接触面，膜本身对分离过程一般不具有选择性。该过程的特点是没有萃取过程的分散相，因此不存在液泛、返混等问题。类似的过程还有膜气体吸收或解吸、膜蒸馏。表 1-2 列出了工业生产中常用的基于平衡分离的分离单元操作。

表 1-2 工业上常用的平衡分离的单元操作过程

序号	名称	原料相态	分类媒介	产生相态或 MSA 的相态	分离原理	工业应用实例
1	闪蒸	液或气-液	减压、加热	气	相对挥发度相差大	裂解气分离过程中富氢的提取
2	部分冷凝	气	冷却冷凝	液	相对挥发度相差大	合成氨产物气降温回收氢气和氮气
3	精馏	气、液或气-液	加热、加压或减压	气、液	相对挥发度有差别	裂解气深冷分离
4	萃取精馏	气、液或气-液	萃取剂、塔釜加热	气、液	萃取剂增大了原有组分的相对挥发度	催化重整油乙二醇作萃取剂分离芳烃和非芳烃
5	共沸精馏	气、液或气-液	共沸剂、塔釜加热	气、液	共沸剂增大了原有组分的相对挥发度	以醋酸丁酯为共沸剂从稀溶液中提取醋酸

序号	名称	原料相态	分类媒介	产生相态或MSA的相态	分离原理	工业应用实例
6	吸收	气	溶剂、降温	液	溶解度有差异	以芳烃为溶剂回收焦炉煤气中的芳烃
7	解吸或汽提	液	解吸剂、加热或减压	气	溶解度有差异	变换气吸收剂中解吸出二氧化碳
8	液-液萃取	液	萃取剂	液、气	不同组分在萃取剂中溶解度不同	以丙烷为萃取剂脱除重油中的沥青
9	干燥	液-固	气体、加热	气	水分或溶剂蒸发	用热空气脱除造粒过程中的水分
10	蒸发	液	加热、减压	气	蒸气压不同	从碳酸钠水溶液中脱除水分
11	结晶	液	降温	固	利用过饱和度	从二甲苯混合物中结晶分离出对二甲苯
12	吸附	液或气	固体吸附剂	固	固体对气体组分吸附有差别	用分子筛吸附烃类气体中水分
13	离子交换	液	固体树脂	固	当量交换	工业水软化

1.2.3　速率分离技术

速率分离过程是在某种推动力(浓度差、压力差、温度差、电位差等)的作用下,有时在选择性透过膜的配合下,利用各组分扩散速率的差异实现组分的分离。这类过程所处理的原料和产品通常属于同一相态,仅有组成上的差别。

(1) 膜分离

膜分离是利用流体中各组分对膜的渗透速率的差别而实现组分分离的单元操作。膜可以是固态或液态,所处理的流体可以是液体或气体,过程的推动力可以是压力差、浓度差或电位差。如图1-5所示。

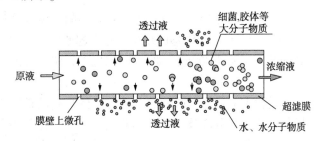

图1-5　膜分离原理示意图

微滤、超滤、反渗透、渗析和电渗析是较成熟的膜分离技术,已有大规模的工业应用

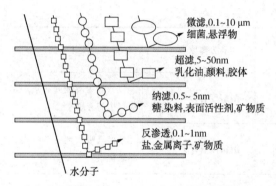

微滤,0.1~10 μm
细菌,悬浮物

超滤,5~50nm
乳化油,颜料,胶体

纳滤,0.5~ 5nm
糖,染料,表面活性剂,矿物质

反渗透,0.1~1nm
盐,金属离子,矿物质

水分子

图 1-6 微滤、超滤、纳滤、
反渗透的分离范围

和市场。其中,前四种的共同点是用来分离含溶解的溶质或悬浮微粒的液体,溶剂或小分子溶质透过膜,溶质或大分子溶质被膜截留,不同膜所截留溶质粒子的大小不同,图1-6说明了微滤、超滤、纳滤、反渗透的分离范围。电渗析则采用荷电膜,在电场力的推动下,从水溶液中脱出或富集电解质。

气体分离膜和渗透蒸发是两种正在开发应用中的膜技术。气体分离膜更成熟些,工业规模的应用有:空气中氧、氮的分离;从合成氨厂混合气中分离氢;天然气中二氧化碳与甲烷的分离等。渗透蒸发是有相变的膜分离过程,利用混合液体中不同组分在膜中溶解与扩散性能的差别而实现分离。由于它能用于脱除有机物中的微量水、水中的微量有机物以及实现有机物之间的分离,应用前景广阔。

乳化液膜是液膜分离技术的一个分支,是以液膜为分离介质,以浓度差为推动力的膜分离过程。液膜分离涉及三相液体:含有被分离组分的原料相;接受被分离组分的产品相;处于上述两相之间的膜相。液膜分离应用于烃类分离、废水处理和金属离子的提取和回收等。

正在开发中的液膜分离过程有如下几种:

① 支撑液膜将膜相溶液牢固地吸附在多孔支撑体的微孔中,在膜的两侧则是原料相和透过相,以浓度差为推动力,通过促进传递,分离气体或液体混合物。

② 蒸气渗透与渗透蒸发过程相近,但原料和透过物均为气相,过程的推动力是组分在原料侧和渗透侧之间的分压差,依据膜对原料中不同组分的化学亲和力的差别而实现分离。该过程能有效地分离共沸物或沸点相近的混合物。

③ 渗透蒸馏也称等温膜蒸馏,以膜两侧的渗透压差为推动力,实现易挥发组分或溶剂的透过,达到混合物分离和浓缩的目的。该过程特别适用于药品、食品和饮料的浓缩或微量组分的脱除。

④ 气态膜是由充于疏水多孔膜空隙中的气体构成的,膜只起载体作用。由于气体的扩散速度远远大于液体或固体,因而气态膜有很高的透过速率。该技术可从废水中除去 NH_3、H_2S 等,从水溶液中分离 HCN、CO_2、Cl_2 等气体,其工艺简单,节省能量。

(2) 场分离

热扩散属场分离的一种,以温度梯度为推动力,在均匀的气体或液体混合物中出现相对分子质量较小的分子(或离子)向热端漂移的现象,建立起浓度梯度,以达到组分分离的目的。该技术用于分离同位素、高黏度润滑油,并预计在精细化工和药物生产中可得到应用。

综上所述,传质分离过程中的精馏、吸收、萃取等一些具有较长历史的单元操作已经应用很广,膜分离和场分离等新型分离技术在产品分离、节约能耗和环保等方面已显示出它们的优越性。不同分离过程的技术成熟程度和应用成熟程度是有差异的。对此,F. J. Zuiderweg用图 1-7 概括了各分离过程的现状,精馏已有 150 年历史,它的位置在图的右上角附近,正在起步的过程在左下方。这 S 形曲线说明了为什么目前研究对象集中于曲线的中下段，因为曲线在该段的斜率是最大的。

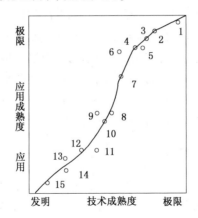

图 1-7 分离过程发展现状

1—精馏；2—吸收；3—结晶；4—萃取；5—共沸(或萃取)精馏；

6—离子交换；7—气体吸附；8—液体吸附；9—液膜分离；

10—气膜分离；11—色层分离；12—超临界萃取；13—液膜；

14—场感应分离；15—亲和分离

1.3 分离过程的耦合和集成化

1.3.1 分离方法的类型与选用的原则

（1）分离方法的类型

物料的分离方法存在多种不同类型，是因为有多种多样的化工生产物料，而在选择分离方法的过程中，往往是按照物料被分离中各种组分的化学与物理的不同性质来确定选择；按照化学与物理性质进行区分，有如下五种常见的分离方法：①固体混合物分离方法；②气固相混合物分离方法；③液体混合物分离方法；④液固相混合物分离方法；⑤气体混合物分离方法。

（2）分离方法选用的原则

在选用分离方法时，需对产品的精细化程度与产品生产的产值进行考虑：对于精细化程度高与产值高的产品，弱化考虑分离成本，可选用部分高效分离方法；对于一些相对较低产值而很大产量的产品，则需要对分离成本进行考虑，可以选用那些分离步骤较少或相对简便的分离方法。尽量避免含有固体的物流在生产过程中出现，应尽可能预先除尽物流中的固体，由于它们在输送中能量的消耗相对较大，对设备的冲蚀作用也大，而且还容易堵塞管道。

在对多种不同物质混合的物料分离时，其分离顺序应考虑的原则为：为避免其工艺过程受到影响，应尽量先分离极其有害的物质和易发生副反应的物质，同时对需要高压方可分离的物质，也应考虑先进行分离；另外，首先被分离出来的是最容易分离的组分，而留到最后分离的是最难分离的组分。

选择分离方法的主要原则还是要从经济上的合理性与技术上的可靠性进行考虑。例如精馏与萃取两者均为分离液体混合物的方法，依技术成熟程度而言，精馏在萃取之上，若能够采取精馏分离的物料，应尽可能避免采用萃取。当混合物的沸点相差较大时，利用闪蒸或简单蒸馏即可进行分离。如此的操作费用与选择投资都相对较低。

分离方法的选用一定要有针对性地进行，因为它是一项技术性相当强的工作，只有对被分离物料的化学、物理性质以及分离要求均清楚把握后方可进行最佳的选择。

1.3.2 物系分离难易的简单判定

一个物系通常含有多种物质，如何将这些物质分离开？分离的难易程度如何？做这样一个判定是有一定规律的：若物系呈非均相体系，一般易分离，如气-固非均相体系，可以用旋风分离、滤布过滤、静电除尘、沉降等方法分离。气相和固相密度越悬殊，分离越容易。对于气-液非均相系统，可以用闪蒸分离方法，且气、液两相沸点差越大，越易分离；气、液相沸点差小时，可以用蒸馏（或精馏）、吸收、萃取、吸附等方法。对于液-固非均相系统，采用过滤分离即可，固体颗粒过小时，采用离心分离的方法，液、固相密度越悬殊，分离越容易。对于液-液非均相系统，采用沉降或离心分离，然后分液即可。对于固相的矿石，其分离方法有重选法、浮选法、磁选法、电选法、化学选矿以及细菌选矿法。

若物系为均相体系，分离的难度一般比非均相体系大。分离时常通过加热、加萃取剂、吸收剂、吸附剂等物质媒介或能量媒介，变均相体系为非均相体系，然后选用精馏、萃取、萃取精馏、共沸精馏、吸收-解吸、吸附-解吸、结晶等分离操作中的一种或多种方法分离物系。对于均相体系，如果物质有较大的沸点差或熔点差、溶解度差等则分离较为容易，否则分离难度就大。幸亏我们还有借助于膜组件的速率分离，这种分离方法在处理难分离的均相物系时发挥了更大的作用。

对于平衡分离过程而言，用相对挥发度或分离因子判断体系分离难易程度：

$$\alpha_{ij} = \frac{y_i/y_j}{x_i/x_j} = \frac{k_i}{k_j} \tag{1-1}$$

1.3.3 分离过程集成化

化工领域中，过程集成的基本目标是实施清洁工艺，使物料及能源消耗最小，达到最大的经济效益和社会效益。

1.3.3.1 分离过程与反应过程的耦合

分离过程与反应过程耦合可以改善分离过程不利的热力学和动力学因素，减少设备和操作费用，节约资源和能源。如：化学吸收是反应和分离过程集成的单元操作，当被溶解的组分与吸收剂中的活性组分发生反应时，增加了传质推动力和液相传质系数，因而提高了过程的吸收率，降低了设备的投资和能耗。

化学萃取是伴有化学反应的萃取过程。溶质与萃取剂之间的反应类型很多，例如络合反应、水解、聚合、离解及离子积聚等。萃取机理也多种多样，例如中性溶剂络合、螯合、溶剂化、离子交换、离子缔合、协同效应及带同萃取作用等。

反应和精馏结合成一个过程形成了蒸馏技术中的一个特殊领域——反应(催化)精馏。它一方面成为提高分离效率而将反应和精馏相结合的一种分离过程；另一方面则成为提高反应收率而借助于精馏分离手段的一种反应过程。目前，已从单纯工艺开发向过程普遍性规律研究的方向发展。反应精馏在工业上的应用很广泛，例如酯化、酯交换、皂化、胺化、水解、异构化、烃化、卤化、脱水、乙酰化和硝化等过程。催化反应精馏的典型应用是甲基叔丁基醚的生产。

膜反应器是将合成膜的优良分离性能与催化反应相结合，在反应的同时选择性地脱除产物，以移动化学反应平衡或控制反应物的加入速度，提高反应的收率、转化率和选择性。如多孔陶瓷膜催化反应器进行丁烯脱氢制丁二烯，丙烷脱氢制丙烯；对氧化反应，用膜控制氧的加入量，减少深度氧化。膜反应器还用于控制生化反应中产物对反应的抑制作用，用膜循环发酵器进行乙醇等发酵制品的连续生产和用膜反应器进行辅酶反应等都具有很好的开发前景。

控制释放是将药物或其他生物活性物质以一定形式与膜结构相结合，使这些活性物质只能以一定的速度通过扩散等方式释放到环境中。其优点是可将药物浓度控制在需要的浓度范围，延长药效作用时间，减少服用量和服用次数，在医药、农药、化肥的使用上都极有价值。

膜生物传感器是模仿生物膜对化学物质的识别能力制成的，它由生物催化剂酶或微生物与合成膜及电极转换装置组成酶膜传感器或微生物传感器。这些传感器具有很高的识别专一性，已用于发酵过程中葡萄糖、乙醇等成分的在线检测。目前膜生物传感器已作为商品进入市场。

1.3.3.2 分离过程和分离过程的耦合

不同的分离过程耦合在一起构成复合分离过程，能够集中原分离过程之所长，避其所短，适用于特殊物系的分离。

萃取结晶亦称加合结晶，是分离沸点、挥发度等物性相近组分的有效方法及无机盐生产的节能方法。对于无机盐结晶，某些有机溶剂的加入使待结晶的无机盐水溶液中的一部分水被萃取出来，促进了无机盐的结晶过程。例如，以正丁醇为溶剂萃取结晶生产碳酸钠。对于有机物结晶，溶剂的加入使原物系中某有机组分形成加合物，而使另一组分结晶出来。例如，以 2-甲基丙烷为耦合剂能从邻甲酚和酚的混合物中分离出酚。

吸附蒸馏是吸附和蒸馏在同一设备中进行的气-液-固三相分离过程。吸附分离具有分离因子高、产品纯度高和能耗低等优点，但吸附剂用量大，收率低。而传统的蒸馏过程处理能力大，设备比较简单，工艺成熟。由这两个分离过程集成的复合蒸馏过程能充分发挥各自的优势，弥补了各自的不足。它特别适用于共沸物和沸点相近物系的分离及需要高纯度产品的情况。

不同蛋白质在一定 pH 值的缓冲溶液中，其溶解度不同，在电场作用下，这些带电的溶胶粒子在介质中的泳动速度不同，利用这种性质可以实现不同蛋白质的分离，该法称为电泳分离。而电泳萃取是电泳与萃取集成形成的新分离技术。电泳萃取体系由两个(或多个)不相混溶的连续相组成，其中一相含有待分离组分，另一相是用于接受被分离组分的溶剂，两相中分别装有电极，由于电场的作用，消除了对流的不利影响，提高了收率和生产能力。该分离技术在生物化工和环境工程中有较大的应用潜力。

1.3.3.3 分离过程的集成

(1) 传统分离过程的集成

精馏、吸收和萃取是最成熟和应用最广的传统分离过程，大多数化工产品的生产都离不开这些分离过程。在流程中合理组合这些过程，扬长避短，才能达到高效、低耗和减少污染的目的。

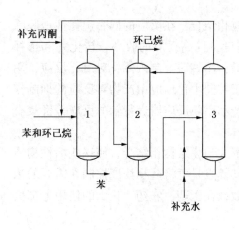

图 1-8　分离环己烷-苯混合物的
共沸精馏流程

1—共沸精馏塔；2—萃取塔；
3—丙酮回收塔

共沸精馏往往与萃取集成。例如从环己烷-苯二元共沸物生产纯环己烷和苯，选择丙酮为共沸剂，由于丙酮与环己烷形成二元最低共沸物，所以从共沸精馏塔底得到纯苯，丙酮-环己烷共沸物的分离则采用以水为萃取剂的萃取过程，环己烷产品为萃取塔的一股出料，另一股出料是丙酮水溶液，经精馏塔提纯后，丙酮返回共沸精馏塔进料，水返回萃取塔循环使用。由于此流程分别采用了丙酮和水两个循环系统，整个过程基本上没有废物产生，且能耗较低，符合清洁工艺的基本要求。示意流程见图 1-8。

共沸精馏与萃取精馏的集成也是常见的，例如，使用极性和非极性溶剂从含丙酮、甲醇、四亚甲基氧和其他氧化物的混合物中分离丙酮和甲醇。

(2) 传统分离过程与膜分离的集成

传统分离过程工艺成熟，生产能力大，适应性强；膜分离过程不受平衡的限制，能耗低，适于特殊物系或特殊范围的分离。将膜技术应用到传统分离过程中，如吸收、精馏、萃取、结晶和吸附等过程，可以集各过程的优点于一体，具有广阔的应用前景。

渗透蒸发和蒸汽渗透可应用于有机溶剂脱水、水中少量有机物的脱除以及有机物之间的分离，特别适于恒沸、近沸点物系的分离。将它作为补充技术与精馏组合在一起，在化工生产中发挥了特殊的作用。例如，发酵液脱水制无水乙醇。在乙醇高浓区，精馏的分离效率极低，在共沸组成处无法分离。而恰恰是在这一区域，渗透蒸发能达到很高的分离程度。所以渗透蒸发和精馏集成是降低设备费用和操作费用的最有效的方案。集成系统如图 1-9 所示。

类似的过程还有：蒸汽渗透-精馏的集成流程进行异丙醇脱水；渗透蒸发-吸附集成用于吸附剂再生过程；渗透蒸发-吸收集成用于回收溶剂；渗透蒸发-催化精馏组合方案生产甲基叔丁基醚等。

(3) 膜过程的集成

膜分离过程的类型很多，各有不同的特点和应用，它们的集成无疑能取长补短，提高总体效益。例如，悬浮液原料的浓缩可采用膜过程的集成方案，将超滤、反渗透和渗透蒸馏组合在一起，能得到高固体含量的浓缩物产品，操作费用大大降低，如图 1-10 所示。

从上述几例即可看出，集成流程的开发和应用其意义是非同寻常的，既提高了科学技术水平，又促进了工业生产的发展，是应该大力发展和研究的综合分离技术。

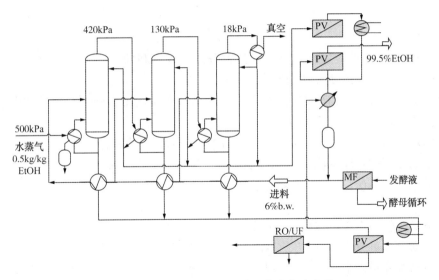

图 1-9　乙醇生产的精馏/渗透蒸发集成流程

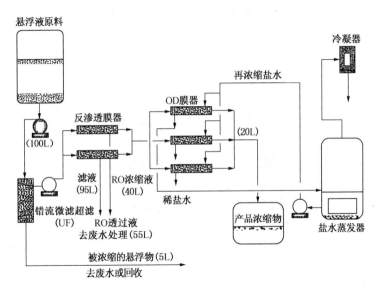

图 1-10　超滤、反渗透和渗透蒸馏的组合膜分离流程

练 习 题

一、填空题

1. 分离悬浊液可用的方法有(　　　　　)、(　　　　　)、(　　　　　)。分离气固混合物用(　　　　　)或(　　　　　)方法。

2. 流化床反应器气相物料出口气固分离，可以选用(　　　　　)或(　　　　　)机械进行分离。

3. (　　　　　)和(　　　　　)是实现清洁生产的关键。

4. 传质分离过程可分为(　　　　　)和(　　　　　)两大类。

5. ESA 指(　　　　　)，如(　　　　　)；MSA 指(　　　　　)，如(　　　　　)。

6.（　　　　　）、（　　　　　）、（　　　　　）、（　　　　　）和（　　　　　）是较为成熟的膜分离技术。

7. 将分离过程与反应过程耦合可以改善分离过程不利的（　　　　　）和（　　　　　），减少设备和操作费用，节约资源和能源。

8. 使用（　　　　　）和碳四馏分中的（　　　　　）在酸性树脂催化剂上反应生产甲基叔丁基醚是反应过程与分离过程的耦合实例。

9. 萃取结晶是（　　　　　）和（　　　　　）两种分离方法的耦合。

10. 衡量分离的程度用（　　　　　）表示，处于相平衡状态的分离程度是（　　　　　）。

11. 分离过程是（　　　　　）的逆过程，因此需加入（　　　　　）或（　　　　　）来达到分离目的。

12. 分离工程操作中，分离剂可以是（　　　　　）和（　　　　　）。

13. 传质分离可分为（　　　　　）和（　　　　　）。

14. 分离媒介可以是（　　　　　）和（　　　　　）。

15.（　　　　　）是整个化工生产过程的核心。

16. 化工产品的生产主要由原料预处理、（　　　　　）和（　　　　　）三部分组成。

二、选择题

1. 超滤属于（　　　）过程。

A. 平衡分离　　　　B. 传质分离　　　　C. 机械分离　　　　D. 速率分离

2. 沉降属于（　　　）过程。

A. 平衡分离　　　　B. 传质分离　　　　C. 机械分离　　　　D. 速率分离

3. 共沸精馏属于（　　　）过程。

A. 平衡分离　　　　B. 机械分离　　　　C. 速率分离

4. 下列不属于膜分离的推动力可以是（　　　）。

A. 压力差　　　　B. 浓度差　　　　C. 电位差　　　　D. 界面差

5. 电渗析的推动力属于（　　　）。

A. 压力差　　　　B. 浓度差　　　　C. 电位差　　　　D. 温度差

三、判断题

1. 清洁生产的内容包括清洁的产品、清洁的生产过程和清洁的服务三个方面。
（　　　　）

2. 中国于 1994 年提出了"中国 21 世纪议程"，将清洁生产列为重点项目之一。
（　　　　）

3. 能量媒介和物质媒介实际上含义是一样的。　　　　　　　　　　　（　　　　）

4. 解吸是吸收的逆过程，它通常是在高温低压下，通过使用 MSA 或 ESA 与溶液原料接触，来达到分离的目的。　　　　　　　　　　　　　　　　　　　　（　　　　）

5. 有效的过程集成有利于物质分离。　　　　　　　　　　　　　　　（　　　　）

四、简答题

1. 自然界中如果空气中有少量的甲烷、苯、一氧化碳、二氧化碳、氮氧化物、氧硫化物等，湖泊中的水是咸水，分析从水蒸发到形成雨水，降到地表的水中有哪些成分？

2. 参见图 1-3，从重整油中提取二甲苯的生产过程中所使用的分离方法有哪些？这些分离方法对应的分离设备是哪些？

3. 实现清洁工艺的三大核心理念是什么？

4. 清洁工艺的特点是什么？如何实现化工生产和清洁工艺的结合？

5. 什么是平衡分离？什么是速率分离？

6. 举例说明使用 ESA 和使用 MSA 的分离操作。

7. 举例说明 ESA 和 MSA 共同使用的分离方法。有何优点？

8. 举例说明传统的平衡分离方法有哪些？

9. 简述闪蒸、部分冷凝、精馏、萃取精馏、精馏吸收、吸收解吸、共沸精馏、液液萃取、干燥、蒸发、结晶、升华、浸取、吸附、离子交换等分离方法的概念和工业应用。

10. 按照体系的化学与物理性质，常见的分离方法分为哪五种类型？试举例说明。

11. 简述分离方法的选用原则。

12. 如何判断非均相物系的分离难易程度？

13. 如何判断均相物系的分离难易程度？

14. 举例说明分离过程与反应过程的耦合。

15. 举例说明分离过程与分离过程的耦合。

16. 环己烷-苯二元物系为什么要采用萃取精馏和共沸精馏分离集成的分离方法？具体如何组织分离方案？

17. 从乙醇水溶液中提取纯乙醇，你能用哪些分离方法？

18. 对乙苯和三种二甲苯混合物的分离方法进行选择。

（1）通过查相关文献资料，列出间二甲苯和对二甲苯的有关性质：沸点、熔点、临界温度、临界压力、偏心因子、相对挥发度……，利用哪些性质的差别进行该二元物系的分离是最好的？

（2）为什么使用精馏方法分离间二甲苯和对二甲苯是不适宜的？

（3）为什么工业上选用熔融结晶和吸附分离间二甲苯和对二甲苯？

19. 气体分离膜与渗透蒸发这两种膜分离过程有何区别？

20. 再循环系统使废物最小化的方法有哪些？

21. 化工生产所造成的污染主要来源有哪些？

项目 2 平衡分离基础

学习目标

学习目的：

熟悉相平衡常数在平衡分离概念和平衡过程计算中的重要性；掌握相平衡常数的获取方法，为后续章节平衡分离的学习打下基础。

知识要求：

熟悉相平衡的条件和原则；

掌握利用状态方程计算相平衡常数的方法；

掌握用普遍化逸度系数图和 Depriester-k 图估算相平衡常数的方法。

能力要求：

熟练掌握理想物系相平衡常数和非理想物系相平衡常数的计算方法；

区分掌握纯组分物系和混合物系相平衡常数的计算方法。

基本任务

2.1 相平衡常数

精馏、吸收和萃取等传质单元操作在化工生产中占有重要地位。研究和设计这些过程的基础是相平衡、物料平衡和传递速率，其中相平衡是平衡分离过程设计和开发的关键。

本章在化工热力学课程中有关相平衡理论的基础上，较全面地讲述化工过程中经常遇到的多组分物系的相平衡的计算问题。

2.1.1 平衡分离应用案例

平衡分离是石油化工生产过程中常用的分离方法，有些传质分离是在平衡状态下进行的，如闪蒸、部分冷凝等；有些传质分离并未达到平衡状态，仅仅是趋向于平衡，如精馏塔板上的传质分离，能达到的分离浓度取决于操作线方程，平衡是所能达到的极限程度。

（1）精馏塔釜液再沸，然后气相回流是平衡分离过程

如图 2-1 所示，进入精馏塔釜的物料由两部分组成：一部分是从精馏塔最下一板降下的液体，另一部分是经过再沸器回流的气液混合物。这两部分液体组成相同、温度相同、场所压力相同，不同之处是相态不同（焓值不同）。在这样的条件下，塔釜液中各组分部分

挥发，成为气相上升，部分成为液相下降，同一组分 i 在气液两相中的分配比例为 k，条件不变时，k 为定值。这一过程是在恒定条件下的恒组成部分相变，我们认为这是一个平衡过程。

（2）稳定塔顶分凝器分离出燃料气和液化石油气是一个平衡分离过程

在石脑油催化重整（图1-3）或油品加氢裂化过程中，产物油品经高压闪蒸罐分离后得到的油品（汽油、煤油、柴油的混合物）中溶有部分轻质烃（主要是 $C_1 \sim C_4$ 的烷烃），这部分轻质烃影响油品的品质，所以要脱除。如图2-2所示的稳定塔顶分凝器就实现了这一工业过程。从稳定塔顶进入冷却器的气体经冷凝冷却后变成气、液两相，气相为不凝气（甲烷、乙烷等），液相为液化气（主要是丁烷馏分油）和水分，二者溶解度小，油水分层。在这一分离过程中，进入分凝器罐的物料组成、温度、压力相对恒定，就其中的 C_4 馏分而言，在罐中闪蒸时，在不凝气和液化气中的含量按比例系数 k 分配，该比例系数就是相平衡常数。同时油相和水相中的 C_4 也按另一比例 β 分配。

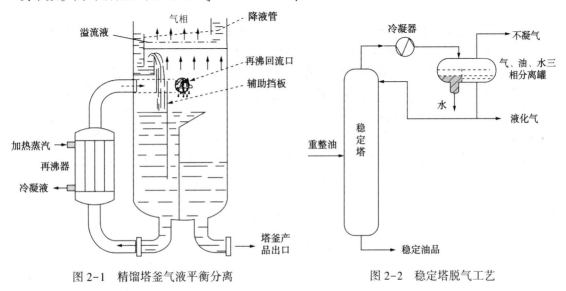

图 2-1　精馏塔釜气液平衡分离　　　　图 2-2　稳定塔脱气工艺

2.1.2　相平衡常数和分离因子

（1）相平衡常数

所谓相平衡指的是混合物或溶液形成若干相，这些相保持着物理平衡而共存的状态。从热力学上看，整个物系的自由焓处于最小的状态；从动力学上看，相间表观传质速率为零。所以相平衡是一种动态的平衡。

相平衡常数指在一定温度和压力下，气、液两相达到平衡状态时，某一组分 i 在气相中的摩尔分数 y_i 与其液相中的摩尔分数 x_i 的比值。气液相平衡常数表征了一定条件下气液相变过程进行的方向和限度，表达的是互成平衡的气、液两相组成之间的关系。

$$k_i = \frac{y_i}{x_i} \qquad\qquad (2\text{-}1)$$

对精馏和吸收过程，k_i 称为气液平衡常数。对萃取过程，$x_i^{\mathrm{I}}(=y_i)$ 和 $x_i^{\mathrm{II}}(=x_i)$ 分别表示萃取相和萃余相的浓度，k_i 为分配系数或液液平衡常数。

相平衡常数 k 的数值取决于温度、压力和体系组成。

(2) 分离因子

对于平衡分离过程，还采用分离因子来表示平衡关系，定义为：

$$\alpha_{ij} = \frac{y_i/y_j}{x_i/x_j} = \frac{k_i}{k_j} \quad\quad\quad (2-2)$$

分离因子在精馏过程中又称为相对挥发度，它相对于气液平衡常数而言，随温度和压力的变化不敏感，若近似当作常数，能使计算简化。对于液液平衡情况，常用 β_{ij} 代替 α_{ij}，称为相对选择性。分离因子与 1 的偏离程度表示组分 i 和 j 之间分离的难易程度。

2.1.3 相平衡判据

相平衡的基本问题之一是各相平衡时所必须满足的热力学必要条件或各相平衡的判据。

相平衡是建立在化学位概念基础上的。一个多组分系统达到相平衡的条件是平衡各相中的温度 T、压力 p、各组分的化学位 μ_i 分别相等。

从工程角度上讲，化学位没有直接的物理真实性，难以使用。Lewis 提出了等价于化学位的物理量——逸度 f。它由化学位简单变化而来，具有和压力相同的单位。由于在理想气体混合物中，每一组分的逸度等于它的分压，故从物理意义讲，把逸度视为热力学压力是方便的。在真实混合物中，逸度可视为修正非理想性的分压。引入逸度概念后，相平衡条件演变为"各相的温度、压力相同，各相组分的逸度也相等"，即：

$$T^\alpha = T^\beta = \cdots = T^\pi \quad\quad\quad (2-3)$$

$$p^\alpha = p^\beta = \cdots = p^\pi \quad\quad\quad (2-4)$$

$$\mu_i^\alpha = \mu_i^\beta = \cdots = \mu_i^\pi \quad\quad\quad (2-5)$$

$$\hat{f}_i^\alpha = \hat{f}_i^\beta = \cdots = \hat{f}_i^\pi \quad\quad\quad (2-6)$$

利用相平衡的判据可以判断操作过程中是否达到了相平衡，从而测定体系平衡时的 y_i 和 x_i，或根据平衡判据计算一定条件下的相平衡常数。

任务解析

2.2 相平衡常数的计算

相平衡常数是传质分离过程计算的重要热力学常数，其获得途径主要有以下几种方法。

2.2.1 根据实验数据计算

对于有些物系，科技人员通过实验方法获得了物系相应的气相组成 y_i 和液相组成 x_i，如表 2-1 所示，再根据式（2-1）计算出相平衡常数。

表 2-1　常压下苯-甲苯系统气液平衡常数

温度 t/℃	x/%(摩尔)	y/%(摩尔)	温度 t/℃	x/%(摩尔)	y/%(摩尔)
110.56	0.00	0.00	90.11	55.0	75.5
109.91	1.00	2.50	80.80	60.0	79.1
108.79	3.00	7.11	87.63	65.0	82.5
107.61	5.00	11.2	86.52	70.0	85.7
105.05	10.0	20.8	85.44	75.0	88.5
102.79	15.0	29.4	84.40	80.0	91.2
100.75	20.0	37.2	83.33	85.0	93.6
98.84	25.0	44.2	82.25	90.0	95.9
97.13	30.0	50.7	81.11	95.0	98.0
95.58	35.0	56.6	80.66	97.0	98.8
94.09	40.0	61.9	80.21	99.0	99.61
92.69	45.0	66.7	80.01	100.0	100.0
91.40	50.0	71.3			

2.2.2　完全理想系相平衡常数的计算

完全理想系是指气相是理想气体，液相是理想溶液，则气相中 i 组分分压符合道尔顿分压定律(Dalton's law)，即：

$$p_{i,v} = y_i p \qquad (2-7)$$

液相中 i 组分分压符合拉乌尔定律(Raoult's law)，即：

$$p_{i,1} = x_i p_i^s \qquad (2-8)$$

根据等逸度原则，相平衡常数为：

$$k_i = \frac{p_i^s}{p} \qquad (2-9)$$

饱和蒸气压 p_i^s，可以查相关设计数据资料获取，也可以根据安托尼公式(Antoine equation)计算。

$$\lg p_i^s = A_i - \frac{B_i}{t+C_i} \qquad (2-10)$$

式中，A_i、B_i、C_i 是安托尼方程系数，见附表 1。

【例 2-1】　常压下实验测得苯(1)-甲苯(2)气液平衡数据中有一组 (x, y) 是(0.3345，0.5468)，试计算：

Ⅰ. 系统中苯(1)、甲苯(2)的相平衡常数；

Ⅱ. 如果体系近似看作理想体系，则苯(1)和甲苯(2)的饱和蒸气压为多少？

Ⅲ. 估算该组成下体系温度。

解：Ⅰ. 对于苯(1)组分：$x_1 = 0.3345$，$y_1 = 0.5468$；

根据式(2-1)，$k_1 = \dfrac{y_1}{x_1} = \dfrac{0.5468}{0.3345} = 1.6347$；

对于甲苯(2)：$x_2 = 1 - x_1 = 0.6655$，$y_2 = 1 - y_1 = 0.4532$；

所以，$k_2 = \dfrac{y_2}{x_2} = 0.6810$

Ⅱ. 根据表 2-1 中的数据，由内插法可以估算出 $(x, y) = (0.3345, 0.5468)$ 时的操作温度。

设对应温度为 t，则有：$\dfrac{95.58-t}{94.09-95.58} = \dfrac{0.35-0.3345}{0.4-0.35}$，所以 $t = 96.04℃$；

查附表 1，苯（1）、甲苯（2）的安托尼常数分别为 $A_1 = 6.060395$，$B_1 = 1225.188$，$C_1 = 222.155$，

$A_2 = 6.086576$，$B_2 = 1349.150$，$C_2 = 219.9785$。

将 $t = 96.04℃$ 代入式（2-10）得苯（1）在该条件下的饱和蒸气压为：

$$p_1^s = \exp\left[2.3026\left(A_i - \frac{B_i}{t+C_i}\right)\right] = 167.48\text{kPa}$$

同理，甲苯（2）的饱和蒸气压：$p_2^s = k_2 p = 68.075\text{kPa}$

Ⅲ. 对于理想体系，$p = p_1^s x_1 + p_2^s x_2$，设体系温度为 t，由安托尼方程可以看出饱和蒸气压是温度 t 的函数，则：

系统压力 $p = \sum\limits_{i=1}^{2} p_i^s(t) x_i = \sum\limits_{i=1}^{2} x_i \exp\left[2.3026\left(A_i - \frac{B_i}{t+C_i}\right)\right]$；

温度 t 是隐函数，计算温度要用试差法。最简便的做法是用牛顿-拉甫森法（Newton-Raphson）结合 excel 表格电子算法解决这类问题：

设 $f(t) = \sum\limits_{i=1}^{2} x_i \exp\left[2.3026\left(A_i - \frac{B_i}{t+C_i}\right)\right] - p$

则 $f'(t) = \sum\limits_{i=1}^{2} \frac{2.3026 x_i B_i}{(t+C_i)^2} \exp\left[2.3026\left(A_i - \frac{B_i}{t+C_i}\right)\right]$，

用公式 $t^{(n+1)} - t^{(n)} = -\dfrac{f(t^{(n)})}{f'(t^{(n)})}$ 试差 n 次，直到试差满足 $|t^{(n+1)} - t^{(n)}| \leqslant \varepsilon$，$\varepsilon$ 是容许的误差要求，如 10^{-4} 等。

例 2-1 附表 1 是 excel 试差的过程。

例 2-1 附表 1　苯（1）-甲苯（2）系统任意组成 x_i 所对应温度 t 的试差求解

操作压力 p/kPa	101.325	安托尼方程系数			
组分	液相摩尔分率 x_i	A_i	B_i	C_i	
苯（1）	0.3345	6.060395	1225.188	222.155	
甲苯（2）	0.6655	6.086576	1349.15	219.9785	
	合计	1.0000			
迭代次数	假设温度	计算温度	温度函数	一阶导数	误差 $\varepsilon \leqslant 10^{-4}$
1	$t(0)$	$t(1)$	$f(t(0))$	$f'(t(0))$	$\|t(1)-t(0)\|$
	97.2	97.2000	0.0013	106.8919	1.20884E-05
2	$t(1)$	$t(2)$	$f(t(1))$	$f'(t(1))$	$\|t(2)-t(1)\|$
	97.2000	97.2000	0.0013	106.8918	1.1755E-05

这里有两点要注意：一是这个试差过程收敛速度比较慢，迭代试差次数比较多，可以

根据判断给定最靠近真值的 t 试差；二是相对于前面的内插法求出的温度，后者计算误差显然增大了。

2.2.3 查 p-T-k 图获得相平衡常数

对于极少数的烃类物质，Depriester 根据 BWR 方程对 12 种烃类化合物制作了简化 k 图，使得相关烃类的相平衡常数的求解大大简化，如图 2-3 所示。

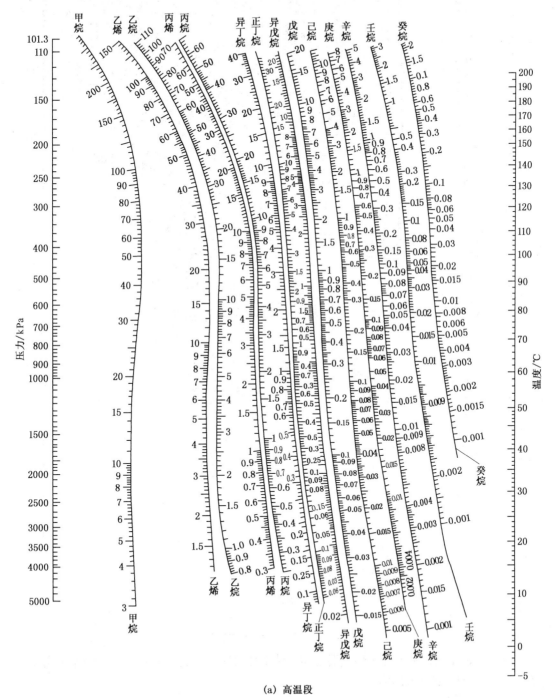

(a) 高温段

图 2-3 烃类的 p-T-k 图

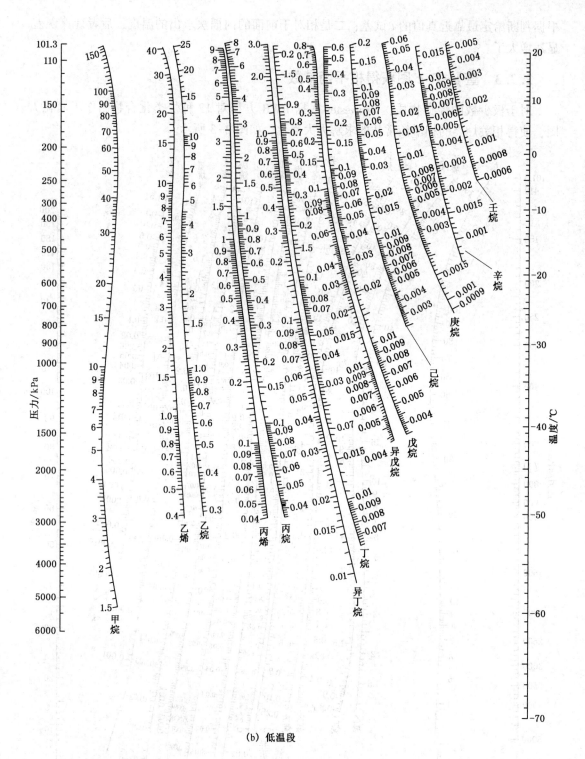

(b) 低温段

图 2-3 烃类的 $p\text{-}T\text{-}k$ 图(续)

Depriester k 图在手工计算烃类混合物气液平衡时应用广泛。从图中查出的相平衡常数平均误差在 8%～15%范围内。

2.2.4 相平衡常数的经验计算式

在实际应用中，也经常采用相平衡常数的经验计算式。如果体系的组成对相平衡常数的影响不很明显，则可以将相平衡常数表示为温度和压力的函数。

2.2.4.1 烃类体系 k_i 的近似值的经验关联式估计

（1）Depriester 经验关联式

$$k_i = \frac{p_{c,i}}{p}\exp\left[5.42\left(1-\frac{T_{c,i}}{T}\right)\right] \tag{2-11}$$

（2）Wilson 关联式

$$k_i = \frac{p_{c,i}}{p}\exp\left[5.373(1-\omega_i)\left(1-\frac{T_{c,i}}{T}\right)\right] \tag{2-12}$$

2.2.4.2 相平衡常数近似为温度的函数

由于压力对相平衡常数的影响远比温度的影响小，所以在分离过程的计算中，当压力变化不大时，可以将相平衡常数只表示为温度的函数。例如在精馏塔计算中，可以采用在全塔平均压力下的相平衡常数表示式而不会造成显著的误差。相平衡常数和温度的关系一般采用下列几种形式：

$$\ln k_i = B_{1,i} - \frac{B_{2,i}}{(T+B_{3,i})} \tag{2-13}$$

$$\sqrt[3]{\frac{k_i}{T}} = C_{0,i} + C_{1,i}T + C_{2,i}T^2 + C_{3,i}T^3 \tag{2-14}$$

各经验式的系数有两种来源：一种是由实验数据直接回归而得，另一种是由各种计算相平衡常数的方法计算值回归而得。郭天民等用 SHBWR 法计算脱丙烷塔 15 种组分的相平衡常数值，回归成式（2-14）形式。用这种在机回归的方法既达到了加速计算的目的，又基本上不失应用原有相平衡常数计算方法的准确性，但问题是这些公式中对应的常数 A、B、C 很难获得。

2.3 相平衡常数的热力学基础

不论是理想体系还是非理想体系，相平衡常数准确值的测定或求取都伴随着烦琐的工作或计算。根据相平衡的判据，研究气液两相的相平衡必须从研究气液两相的化学位（或逸度）开始。这样才能根据式（2-11）或式（2-12）计算系统的相平衡常数。

2.3.1 化学位（势）

物系中某组分 i 的偏摩尔自由焓 $\overline{G_i}$ 又称为组分 i 的化学位。

（1）化学位定义

$$\mu_i = \overline{G_i} = \left(\frac{\partial G}{\partial n_i} \right)_{T,P,n_j} \qquad (2-15)$$

（2）理想气体的化学位与压力的关系

若有 1mol 纯理想气体 i 从始状态温度 T、压力 $p^0 = 101325Pa$ 的标准态（对应的自由焓即标准摩尔自由焓 G_m^0，纯物质的摩尔自由焓即其化学位，以 μ^0 表示），变化到末状态 T、p 时化学位 μ 与压力的关系推导如下：

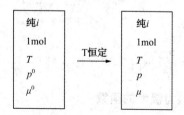

对于 1mol 纯理想气体，$G_m = \mu$，$V = V_m$

由热力学基本方程

$$dG = Vdp - SdT \qquad (2-16)$$

1mol 纯理想气体恒温时

$$d\mu = dG_m = V_m dp \qquad (2-17)$$

又　$V_m = \dfrac{RT}{p}$

所以

$$d\mu = RTd\ln p \qquad (2-18)$$

或者

$$\mu = \mu^0 + RT\ln \frac{p}{p^0} \qquad (2-19)$$

同理，当以温度 T、压力 p^0 下纯组分 i 为标准态时，对于理想气体混合物中的组分 i 有：

$$d\mu_i = RTd\ln p_i \qquad (2-20)$$

或者

$$\mu_i = \mu_i^0 + RT\ln \frac{p_i}{p^0} \qquad (2-21)$$

2.3.2　流体（包括气体和液体）的逸度和逸度系数

为了表达真实气体的化学位，G. N. Lewis 提出非理想气体中用逸度 f 代替理想气体的压力 p，如果以温度 T、压力 p^0 下纯组分 i 为标准态，则对于理想气体和真实气体其化学位的联系和区别如下：

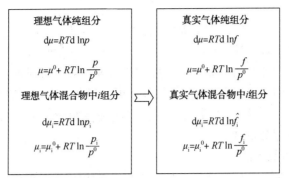

2.3.2.1 逸度和逸度系数的定义

对于纯组分定义：

$$d\mu = RT d\ln f \tag{2-22}$$

$$\lim_{p \to 0} \frac{f}{p} = \lim_{p \to 0} \varphi = 1 \tag{2-23}$$

其中 φ 是组分逸度系数：

$$\varphi = \frac{f}{p} \tag{2-24}$$

对于气体混合物中 i 组分，定义：

$$d\mu_i = RT d\ln\hat{f}_i \tag{2-25}$$

$$\lim_{p \to 0} \frac{\hat{f}_i}{y_i p} = \lim_{p \to 0} \hat{\varphi}_i = 1 \tag{2-26}$$

其中 $\hat{\varphi}_i$ 是混合物中组分 i 逸度系数：

$$\hat{\varphi}_i = \frac{\hat{f}_i}{y_i p} \tag{2-27}$$

2.3.2.2 逸度和逸度系数的计算

（1）纯组分逸度系数

对于纯组分：$\left. \begin{aligned} d\mu &= V_m dp \\ d\mu &= RT d\ln f \end{aligned} \right\} \Rightarrow d\ln f = \frac{V_m}{RT} dp$

逸度系数的定义 $\varphi = \frac{f}{p} \Rightarrow d\ln f = d\ln\varphi + \frac{dp}{p}$

所以 $d\ln\varphi = \frac{p V_m}{RT} \cdot \frac{dp}{p} - \frac{dp}{p}$

即

$$d\ln\varphi = (Z-1)\frac{dp}{p} \tag{2-28}$$

积分式为：

$$\ln\varphi = \int_{P_0}^{P} (Z-1)\frac{dp}{p} \tag{2-29}$$

其中 Z 是压缩因子，$Z = \frac{p V_m}{RT}$，代入式(2-29)得：

$$\ln\varphi = \frac{1}{RT}\int_{p_0}^{p}\left(V_m - \frac{RT}{p}\right)\mathrm{d}p \tag{2-30}$$

（2）纯组分逸度系数的计算

纯组分逸度系数的计算相对简单，通过计算逸度系数，可根据式（2-24）计算流体纯组分的逸度。混合物中组分 i 的逸度系数的计算更为复杂，需要依照规定的混合规则，计算出体系的对比参数、偏摩尔压缩因子等，才能确定组分 i 的逸度系数，然后根据式（2-27）计算流体中 i 组分的逸度。

1）普遍化逸度系数图法

根据对比状态理论，不同物质如果具有相同的对比压力 p_r 和对比温度 T_r（三参数对比状态理论还增加了偏心因子 ω），这时它们的各种物理性质都具有简单的对应关系，即其他参数也对比相等。

式（2-29）也可写成：

$$\ln\varphi = \int_{p_r^0}^{P_r}(Z-1)\frac{\mathrm{d}p_r}{p_r} \tag{2-31}$$

一定的 p_r、T_r 对应有一定的压缩因子 Z，按式（2-31）计算并绘制出普遍化逸度系数图，如图 2-4 所示，以方便求出 φ。

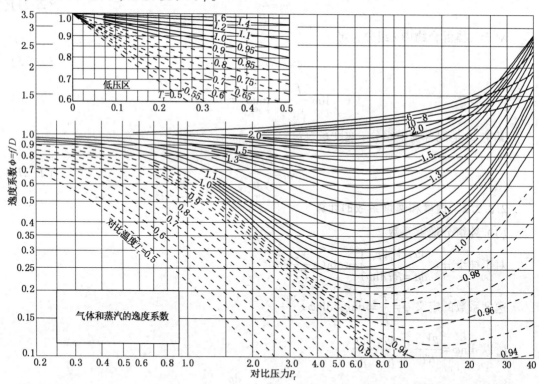

图 2-4　普遍化逸度系数图

【例 2-2】　计算乙烯在 6.888MPa、311K 下，达到相平衡时气相和液相的逸度系数。乙烯的饱和蒸气压由安托尼方程 $\lg p^s = A - \dfrac{B}{t+C}$ 给出，其中 $A = 7.2058$，$B = 768.26$，$C = 282.43$。乙烯的临界温度 $T_c = 285.5\mathrm{K}$，临界压力 $P_c = 5.065\mathrm{MPa}$。

解：（1）相平衡时气相乙烯逸度系数 φ^{V} 的计算

乙烯的对比温度、对比压力分别为：

$$T_{\mathrm{r}} = \frac{T}{T_{\mathrm{c}}} = \frac{311}{285.5} = 1.1, \quad P_{\mathrm{r}} = \frac{P}{P_{\mathrm{c}}} = \frac{6.888}{5.065} = 1.36$$

查图 2-4 得 $\varphi^{\mathrm{V}} = 0.66$。

（2）相平衡时液相乙烯逸度系数 φ^{L} 的计算

乙烯的饱和蒸气压为：

$$\lg p^{\mathrm{s}} = A - \frac{B}{t+C} = 7.2058 - \frac{768.26}{(311-273) + 282.43} = 4.8032$$

$p^{\mathrm{s}} = 64299\mathrm{mmHg} = 8.571\mathrm{MPa}$。

液相乙烯的对比温度、对比压力分别为：

$$T_{\mathrm{r}} = \frac{T}{T_{\mathrm{c}}} = \frac{311}{285.5} = 1.1, \quad P_{\mathrm{r}} = \frac{p^{\mathrm{s}}}{P_{\mathrm{c}}} = \frac{8.571}{5.065} = 1.69$$

查图 2-4 得 $\varphi^{\mathrm{L}} = 0.6$。

2）普遍化状态方程法

若已知气体的 pVT 数据或状态方程，可由式（2-29）、式（2-30）计算逸度系数 φ，常用的状态方程有维里方程、R-K 方程和 B-W-R 方程等。

① 维里（Virial）方程：维里方程可以表示成以下各种形式：

$$Z = \frac{pV_{\mathrm{m}}}{RT} = 1 + \frac{B}{V_{\mathrm{m}}} + \frac{C}{V_{\mathrm{m}}^2} + \frac{D}{V_{\mathrm{m}}^3} + \cdots \tag{2-32}$$

$$= 1 + B'p + C'p^2 + D'p^3 + \cdots$$

式中，B、B'、C、C'、D、D'……分别称为第二、第三、第四……维里系数。常用的是截取到第二维里系数的二项式，形式简单，适用于中、低压物系。

$$Z = \frac{pV_{\mathrm{m}}}{RT} = 1 + \frac{Bp}{RT} = 1 + \left(\frac{Bp_{\mathrm{c}}}{RT_{\mathrm{c}}}\right) \frac{p_{\mathrm{r}}}{T_{\mathrm{r}}} \tag{2-33}$$

$$\frac{Bp_{\mathrm{c}}}{RT_{\mathrm{c}}} = B^{(0)} + \omega B^{(1)} \tag{2-34}$$

$$B^{(0)} = 0.083 - \frac{0.422}{T_{\mathrm{r}}^{1.6}} \tag{2-34a}$$

$$B^{(1)} = 0.139 - \frac{0.172}{T_{\mathrm{r}}^{4.2}} \tag{2-34b}$$

将式（2-33）、式（2-34）代入式（2-29）分别得：

$$\ln\varphi = \int_{p^0 \to 0}^{p} (Z-1) \frac{\mathrm{d}p}{p} = \frac{Bp}{RT} \tag{2-35}$$

或

$$\ln\varphi = \frac{p_{\mathrm{r}}}{T_{\mathrm{r}}} (B^{(0)} + \omega B^{(1)}) \tag{2-36}$$

此式的应用范围是 $V_{\mathrm{r}} \geqslant 2$。

② Redlich-Kwong 方程：R-K 方程是两参数状态方程，可以在较高压力下应用，有足够的精度。它不仅适用于气态，而且可用于液态，因此在气液相平衡计算中具有重要的作

用。R-K方程可表示为：

$$p = \frac{RT}{V_m - b} - \frac{a}{T^{0.5} V_m (V_m + b)}$$ (2-37)

式中，a、b 是 R-K 常数，与流体的特性有关，可由物质的临界性质求得。

$$a = \frac{\Omega_a R^2 T_c^{2.5}}{p_c} = \frac{0.42748 R^2 T_c^{2.5}}{p_c}$$ (2-38a)

$$b = \frac{\Omega_b R T_c}{p_c} = \frac{0.08664 R T_c}{p_c}$$ (2-38b)

为便于利用计算机求解，R-K 方程也可写成以下形式：

$$Z^3 - Z^2 + (Ap - Bp - B^2 p^2) Z - ABp^2 = 0$$ (2-39)

式中

$$A = \frac{a}{R^2 T^{2.5}}$$ (2-39a)

或者

$$A = \frac{0.42784}{p_c T_r^{2.5}}$$ (2-39b)

$$B = \frac{b}{RT}$$ (2-39c)

或者

$$B = \frac{0.08664}{p_c T_r}$$ (2-39d)

$$\frac{A}{B} = \frac{a}{bRT^{1.5}}$$ (2-39e)

压缩因子 Z 可以用牛顿-拉甫森（Newton-Raphson）法计算得到。

因为 $$V_m dp = d(pV_m) - p dV_m$$

结合式（2-30）、式（2-37）得：

$$\ln\varphi = Z - 1 - \ln\left(Z - \frac{bp}{RT}\right) - \frac{a}{bRT^{1.5}} \ln\left(1 + \frac{b}{V_m}\right)$$ (2-40)

或者：

$$\ln\varphi = Z - 1 - \ln(Z - Bp) - \frac{A}{B} \ln\left(1 + \frac{Bp}{Z}\right)$$ (2-41)

【例 2-3】 分别用 Virial 方程和 R-K 方程计算 10138kPa 和 180℃ 时的乙烷气体的逸度系数。

解：（1）用 Virial 方程计算逸度系数

查得乙烷的临界参数为：

$T_c = 305.33\text{K}$，$P_c = 4.872\text{MPa}$，$V_c = 146.7 \times 10^{-6} \text{m}^3/\text{mol}$，偏心因子 $\omega = 0.0990$。

对比参数：

$$T_r = \frac{T}{T_c} = \frac{180 + 273.2}{305.33} = 1.484, \quad P_r = \frac{p}{p_c} = \frac{10.138}{4.872} = 2.0763$$

由式（2-34a）和式（2-34b）得：

$$B^{(0)} = 0.083 - \frac{0.422}{T_r^{1.6}} = 0.083 - \frac{0.422}{1.484^{1.6}} = -0.1414$$

$$B^{(1)} = 0.139 - \frac{0.172}{T_r^{4.2}} = 0.139 - \frac{0.172}{1.484^{4.2}} = 0.1062$$

$$B = (B^{(0)} + \omega B^{(1)}) \frac{RT_c}{p_c} = -6.822 \times 10^{-5}$$

根据式(2-36)计算逸度系数得:

$$\ln\varphi = \frac{p_r}{T_r}(B^{(0)} + \omega B^{(1)}) = \frac{2.0763}{1.484} \times (-0.1414 + 0.0990 \times 0.1062) = -0.1835$$

所以 $\varphi = 0.8165$

计算结果校核:

根据式(2-33)计算压缩因子:

$$Z = 1 + \frac{Bp}{RT} = 1 + \frac{-6.882 \times 10^{-5} \times 10.138 \times 10^6}{8.314 \times 453.2} = 0.8165$$

乙烷的摩尔体积 $V_m = \frac{ZRT}{p} = \frac{0.8165 \times 8.314 \times 453.2}{10.138 \times 10^6} = 3.035 \times 10^{-4} \, \mathrm{m^3/mol}$

对比体积 $V_r = \frac{V_m}{V_c} = \frac{3.035 \times 10^{-4}}{1.467 \times 10^{-4}} = 2.0685 \geqslant 2$,符合维里方程的适用范围。

(2) 用 R-K 方程计算逸度系数

根据式(2-39b)得:

$$A = \frac{0.42784}{p_c T_r^{2.5}} = \frac{0.42784}{4.784 \times 10^6 \times 1.484^{2.5}} = 3.271 \times 10^{-8}$$

根据式(2-39d)得:

$$B = \frac{0.08664}{p_c T_r} = \frac{0.08664}{4.784 \times 10^6 \times 1.484} = 1.198 \times 10^{-8}$$

所以 $\frac{A}{B} = \frac{3.271 \times 10^{-8}}{1.198 \times 10^{-8}} = 2.731$

利用式(2-39)用 Newton-Raphson 法迭代(方法见【例2-1】)求得:

$$Z = 0.8218$$

由式(2-32b)计算逸度系数:

$$\ln\varphi = Z - 1 - \ln(Z - Bp) - \frac{A}{B}\ln\left(1 + \frac{Bp}{Z}\right)$$

$$= 0.8218 - 1 - \ln(0.8218 - 1.198 \times 10^{-8} \times 10.138 \times 10^6)$$

$$-2.731 \times \ln\left(1 + \frac{1.198 \times 10^{-8} \times 10.138 \times 10^6}{0.8218}\right)$$

$$= -0.1984$$

所以 $\varphi = 0.8201$

(3) 混合物中 i 组分的逸度系数计算

对于实际气体混合物中组分 i:

$$\left.\begin{array}{l} \mathrm{d}\mu_i = \overline{V}_i \mathrm{d}p \\ \mathrm{d}\mu_i = RT\mathrm{d}\ln\hat{f}_i \end{array}\right\} \Rightarrow \mathrm{d}\ln\hat{f}_i = \frac{\overline{V}_i}{RT}\mathrm{d}p$$

逸度系数的定义：
$$\hat{\varphi}_i = \frac{\hat{f}_i}{y_i p} \Rightarrow \mathrm{dln}\hat{f}_i = \mathrm{dln}\hat{\varphi}_i + \frac{\mathrm{d}p}{p}$$

所以
$$\mathrm{dln}\hat{\varphi}_i = \frac{p\overline{V}_i}{RT} \cdot \frac{\mathrm{d}p}{p} - \frac{\mathrm{d}p}{p} = (\overline{Z}_i - 1)\frac{\mathrm{d}p}{p} \tag{2-42}$$

式中 $\overline{V}_i$ 是气体混合中 i 组分的偏摩尔体积：
$$\overline{V}_i = \left(\frac{\partial V_M}{\partial n_i}\right)_{T, p, n_j \neq i} \tag{2-42a}$$

$\overline{Z}_i$ 是气体混合中 i 组分的偏摩尔压缩因子：
$$\overline{Z}_i = \left(\frac{\partial Z_M}{\partial n_i}\right)_{T, p, n_j \neq i} \tag{2-42b}$$

式中 V_M ——气体混合物的摩尔体积；

Z_M ——气体混合物的压缩因子。

对式(2-42)积分得关于混合物中 i 组分的逸度系数的计算公式：
$$\mathrm{ln}\hat{\varphi}_i = \int_{P_0}^{P} (\overline{Z}_i - 1)\frac{\mathrm{d}p}{p} \tag{2-43}$$

由于较多的状态方程以 T、V 为自变量，所以常以下式计算：
$$\mathrm{ln}\hat{\varphi}_i = \frac{1}{RT}\int_{\infty}^{V}\left[\frac{RT}{V_M} - \left(\frac{\partial p}{\partial n_i}\right)_{T, V, n_j \neq i}\right]\mathrm{d}V_M - \mathrm{ln}Z_M \tag{2-44}$$

1）利用 Virial 方程计算混合物中 i 组分的逸度系数

如果气体混合物服从截止到第二维里系数的 Virial 方程：
$$Z_M = \frac{pV_M}{RT} = 1 + \frac{B_M p}{RT} \tag{2-45}$$

式中，B_M 是气体混合物的第二维里系数，按照下列混合规则计算：
$$B_M = \sum_{i=1}^{n}\sum_{j=1}^{n} y_i y_j B_{ij} \tag{2-45a}$$

$$B_{ij} = \frac{RT_{c,ij}}{p_{c,ij}}(B_{ij}^{(0)} + \omega_{ij}B_{ij}^{(1)}) \tag{2-45b}$$

$$B_{ij}^{(0)} = 0.083 - \frac{0.422}{T_{r,ij}^{1.6}} \tag{2-45c}$$

$$B_{ij}^{(1)} = 0.139 - \frac{0.172}{T_{r,ij}^{4.2}} \tag{2-45d}$$

$$T_{r,ij} = \frac{T}{T_{c,ij}} \tag{2-45e}$$

$$T_{c,ij} = (1 - k_{ij})(T_{c,i} \cdot T_{c,j})^{0.5} \tag{2-45f}$$

$$p_{c,ij} = \frac{Z_{c,ij}RT_{c,ij}}{V_{c,ij}} \tag{2-45g}$$

$$V_{c,ij} = [0.5(V_{c,i}^{1/3} + V_{c,j}^{1/3})]^3 \tag{2-45h}$$

$$Z_{c,ij} = 0.5(Z_{c,i} + Z_{c,j}) \tag{2-45i}$$

$$\omega_{ij} = 0.5(\omega_i + \omega_j) \tag{2-45j}$$

$$k_{ij} = 1 - \frac{(V_{c,i} \cdot V_{c,j})^{0.5}}{V_{c,ij}} \tag{2-45k}$$

k_{ij} 称为二元交互作用参数，其数值与组成混合物的物质有关，一般在 0~0.2 之间。

令
$$\overline{Z}_i = \left(\frac{\partial Z_M}{\partial n_i}\right)_{T,p,n_{j \neq i}} = \frac{p}{RT}\left(\frac{\partial B_M}{\partial n_i}\right)_{T,p,n_{j \neq i}} + 1 \tag{2-46}$$

代入式(2-43)得：

$$\ln\hat{\varphi}_i = \frac{p}{RT}\left(2\sum_{j=1}^{n} y_j B_{ij} - B_M\right) \tag{2-47}$$

2）利用 R-K 方程计算混合物中 i 组分的逸度系数

对于多组分系统的 R-K 方程，Prausnitz 等人提出如下混合规则：

$$b_i = \frac{0.086640 R T_{c,i}}{p_{c,i}} \tag{2-48a}$$

$$a_{ij} = \frac{0.427480 R^2 T_{c,ij}^{2.5}}{p_{c,ij}} \tag{2-48b}$$

$$a_M = \sum_{i=1}^{n}\sum_{j=1}^{n} y_i y_j a_{ij} \tag{2-48c}$$

$$b_M = \sum_{i=1}^{n} y_i b_i \tag{2-48d}$$

$$A_M = \frac{a_M}{R^2 T^{2.5}} \tag{2-48e}$$

$$B_M = \frac{b_M}{RT} \tag{2-48f}$$

$$\frac{A_M}{B_M} = \frac{a_M}{b_M R T^{1.5}} \tag{2-48g}$$

则有：

$$Z_M^3 - Z_M^2 + (A_M p - B_M p - B_M^2 p^2)Z_M - A_M B_M p^2 = 0 \tag{2-49}$$

组分 i 的逸度系数为：

$$\ln\hat{\varphi}_i = \frac{b_i}{b_M}(Z_M - 1) - \ln(Z_M - B_M p) + \frac{A_M}{B_M}\left(\frac{b_i}{b_M} - \frac{2\sum_{j=1}^{m} y_j a_{ij}}{a_M}\right)\ln\left(1 + \frac{B_M p}{Z_M}\right) \tag{2-50}$$

【例 2-4】 试计算在 313K、1.5MPa 下 $CO_2(1)$-$C_3H_8(2)$ 的等摩尔的混合物中 CO_2 和 C_3H_8 的逸度系数。设气体混合物服从截止到第二维里系数的维里方程。已知各物质的临界参数和偏心因子的数值如下：

ij	$T_{c,ij}/K$	$P_{c,ij}/MPa$	$V_{c,ij}/(cm^3/mol)$	$Z_{c,ij}$	ω_{ij}
11	304.2	7.28	94.0	0.274	0.225
22	369.8	4.19	203.0	0.281	0.145
12	335.4	5.40	141.6	0.278	0.185

设式(2-45k)中的二元交互参数 $k_{ij}=0$。

解：用混合物的维里方程计算

从上表所列纯物质参数的数值，用式(2-45e)~(2-45j)计算混合物的参数，将这些参数代入式(2-45b)~式(2-45d)计算得到 $B^{(0)}$、$B^{(1)}$、B_{ij}，计算结果列于下表。

ij	T_r	$B^{(0)}$	$B^{(1)}$	B_{ij}
11	1.029	−0.320	−0.014	−110.8
22	0.85	−0.464	−0.201	−357.1
12	0.937	−0.385	−0.087	−204.4

利用式(2-45a):

$$B_M = \sum_{i=1}^{n} \sum_{j=1}^{n} y_i y_j B_{ij} = y_1^2 B_{11} + 2y_1 y_2 B_{12} + y_2^2 B_{22}$$

$$= 0.5^2 \times (-110.8) + 2 \times 0.5 \times 0.5 (-204.4) + 0.5^2 \times (-357.1)$$

$$= -219.175 (\text{cm}^3/\text{mol})$$

根据式(2-47)得:

$$\ln\hat{\varphi}_1 = \frac{p}{RT}\left(2\sum_{j=1}^{2} y_j B_{ij} - B_M\right) = \frac{p}{RT}(2y_1 B_{11} + 2y_2 B_{12} - B_M)$$

$$= \frac{1.5}{8.314 \times 313}(2 \times 0.5 \times (-110.8) + 2 \times 0.5 \times (-204.4) - (-219.175))$$

$$= -0.0554$$

$$\hat{\varphi}_1 = 0.946$$

同理:

$$\ln\hat{\varphi}_2 = \frac{p}{RT}\left(2\sum_{j=1}^{2} y_j B_{ij} - B_M\right) = \frac{p}{RT}(2y_1 B_{12} + 2y_2 B_{22} - B_M)$$

$$= \frac{1.5}{8.314 \times 313}(2 \times 0.5 \times (-204.4) + 2 \times 0.5 \times (-357.1) - (-219.175))$$

$$= -0.1973$$

$$\hat{\varphi}_2 = 0.8209$$

(4) 纯液体的逸度

根据相平衡判据，当纯液体处于饱和状态时，其逸度等于其饱和蒸气的逸度。当系统的压力 p 大于饱和蒸气压 p^s 时，可利用式(2-30)计算。该式不仅适用于纯气体，也适用于纯液体逸度的计算。

计算纯液体的逸度系数时，通常将式(2-30)分为两部分计算：第一项积分计算温度 T 时液体的饱和蒸气的逸度系数；第二项积分计算液体的压力由 p_i^s 增至 p 时逸度系数的改变值。

$$\ln\varphi^L = \frac{1}{RT}\int_{p_0}^{p^s}\left(V_m^V - \frac{RT}{p}\right)\mathrm{d}p + \frac{1}{RT}\int_{p^s}^{p}\left(V_m^L - \frac{RT}{p}\right)\mathrm{d}p \qquad (2-51)$$

式中 φ^L、V_m^V、V_m^L 分别是液体的逸度系数、饱和蒸气的摩尔体积、饱和液体的摩尔体积。

结合式(2-24)、式(2-30)的纯液体的逸度为：

$$f^L = p^s \varphi^s \exp\left[\frac{V_m^L(p-p^s)}{RT}\right] \qquad (2-52)$$

【例2-5】 试计算【例2-2】中液相乙烯的逸度。

解：组分的饱和蒸气压由安托尼方程计算得到：$p^s = 8.571\text{MPa}$

纯液体的饱和蒸气的逸度系数有多种计算方法，用逸度系数图法计算得：$\varphi^s = 0.6$

查得液体乙烯的摩尔体积为：$V_m^L = 0.131 \times 10^{-3}\text{m}^3/\text{mol}$

根据式(2-52)液相纯乙烯的逸度为：

$$f^L = p^s \varphi^s \exp\left[\frac{V_m^L(p-p^s)}{RT}\right] = 8.571 \times 0.6 \times \exp\left[\frac{0.131 \times 10^{-3}(6.888 - 8.571) \times 10^6}{8.314 \times 311}\right]$$

$$= 4.722\text{MPa}$$

2.3.3 流体的活度和活度系数

前面介绍的逸度系数的计算方法主要是为了确定气相的逸度，对于液相，在很多情况下与气相的 pVT 特性相差较大，所以对于液相的逸度是通过溶液的活度和活度系数来进行计算的。

2.3.3.1 活度和活度系数的定义

对于理想溶液，在低压条件下，服从拉乌尔定律，即：

$$p_i = p_i^s x_i \qquad (2-53)$$

式中，p_i^s 为一定温度下纯溶剂 i 的饱和蒸气压。

在中高压下，服从路易斯-兰德尔规则，即：

$$\hat{f}_i = f_i^{oL} x_i \qquad (2-54)$$

式中，f_i^{oL} 为纯组分 i 在标准态时的逸度。

将式(2-53)、式(2-54)代入式(2-18)、式(2-25)积分得：

$$\mu_i^L = \mu_i^{oL} + RT\ln x_i \qquad (2-55a)$$

低压时：

$$\mu_i^{oL} = \mu_i^{oV} + RT\ln p_i^s \qquad (2-55b)$$

中高压时：

$$\mu_i^{oL} = \mu_i^{oV} + RT\ln f_i^{oL} \qquad (2-55c)$$

式中，μ_i^{oV} 是标准态(或基准态)下，组分 i 蒸气的化学位。

为了处理非理想溶液，G. N. Lewis 提出活度的概念，提出用活度 α_i 代替 x_i。

定义低压时：

$$\alpha_i = \frac{p_i}{p_i^s} \qquad (2-56a)$$

中高压时：

$$\alpha_i = \frac{\hat{f}_i}{f_i^{oL}} \qquad (2-56b)$$

同时定义活度系数：

$$\gamma_i = \frac{\alpha_i}{x_i} \tag{2-57}$$

所以液相中组分 i 的活度系数为：

$$\gamma_i = \frac{\hat{f}_i}{x_i f_i^{oL}} \tag{2-58}$$

对于理想溶液，活度系数 $\gamma_i = 1$；对于非理想溶液，活度系数 $\gamma_i \neq 1$。

所以对于非理想溶液有：

$$\mu_i^L = \mu_i^{oL} + RT\ln\alpha_i \tag{2-59}$$

2.3.3.2 标准态和标准态逸度

由活度的定义可知，若组分 i 的标准态不同，则其活度值亦不同。所以，在考虑溶液的非理想性时，标准态的选择极为重要。溶液中组分的标准态可以选择不同的状态，但是其温度均选与溶液相同的温度。所谓标准态通常是指活度系数等于1的状态。

（1）可凝组分标准态的选择

可凝组分是指在加压或降温时容易相变生成液相的组分，如石油烃类组分。溶液中的各组分是可凝组分时，标准态条件满足下式：

$$\lim_{x_i \to 1} \gamma_i = 1 \tag{2-60}$$

将该条件代入式（2-58）得：

$$f_i^{oL} = f_i^L \tag{2-61}$$

可见 f_i^{oL} 为在系统 T、p 下的液体纯组分 i 的逸度。所以，标准态逸度即为相同 T、p 下纯液体逸度。而纯液体逸度可由式（2-52）计算求取。这种标准态使用方便，故被普遍采用。

（2）不可凝组分标准态的选择

不凝组分是指 N_2、O_2、惰性气体等沸点低的气体。对不凝组分，在与溶液相同的温度下其纯液体不能存在，其标准态有两种处理方法。

① 溶液中的各组分是不凝组分时，标准态条件满足下式：

$$\lim_{x_i \to 0} \gamma_i = 1 \tag{2-62}$$

将该条件代入式（2-58）得：

$$f_i^{oL} = H \equiv \lim_{x_i \to 0} \frac{\hat{f}_i^L}{x_i} \tag{2-63}$$

或

$$\hat{f}_i^L = Hx_i (x_i \to 0) \tag{2-64}$$

可见 f_i^{oL} 为在系统 T、p 下估算出来的亨利系数。虽然亨利系数可以实验测定，但是同一组分的亨利系数随溶剂的不同而不同，而且当溶剂为混合溶剂时，处理方法比较复杂。

② 另一种方法是采用在溶液温度 T 和压力 p（或某一固定压力）下的假想纯液体作标准态，其逸度 f_i 值用外推的方法确定。Prausnitz 等给出了 $1.0138 \times 10^5 Pa$ 下常见气体假想纯液体的温度和逸度的关系曲线。这种处理方法具有和上述可凝组分的标准态的各种优点。此时，两种组分使用一致的标准态，称为对称形标准态。

2.3.3.3　活度和活度系数的计算

化工热力学中推导出过剩自由焓与活度系数的关系：

$$G^{\mathrm{E}} = \sum_{i=1}^{n} n_i RT \ln \gamma_i \qquad (2-65a)$$

$$\left(\frac{\partial G^{\mathrm{E}}}{\partial n_i} \right)_{T,p,n_j \neq i} = RT \ln \gamma_i \qquad (2-65b)$$

如有适当的过剩自由焓 G^{E} 的数学模型，就可通过对组分 i 的物质的量 n_i 求偏导数得到 γ_i 的表达式。通常计算组分 i 的活度系数 γ_i 的方程有：对称型 Margules-Van Laar 方程，Margules 方程、Van Laar 方程、Wilson 方程、NRTL 方程、UNIQUAC 方程、Scatchard-Hildebrand 方程。前三个方程具有悠久的历史，且仍有实用价值，特别用于定性分析方面。Wilson 方程、NRTL 方程、UNIQUAC 方程都是根据局部组成概念建立起来的模型，不同模型中局部组成的含义不同。Wilson 方程中用局部体积分数的概念，而 NRTL 和 UNIQUAC 方程则用局部摩尔分数的概念。Scatchard-Hildebrand 属于从纯物质估算活度系数的方程。

（1）斯卡查特-赫德布兰（Scatchard-Hildebrand）溶解度参数方程

Scatchard-Hildebrand 溶解度方程也称为 S-H 方程，是 Scatchard、Hildebrand 根据正规溶液理论得出的一个半经验半理论关联式。它适用于非极性溶液，例如烃类溶液，对于多组分体系其表达式如式（2-66）所示：

$$\ln \gamma_i = \frac{V_{\mathrm{m},i}^{\mathrm{L}}}{RT} (\delta_i - \bar{\delta})^2 \qquad (2-66)$$

式中，$\bar{\delta}$ 是溶液中各组分之溶解度参数按其体积分率加和所得之平均值。

$$\bar{\delta} = \sum_{j=1}^{n} \varphi_j \delta_j \qquad (2-67a)$$

$$\varphi_j \equiv \frac{x_j V_{\mathrm{m},j}^{\mathrm{L}}}{\sum_{k=1}^{n} x_k V_{\mathrm{m},k}^{\mathrm{L}}} \qquad (2-67b)$$

对于双组分体系，其表达式可以化简为：

$$\ln \gamma_1 = \frac{V_{\mathrm{m},1}^{\mathrm{L}}}{RT} (\delta_1 - \delta_2)^2 \varphi_2^2 \qquad (2-68a)$$

$$\ln \gamma_2 = \frac{V_{\mathrm{m},2}^{\mathrm{L}}}{RT} (\delta_1 - \delta_2)^2 \varphi_1^2 \qquad (2-68b)$$

表 2-2 是一些常用的非极性液体在 25℃时的溶解度参数和摩尔体积数值。S-H 方程适用于分子大小和形状相近的正偏差类型混合物。

表 2-2　部分非极性液体在 25℃时的溶解度参数和摩尔体积数值

名称	$\delta \times 10^{-3}/$ $(\mathrm{J/m^3})^{0.5}$	$V_{\mathrm{m}}^{\mathrm{L}} \times 10^{6}/$ $(\mathrm{m^3/mol})$	名称	$\delta \times 10^{-3}/$ $(\mathrm{J/m^3})^{0.5}$	$V_{\mathrm{m}}^{\mathrm{L}} \times 10^{6}/$ $(\mathrm{m^3/mol})$
甲　烷	11.58	64.0	乙　烯	12.32	73.0
乙　烷	12.34	75.0	丙　烯	13.16	84.0
丙　烷	13.09	88.0	丁烯-1	13.83	95.0

名称	$\delta\times10^{-3}/$ $(J/m^3)^{0.5}$	$V_m^L\times10^6/$ (m^3/mol)	名称	$\delta\times10^{-3}/$ $(J/m^3)^{0.5}$	$V_m^L\times10^6/$ (m^3/mol)
正丁烷	13.89	101.4	异丁烯	13.83	95.4
正戊烷	14.36	116.1	1,3-丁二烯	14.20	88.0
正己烷	14.87	131.6	苯	18.74	89.4
正庚烷	15.20	147.5	甲苯	18.25	106.8
正辛烷	15.45	163.5	乙苯	17.98	123.1
正壬烷	15.65	179.6	氢	6.65	31.0
正癸烷	15.80	196.0	氮	6.75	33.0
环戊烷	16.59	94.7	二氧化碳	12.24	62.3
环己烷	16.78	108.7	硫化氢	12.34	57.1

(2) 威尔逊(wilson)方程

多组分体系中组分 i 的活度系数可表示为:

$$\ln\gamma_i = 1 - \ln\left[\sum_{j=1}^{n} x_j \Lambda_{ij}\right] - \sum_{k=1}^{n}\left[\frac{x_k \Lambda_{kj}}{\sum_{j=1}^{n} x_j \Lambda_{kj}}\right] \tag{2-69}$$

式中　　　　$$\Lambda_{ij} \equiv \frac{V_{m,i}^L}{V_{m,j}^L}\exp\left[-\frac{(\lambda_{ij}-\lambda_{ii})}{RT}\right] \qquad \lambda_{ij}=\lambda_{ji} \tag{2-70a}$$

$$\Lambda_{ii}=\Lambda_{jj}=\Lambda_{kk}=1 \tag{2-70b}$$

威尔逊方程中的有关参数可由实验数据测定,可广泛应用于各种体系,但对非均相物系液体分层的系统不适用。

对于双组分体系,其他计算液体活度系数的方程表达式如表2-3所示。

表2-3　两组分活度系数的表达式

方程	二元参数	组分活度系数表达式
Van Laar 方程	A_{12}, A_{21}	$\ln\gamma_1 = \dfrac{A_{12}}{\left(1+\dfrac{A_{12}x_1}{A_{21}x_2}\right)^2}$ $\ln\gamma_2 = \dfrac{A_{21}}{\left(1+\dfrac{A_{21}x_2}{A_{12}x_1}\right)^2}$
Margules 方程	A'_{12}, A'_{21}	$\ln\gamma_1 = x_2^2\left[A'_{12}+2x_1(A'_{21}-A'_{12})\right]$ $\ln\gamma_2 = x_1^2\left[A'_{21}+2x_2(A'_{12}-A'_{21})\right]$

方程	二元参数	组分活度系数表达式
Wilson 方程	Λ_{12}，Λ_{21}	$\ln\gamma_1 = -\ln(x_1+\Lambda_{12}x_2)+x_2\left(\dfrac{\Lambda_{12}}{x_1+\Lambda_{12}x_2}-\dfrac{\Lambda_{21}}{x_2+\Lambda_{21}x_1}\right)$ $\ln\gamma_2 = -\ln(x_2+\Lambda_{21}x_1)+x_1\left(\dfrac{\Lambda_{21}}{x_2+\Lambda_{21}x_1}-\dfrac{\Lambda_{12}}{x_1+\Lambda_{12}x_2}\right)$
NRTL 方程 $\tau_{12}=\dfrac{\Delta g_{12}}{RT}$ $\tau_{21}=\dfrac{\Delta g_{21}}{RT}$ $G_{12}=\exp(-\alpha_{12}\tau_{12})$ $G_{21}=\exp(-\alpha_{21}\tau_{21})$	τ_{12}，τ_{21}，α_{12}，α_{21}	$\ln\gamma_1 = x_2^2\left[\tau_{21}\left(\dfrac{G_{21}}{x_1+G_{21}x_2}\right)^2+\dfrac{\tau_{12}G_{12}}{(x_2+G_{21}x_1)^2}\right]$ $\ln\gamma_2 = x_1^2\left[\tau_{12}\left(\dfrac{G_{12}}{x_2+G_{12}x_1}\right)^2+\dfrac{\tau_{21}G_{21}}{(x_1+G_{12}x_2)^2}\right]$

【例 2-6】 在压力为 101.32kPa 和温度为 382.7K 时糠醛（1）和水（2）达到气液平衡，气相中水的浓度为 $y_2 = 0.810$，液相中水的浓度为 $x_2 = 0.100$。现将体系在压力不变时降温到 373.8K。已知 382.7K 时糠醛的饱和蒸气压为 16.90kPa，水的饱和蒸气压为 140.87kPa；而在 373.8K 下糠醛的饱和蒸气压为 11.92kPa，水的饱和蒸气压为 103.52kPa。假定气相为理想气体，液相活度系数与温度无关，但与组成有关，试计算在 373.8K 时体系中各组分的活度系数。

解：假定液相活度系数可以用 Van Laar 方程表示，即：

$$\ln\gamma_1 = \frac{A_{12}}{\left(1+\dfrac{A_{12}x_1}{A_{21}x_2}\right)^2}, \quad \ln\gamma_2 = \frac{A_{21}}{\left(1+\dfrac{A_{21}x_2}{A_{12}x_1}\right)^2}$$

由题设条件知 A_{12} 和 A_{21} 不随温度变化，将上面两式相除，得：

$$\frac{\ln\gamma_1}{\ln\gamma_2} = \frac{A_{21}x_2^2}{A_{12}x_1^2} \tag{1}$$

将式（1）两边同乘以 x_1/x_2 得：

$$\frac{x_1\ln\gamma_1}{x_2\ln\gamma_2} = \frac{A_{21}x_2}{A_{12}x_1} \tag{2}$$

将式（2）代入 Van Laar 活度系数表达式，得：

$$A_{12} = \left(1+\frac{x_2\ln\gamma_2}{x_1\ln\gamma_1}\right)^2\ln\gamma_1 \tag{3}$$

在 382.7K 时，活度系数可以由气液平衡方程求得：

$$\gamma_1 = \frac{y_1 p}{p_1^s x_1} = \frac{0.19\times101.32}{16.9\times0.9} = 1.2657$$

$$\gamma_2 = \frac{y_2 p}{p_2^s x_2} = \frac{0.81\times101.32}{140.87\times0.1} = 5.8259$$

所以：$\ln\gamma_1 = 0.2356$，$\ln\gamma_2 = 1.7623$

将活度系数代入式(3)，便可得到 Van Laar 方程的常数：

$$A_{12} = \left(1 + \frac{0.100 \times 1.7623}{0.900 \times 0.2356}\right)^2 \times 0.2356 = 0.7900$$

$$A_{21} = \left(1 + \frac{0.900 \times 0.2356}{0.100 \times 1.7623}\right)^2 \times 1.7623 = 8.5544$$

在 373.8K 时，由气液平衡方程得：

$$p = \gamma_1 p_1^s x_1 + \gamma_2 p_2^s x_2 \tag{4}$$

将 373.8K 时的组分饱和蒸气压及 Van Laar 方程 代入式(4)得：

$$p = 11.90 x_1 \exp\left[\frac{0.7900}{\left(1 + \frac{0.7900 x_1}{8.5544 x_2}\right)^2}\right] + 103.52 x_2 \exp\left[\frac{8.5544}{\left(1 + \frac{8.5544 x_2}{0.7900 x_1}\right)^2}\right] \tag{5}$$

可以用试差法由式(5)解出液相平衡组成 $x_1 = 0.0285$，则 $x_2 = 1 - x_1 = 0.9715$
此时组分(1)的活度系数为：

$$\ln\gamma_1 = \frac{A_{12}}{\left(1 + \frac{A_{12} x_1}{A_{21} x_2}\right)^2} = \frac{0.7900}{\left(1 + \frac{0.7900 \times 0.0285}{8.5544 \times 0.9715}\right)^2} = 0.7857$$

$$\gamma_1 = 2.1940$$

同理得：$\gamma_2 = 1.0000$

2.4 非理想体系相平衡常数的计算

前面介绍了气体逸度和液体逸度的计算，现在就可以根据等逸度原则推导出相平衡常数的计算式。

2.4.1 相平衡常数对称型计算式

所谓对称型，这里是指达到平衡的气液两相均遵循气体 pVT 性质规则[气液相逸度用式(2-24)、式(2-27)计算]，或气液两相同时遵循液相 pVT 性质规则[气液相逸度用式(2-54)、式(2-58)计算]。

（1）在低压条件下，按照逸度系数的定义计算
按照流体逸度系数的定义，根据式(2-27)将气液相中 i 组分的逸度用下式表示：

$$\hat{f}_i^v = \hat{\varphi}_i^v y_i p \tag{2-71}$$

$$\hat{f}_i^L = \hat{\varphi}_i^L x_i p \tag{2-72}$$

根据等逸度规则将式(2-71)和式(2-72)代入式(2-1)得相平衡常数的计算式为：

$$k_i = \frac{\hat{\varphi}_i^L}{\hat{\varphi}_i^v} \tag{2-73}$$

$\hat{\varphi}_i^L$、$\hat{\varphi}_i^v$ 可以选择适宜的状态方程，代入式(2-43)、式(2-47)、式(2-50)计算。
然后应用式(2-73)计算相平衡常数，如 R-K 方程用于计算相平衡常数时，其准确性差。Soave 对 R-K 方程进行修正，提出了 S-R-K 方程。

$$p = \frac{RT}{V_m - b} - \frac{a(T)}{T^{0.5}V_m(V_m+b)} \tag{2-74}$$

$$b = \frac{0.08664RT_c}{p_c} \tag{2-74a}$$

$$a(T)^{0.5} = 1 + (1 - T_r^{0.5})(0.480 + 1.574\omega - 1.176\omega^2) \tag{2-74b}$$

用 S-R-K 方程计算气液平衡,对于烃类这样的非极性体系能得到满意的结果。West 和 Erbar 在温度为 $-151 \sim 260℃$、压力达 25.55MPa 的条件下对烃类混合物 3510 个实验点用 SRK 方程进行气液平衡计算,平均误差为 13.6%。BWR 方程用于烃类混合物的气液平衡计算一般可得到很满意的结果,但对非烃类气体含量较多的混合物、较重的烃类以及在较低的温度下 ($T_r < 0.6$) 不宜应用。

(2) 中高压下,按照流体活度系数的定义计算

平衡体系中气液两相中 i 组分的逸度可以表示为:

$$\hat{f}_i^V = \gamma_i^V y_i f_i^V \tag{2-75}$$

$$\hat{f}_i^L = \gamma_i^L x_i f_i^{oL} \tag{2-76}$$

将式(2-75)和式(2-76)代入式(2-1)和式(2-6)得相平衡常数的计算式为:

$$k_i = \frac{\gamma_i^L f_i^{oL}}{\gamma_i^V f_i^V} \tag{2-77}$$

实际计算过程中按体系状态的不同可以作适当的简化。

2.4.2 相平衡常数非对称型计算式

相平衡常数非对称型计算方法是将气相看作是非理想气体,气相中 i 组分的逸度可以用式(2-71)计算;而液相被看作是非理想液体,液相中 i 组分的逸度可以用式(2-76)表示。根据等逸度原则得相平衡常数的表达式为:

$$k_i = \frac{\gamma_i^L f_i^{oL}}{\hat{\varphi}_i^V p} \tag{2-78}$$

液相的标准态逸度取体系温度 T、压力 p 下的纯液体作为组分 i 液相的标准态。设该纯液体为不可压缩液体,则液相标准态逸度可以联立公式(2-61)和式(2-52)计算。所以相平衡常数的表达式可以表示为:

$$k_i = \frac{\gamma_i^L p_i^s \varphi_i^s}{\hat{\varphi}_i^V p} \exp\left[\frac{V_{m,i}^L(p - p_i^s)}{RT}\right] \tag{2-79}$$

该式为计算气液平衡常数的通式,它适用于气、液两相均为非理想溶液的情况。然而对于一个具体的分离过程,由于系统 p 和 T 的应用范围以及系统的性质不同,可采用各种简化形式。

(1) 气相为理想气体,液相为理想溶液

在该情况下,$\hat{\varphi}_i^V = 1$;$\varphi_i^s = 1$;$\gamma_i^L = 1$。因蒸气压与系统的压力之间的差别很小,$RT \gg V_{m,i}^L(p - p_i^s)$,故 $\exp\left[\frac{V_{m,i}^L(p - p_i^s)}{RT}\right] \approx 1$。式(2-79)简化为:$k_i = \frac{p_i^s}{p}$,与式(2-9)相同。这表明,气液平衡常数仅与系统的温度 T 和压力 p 有关,与溶液组成无关。这类物系的特点是

气相服从道尔顿定律，液相服从拉乌尔定律。对于压力低于 200kPa 和分子结构十分相似的组分所构成的溶液可按该类物系处理，例如苯、甲苯二元混合物。

（2）气相为理想气体，液相为非理想溶液

在该情况下，$\hat{\varphi}_i^V = 1$；$\varphi_i^s = 1$；$\exp\left[\dfrac{V_{m,i}^L(p-p_i^s)}{RT}\right] \approx 1$。故式（2-79）简化为：

$$k_i = \frac{\gamma_i^L p_i^s}{p} \tag{2-80}$$

低压下的大部分物系，如醇、醛、酮与水形成的溶液属于这类物系。k_i 值不仅与 T、p 有关，还与 x 有关（影响 γ_i^L）。

（3）气相为理想溶液，液相为理想溶液

该物系的特点是，气相中组分 i 的逸度系数等于纯组分 i 在相同 T、p 下的逸度系数，即 $\hat{\varphi}_i^V = \varphi_i^V$；液相中 $\gamma_i^L = 1$。式（2-79）简化为：

$$k_i = \frac{p_i^s \varphi_i^s}{\varphi_i^V p} \exp\left[\frac{V_{m,i}^L(p-p_i^s)}{RT}\right] \tag{2-81}$$

或者

$$k_i = \frac{f_i^L}{f_i^V} \tag{2-81a}$$

k_i 等于纯组分 i 在 T、p 下液相逸度和汽相逸度之比。可见 k_i 仅与 T、p 有关，而与组成无关。在中压下的烃类混合物属于该类物系。

（4）气相为理想溶液，液相为非理想溶液

此时，$\hat{\varphi}_i^V = \varphi_i^V$，故：

$$k_i = \frac{\gamma_i^L p_i^s \varphi_i^s}{\varphi_i^V p} \exp\left[\frac{V_{m,i}^L(p-p_i^s)}{RT}\right] \tag{2-82}$$

k_i 不仅与 T、p 有关，也是液相组成的函数，但与气相组成无关。式（2-82）中逸度系数可用状态方程计算，活度系数用各种溶液模型计算。

【例 2-7】 已知在 101.3kPa 下甲醇（1）和水（2）二元系的气液平衡数据，其中一组数据为：平衡温度 $t=71.3℃$，液相组成 $x_1=0.6$，气相组成 $y_1=0.8287$（摩尔分数），试计算下列情况下的相平衡常数，并与实测值比较。该条件下甲醇（1）和水（2）的相平衡常数为 $k_1=1.381$，$k_2=0.328$。

（1）气相为理想气体，液相为理想溶液；
（2）气相为理想气体，液相为非理想溶液；
（3）气相、液相为理想溶液；
（4）气相为理想溶液，液相为非理想溶液。
又已知在该平衡条件下第二维里系数 [cm³/mol] 如下表所示：

纯甲醇	纯水	交互系数	混合物
B_{11}	B_{22}	B_{12}	B_M
-1098	-595	-861	-1014

$t = 71.3℃$ 时，纯甲醇和水的饱和蒸气压分别为：

$$p_1^s = 131.4 \text{kPa}, \quad p_2^s = 32.92 \text{kPa}$$

液体摩尔体积 $V_{m,i}^L [\text{cm}^3/\text{mol}]$ 的计算公式为：

$$V_{m,1}^L = 64.509 - 19.716 \times 10^{-2} T + 3.875 \times 10^{-4} T^2$$

$$V_{m,2}^L = 22.888 - 3.6425 \times 10^{-2} T + 0.68571 \times 10^{-4} T^2$$

计算液相活度系数的 NRTL 方程参数为：

$$g_{12} - g_{22} = -1228.7534 \text{J/mol}; \quad g_{21} - g_{11} = 4039.5393.7534 \text{J/mol}$$

$$\alpha_{12} = 0.2989$$

解：(1)气相为理想气体，液相为理想溶液

根据公式(2-9)得：

$$k_1 = \frac{p_1^s}{p} = \frac{131.4}{101.3} = 1.297, \quad k_2 = \frac{p_2^s}{p} = \frac{32.92}{101.3} = 0.325$$

(2) 气相为理想气体，液相为非理想溶液

应用 NRTL 方程计算液相的活度系数：

$$\tau_{12} = \frac{g_{12} - g_{22}}{RT} = \frac{-1228.7534}{8.314 \times 344.5} = -0.4290$$

$$G_{12} = \exp(-\alpha_{12} \tau_{12}) = \exp[-0.2989 \times (-0.4290)] = 1.1368$$

同理：$\tau_{21} = 1.4104$, $G_{21} = 0.6560$

已知液相组成 $x_1 = 0.6$, $x_2 = 0.4$，则：

$$\ln\gamma_1 = x_2^2 \left[\tau_{21} \left(\frac{G_{21}}{x_1 + G_{21} x_2} \right)^2 + \frac{\tau_{12} G_{12}}{(x_2 + G_{21} x_1)^2} \right]$$

$$= 0.4^2 \left[1.4104 \left(\frac{0.6560}{0.6 + 0.6560 \times 0.4} \right)^2 + \frac{-0.4290 \times 1.1368}{(0.4 + 1.1368 \times 0.6)^2} \right] = 0.0639$$

$$\gamma_1 = 1.066$$

同理：$\gamma_2 = 1.320$

根据式(2-80)得：

$$k_1 = \frac{\gamma_1^L p_1^s}{p} = \frac{1.066 \times 131.4}{101.3} = 1.383$$

$$k_2 = \frac{\gamma_2^L p_2^s}{p} = \frac{1.320 \times 32.92}{101.3} = 0.429$$

(3) 气相、液相为理想溶液

① 计算气相的逸度系数：

将式(2-48)变形得：

$$\ln\hat{\varphi}_i = \frac{2}{V} \sum_{j=1}^{n} y_j B_{ij} - \ln Z_M$$

将上式用于二元物系，

$$\ln\hat{\varphi}_1^V = \frac{2}{V_m} (y_1 B_{11} + y_2 B_{12}) - \ln Z_M \quad\quad\quad (1)$$

$$\ln\hat{\varphi}_2^V = \frac{2}{V_m} (y_2 B_{22} + y_1 B_{12}) - \ln Z_M \quad\quad\quad (2)$$

因为：

$$Z_M = \frac{pV_m}{RT} = 1 + \frac{B_M}{V_m} \tag{3}$$

将式（3）变形得：

$$V_m^2 - \frac{RT}{p}V_m - \frac{RT}{p}B_M = 0 \tag{4}$$

用该式计算平衡温度下混合蒸气的摩尔体积：

$$V_m^2 - 28287.769V_m + 28670004.166 = 0$$

解得 $V_m = 27212 \text{cm}^3/\text{mol}$

压缩因子 $Z_M = \frac{pV_m}{RT} = 0.963$

将 V_m、Z_M、B_{11}、B_{12} 代入式（1）、式（2）：

$$\ln\hat{\varphi}_1^v = \frac{2}{27212}[0.8287 \times (-1098) + 0.1713 \times (-861)] - \ln0.963$$

$$= -0.040$$

$$\hat{\varphi}_1^v = 0.961$$

同理得

$$\hat{\varphi}_2^v = 0.978$$

②计算饱和蒸汽的逸度系数 φ_1^s、φ_1^s

利用维里方程计算纯气体 i 的逸度系数，便是饱和蒸汽的逸度系数，公式如下：

$$\ln\varphi_i^v = \frac{2B_{ii}}{V_i} - \ln Z_i \tag{5}$$

$$Z_i = \frac{pV_i}{RT} = 1 + \frac{B_{ii}}{V_i} \tag{6}$$

对于甲醇，将 T、p_1^s、B_{11} 等数据代入式（4）得：

$$V_{m,1}^2 - \frac{RT}{p_1^s}V_{m,1} - \frac{RT}{p}B_{11} = 0$$

$$V_{m,1}^2 - 21164.635V_{m,1} - 23238768.904 = 0$$

解得 $V_{m,1} = 20624 \text{cm}^3/\text{mol}$

代入式（6）得：$Z_1 = 0.947$

将相关数据代入式（5）得：$\varphi_1^s = 0.949$

同理 $\varphi_2^s = 0.993$

由已知条件求甲醇液体在71.3℃时的摩尔体积：

$$V_{m,1}^L = 64.509 - 19.716 \times 10^{-2} \times 334.5 + 3.875 \times 10^{-4} \times 334.5^2$$

$$= 42.554 \text{cm}^3/\text{mol}$$

将以上相关数据代入式（2-81）得：

$$k_1 = \frac{p_1^s\varphi_1^s}{\varphi_1^v p}\exp\left[\frac{V_{m,1}^L(p-p_1^s)}{RT}\right] = \frac{0.1314 \times 0.949}{0.961 \times 0.1013}\exp\left[\frac{42.554 \times (0.1013-0.1314)}{8.314 \times 344.5}\right]$$

$$= 1.280$$

同理得：$k_2 = 0.3297$

（4）气相为理想溶液，液相为非理想溶液

将以上计算所得相关数据代入式（2-82）得：

$$k_1 = \frac{\gamma_1^L p_1^s \varphi_1^s}{\varphi_1^V p} \exp\left[\frac{V_{m,1}^L (p - p_1^s)}{RT}\right] = 1.066 \times 1.280 = 1.365$$

同理得 $k_2 = 0.436$

将各种情况下计算的相平衡常数列表如下：

组分	实验值	（1）	（2）	（3）	（4）
甲醇	1.381	1.297	1.383	1.280	1.365
水	0.428	0.325	0.429	0.323	0.436

2.4.3 Chao（赵广绪）-Seader 法计算相平衡常数

当令 $\varphi_i^{oL} = \dfrac{f_i^{oL}}{p}$ 时，式（2-78）简化为：

$$k_i = \frac{\gamma_i^L \varphi_i^{oL}}{\hat{\varphi}_i^V} \tag{2-83}$$

烃类溶液非理想性较小，一般可按正规溶液（混合热不为零，混合熵与理想溶液混合熵相同的溶液，又称为正规溶液）处理。Chao（赵广绪）和 Seader 提出的计算式广泛应用于烃类气液平衡计算。该计算式采用 R-K 方程计算气相逸度系数 $\hat{\varphi}_i^V$，采用关于正规溶液的 S-H 方程计算液相活度系数 γ_i^L。Chao-Seader 取在体系条件下的纯液体 i 作为液相组分 i 的标准态，用 Pitzer 的三参数对应态原则将 φ_i^{oL} 表示为：

$$\lg \varphi_i^{oL} = \lg \varphi_i^{(o)} + \omega_i \lg \varphi_i^{(1)} \tag{2-84}$$

$$\lg \varphi_i^{(o)} = A_0 + \frac{A_1}{T_{r,i}} + A_2 T_{r,i} + A_3 T_{r,i}^2 + A_4 T_{r,i}^4 + (A_5 + A_6 T_{r,i} + A_7 T_{r,i}^2) p_{r,i} + (A_8 + A_9 T_{r,i}) p_{r,i}^2 - \lg p_{r,i}$$
$$\tag{2-84a}$$

$$\lg \varphi_i^{(1)} = -4.23893 + 8.65808 T - \frac{1.22060}{T_{r,i}} - 3.15224 T_{r,i}^3 - 0.025(p_{r,i} - 0.6) \tag{2-84b}$$

式中，ω_i 为组分 i 的偏心因子，式中各常数值列于表 2-4 中。

表 2-4 Chao-Seader 法常数

	简单流体 $\omega=0$	甲烷	氢		简单流体 $\omega=0$	甲烷	氢
A_0	2.05135	1.36822	1.50709	A_5	0.08852	0.10486	0.008585
A_1	-2.10899	-1.54831	2.74283	A_6	0	-0.02529	0
A_2	0	0	-0.02110	A_7	-0.00872	0	0
A_3	-0.19396	0.02889	0.00011	A_8	-0.00353	0	0
A_4	0.02232	-0.01076	0	A_9	0.00203	0	0

Chao-Seader 法可适用于各种烃类，并可用于含氢的烃类混合物。Chao-Seader 法对 2696 个实验点平均偏差为 8.7%。在下列限制条件下能得到好的结果：①-18℃$<T<$260℃；②$p<$6.89MPa；③除甲烷以外的烃类，0.5$<T_{r,i}<$1.3，混合物对比临界压力$<$0.8；④含甲烷和/或氢体系，摩尔平均 $T_r<$0.93，甲烷摩尔分数$<$0.3，其他溶解气体摩尔数$<$0.2；⑤当估算烷烃和烯烃相平衡常数时，液相芳烃摩尔分数应$<$0.5；当估算芳烃相平衡常数时，液相芳烃摩尔分数应$>$0.5。

用 Chao-Seader 法计算相平衡常数需要用试差法。例如已知在一定温度、压力下液相的组成，计算平衡常数。在计算气相逸度系数时，需要有气相组成的数据，因此需要假定一个 k，由已知液相组成计算气相组成。若计算 k 和假定的 k 偏差超过精度要求，则利用计算 k 作的新的假定值重新计算，直到满足精度要求。

本章符号说明

英文字母

A、B、C——相平衡常数经验式常数；Antonie 方程常数；R-K 方程常数；

f——逸度，Pa；

G——自由焓，J；

g——目标函数；

H——亨利常数，Pa；

k——相平衡常数；

L——液相流率 kmol/h；

n——物质的量，mol；组分数；

p——压力，Pa；

Q——系统与环境交换的热量，kJ/h；

R——气体常数，其值为 8.314J/(mol·K)；

T——温度，K；

V——体积，m³；气相流率，mol/h；

V_m——摩尔体积，m³/mol；

x——液相摩尔分数；

y——气相摩尔分数；

Z——压缩因子；

z——进料摩尔分数。

希腊字母

γ——液相活度系数；

ε——收敛标准；

μ——化学位；

φ——逸度系数；

ω——偏向因子。

上标

E——过剩性质；

id——理想溶液；

(k)——迭代次数；

L——液相；

o——基准状态；

s——饱和状态；

T——真实溶液；

V——气相；

∧——表示在混合物中；

¯——平均。

下标

A——组分；

B——泡点；

b——正常沸点；

c——临界状态；

i、j、k——组分；

L——液相；

M——混合物；

p——压力；

r——对比状态；

T——温度；

V——体积；气相；

1，2——组分。

练　习　题

一、名词解释

1. 相平衡常数
2. 正规溶液
3. 简单流体
4. 压缩因子
5. 逸度和逸度系数
6. 活度和活度系数

二、填空题

1. 低压下的完全理想体系，气相服从（　　　　）定律，液相服从（　　　　）定律。

2. 气液两相处于平衡时，（　　　　）相等。

3. Lewis 提出了等价于化学位的物理量（　　　　）。

4. 对于纯组分，逸度的定义是 $\lim\limits_{p \to (\quad)}$（　　　　）$= 1$，逸度是对中高压下体系压力的校正。

5. 对于二元溶液的范拉尔方程，$\ln\gamma_1 = \dfrac{A_{12}}{\left(1 + \dfrac{A_{12}x_1}{A_{21}x_2}\right)^2}$ 当 $x_1 \to 0$ 时，$\ln\gamma_1^\infty = （\quad）$，$\gamma_2 = （\quad）$。

6. 相平衡的判据有三个，即（　　　　）、（　　　　）和（　　　　）。

7. 分离因子是根据（　　　　）来计算的，它与实际分离因子的差别用（　　　　）来表示。

8. 对拉乌尔定律产生偏差的溶液称为（　　　　）或（　　　　）。

9. 相平衡热力学是建立在（　　　　）概念基础上的。

10. 物系中某组分 i 的偏摩尔自由焓 $\overline{G_1}$ 又称为组分 i 的（　　　　）。

11. 对于气体混合物中 i 组分，其逸度的定义是（　　　　）。

12. 用对比温度和对比压力用（　　　　）图可以查图计算组分逸度系数。

13. R-K 方程是（　　　　）参数状态方程，可以在（　　　　）压力下应用，有足够的精度。

14. 对于理想溶液来说，在（　　　　）压力下服从路易斯-兰德尔规则。

15. 对于理想溶液来说，在（　　　　）压力下服从拉乌尔定律。

16. 所谓标准态通常是指活度系数等于（　　　　）的状态。

17. 一般情况下，维里方程主要使用在（　　　　）压力物系中准确度才高。

18. 气液相平衡常数表征了相变过程进行的（　　　　）。

19. 有些传质分离是在平衡状态下进行的，如（　　　　）、（　　　　）等；有些传质分离并未达到平衡状态，仅仅是趋向于平衡，如精馏塔板上的传质分离，能达到的分离浓度取决于（　　　　），平衡是所能达到的（　　　　）。

20. 拉乌尔定律表达式为（　　　　），其适用条件是（　　　　）。

21. 对于理想溶液，其活度系数 $\gamma_i = （\quad）$，对非理想溶液，活度系数 γ_i

= (   )

22. 牛顿-拉甫森试差求解时，首先要找到所求变量 x 的函数(   )，然后求其一阶导数(   )，试差公式是 $x^{(n+1)} - x^{(n)} = ($ $)$，经过 n 次迭代，直至(   )$\leq \varepsilon$(误差容许值)。

23. 不可凝组分标准态的逸度为系统 T、p 下估算出来的(   )。

三、选择题

1. 一个多组分系统达到相平衡，其气液平衡条件表示正确的为(   )。

A. $f_i = f_i$ B. $f_i^t = f_j^t$ C. $\mu_i = \mu_j$ D. $\mu_i^v = \mu_i^L$

2. 对于平衡分离过程(   )不用于表示相平衡关系。

A. 吸收因子   B. 相平衡常数

C. 增强因子   D. 相对选择性

3. 非理想溶液中组分 i 的蒸气压大小(   )。

A. 只与温度有关

B. 不仅与温度有关，还与各组分的浓度有关

C. 不仅与温度和各组分的浓度有关，还与溶液的量有关

4. 对两个不同的纯物质来说，在同一温度、压力条件下气液相平衡 K 值越大，说明该物质沸点(   )。

A. 越低   B. 越高   C. 不一定高，也不一定低

5. 气液相平衡 K 值越大，说明该组分越(   )。

A. 易挥发   B. 难挥发

C. 沸点高   D. 蒸汽压小

6. 气液两相处于平衡时(   )。

A. 两相间组分的浓度相等   B. 只是两相温度相等

C. 两相间各组分的化学位相等   D. 相间不发生传质

7. 汽液平衡关系 $py_i = x_i \gamma_i p_i^s$ 的适用条件是(   )。

A. 无限制条件   B. 低压条件下的非理想液相

C. 理想气体和理想溶液   D. 理想溶液和非理想气体

8. 化学势的定义为(   )。

A. $\mu_i = \left(\dfrac{\partial G}{\partial n_i}\right)_{T,p,n_j}$ B. $\mu_i = \left(\dfrac{\partial H}{\partial n_i}\right)_{T,P,n_j}$

C. $\mu_i = \left(\dfrac{\partial G}{\partial T}\right)_{P,n_j}$ D. $\mu_i = \left(\dfrac{\partial G}{\partial P}\right)_{T,n_j}$

四、判断题

1. 气液平衡常数 $K_i = \Phi_i^L$，适用于气相为理想气体、液相为理想溶液。   (   )

2. 分离因子为1时，表示两组分不能用精馏方法将其分离。   (   )

3. 纯组分的饱和蒸气压大小不仅与温度有关，还与溶液的数量有关。   (   )

4. 相平衡常数是任意条件下，组分 i 在不同相中的摩尔分数的比值，即 $k_i = y_i/x_i$。

(   )

5. 相平衡常数仅仅是物系温度和压力的函数，与物系的组成无关。   (   )

6. $\lim\limits_{x_i \to 1} \dfrac{\hat{f}_i}{x_i f_i^{\text{oL}}} = 1$，说明液相中 i 组分的逸度等于其相同温度下纯液体的逸度。（　　）

7. 可凝组分标准态逸度即为相同 T、p 下其纯液体逸度。（　　）

8. 乙醇水溶液是理想溶液。（　　）

五、简答题

1. 相平衡的定义是什么？

2. 简述分离过程的特征。什么是分离因子？叙述分离因子的特征和用途。

3. 相平衡关系在吸收过程中的作用是什么？

4. 理想液态混合物的定义是什么？

六、计算题

1. 一液体混合物的组成为：苯 0.50；甲苯 0.25；对二甲苯 0.25（摩尔分数）。分别用平衡常数法和相对挥发度法计算该物系在 100kPa 时的平衡温度和气相组成。假设为完全理想系。

2. 试用下列三种不同的方法计算乙烯在 3444.2kPa、311K 时的相平衡常数（实测值 $K_{C_{\bar{2}}} = 1.726$），

（1）气相为理想气体，液相为理想溶液；

（2）气相为理想溶液，液相为理想溶液；

（3）p-T-k 图法。

已知乙烯的临界性质为：

$T_c = 282.4$K，临界压力 $P_c = 5034.6$KPa，$V_c = 131.0$cm^3/mol。

乙烯在 311K 时的饱和蒸气压 $p_{C_{\bar{2}}}^s = 9117.0$kPa

3. 用维里方程计算甲烷在 10138kPa、130℃时的逸度系数。

已知甲烷的临界性质为：

$T_c = 190.6$K，临界压力 $P_c = 4.599$MPa，$V_c = 99$cm^3/mol，$\omega = 0.008$

4. 计算在 0.1013MPa 和 378.47K 下苯（1）-甲苯（2）-对二甲苯（3）三元系，当 $x_1 = 0.3125$，$x_2 = 0.2978$，$x_3 = 0.3897$ 时的 K 值。气相为理想气体，液相为非理想溶液。并与完全理想系的 K 值比较。已知三个二元系的 Wilson 方程参数。

$\lambda_{12} - \lambda_{11} = -1035.33$；$\lambda_{12} - \lambda_{22} = 977.83$

$\lambda_{23} - \lambda_{22} = 442.15$；$\lambda_{23} - \lambda_{33} = -460.05$

$\lambda_{13} - \lambda_{11} = 1510.14$；$\lambda_{13} - \lambda_{33} = -1642.81$　（单位：J/mol）

在 $T = 378.47$K 时液相摩尔体积为：

$V_1^L = 100.91 \times 10^{-3}$ m^3/kmol；$V_2^L = 117.55 \times 10^{-3}$；$V_3^L = 136.69 \times 10^{-3}$

安托尼公式为：

苯：$\ln p_1^s = 20.7936 - 2788.51/(T - 52.36)$；

甲苯：$\ln p_2^s = 20.9065 - 3096.52/(T - 53.67)$；

对二甲苯：$\ln p_3^s = 20.9891 - 3346.65/(T - 57.84)$；（$p^s$：Pa；$T$：K）

5. 在 361K 和 4136.8kPa 下，甲烷和正丁烷呈气液平衡，气相含甲烷 0.6037%（摩尔），与其平衡的液相含甲烷 0.1304%，用 R-K 方程计算 $\hat{\varphi}_i^V$、$\hat{\varphi}_i^L$ 和相平衡常数。

6. 计算甲烷（1）、乙烷（2）和丙烷（3）在 158.15K、0.689MPa 下各组分的相平衡常数。

液相浓度为 $x_1 = 0.4190$，$x_2 = 0.3783$，$x_3 = 0.2027$，可近似用 Chao-Seader 法计算。

组分	A_i	B_i	C_i
苯 （1）	20.7936	−2788.51	−52.36
甲 苯(2)	20.9065	−3096.52	−53.67
二甲苯(3)	20.9891	−3346.65	−57.84

乙醇–水溶液气液相平衡数据(101325Pa)

x	y	x	y	x	y
0.00004	0.00053	0.3416	0.5910	0.7415	0.7800
0.0035	0.0412	0.4000	0.6144	0.7599	0.7926
0.0416	0.2992	0.4427	0.6299	0.7788	0.8042
0.0892	0.4209	0.4892	0.6470	0.7982	0.8183
0.1100	0.4541	0.5400	0.6692	0.8182	0.8325
0.1377	0.4868	0.5811	0.6876	0.8387	0.8491
0.1677	0.5127	0.6252	0.7110	0.8597	0.8640
0.2415	0.5522	0.6727	0.7361	0.8815	0.8825
0.2980	0.5741	0.7063	0.7582	0.8941	0.8941

项目 3　工业闪蒸——单级平衡分离

学习目标

学习目的：

通过本章的学习，熟悉单级平衡分离的计算以及在化工生产中的广泛应用；熟练掌握相平衡常数应用，掌握闪蒸操作的要点并为后续章节的学习打下基础。

知识要求：

掌握多组分物系泡点、露点温度和压力的计算；

掌握闪蒸过程的原理和计算方法。

能力要求：

熟练掌握相平衡常数在平衡分离过程中的应用；

掌握多组分物系泡点、露点温度和压力的计算对精馏塔操作温度和操作压力选择的指导意义。

掌握闪蒸过程的类型和操作特点。

基本任务

单级平衡分离，不论从理论设计还是操作过程控制来说，都离不开对多组分物系泡点、露点的计算、相平衡的计算、能量平衡、物料平衡的计算，因为单级平衡分离温度必须高于进料体系泡点而低于其露点，通过分离挥发度大的轻组分以气体的形式采出，挥发度小的重组分以液体的形式采出。并且通过控制操作温度和压力来保证关键组分的分离率。

3.1　多组分物系的泡点和露点及计算

学习泡露点概念和技术对了解和掌握物系的相图和气液平衡分离有重要的意义。图 3-1 是苯-甲苯混合物的 t-$x(y)$ 图。图中 1 线是 t-x 线，称为泡点线，线上的混合物质状态是饱和液体。2 线是 t-y 线，称为露点线，线上的混合物质状态是饱和蒸气。1 线和 2 线之间包围的区域是气液两相区域，区域中气液两相达到相平衡。1 线之下是过冷液体区域，有热交换时体系温度发生变化；2 线之上是过热蒸气区域，有热交换时体系温度也发生变化。这一相图表明，要使溶液蒸发，将体系加热至泡点温度是最有效的方法；要使气相冷凝，将体系降温至露点温度是最有效的方法。要将物质提浓，在气液平衡区域多次部分汽化（轻组分更易汽化）、多次部分冷凝（重组分更易冷凝）是工业中常采用的方法。所以泡露点及技术在工业生产中的应用是十分广泛的。

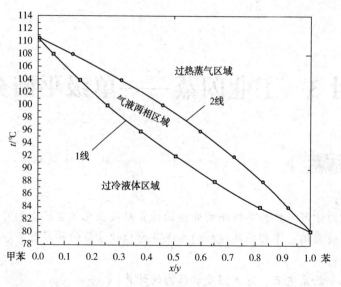

图 3-1 苯-甲苯混合物的 $t-x(y)$ 图

3.1.1 泡露点技术在工业生产中的应用案例

泡露点技术在蒸发、蒸馏、精馏、干燥操作过程中都有广泛的应用。

【案例 3.1.1】 泡露点技术在蒸发操作的应用

蒸发操作广泛应用于化工、轻工、食品、医药等领域，其主要目的有以下几个方面。

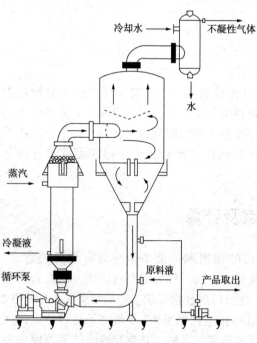

图 3-2 溶液的加热蒸发提浓过程

（1）浓缩稀溶液直接制取产品或将浓缩液再处理(结晶)制取固体产品

如电解法制得的烧碱(NaOH 溶液)浓度一般只有 10%左右，要得到 42%左右符合工艺要求的浓碱液，可以采用蒸发操作。由于稀碱液中的溶质 NaOH 不具挥发性，而溶剂水具有挥发性，因此生产上可将稀碱液加热至沸腾状态，使其中大量的水分发生汽化并脱除(如图 3-2 所示)，这样，原碱液中的溶质 NaOH 的浓度就得到了提高。

（2）浓缩溶液和回收溶剂

有机磷农药生产过程中用苯作为溶剂，为了浓缩有机磷，将溶液加热至泡点温度，使苯蒸发进入气相与有机磷浓缩液分离，然后将气相冷凝冷却使温度降至露点以下，就得到溶剂苯。这里要注意的是，有些有机物在加热时受温度影响容易结焦、分解、变质，这时蒸发操作常采用减压措施，降低操作压力的同时降低了物系的沸点，从而在低温下操作避免结焦、分解、变质，保证了产品的质量。同时降低压力有利于蒸发操作。

【案例 3.1.2】 泡露点技术在蒸馏、精馏操作中的应用

在蒸馏和精馏过程中，气液两相的回流是必不可少的，气相回流的前提是物料汽化，温度必须达到物系的泡点温度；液相回流的前提是气相冷凝至露点温度并全部液化。

精馏操作过程中如果进料是饱和液体进料，通常也称为泡点进料，进料状态 $q=1$（q是液化分率）；如果是饱和蒸气进料，也称为露点进料，进料状态 $q=0$；如果是气液混合物进料，则闪蒸后部分变成饱和蒸气，部分变成饱和液体，进料状态 $0<q<1$，进料温度高于进料混合物的泡点而低于露点。有时，根据工艺条件的限制，也有过冷液体进料（进料温度低于泡点，进料状态 $q>1$），或过热蒸气进料（进料温度高于露点温度，进料状态 $q<0$）。

对于精馏塔釜液再沸过程，就是利用加热介质加热釜液至泡点温度从而产生蒸气回流。塔顶温度是塔顶蒸出气体的露点温度，经过塔顶冷凝器冷却冷凝，蒸气冷凝成液体，液体温度对应塔顶馏出物的泡点温度，所以塔顶液体回流温度是其泡点。

除此之外，精馏塔板上同时有液相的下降和气相的上升，虽在同一块塔板上，但上升气相组成和下降的液相组成是不同的，气相含轻组分较多，液相含重组分多些，但塔板操作温度对应的是气相的露点温度和液相的泡点温度，同一塔板上温度值是唯一的。

【案例 3.1.3】 泡露点技术在其他操作中的应用

在尿素的生产中，经合成、精馏、闪蒸分离后得到的尿素溶液浓度在 73% 左右，进一步的操作是要用蒸发的方法脱除水分，使尿素溶液浓度达到 99.7%，如图 3-3 所示。在提浓过程中，随着尿素浓度的提高，溶液的泡点温度也在不断提高，要使溶液沸腾，水分汽化，则需要增加更多的加热能量，并且温度升高，会造成尿素的分解，降低产品收率，排放更多废气污染环境。所以尿素的提浓采用二段减压蒸发，从而降低溶液的泡点，降低蒸发温度，保证产品质量。

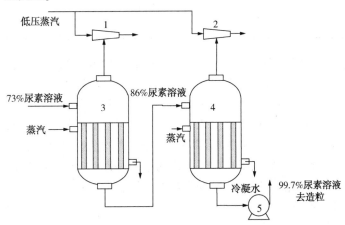

图 3-3 尿素溶液的蒸发提浓

1，2—蒸汽喷射泵；3，4—蒸发器；5—泵

在烃类裂解、乙苯脱氢过程中，有露点结焦的问题，即将裂解气急冷时，温度降至露点温度，就有芳烃和二烯烃、炔烃等因凝结成露滴聚合而结焦，时间长了，堵塞急冷器设备管道。防止结焦的办法是，在高温段快速急冷至露点温度之上，缩短高温下的操作时间，当裂解产物温度降至露点附近时，与冷却油或冷却液快速混合，使产物温度急速降至低于泡点温度很多的程度，从而防止聚合结焦。

露点温度应用的另一个实例是，在工业炉中烟气一般具有较高余热，所以锅炉都设有省煤器以回收利用烟气的余热提高炉子的热效率，但如果烟气温度降到烟气的露点温度时，可能会使酸性的 SO_2 烟气与水汽凝结成露滴而腐蚀换热器，减少换热器的使用寿命。

任务解析

3.1.2 多组分物系的泡点温度和压力的计算

泡点、露点计算是分离过程设计中最基本的气液平衡计算。例如在精馏过程的严格计算法中，用泡点方程计算各塔板的温度，从而确定各塔板每一组分的相平衡常数，为计算塔平衡级数做好前期的计算。

为了确定适宜的精馏塔操作压力，就要进行泡露点压力的计算。在给定温度下作闪蒸计算时，也是从泡露点温度计算开始，以估计闪蒸过程是否进行。

一个单级气液平衡系统，气液相具有相同的 T 和 p，n 个组分的液相组成 x_i 与气相组成 y_i 处于平衡状态。根据相律，描述该系统的自由度数 $f = n-\pi+2 = n-2+2 = n$，式中 n 为组分数，π 为相数。

泡露点计算，按规定的变量和要求解的变量而分成四种类型，见表 3-1。

表 3-1　泡露点计算类型

类型	已知参数	求解参数
泡点温度	p，x_1，x_2，$\cdots$，x_n	T，y_1，y_2，$\cdots$，y_n
泡点压力	T，x_1，x_2，$\cdots$，x_n	p，y_1，y_2，$\cdots$，y_n
露点温度	p，y_1，y_2，$\cdots$，y_n	T，x_1，x_2，$\cdots$，x_n
露点压力	T，y_1，y_2，$\cdots$，y_n	p，x_1，x_2，$\cdots$，x_n

在每一类型的计算中，规定了 n 个参数，同时有 n 个未知数需要求解。温度或压力为一个未知数，$n-1$ 个组成为其余的未知数，要计算 n 个未知参数需要 n 个独立的方程。

正如上述分析可知，当已知系统的组成和操作压力时，希望知道塔釜所对应的泡点温度，以便为精馏塔加热介质的选取提供依据；同样，当塔釜温度已确定时，也希望知道塔釜所对应的操作压力是多少，以便为精馏塔的操作压力的选择提供依据，这一点对于因介质受热发生聚合、分解、变质而需要减压操作的精馏过程（如丁二烯精馏、苯乙烯精馏等）尤为有指导意义。关于泡点温度和压力的计算的案例非常普遍。

泡点温度的计算指规定液相组成 $x(x_1$，x_2，$\cdots$，$x_n)$ 和 p，分别计算气相组成 $y(y_1$，y_2，$\cdots$，$y_n)$ 和 T。计算方程有：

（1）相平衡关系

$$y_i = k_i x_i \quad (i = 1, 2, \cdots, n) \tag{3-1}$$

（2）浓度总和式

$$\sum_{i=1}^{n} y_i = 1 \tag{3-2}$$

$$\sum_{i=1}^{n} x_i = 1 \tag{3-3}$$

（3）气液相平衡关系

$$k_i = f(p, T, x, y) \tag{3-4}$$

3.1.2.1 泡点温度的计算

（1）理想体系的泡点温度计算

若气液平衡常数关联式简化为 $k_i = f(p, T)$，即与组成无关时，解法就变得简单。计算结果除直接应用外，还可作为进一步精确计算的初值。p-T-k 图常用于查找几种烃类的 k_i 值。对特定情况，可采用式(3-5)表示 k_i。

$$\ln k_i = A_i - \frac{B_i}{(T + C_i)} \tag{3-5}$$

将式(3-1)代入式(3-2)得泡点方程：

$$\sum_{i=1}^{n} k_i x_i = 1 \tag{3-6}$$

或

$$f(T) = \sum_{i=1}^{n} k_i x_i - 1 = 0 \tag{3-7}$$

如果确定了 k_i 与 p、T 及组成的关系，则求解该式需用试差法。如采用 p-T-k 图法确定相平衡常数计算泡点温度的步骤：

① 设泡点温度的初值 $T^{(0)}$；

② 由 k 图，根据已知 p 和 $T^{(0)}$ 查出 k_i；

③ 根据已知液相组成 x 和 k_i，按式(3-8)计算 $f(T)$；

④ 判断 $|f(T)|$ 是否满足计算精度要求，使 $|f(T)| \leqslant \varepsilon$，$\varepsilon$ 为允许的偏差，根据计算精度要求规定。

【例3-1】 对于深冷分离流程中的脱甲烷塔，若忽略 CH_4、$C_2^=$ 等微小量，$C_4^{==}$、$C_4^=$ 的相平衡常数以异丁烷计，则脱甲烷塔塔釜液组成如下表所示：

组　分	$C_2^=$	C_2^0	$C_3^=$	C_3^0	C_4^0	Σ
组成/%（摩尔）	0.576	0.101	0.186	0.012	0.125	1.000

如果脱甲烷塔的操作压力 3.03MPa，则塔釜温度为多少？

解：在缺少更准确 k 值时，可以用 De-priester k 图法试算，计算过程如下：

因 $p = 3.03$ MPa，假设 $T = 5$℃，查图求 k_i 并计算：

组　分	$C_2^=$	C_2^0	$C_3^=$	C_3^0	C_4^0	Σ
x_i/%（摩尔）	0.577	0.101	0.186	0.012	0.124	1.000
k_i	1.3	0.88	0.29	0.25	0.115	
$y_i = k_i x_i$	0.7501	0.0889	0.0539	0.0030	0.0143	0.9102

$\sum_{i=1}^{n} k_i x_i = 0.9102 < 1$，说明假设温度偏低，应调高泡点温度，继续计算。

设 $T = 10$℃时：

组 分	$C_2^=$	C_2^0	$C_3^=$	C_3^0	C_4^0	Σ
$x_i/\%$（摩尔）	0.577	0.101	0.186	0.012	0.124	1.000
k_i	1.42	0.98	0.335	0.285	0.13	
$y_i = k_i x_i$	0.8193	0.0990	0.0623	0.0034	0.0161	1.0001

至此，可以认为已达到手工计算的精度，所以泡点温度约为10℃，由于通过 $p-T-k$ 图确定相平衡常数往往产生误差，故这个计算值并不准确，工业生产中脱甲烷塔的釜温为6℃左右。

【例3-2】 氯丙烯精馏二塔的釜液组成为：

组 分	3-氯丙烯	1，2-二氯丙烷	1，3-二氯丙烯	Σ
$x_i/\%$（摩尔）	0.0145	0.3090	0.6765	1.000

塔釜压力为常压，试求塔釜温度。

已知：各组分的饱和蒸气压关系为：（p^s：kPa；t：℃）

3-氯丙烯 $$\ln p_1^s = 13.9431 - \frac{2568.5}{T+231}$$

1，2-二氯丙烷 $$\ln p_2^s = 14.0236 - \frac{2985.1}{T+221}$$

1，3-二氯丙烯 $$\ln p_2^s = 16.0842 - \frac{4328.4}{T+273.2}$$

解：釜液中三个组分结构非常近似，可看成理想溶液。系统压力为常压，可将气相看成是理想气体。因此，$k_i = \dfrac{p_i^s}{p}$，即：

$$k_i = \frac{p_i^s}{p} = \frac{1}{p} \exp\left(A_i - \frac{B_i}{T+C_i}\right)$$

故泡点方程为： $$f(T) = \sum \frac{x_i}{p} \exp\left(A_i - \frac{B_i}{T+C_i}\right) - 1$$

$$f'(T) = \sum \frac{B_i x_i}{p(T+C_i)^2} \exp\left(A_i - \frac{B_i}{T+C_i}\right)$$

为此，温度迭代公式为：

$$T^{(k+1)} = T^{(k)} - \frac{f(T^{(k)})}{f'(T^{(k)})}$$

$$= T^{(k)} - \frac{\sum\limits_{i=1}^{n} k_i(T^{(k)}) x_i - 1}{\sum\limits_{i=1}^{n} k_i{}'(T^{(k)}) x_i}$$

上述各式中，A_i、B_i、C_i 为组分 i 的安托尼常数；$T^{(k+1)}$、$T^{(k)}$ 分别为第 k 次和第 $k+1$ 次迭代温度。若 $|T^{(k+1)} - T^{(k)}| \leq \varepsilon$，$\varepsilon$ 为允许的偏差，根据计算精度要求规定。

3-氯丙烯的沸点44.96℃，1，2-二氯丙烷的沸点96.37℃，1，3-二氯丙烯的沸点112℃，则设混合物的沸点为95℃作为初值计算。所以：

$t = 95℃$			
组　分	$x_i/\%$（摩尔）	$k_i x_i$	$k_i x_i \dfrac{B_i}{(T+C_i)^2}$
3-氯丙烯	0.0145	0.0616	0.00149
1，2-二氯丙烷	0.3090	0.2966	0.00887
1，3-二氯丙烯	0.6765	0.5085	0.01617
Σ	1.000	0.8647	0.02653

$$T^{(1)} = T^{(0)} - \frac{f(T^{(0)})}{f'(T^{(0)})} = 95 - \frac{0.8647-1}{0.02653} = 100.103\ ℃$$

如此进行下去，结果为：

$T^{(0)} = 95℃$：

$\quad f(T^{(0)}) = -0.1353$，$f'(T^{(0)}) = 0.02653$

$T^{(1)} = 100.103℃$：

$\quad f(T^{(1)}) = 0.00893$，$f'(T^{(1)}) = 0.03008$

$T^{(2)} = 99.806℃$：

$\quad f(T^{(2)}) = 0.000025$，$f'(T^{(2)}) = 0.02986$

$T^{(3)} = 99.805℃$

可以认为达到迭代精度要求，故泡点温度为 99.805℃。

（2）平衡常数与组成有关的泡点温度计算

当系统的非理想性较强时，k_i 必须按式（2-73）或式（2-77）或式（2-79）计算，然后联立求解式（3-1）和式（3-2）。因已知值仅有 p 和 x，计算 k_i 值的其他各项：$\hat{\varphi}_i^V$、γ_i^L、p_i^s、φ_i^s 及 $V_{m,i}^L$ 均是温度的函数，而温度恰恰是未知数。此外，$\hat{\varphi}_i^V$ 还是气相组成的函数。因此，手算难以完成，需要计算机计算。应用活度系数法作泡点温度计算的一般步骤如图 3-4 所示。

当系统压力不大时（2MPa 以下），从式（2-79）可看出，k_i 主要受温度影响，其中关键项是饱和蒸气压随温度变化显著，从安托尼方程可分析出，在这种情况下，$\ln k_i$ 与 $\dfrac{1}{T}$ 近似线性关系，故判别收敛的准则变换为：

$$G\left(\frac{1}{T}\right) = \ln \sum_{i=1}^{n} k_i x_i = 0$$

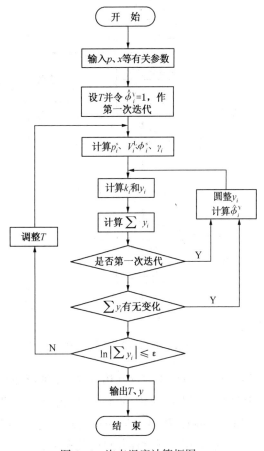

图 3-4　泡点温度计算框图

用 Newton-Raphson 法或适合的其他方法较快地求得泡点温度。

3.1.2.2 泡点压力的计算

计算泡点压力所用的方程与计算泡点温度的方程相同，即式(3-1)、式(3-2)和式(3-4)。当 k_i 仅与 p 和 T 有关时，计算很简单，有时尚不需试差。泡点压力计算公式为：

$$f(p) = \sum_{i=1}^{n} k_i x_i - 1 = 0 \tag{3-8}$$

对于可用式(2-69)表示 k_i 的理想情况，由上式得到直接计算泡点压力的公式：

$$p = \sum_{i=1}^{n} p_i^s x_i \tag{3-9}$$

对于气相为理想气体、液相为非理想溶液的情况，用类似的方法得到：

$$p = \sum_{i=1}^{n} \gamma_i^L p_i^s x_i \tag{3-10}$$

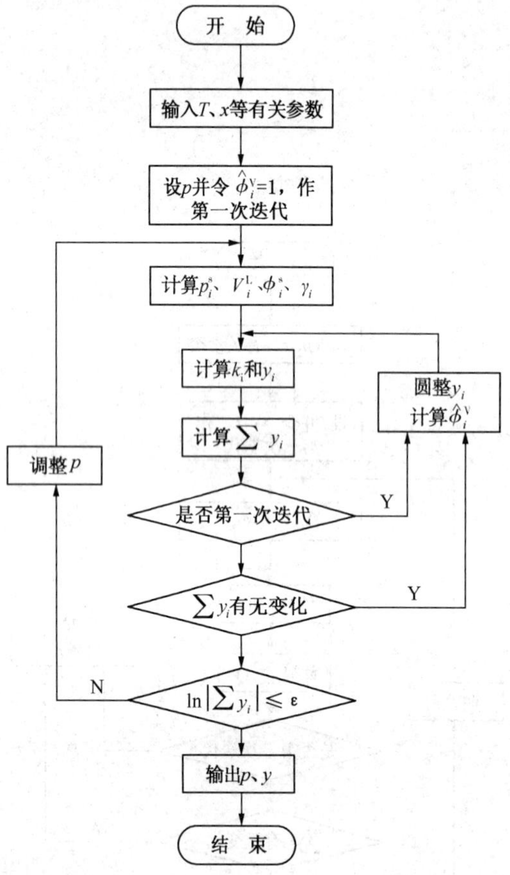

若用 De-priester k 图法求 k_i 值，则需假设泡点压力，通过试差求解。

在案例 2 中，乙苯蒸出塔塔釜液为乙苯、苯乙烯和焦油的混合物，其中苯乙烯易聚合结焦，故塔釜温度不宜超过 90℃，那么当塔釜温度为 90℃ 时，塔的操作压力为多少？这就是一个求泡点压力的问题。

一般说来，式(3-7)对于温度是高度非线性的，但式(3-8)对于压力仅有一定程度的非线性，所以，泡点压力的试差要容易些。

当平衡常数是压力、温度和组成的函数时，由式(2-79)可分析出，p_i^s、φ_i^s 及 $V_{m,i}^L$ 因只是温度的函数，均为定值。γ_i^L 一般认为与压力无关，当 T 和 x 已规定时也为定值。但式中 p 及作为 p 和 y 函数的 $\hat{\varphi}_i^V$ 是未知的（T 除外），因此必须用试差法求解。对于压力不太高的情况，由于压力对 $\hat{\varphi}_i^V$ 的影响不太大，故收敛较快。

用活度系数法计算泡点压力的框图见图 3-5。

图 3-5　泡点压力计算框图(1)

【例 3-3】 已知氯仿(1)-乙醇(2)溶液的含量为 $x_1 = 0.3445$（摩尔分数），温度为 55℃。试求泡点压力及气相组成。该物系的 Margules 方程常数为：$A_{12}' = 0.59$，$A_{21}' = 1.42$。55℃时，纯组分的饱和蒸气压 $p_1^s = 82.37 \text{kPa}$，$p_2^s = 37.31 \text{kPa}$，第二维里系数：$B_{11} = -963 \text{cm}^3/\text{mol}$，$B_{22} = -1523 \text{cm}^3/\text{mol}$，$B_{12} = -1217 \text{cm}^3/\text{mol}$。Poy 因子可以忽略。

解：由相平衡方程及总压关系得：

$$p = \sum \frac{\gamma_i \varphi_i^s p_i^s x_i}{\hat{\varphi}_i^V} \tag{1}$$

令
$$\varphi_i = \frac{\varphi_i^s}{\hat{\varphi}_i^V} \tag{2}$$

对于二元系统，则有：$p = \dfrac{\gamma_1 \varphi_1^s p_1^s x_1}{\hat{\varphi}_1^V} + \dfrac{\gamma_2 \varphi_2^s p_2^s x_2}{\hat{\varphi}_2^V}$

根据维里方程 $\ln\varphi_i^s = \dfrac{B_{ii} p_i^s}{RT}$ 和 $\ln\hat{\varphi}_i = \dfrac{p}{RT}\left(2\sum\limits_{j=1}^{n} y_j B_{ij} - B_M\right)$ 得：

$$\varphi_1 = \exp\left(\frac{B_{11}(p-p_1^s) - p\left[(2B_{12}-B_{11}-B_{22})y_2^2\right]}{RT}\right) \tag{3}$$

$$\varphi_2 = \exp\left(\frac{B_{22}(p-p_2^s) - p\left[(2B_{12}-B_{11}-B_{22})y_1^2\right]}{RT}\right) \tag{4}$$

根据 Margules 方程：

$\ln\gamma_1 = x_2^2\left[A'_{12} + 2x_1(A'_{21}-A'_{12})\right] = 0.6555^2 \times [0.59 + 2 \times 0.3445 \times (1.42 - 0.59)] = 0.4992$

$\gamma_1 = 1.6475$

同理得：$\gamma_2 = 1.1059$

因为 φ_1、φ_2 是压力 p 和组成 y 的函数，p 和 y 为未知，可用试差法求解（见图 3-6）。

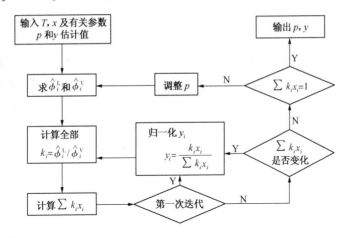

图 3-6　泡点压力计算框图(2)

假设 $\varphi_1 = \varphi_2 = 1$，则：

$p = \gamma_1 \varphi_1^s p_1^s x_1 + \gamma_2 \varphi_2^s p_2^s x_2 = 1.6475 \times 82.37 \times 0.3445 + 1.1059 \times 37.31 \times 0.6555 = 73.80\text{kPa}$

则 $y_1 = \dfrac{\gamma_1 p_1^s x_1}{p} = \dfrac{1.6475 \times 82.37 \times 0.3445}{72.80} = 0.6335$

$y_2 = 0.3665$

将 y_1、y_2 代入式(3)、式(4)得：

$\varphi_1 = 1.0028$，$\varphi_2 = 0.9793$

代入式(1)得：$p = 73.37\text{kPa}$

二次试算得：

$y_1 = 0.6390$, $y_2 = 0.3610$

$\varphi_1 = 1.0030$,

$\varphi_2 = 0.9795$

$p = 73.38\text{kPa}$

两次计算的结果近似,可以认为达到了计算精度。

3.1.3 露点温度和压力的计算

露点温度和压力的计算在蒸馏计算中也是常见的,在精馏操作中,我们希望知道压力与塔顶温度的关系,或者我们希望知道在一定的塔顶压力下,所对应的塔顶温度是多少,以便选择合适的塔顶冷却剂。或者在塔顶冷却剂已规定的情况下,确定一个合适的塔顶压力。露点温度和压力的计算规定气相组成 y 和 p 或 T,分别计算液相组成 x 和 T 或 p。

3.1.3.1 平衡常数与组成无关的露点温度和压力的计算

将式(3-1)代入式(3-3)得露点方程为:

$$\sum_{i=1}^{n} \frac{y_i}{k_i} = 1 \tag{3-11}$$

或

$$f(T) = \sum_{i=1}^{n} \frac{y_i}{k_i} - 1 = 0 \tag{3-12}$$

$$f(p) = \sum_{i=1}^{n} \frac{y_i}{k_i} - 1 = 0 \tag{3-13}$$

露点的求解与泡点类似。如果利用 Depriester k 图法求 ki 值求得露点温度,计算步骤和计算泡点温度的步骤相同,如果相平衡常数 $ki = f(p, T)$,则露点温度的计算式为:

$$
T^{(k+1)} = T^{(k)} - \frac{f(T^{(k)})}{f'(T^{(k)})}
$$

$$
= T^{(k)} + \frac{\displaystyle\sum_{i=1}^{n} \frac{y_i}{k_i(T^{(k)})} - 1}{\displaystyle\sum_{i=1}^{n} \left[\frac{y_i}{k_j^2(T^{(k)})} \cdot \frac{\partial k_i}{\partial T} \right]}
$$

【例3-4】 已知正戊烷(1)-正己烷(2)-正庚烷(3)的混合溶液可看成是理想溶液,试求在 101.325kPa 下组成为 $y_1 = 0.25$、$y_2 = 0.45$、$y_3 = 0.30$ 的气体混合物的露点。纯组分的饱和蒸气压可用安托尼方程:

$\ln p^s = A - \dfrac{B}{T+C}$,($p^s$:kPa;$T$:K)表示,其中:

正戊烷 $A_1 = 13.8131$,$B_1 = 2477.07$,$C_1 = -39.94$

正己烷 $A_2 = 13.8216$,$B_2 = 2697.55$,$C_2 = -48.78$

正庚烷 $A_3 = 13.8587$,$B_3 = 2911.32$,$C_3 = -56.51$

解: 正戊烷、正己烷、正庚烷为同系物,可认为是完全理想系,于是露点方程为:

$$f(T) = \sum_{i=1}^{n} \frac{y_i p}{p_i^s} - 1 = \sum_{i=1}^{n} y_i p \exp\left(\frac{B_i}{T + C_i} - A_i \right) - 1$$

$f(T)$ 的导函数为：

$$f'(T) = -\sum_{i=1}^{n} \frac{y_i p B_i}{(T + C_i)^2} \exp\left(\frac{B_i}{T + C_i} - A_i\right)$$

根据 Newton-Raphson 迭代法：

$$T^{(n+1)} = T^{(n)} - \frac{f(T^{(n)})}{f'(T^{(n)})}$$

设 $T^{(0)} = 350\text{K}$，利用 Excel 迭代计算得：$T^{(2)} = T^{(3)} = 350.5583\text{K}$。

3.1.3.2 平衡常数与组成有关的露点温度和压力的计算

对于露点温度计算，T 为未知数，因此作为 T 函数的诸项 $\hat{\varphi}_i^{\text{V}}$、$p_i^{\text{s}}$、$\varphi_i^{\text{s}}$ 及 $V_{\text{m},i}^{\text{L}}$ 以及作为 T 和 x 函数的 γ_i^{L} 均需迭代计算。露点温度与泡点温度的计算步骤相近，只要将图 3-4 的框图略加改动即可。

对于露点压力计算，已知 T 和 y，因此 k_i 中作为 T 函数的 p_i^{s}、φ_i^{s}、$V_{\text{m},i}^{\text{L}}$ 为定值，与压力有关的 $\hat{\varphi}_i^{\text{V}}$ 和与 x 有关的 γ_i^{L} 则需反复迭代。露点压力的计算步骤与泡点压力的计算相近。

3.2 单级平衡分离

闪蒸在石油化工及其他工业工程中的应用是非常广泛的，例如：石脑油催化重整、柴油加氢过程中氢气和油品的分离采用闪蒸分离方法；CO 和 H_2 催化反应生成甲醇时，反应产物与原料 CO、H_2 的分离使用闪蒸分离；聚乙烯生产过程中未反应原料乙烯与聚合物的初分离使用闪蒸分离。化工生产中这样的分离案例不胜枚举。

如果两个组分在两相中的分离因子很大，则单级平衡就足以满足预期的分离要求；否则，需要采取多级分离。例如，对于气液平衡，分离因子具体为相对挥发度，若被分离物系中轻、重关键组分的相对挥发度 $\alpha_{\text{LK,HK}}$ 是个较大的数值，则单级平衡趋向于完全分离；若 α 仅为 1.1，则需上百个分离级。本章讨论气-液单级平衡等分离过程。计算的基础是物料平衡和相平衡关系，当有相变化时或混合热效应很大时，需考虑能量平衡。

单级平衡过程是气液平衡过程的基础，并在石油化工生产中广泛应用。如石油炼制、化工产品分离都要借助于大量的蒸馏塔、精馏塔、吸收塔和萃取精馏塔等传质设备，这些设备的正常操作首先要解决的是塔顶、塔釜温度和塔的操作压力的确定问题，塔顶用冷却剂、塔釜用加热剂的选取问题，以及相对挥发度较大物系的预分离问题等。每个问题的解决都离不开单级平衡过程的计算，这些计算在化工生产中占有重要的地位。

3.2.1 单级平衡分离案例

【案例 3.2.1.1】 单级平衡分离在裂解气深冷分离中的应用

裂解气的深冷分离流程比较复杂，设备较多，水、电、汽的消耗量也比较大。典型的深冷分离流程有顺序分离流程、前脱乙烷流程和前脱丙烷流程等三种，不论是那一种流程，其中乙烯的回收、富氢提取与提纯就采用了多次闪蒸操作，深冷分离流程中常采用前脱氢和后脱氢两者工艺。

在深冷分离过程中，为了减少乙烯损失，降低乙烯成本，保证乙烯产量，对损失掉的乙烯要尽量回收。当压力为 3.3MPa、温度为 -100℃时，尾气中乙烯含量接近 1.5%（摩尔),这个损失量是很可观的,一定要尽量给予回收。回收的办法是将低温、高压尾气在冷箱中降温,节流再降温,将其中乙烯冷凝下来。如再进一步降温,不但可回收更多的乙烯,而且还可将一部分甲烷也冷凝下来,这样尾气中氢的浓度提高了,即可得到富氢。这一过程就是通过一个多级闪蒸流程实现的。

过程中所涉及的换热器、节流阀等设备集成在一起称为冷箱。富氢的提取是在冷箱中进行的。冷箱在深冷分离流程中的位置不是固定不变的。当冷箱放在脱甲烷塔之后时,称为后脱氢(又称后冷);冷箱置于脱甲烷塔之前时,称为前脱氢(又称前冷)。与之相应组成的工艺流程,称为后脱氢工艺流程与前脱氢工艺流程。

(1) 后脱氢(后冷)工艺

后脱氢生产工艺主要包括尾气中乙烯回收和富氢提取两部分,工艺流程如图 3-7 所示。后脱氢工艺流程是由脱甲烷塔(主要是脱除甲烷-氢)、一级冷箱(主要是回收乙烯)与二级冷箱(主要是提取富氢)三个设备组成。其中回收乙烯和提取富氢就是通过闪蒸过程来完成的。

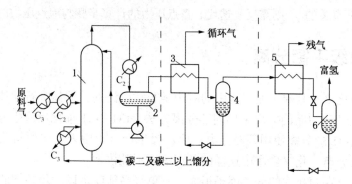

图 3-7　后脱氢工艺流程示意图
1—脱甲烷塔;2—回流分离罐;3,5—冷箱一、二级换热器;
4,6—冷箱一、二级分离罐

来自脱甲烷塔的塔顶 CH_4-H_2 尾气经分凝器流入回流分离罐 2(其中含有约 3%~4% 的乙烯),再进入冷箱一级换热器 3,降温后进入冷箱一级闪蒸罐 4 分离成气液两相,凝液主要是乙烯和甲烷,经换热后即为富含乙烯循环气,回压缩机压缩回收乙烯;气相中主要是 CH_4-H_2,去冷箱二级换热器 5 经冷凝冷却进入闪蒸罐 6 仍然分离成气液两相,气相为富氢(含氢 70% 左右)去提纯;液体节流降温到-140℃左右,在冷箱二级换热器中换热后,得到富含甲烷的残气,去作燃料。这是多级闪蒸在工业生产中的一个具体应用。

(2) 前脱氢(前冷)工艺

前脱氢工艺流程也是由乙烯回收与富氢提取两部分组成,工艺流程如图 3-8 所示。

进料在冷箱中经逐级分凝,经过四级串联闪蒸分离罐,每次把冷凝下来的重组分作为脱甲烷塔的四股进料,其中较先冷凝的必然是重组分,作为脱甲烷塔相对底部进料;较后冷凝的是相对较轻的组分,从脱甲烷塔的上部进料口进料。在第四级闪蒸罐,大部分氢留在气相中,作为富氢回收。由于脱甲烷塔进料中脱除了大部分氢,使进料中的氢含量下降,即提高了 CH_4/H_2 摩尔比,尾气中乙烯含量下降。这样前脱氢工艺实际上起到了回收乙烯与提取富氢两个作用。

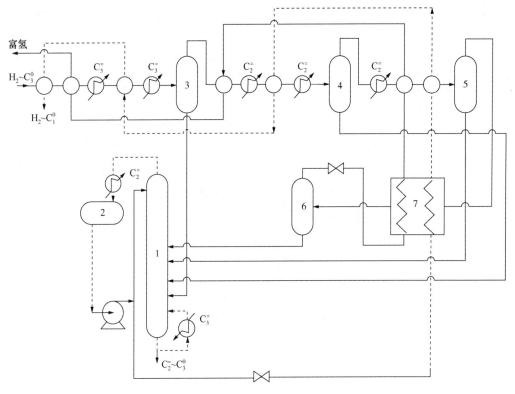

图 3-8　前脱氢工艺流程示意图

1—脱甲烷塔；2—回流罐；3~6—闪蒸分离罐；7—冷箱

由于前脱氢进料中的重组分逐级被冷凝，比将气体全部送入脱甲烷塔节省了冷量。多股进料对脱甲烷塔的操作比单股进料好，重组分进入塔的下部，轻组分进入塔的上部，这等于在进料前已作了预分离，减轻了脱甲烷塔的分离负担。此外，由于温度可降至 -170℃ 左右，所以富氢的浓度可高达 90%~95%，这些优点都优于后脱氢工艺流程，不过它的操作控制比较复杂和困难。

【案例 3.2.1.2】 单级平衡分离在乙苯脱氢生产苯乙烯工艺过程中的应用

乙苯脱氢工段如图 3-9 所示。原料乙苯和回收乙苯混合后用泵连续送入乙苯蒸发器 1，经乙苯加热器 2，在混合器 3 中与过热蒸汽混合达到反应温度，然后进入脱氢反应器 4 中进行脱氢反应。脱氢后的反应气体含有大量的热能。在废热锅炉 5 中回收热量后被冷却的反应气体再进入水冷凝器 6 冷凝，未冷凝的气体再经盐水冷凝器 7 进一步冷凝，两个冷凝器冷凝下来的液体进入油水分离器 9 沉降分离出油相和水相，油相送入贮槽 10 中并加入一定量的阻聚剂，然后送精馏工段提纯，水相送入汽提塔回收有机物。冷凝器未冷凝的气体经气液分离器 8 将不凝气体引出作燃料用。

油相（粗苯乙烯）首先送入乙苯蒸出塔 11，塔顶蒸出乙苯、苯、甲苯，经冷凝器冷凝后，一部分回流，其余送入苯-甲苯回收塔 12，将乙苯与苯、甲苯分离。回收塔釜得到乙苯，送脱氢工段，塔顶得到苯、甲苯，经冷凝后部分回流，其余再送入苯-甲苯分离塔 13。苯-甲苯分离塔顶可得到苯，塔釜可得到甲苯。乙苯蒸出塔釜液主要含苯乙烯及少量乙苯和焦油等，将其送入苯乙烯粗馏塔 14，将乙苯与苯乙烯、焦油分离，塔顶得到含少量苯乙烯的乙苯，可与粗乙苯一起作为乙苯蒸出塔进料，塔釜液则送入苯乙烯精馏塔 15，塔顶可得到纯度达99%以上的苯乙烯，塔釜为含苯乙烯40%左右的焦油残渣，进入蒸发釜中可进一步回收苯乙烯返回精馏塔。

在以上的案例中，气液分离器8便是一个闪蒸分离器。它的作用是将乙苯脱氢产物中的 H_2、CH_4、C_2H_4、C_2H_6、CO、CO_2 等气体与苯、甲苯、乙苯、苯乙烯、水等液体组分分离开。

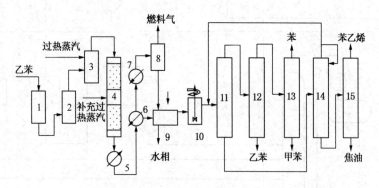

图 3-9　乙苯脱氢生产苯乙烯流程

1—乙苯蒸发器；2—乙苯加热器；3—混合器；4—脱氢反应器；5—废热锅炉；

6—水冷器；7—盐水冷凝器 8—气液分离器；9—油水分离器 10—阻聚剂添加槽；

11—乙苯蒸出塔；12—苯-甲苯回收塔；13—苯-甲苯分离塔；

14—苯乙烯粗馏塔；15—苯乙烯精馏塔

3.2.2　单级平衡分离(闪蒸)过程控制

其实闪蒸操作工艺是非常简单的，如图3-10所示。在进料组成 z_i 恒定的情况下，由 FIC 控制稳定的流量；TIC 通过换热器控制闪蒸温度稳定；由气相出口调节阀通过 PIC 控制闪蒸压力；由 LIC 控制液位稳定。对一般系统，控制系统可以简化一些。

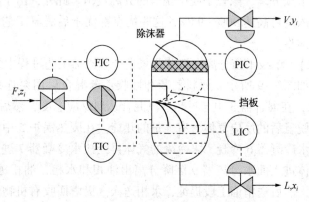

图 3-10　闪蒸操作示意图

3.2.3　闪蒸过程计算

闪蒸是连续单级蒸馏过程。该过程使进料混合物部分汽化或部分冷凝得到含易挥发组分较多的蒸气和含难挥发组分较多的液体。在图3-11(a)中，液体进料在一定压力下被加热，通过节流膨胀阀绝热闪蒸，在闪蒸罐内分离出气体。如果省略阀门，就近似于等温闪蒸过程。与之相反，如图3-11(b)所示，气体进料在分凝器中部分冷凝，进闪蒸罐进行相分离，得到难挥发组分较多的液体。在两种情况下，如果设备设计合理，则离开闪蒸罐的气、液两相处于平衡状态。

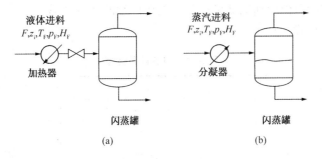

图 3-11　连续单级平衡分离

除非组分的相对挥发度相差很大，单级平衡分离所能达到的分离程度是很低的，所以，闪蒸和部分冷凝通常是作为第一步分离的辅助操作。但是，用于闪蒸过程的计算方法极为重要，普通精馏塔中的平衡级就是一简单绝热闪蒸级。可以把从单级闪蒸和部分冷凝导出的计算方法推广用于塔的设计。

3.2.3.1　闪蒸计算的基本方程式

在单级平衡分离中，由 n 个组分构成的原料，在给定流率 F、组成 z_i、压力 p_F 和温度 T_F 的条件下，通过闪蒸过程分离成相互平衡的气相和液相物流。闪蒸计算的基本方程式如下。

（1）物料衡算式

对每一组分列出物料衡算式：

$$Fz_i = Lx_i + Vy_i \quad i = 1, 2, \cdots, n \tag{3-14}$$

式中，F、V、L 分别表示进料、气相出料和液相出料的流率，z_i、y_i 和 x_i 为相应的组成。

总物料衡算式为：

$$F = L + V \tag{3-15}$$

（2）相平衡关系式

$$y_i = k_i x_i \quad (i = 1, 2, \cdots, n) \tag{3-16}$$

其中

$$k_i = f(p, T, x, y) \tag{3-17}$$

（3）浓度总和式

$$\sum_{i=1}^{n} y_i = 1 \tag{3-18}$$

$$\sum_{i=1}^{n} x_i = 1 \tag{3-19}$$

（4）焓平衡关系式

$$FH_F + Q = LH_L + VH_V$$
$$H_F = H_F(T, p, z)$$
$$H_V = H_V(T, p, y) \tag{3-20}$$
$$H_L = H_L(T, p, x)$$

式中，H_F、H_V 和 H_L 分别为进料、气相出料和液相出料的平均摩尔焓，它是温度、压力和组成的函数。Q 为加入平衡级的热量。对于绝热闪蒸，$Q=0$；而对于等温闪蒸，Q 应取达到规定分离或闪蒸温度所需要的热量。按照已知的变量和需要计算变量的不同，闪蒸过程分为下面几种形式，见表3-2。

表 3-2　闪蒸计算类型

规定变量	闪蒸形式	输出变量
p、T	等　温	Q，V，y_i，L，x_i
p、$Q=0$	绝　热	T，V，y_i，L，x_i
p、$Q\neq0$	非绝热	T，V，y_i，L，x_i
p、L（或 φ）	部分冷凝	Q，T，V，y_i，x_i
p（或 T），V（或 φ）	部分汽化	Q，T（或 p），y_i，L，x_i

3.2.3.2 等温闪蒸和部分冷凝过程

（1）气液平衡常数与组成无关

对于理想溶液，$k_i=k_i(T, p)$，由于已知闪蒸温度和压力，k_i 值容易确定，如果定义一个闪蒸过程气化率为：

$$\varphi = \frac{V}{F} \quad (0<\varphi<1) \tag{3-21}$$

再联立方程式（3-14）、式（3-15）、式（3-16）、式（3-18）、式（3-19）得：

$$x_i = \frac{z_i}{1+\varphi(k_i-1)} \quad i=1, 2, \cdots, n \tag{3-22}$$

$$y_i = \frac{k_i z_i}{1+\varphi(k_i-1)} \quad i=1, 2, \cdots, n \tag{3-23}$$

显然浓度总和方程式为：

$$\sum_{i=1}^{n} \frac{z_i}{1+\varphi(k_i-1)} = 1 \tag{3-24}$$

$$\sum_{i=1}^{n} \frac{k_i z_i}{1+\varphi(k_i-1)} = 1 \tag{3-25}$$

上述两方程均能用于求解汽化分率，它们是 n 级多项式，当 $n>3$ 时可用试差法和数值法求根，但收敛性不佳。因此，用式（3-25）减去式（3-24）得更通用的闪蒸方程式：

$$f(\varphi) = \sum_{i=1}^{n} \frac{(k_i-1)z_i}{1+\varphi(k_i-1)} = 0 \tag{3-26}$$

该式被称为 Richford-Rice 方程，有很好的收敛特性，可选择多种算法，如弦位法和牛顿法求解，后者收敛较快，迭代方程为：

$$\varphi^{(k+1)} = \varphi^{(k)} - \frac{f(\varphi^{(k)})}{\dfrac{\mathrm{d}f(\varphi^{(k)})}{\mathrm{d}\varphi}} \tag{3-27}$$

导数方程为：

$$\frac{\mathrm{d}f(\varphi^{(k)})}{\mathrm{d}\varphi} = -\sum_{i=1}^{n} \frac{(k_i - 1)^2 z_i}{[1 + \varphi^{(k)}(k_i - 1)]^2} \tag{3-28}$$

当 φ 值确定后，由式(3-22)和式(3-23)分别计算 x_i 和 y_i，并用式(3-15)式(3-21)求 L 和 V，然后计算焓值 H_L 和 H_V。

对于理想溶液，H_L 和 H_V 由纯物质的焓加和求得：

$$H_V = \sum_{i=1}^{n} y_i H_{Vi} \tag{3-29}$$

$$h_L = \sum_{i=1}^{c} x_i h_{Li} \tag{3-30}$$

式中，H_{Vi} 和 H_{Li} 是纯物质的摩尔焓。

如果溶液为非理想溶液，还需要混合热数据，当确定各股物料的焓值后，用式(3-15)求过程所需热量。

此外，在给定温度下进行闪蒸计算时，还需核实闪蒸问题是否成立。可采用下面两种方法。

① 分别用泡点方程和露点方程计算在闪蒸压力下进料混合物的泡点温度和露点温度，然后核实闪蒸温度是否处于泡露点温度之间。若该条件成立，则闪蒸问题成立。

$$f(T_B) = \sum_{i=1}^{n} k_i x_i - 1 = 0$$

$$f(T_D) = \sum_{i=1}^{n} \frac{y_i}{k_i} - 1 = 0$$

式中，T_B 和 T_D 分别为泡点、露点温度。

还可用计算结果来确定气相分数的初值：

$$\varphi = \frac{T - T_B}{T_D - T_B} \tag{3-31}$$

② 假设闪蒸温度为进料组成的泡点温度，则 $\sum k_i z_i$ 尚应等于1。若 $\sum k_i z_i > 1$，说明 $T_B < T$；再假设闪蒸温度为进料组成的露点温度，则 $\sum(z_i / k_i)$ 应等于1。若 $\sum(z_i / k_i) > 1$，说明 $T_D > T$。

综合两种试算结果，只有 $T_B < T < T_D$ 成立，才构成闪蒸问题；反之，若 $\sum k_i z_i < 1$ 或 $\sum(z_i / k_i) < 1$，说明进料在闪蒸条件下分别为过冷液体或过热蒸气。

【例 3-5】 进料流率为 1000kmol/h 的轻烃混合物，其组成为：丙烷(1)30%；正丁烷(2)10%；正戊烷(3)15%；正己烷(4)45%(摩尔)。求在 50℃和 200kPa 条件下闪蒸的气、液相组成及流率。

解：该物系属低温、低压下的轻烃混合物，其相平衡常数有 De-Priester 图确定，如下表所示：

项目	(1)	(2)	(3)	(4)
k_i	7.0	2.4	0.8	0.3

(1)核实闪蒸问题是否成立

假设进料为泡点温度，则：

$$\sum_{i=1}^{4} k_i z_i - 1 = 7.0 \times 0.3 + 2.4 \times 0.1 + 0.8 \times 0.15 + 0.3 \times 0.45 - 1 = 1.595 > 0$$

假设进料为露点温度，则：

$$\sum_{i=1}^{n} \frac{z_i}{k_i} - 1 = \frac{0.3}{7.0} + \frac{0.1}{2.4} + \frac{0.15}{0.8} + \frac{0.45}{0.3} - 1 = 0.772 > 0$$

说明进料温度满足 $T_B < T < T_D$，闪蒸问题成立。

（2）求汽化率 φ

根据 Richford-Rice 方程：

$$f(\varphi) = \sum_{i=1}^{n} \frac{(k_i - 1) z_i}{1 + \varphi(k_i - 1)}$$

$$f'(\varphi) = -\sum_{i=1}^{n} \frac{(k_i - 1)^2 z_i}{[1 + \varphi(k_i - 1)]^2}$$

根据 Newton-Raphson 法迭代计算：

$$\varphi^{(k+1)} = \varphi^{(k)} - \frac{f(\varphi^{(k)})}{f'(\varphi^{(k)})}$$

在 Excel 表格中计算过程如下表：

例题 3-5 附表 1　Newton-Raphson 法迭代试差计算汽化率

进料流量 F	1000.00						
	丙烷 C_3	正丁烷 C_4	正戊烷 C_5	正己烷 C_6	Σ	φ	$\varphi(1)$
进料组成 z_i	0.300	0.100	0.150	0.450	1.000	0.511	0.511
相平衡常数 k_i	7.000	2.400	0.800	0.300			
$f(\varphi)$	0.443	0.082	−0.033	−0.490	0.000		
$f'(\varphi)$	−0.653	−0.067	−0.007	−0.534	−1.262		
液相组成(x_i)	0.074	0.058	0.167	0.701	1.000		
气相组成(y_i)	0.516	0.140	0.134	0.210	1.000		
液相流率(L)	489.000						
气相流率(V)	511.000						

当设 $\varphi^{(0)} = 0.5$ 时，迭代求得 $\varphi^{(1)} = 0.511$，第二次迭代 $\varphi^{(2)} = 0.511$

所以闪蒸汽化率 $\varphi = 0.511$

将 $\varphi = 0.511$ 代入式（3-22）和式（3-23）得各组分气相和液相组成，如 Excel 表格所示。根据式（3-21）计算得闪蒸的气相量 $V = 511.0 kmol/h$，液相量 $L = 489.0 kmol/h$。

（2）气液平衡常数与组成有关的闪蒸计算

当 k_i 不仅是温度和压力的函数而且还是组成的函数时，解式（3-26）所包括的步骤就更多。图 3-12 提出两种普遍化算法。在图 3-12（a）的框图中，对每组 x 和 y 的估算值，迭代式（3-28）求 φ 至收敛。用收敛的 φ 值估算新的一组 x 和 y，并计算 k，重新迭代 φ，直至两次迭代的 x 和 y 没有明显变化为止。这种迭代方法需要机时较长，但一般是稳定的。在图 3-12（b），φ 和 x、y 同时迭代，在计算新的 k 值前，x 和 y 要归一化（$x_i = x_i / \sum x_i$，$y = y_i / \sum y_i$）。该法运算速度快，但有时会不收敛。

在两种算法中，x 和 y 采用直接迭代方式一般是满意的。有时也使用 Newton-Raphson 法加速收敛。

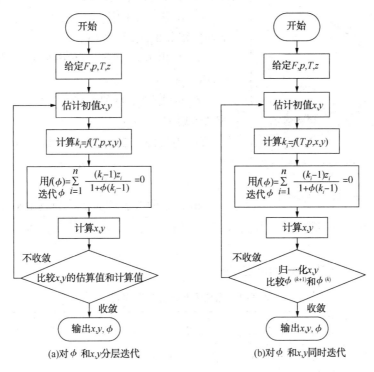

(a)对 ϕ 和 x,y 分层迭代   (b)对 ϕ 和 x,y 同时迭代

图 3-12 k 为组成的函数时等温闪蒸计算框图

能力提升

3.2.4   绝热闪蒸过程

如图 3-11 所示，一般已知流率、组成、压力和温度(或焓)的液体进料节流膨胀到较低压力便产生部分汽化。绝热闪蒸计算的目的是确定闪蒸温度和气液相组成和流率。原则上仍通过物料衡算、相平衡关系、热量衡算和总和方程联立求解。目前工程计算中广泛采用的算法均选择 T 和 φ 为迭代变量，根据物系性质不同又分三种具体算法。

3.2.4.1   气液平衡常数与组成无关时的简单估算

对于理想溶液，$k_i = k_i(T, p)$，已知闪蒸压力，由于绝热闪蒸的平衡温度是未知的，需要由 Richford-Rice 方程(3-26)和热量衡算式(3-20)来联立确定。

对于绝热闪蒸，$Q=0$，热量衡算式由(3-20)化简为：

$$H_F = \varphi H_L + (1-\varphi) H_V \tag{3-32}$$

绝热闪蒸后气液两相共存，因而平衡温度必定在平衡压力下的泡点与露点温度之间，这给确定平衡温度的初值提供了一个范围。具体可以按照以下步骤用图解法(如表 3-3 和图 3-13 所示)计算。

① 计算原料在平衡压力下的泡点和露点温度；

② 在泡点和露点温度之间设若干个温度 T，计算出若干组 k_i；

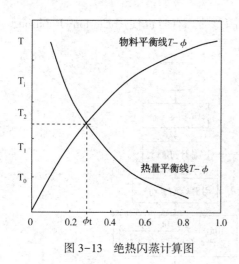

图 3-13 绝热闪蒸计算图

③ 用式(3-28)计算出若干个 φ。作 T-φ 曲线，此曲线称为物料平衡曲线或闪蒸曲线；

④ 由各 T 下的用式(3-22)、式(3-23)计算各平衡气液相的组成 y 和 x；

⑤ 查出或计算各 T 下各组分气液相的摩尔焓 H_{Vi} 和 h_{Li}；

⑥ 由式(3-29)和式(3-30)计算各 T 下气液相的摩尔焓 H_V 和 h_L；

⑦ 用式(3-32)计算各 T 下的 φ：

$$\varphi = \frac{H_F - h_L}{H_V - h_L} \qquad (3\text{-}32a)$$

作 T-φ 曲线，此曲线称为热量平衡曲线；

⑧ 物料平衡曲线和热量平衡曲线交点坐标 (T, φ) 即为联立方程式(3-26)和式(3-32)的解；

⑨ 由解得的 φ 计算其他未知变量值。

表 3-3　绝热闪蒸计算过程表格

项目	泡点 T_B	T_0	T_1	T_2	…	露点 T_D	计算公式
组分 A	k_{A,T_B}	k_{A,T_0}	k_{A,T_1}	k_{A,T_2}	…	k_{A,T_D}	
组分 B	k_{B,T_B}	k_{B,T_0}	k_{B,T_1}	k_{B,T_2}	…	k_{B,T_D}	
…	…	…	…	…	…	…	
汽化率 φ	0	Φ_0	Φ_1	Φ_2	…	1	式(3-26)
A 气液相组成	y_{A,T_B}	y_{A,T_0}	y_{A,T_1}	y_{A,T_2}	…	y_{A,T_D}	式(3-23)
	x_{A,T_B}	x_{A,T_0}	x_{A,T_1}	x_{A,T_2}	…	x_{A,T_D}	式(3-22)
B 气液相组成	y_{B,T_B}	y_{B,T_0}	y_{B,T_1}	y_{B,T_2}	…	y_{B,T_D}	式(3-23)
	x_{B,T_B}	x_{B,T_0}	x_{B,T_1}	x_{B,T_2}	…	x_{B,T_D}	式(3-22)
…	…	…	…	…	…	…	
A 气液相焓	H_{Av}	H_{Av}	H_{Av}	H_{Av}		H_{Av}	式(3-29)、
	h_{Al}	h_{Al}	h_{Al}	h_{Al}		h_{Al}	式(3-30)计
B 气液相组成	H_{Bv}	H_{Bv}	H_{Bv}	H_{Bv}		H_{Bv}	算 H_V、h_l 以
	h_{Bl}	h_{Bl}	h_{Bl}	h_{Bl}		h_{Bl}	及 H_F
…	…	…	…	…	…	…	
汽化率 φ	0	Φ_0	Φ_1	Φ_2	…	1	式(3-32a)

3.2.4.2　宽沸程混合物闪蒸的序贯迭代法

所谓宽沸程混合物，是指构成混合物的各组分的挥发度相差悬殊，其中一些很易挥发，而另一些则很难挥发。该物系的特点是，离开闪蒸罐时各相的量几乎完全决定 k_i。

在很宽的温度范围内，易挥发组分主要在蒸气相中，而难挥发组分主要留在液相中。进料焓值的增加将使平衡温度升高，但对气液流率 V 和 L 几乎无影响。因此，宽沸程闪蒸的热衡算更主要取决于温度，而不是 φ。根据序贯算法迭代变量的排列原则，最好是使内层循环中迭代变量的收敛值对于外层循环迭代变量的取值是不敏感的。这就是说，本次内层循环迭代变量的收敛值将是下次内层循环运算的最佳初值。对宽沸程闪蒸，因为 φ 对 T 的取值不敏感，所以 φ 作为内层迭代变量是合理的。

其次，将热衡算放在外层循环中，用归一化的 x 和 y 计算各股物料的焓值，物理意义是严谨的。

采用 Rachford-Rice 方程，用弦位法和牛顿法均可估计新的闪蒸温度，但后者既简单，收敛又快。

由式(3-32)重排，并令 $Q=0$，得温度迭代公式。

$$G(T) = \varphi H_V + (1-\varphi) h_L - H_F \qquad (3-33)$$

$$T^{(k+1)} = T^{(k)} - \frac{G(T^{(k)})}{\dfrac{dG(T^{(k)})}{dT^{(k)}}} \qquad (3-34)$$

$$\frac{dG(T^{(k)})}{dT^{(k)}} = \varphi \frac{dH_V}{dT} + (1-\varphi) \frac{dh_L}{dT} \qquad (3-35a)$$

或者

$$\frac{dG(T^{(k)})}{dT^{(k)}} = \varphi C_{pV} + (1-\varphi) C_{pL} \qquad (3-35b)$$

由 $|T^{(k+1)} - T^{(k)}| \leqslant \varepsilon$ 判断 $G(T)$ 函数收敛。一般选择 $\varepsilon = 0.01℃$，函数难于收敛或计算要求不严格时取 $\varepsilon = 0.2℃$。

如果 ΔT 值即 $|T^{(k+1)} - T^{(k)}|$ 太大，迭代的温度可能出现振荡而不收敛。在该情况下引入阻尼因子 d，使 $\Delta T = d\Delta T_{计算}$。一般 d 取为 0.5。宽沸程绝热闪蒸的收敛方案见图 3-14。

3.2.4.3 沸程混合物闪蒸的序贯迭代法

对于窄沸程闪蒸问题，由于各组分的沸点相近，因而热量衡算主要受汽化潜热的影响，反映在受气相分率的影响。改变进料焓值会使液相流率发生变化，而平衡温度没有太明显的变化。显然，应该通过热量衡算式计算 φ；用闪蒸方程式确定闪蒸温度 T。并且，由于收敛的 T 值对 φ 的取值不敏感，故应在内层循环迭代 T，外层循环迭代 φ。

当采用 Rachford-Rice 方程计算时，迭代 T 的方程为：

$$f(T) = \sum_{i=1}^{n} \frac{(k_i - 1)z_i}{1 + \varphi(k_i - 1)} = 0 \qquad (3-36)$$

热量衡算式由式(3-33)变换为：

$$G(\varphi) = \varphi H_V + (1-\varphi) h_L - H_F \qquad (3-37)$$

在 φ 的直接迭代法中，解式(3-37)得：

$$\varphi^{(k+1)} = \left(\frac{H_F - h_L}{H_V - h_L} \right)^{(k)} - \frac{G(\varphi)}{G'(\varphi)} \qquad (3-38)$$

若 $\varphi^{(k+1)}$ 与 $\varphi^{(k)}$ 有差别，则以 $\varphi^{(k+1)}$ 代替 $\varphi^{(k)}$ 作下一次迭代；若偏差小于允许值，则说明收敛。

直接迭代法可能产生振荡，这时需引进阻尼因子加以控制。

$$\varphi^{(k+1)} = \varphi^{(k)} + d(\varphi^{(k)} - \varphi^{(k-1)}) \qquad (3-39)$$

通常 d 取值约为 0.5。窄沸程绝热闪蒸的收敛方案见图 3-15。

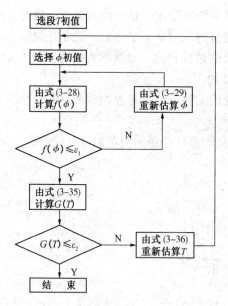

图 3-14 宽沸程绝热闪蒸的收敛方案

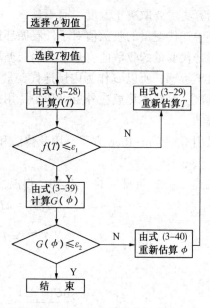

图 3-15 窄沸程绝热闪蒸的收敛方案

在上述两种迭代方案中，液相组成和气相组成的迭代是采用在内层循环中与 φ (对宽沸程闪蒸)或与 T (对窄沸程闪蒸)同时收敛的方案。利用 Excel 按照收敛方案试差，可以大大化简用表 3-4 和图 3-13 计算的工作量，速度很快。

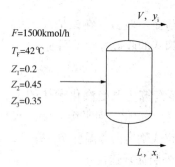

例 3-6 附图

【例 3-6】 闪蒸进料组成为：甲烷 (1) 20%，正戊烷 (2) 45%，正己烷 (3) 35% (摩尔)；进料流率 1500kmol/h，进料温度 42℃，压力 253.31kPa。已知闪蒸罐操作压力是 206.84kPa，求闪蒸温度、气相分率、气液相组成和流率。

解：已知条件表示见附图，该物系为理想溶液，k_i 值由查 p-T-k 图或用公式计算得到。作热量衡算需要的摩尔比定压热容数据和汽化潜热数据如例 3-6 附表 1 所示：

气体摩尔比定压热容公式：

$$C_{pV_1} = 34.33 + 0.05472T + 3.66345 \times 10^{-6} T^2 - 1.10113 \times 10^{-8} T^3$$

$$C_{pV_2} = 114.93 + 0.34114T - 1.8997 \times 10^{-4} T^2 + 4.22867 \times 10^{-8} T^3$$

$$C_{pV_3} = 137.54 + 0.40875T - 2.39317 \times 10^{-4} T^2 + 5.76941 \times 10^{-8} T^3$$

式中，C_{pV} 的单位为 J/(mol·℃)；T 的单位为℃。

例 3-6 附表 1

组分	汽化潜热 ΔH/(J/mol)	正常沸点/℃	液体摩尔比定压热容 C_p/[J/(mol·℃)]
甲 烷	8185.2	-161.48	46.05
正戊烷	25790	36.08	166.05
正己烷	28872	68.75	190.83

在常温、低压下，如果近似认为气相是理想气体，液相是理想溶液，相平衡常数 $k_i =$

$\dfrac{p_i^s}{p}$，饱和蒸气压由安托尼方程 $\lg p_1^s = A - \dfrac{B}{T+C}$（$p_1^s$：kPa，$T$：℃）计算。

安托尼方程的系数如例3-6附表2所示。

例3-6附表2

组分	A	B	C
甲 烷	5.9636	438.5193	272.2106
正戊烷	5.9866	1069.228	232.5237
正己烷	5.9969	1168.337	223.9891

首先确定本例是宽沸程闪蒸还是窄沸程闪蒸问题？由上表正常沸点数据可看出，沸点差远远大于 $80 \sim 100$℃，属宽沸程闪蒸。若进行泡露点温度计算，则得进料混合物的露点温度 $T_D = 70.54$℃，泡点温度 $T_B < -123.5$℃，进一步证实本例为宽沸程闪蒸问题。按图3-14收敛方案求解。

采用牛顿法迭代，规定收敛精度 $|\varphi^{(k+1)} - \varphi^{(k)}| \leqslant \varepsilon_1$（$\varepsilon_1 = 0.0001$）；$|\Delta T| \leqslant \varepsilon_2$（$\varepsilon_2 = 0.001$）。

如果进料液在42℃、253.31kPa下处于平衡组成，是气液混合物，在该等温条件下，迭代计算得进料时的汽化率为0.2947，如例3-6附表3所示。

例3-6附表3　进料汽化率计算

项目	甲烷	正戊烷	正己烷	Σ	φ	$\varphi(1)$
Z_i	0.200	0.450	0.350	1.000	0.2947	0.2947
K_i	145.991	0.488	0.159			
$f(\varphi)$	0.663	−0.272	−0.391	0.000		
$f'(\varphi)$	−2.199	−0.164	−0.438	−2.800		
液相组成(x_i)	0.005	0.530	0.465	1.000		
汽相组成(y_i)	0.668	0.258	0.074	1.000		

假设在操作压力206.84kPa时，宽沸程体系，温度是外循环，φ 是内循环。

设迭代变量的初值 $T = 35$℃，$\varphi^{(0)} = 0.30$，用式（3-26）、式（3-27）和式（3-28）迭代 φ。第一个完整的内层循环中间结果为：$\varphi = 0.2894$、0.2897、0.2897

可见，φ 的收敛是单调的。由收敛的 φ 值和式（2-24）、式（2-25）分别计算 x_i 和 y_i。计算结果为：

项目	甲烷	正戊烷	正己烷	Σ
液相组成(x_i)	0.033	0.539	0.428	1.000
汽相组成(y_i)	0.922	0.066	0.012	1.000

进行热量衡算，以0℃时的饱和液体为基准态，即焓值为0计算。

当确定各股物料的焓值后，通过式（3-33）和式（3-34）计算闪蒸温度 $T = 39.157$℃。结果列于例3-6附表4中。如果从 $T = 40$℃试差收敛速度更快。

例 3-6 附表 4

迭代第次	估计温度/℃	φ 的迭代次数	φ	计算温度/℃
1	35	3	0.2897	38.079
2	38.079	2	0.3059	38.914
3	38.914	2	0.3108	39.111
4	39.111	1	0.3120	39.149
5	39.149	1	0.3122	39.156
6	39.156	1	0.3123	39.157
7	39.157	0	0.3123	39.157

最终组成和流率如例 3-6 附表 5 所示。

例 3-6 附表 5

项目	甲烷	正戊烷	正己烷	Σ
液相组成(x_i)	0.0036	0.5248	0.4716	1.0000
汽相组成(y_i)	0.6324	0.2853	0.0822	0.9999

$V = 468.391\,\text{kmol/h}$；$L = 1031.609\,\text{kmol/h}$

3.2.5 非绝热闪蒸过程

非绝热闪蒸时，$Q \neq 0$，所以热量衡算式为式(3-22)。由式(3-22)可得：

$$\varphi = \frac{Q + H_F - H_L}{H_V - H_L} \tag{3-40}$$

根据所确定的已知条件，非绝热闪蒸可有两种情况：第一种是已知原料情况以及平衡温度和压力，计算所需热量和气液相组成；第二种是已知原料情况以及平衡压力和提供的热量，计算平衡温度和气液相组成。第一种情况，计算方法同等温闪蒸；第二种情况，需要联解式(3-28)和式(3-40)，其方法同绝热闪蒸。

本章符号说明

英文字母

A、B、C——相平衡常数经验式常数；Antonie 方程常数；

d——阻尼因子；

F——进料流率，kmol/h；

f——逸度，Pa；

G——自由焓，J；函数；

g——目标函数；

H——亨利常数，Pa；

k——相平衡常数；

L——液相流率 kmol/h；

n——物质的量，mol；组分数；

p——压力，Pa；

Q——系统与环境交换的热量，kJ/h；

R——气体常数，其值为 8.314J/(mol·K)；

T——温度，K；

V——体积，m³；气相流率，mol/h；

V_m——摩尔体积，m³/mol；

x——液相摩尔分率；

y——气相摩尔分率；　　　　　　　　　　　　　——平均。

Z——压缩因子；　　　　　　下标

z——进料摩尔分率。　　　　　　A——组分；

希腊字母　　　　　　　　　　　　　B——泡点；

γ——液相活度系数；　　　　　　D——露点；

ε——收敛标准；　　　　　　　　b——正常沸点；

μ——化学位；　　　　　　　　c——临界状态；

φ——气化分率；　　　　　　　F——进料；

ω——偏向因子。　　　　　　i、j、k——组分；

上标　　　　　　　　　　　　　L——液相；

E——过剩性质；　　　　　　　p——压力；

(k)——迭代次数；　　　　　　r——对比状态；

L——液相；　　　　　　　　　T——温度；

0——基准状态；　　　　　　　M——混合物；

s——饱和状态；　　　　　　　V——体积；气相；

T——真实溶液；　　　　　　　1，2——组分

V——气相；

练 习 题

一、填空题

1. 计算溶液泡点时，若 $\sum\limits_{i=1}^{C} k_i x_i - 1 > 0$，则说明所设温度(　　　　)。

2. 在一定温度和压力下，由物料组成计算出的 $\sum\limits_{i=1}^{C} k_i z_i - 1 > 0$，且 $\sum\limits_{i=1}^{c} z_i / k_i > 1$，该进料状态为(　　　　)。

3. 计算溶液露点时，若 $\sum y_i / k_i - 1 < 0$，则说明所设温度(　　　　)。

4. 进行等温闪蒸时，满足(　　　　)条件时系统处于两相区。

5. 等温闪蒸，闪蒸后平衡气液相的温度(　　　　)原料液温度，平衡压力(　　　　)原料液压力；绝热闪蒸，闪蒸后平衡气液相的温度(　　　　)原料液温度，平衡压力(　　　　)原料液压力；非绝热闪蒸，闪蒸后平衡气液相的温度(　　　　)原料液温度，平衡压力(　　　　)原料液压力。

6. n 组分系统露点方程的表达式为(　　　　)。

7. n 组分系统泡点方程的表达式为(　　　　)。

8. 泡点温度计算时若 $\sum k_i x_i > 1$，温度应调(　　　　)。

9. 泡点压力计算时若 $\sum k_i x_i > 1$，压力应调(　　　　)。

10. 在多组分精馏中塔底温度是由(　　　　)方程求定的。

11. 绝热闪蒸过程，节流后的温度(　　　　)。

12. 若组成为 Z_i 的物系，$\sum k_i x_i > 1$，且 $\sum\limits_{i=1}^{c} z_i/k_i > 1$ 时，其相态为( )。

13. 若组成为 Z_i 的物系，$k_i x_i > 1$ 时其相态为( )。

14. 若组成为 Z_i 的物系，$\sum k_i Z_i > 1$ 时，其相态为( )。

15. 绝热闪蒸过程，饱和液相经节流后会有( )产生。

16. 蒸发过程中，随着溶液浓度的增加，其泡点( )，为了维持沸腾蒸发，加热量应( )。

17. NaOH 溶液蒸发提浓过程中，设基准态温度时的基准态焓 $H_0=0$，进料焓为 H_F，单位物质量的加热量为 Q，气相焓为 H_v，液相焓为 h_L，其汽化率 $\varphi =$ ( )。

18. 等温闪蒸过程，其进料状态是气液混合物，其汽化率满足( )。

19. n 组分系统，已知 n 个独立的变量，在其泡露点计算中需要求出( )个独立变量，需要( )个独立的方程。

20. 从图 3-1 可以查出，苯的泡点温度为( )，甲苯的露点温度为( )，常压下，苯组成为 0.5，等温 96℃ 闪蒸时，气相中甲苯含量为( )，液相中苯含量为( )。

21. 裂解气前冷工艺提取富氢过程，四级闪蒸按温度由高到低的顺序 $t_1>t_2>t_3>t_4$，其闪蒸压力 $p_1 \rightarrow p_4$ 的大小顺序是( )，其汽化率 $\varphi_1 \rightarrow \varphi_4$ 的大小顺序是( )。

22. 闪蒸过程，压力越高，汽化率( )。

23. 气液平衡闪蒸，温度越低，汽化率 φ ( )，在泡点温度下，$\varphi =$ ( )，低于泡点温度时，φ ( )。

24. $\sum\limits_{i=1}^{n} \dfrac{(k_i-1)z_i}{1+\varphi(k_i-1)} = 0$ 不仅可以试差求( )，而且可以试差求( )。

25. $\varphi H_v + (1-\varphi) h_L - H_F - Q = 0$ 不仅可以试差求( )，而且可以试差求( )。

二、选择题

1. 计算溶液泡点时，若 $\sum\limits_{i=1}^{c} K_i X_i - 1 > 0$，则说明( )。

A. 温度偏低   B. 正好泡点

C. 温度偏高

2. 在一定温度和压力下，由物料组成计算出的 $\sum\limits_{i=1}^{n} k_i z_i - 1 > 0$，且 $\sum\limits_{i=1}^{c} z_i/k_i > 1$，该进料状态为( )

A. 过冷液体   B. 过热气体

C. 气液混合物

3. 计算溶液露点时，若 $\sum y_i/k_i - 1 < 0$，则说明( )。

A. 温度偏低   B. 正好泡点

C. 温度偏高

4. 进行等温闪蒸时，对满足什么条件时系统处于两相区( )。

A. $\sum K_i Z_i > 1$ 且 $\sum Z_i/K_i > 1$ B. $\sum K_i Z_i > 1$ 且 $\sum Z_i/K_i < 1$

C. $\sum K_i Z_i < 1$ 且 $\sum Z_i/K_i > 1$ D. $\sum K_i Z_i < 1$ 且 $\sum Z_i/K_i < 1$

5. 当把溶液加热时，开始产生气泡的点叫作(　　)

A. 露点　　　　　　B. 临界点　　　　　　C. 泡点　　　　　　D. 熔点

6. 把一个气相混合物冷凝时，开始产生液滴的点叫作(　　)。

A. 露点　　　　　　B. 临界点　　　　　　C. 泡点　　　　　　D. 熔点

7. 当物系处于泡、露点之间时，体系处于(　　)。

A. 饱和液相　　　　　　　　　　　B. 过热蒸汽

C. 饱和蒸汽　　　　　　　　　　　D. 气液两相

8. 系统温度大于露点时，体系处于(　　)。

A. 饱和液相　　　　　　　　　　　B. 过热气相

C. 饱和气相　　　　　　　　　　　D. 气液两相

9. 系统温度小于泡点时，体系处于(　　)。

A. 饱和液相　　　　　　　　　　　B. 过冷液体

C. 饱和气相　　　　　　　　　　　D. 气液两相

10. 闪蒸是单级蒸馏过程，所能达到的分离程度(　　)。

A. 很高　　　　　　　　　　　　　B. 较低

C. 只是冷凝过程，无分离作用　　　D. 只是汽化过程，无分离作用

11. 下列哪一个过程不是闪蒸过程(　　)。

A. 部分汽化　　　　　　　　　　　B. 部分冷凝

C. 等焓节流　　　　　　　　　　　D. 纯组分的蒸发

12. 等焓节流之后(　　)。

A. 温度提高　　　　　　　　　　　B. 压力提高

C. 有汽化现象发生，压力提高　　　D. 压力降低，温度也降低

三、名词解释

1. 泡点温度

2. 露点温度

3. 汽化率

4. 冷凝率

四、问答题

1. 已知 A、B 二组分的恒压相图，如习题图 3-1 所示，现有一温度为 T_0 的原料经加热后出口温度为 T_4，过加热器前后压力看作不变。试说明该原料在通过加热器的过程中，各相应温度处的相态和组成变化的情况是怎样的？

2. 简述绝热闪蒸过程的特点。

3. 如习题图 3-2 所示，A 塔的操作压力为 20atm，塔底产品经节流阀后很快进入 B 塔。B 塔的操作压力为 10atm，试问：

(1) 液体经节流后会发生哪些变化？

(2) 如果 B 塔的操作压力为 5atm 时，会与 10atm 下的情况在某些方面有何不同？

4. 用逐次逼近法进行等焓闪蒸计算时，什么情况下汽化率作为内循环、温度 T 作为外循环？为什么？

5. 简述绝热闪蒸计算的计算方法。

6. 对于绝热闪蒸过程，试推导 $\varphi=\dfrac{H_F-h_L}{H_V-h_L}$。

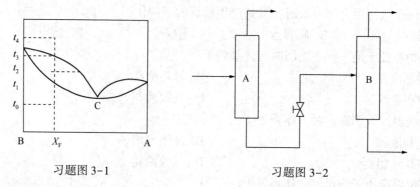

习题图 3-1   习题图 3-2

五、计算题

1. 一烃类混合物含甲烷 5%（摩尔）、乙烷 10%、丙烷 30% 及异丁烷 55%，试求混合物在 25℃ 时的泡点压力和露点压力。

2. 在 101.3kPa 下，对组成为 45%（摩尔）正己烷、25% 正庚烷及 30% 正辛烷的混合物：

（1）求泡点和露点温度；

（2）将此混合物在 101.3kPa 下进行等温闪蒸，使进料的 50% 汽化。求闪蒸温度及两相的组成。

3. 一烃类混合物含有甲烷（1）5.0%、乙烷（2）10.0%、丙烷（3）30%、异丁烷（4）55.0%（均为摩尔分数）。试计算在 25℃ 时的泡点压力和露点压力。

4. 含有 80%（摩尔）醋酸乙酯（1）和 20%（摩尔）乙醇（2）的二元物系。液相活度系数用 Van Laar 方程计算，$A_{12}=0.144$，$A_{21}=0.170$。试计算在 101.3kPa 下的泡点温度和露点温度。

安托尼方程为：

醋酸乙酯：$\ln p_1^s=21.0444-\dfrac{2790.50}{T-57.15}$

乙醇：$\ln p_2^s=23.8047-\dfrac{3803.98}{T-41.68}$

5. 闪蒸进料组成为：乙烯（1）25%，乙烷（2）35%，丙烯（3）40%（均为摩尔分数）；以 10℃、1519.5kPa 进入绝热闪蒸罐。已知闪蒸罐的操作压力为 1013kPa，求绝热闪蒸温度、汽化分率、气液相组成。

组分的比热容按以下公式计算：

$C_p=A+BT+CT^2+DT^3$，单位为 J/(mol·℃)

公式中常数列于下表，各组分的汽化潜热列于下表。

气体比热容系数表

	A	$B\times10$	$C\times10^5$	$D\times10^8$
乙烯	40.11605	−1.24208	61.28632	−55.3874
乙烷	34.40750	−0.1828658	33.81380	−24.62178
丙烯	30.82947	0.6182860	20.55774	−12.44992

液体比热容系数表

	A	$B\times10$	$C\times10^3$	$D\times10^5$
乙烯	−39.9314	7.29846	−5.88290	1.48246
乙烷	17.4625	10.6700	−7.11332	1.58647
丙烯	82.8559	2.96316	−2.96140	0.775916

正常沸点时的汽化潜热

	乙烯	乙烷	丙烯
汽化潜热/(J/mol)	17.255	16.325	10.430

根据列线图近似回归得：$p=2000\text{kPa}$，$-55\sim0℃$范围，三种组分的相平衡常数为：$k_{C_2^=}=0.0149T-2.770$，$k_{C_2^0}=0.0102T-1.900$，$k_{C_3^=}=0.0046T-0.9578$，式中 T 的单位为 K。

项目4 多组分普通精馏技术

学习目标 ★★★★★

学习目的：

通过本章的学习，了解精馏塔的结构；熟练掌握多组分精馏过程的简捷法计算；为精馏塔的正确操作、优化操作打下理论基础。

知识要求：

理解多组分精馏方案的优化选择；

掌握多组分简捷法计算；

了解多组分复杂精馏操作的简捷法计算。

能力要求：

熟练掌握多组分精馏简捷法计算；

通过相关计算理解优化操作的意义，为实际操作建立理论基础。

基本任务

4.1 精馏概述

基本有机化学工业的产品种类繁多，生产方式多种多样，但是任何一种产品的生产，都必须程度不同地经过原料预处理、化学反应和精制等加工过程。

原料预处理是化工生产的重要步骤之一。自然界存在的各种原料，大多数不是纯物质，其中既含有需要的物质，也含有不需要的甚至对生产有害的物质。如果直接应用这样的原料进行化学反应，使那些杂质与原料一起通过反应器，轻则降低反应器的处理能力，降低产品的纯度，给分离过程带来困难，重则使催化剂中毒或腐蚀设备，甚至使反应器发生堵塞或爆炸事故，使反应过程无法顺利进行。因此，反应前原料的预处理过程是必不可少的。

在化工生产过程中，尽管反应器是关键性设备，但是各生产装置中分离设备的数量却远远超过反应设备，需要较高的投资。分离过程的能量消耗和操作费用也往往是产品成本的重要方面，如以天然气制乙炔为例，分离部分约占总投资额的70%。所以，为提高生产的经济效益，必须对分离过程给予应有的重视。

所谓多组分溶液精馏是指被分离的混合溶液中含有两个以上组分的精馏过程。基本有机化工生产中，要获得纯的或比较纯的组分作为原料、中间产品或产品，精馏操作是广泛采用的分离方法之一。例如，乙苯脱氢生产苯乙烯，需要从产物炉油中分离出纯度达99%

左右的苯乙烯，以作为生产聚苯乙烯的原料。对于能液化的气体混合物，如烃类热裂解所得的烷烃与烯烃的气体混合物，也可采用精馏的方法将其分离。

多组分溶液精馏的基本原理是根据溶液中各组分的挥发度不同，采用液体多次部分汽化，蒸气多次部分冷凝的气液相间传质过程，使气液相间浓度发生变化，较轻组分在塔顶富集，较重组分在塔釜富集，从而使溶液中的组分得到分离。

在化工生产中，普通精馏操作又分为双组分精馏和多组分精馏，多组分溶液的分离比双组分溶液更为普遍。因此研究和解决多组分精馏的设备计算和生产问题，就更有实际意义。多组分溶液精馏所依据的原理和使用的设备，虽与双组分精馏有相同之处，但是，由于处理系统组分的数目增多，使精馏设备计算等问题比双组分精馏复杂得多。

4.1.1 多组分精馏技术的工业应用案例

在化工生产中，经过反应后，得到的粗产品混合物从原料到产品、副产品包含有几种到几十种的化学物质，这些物质中原料需要回收循环使用，产品要分离到很纯的程度（如聚合级乙烯纯度要达到99.9%），其他的副产品、催化剂、助剂、能量、水等都要加热分离、回收、利用，以提高装置的经济效益。

【案例4.1.1.1】 石油烃裂解生产乙烯、丙烯

石油烃的种类非常多，用于生产乙烯、丙烯的石油烃有石脑油、轻柴油、重柴油等；经加水蒸气热裂解后得到的产物其组成非常相似。如石脑油裂解产物经降温处理后的裂解产物主要包含液体成分，包括裂解汽油、轻柴油、燃料油、急冷油、冷凝水。液体产品用蒸馏、吸收、汽提、非均相分离等方法将其分离。气相成分，即裂解气，其组成如表4-1所示。

表4-1　裂解气进压缩机组成　　　　　　　　　　　%（摩尔）

组分	H_2	CO、CO_2、H_2S	CH_4	C_2H_2	C_2H_4	C_2H_6	C_3H_4	C_3H_6	C_3H_8	C_4H_6	C_4H_8	C_4H_{10}	C_5	$C_4 \sim$ 204℃ 馏分	H_2O
组成	14.09	0.32	26.78	0.41	26.10	5.78	0.48	10.3	0.34	1.51	3.03	0.31	1.04	4.53	4.98

其中CO_2、H_2S碱洗脱除，CO甲烷化脱除，炔烃被加氢脱除，重质烃和水分大量被压缩后闪蒸脱除，少量水分被干燥脱除，其余组分则要通过精馏分离得到H_2、CH_4、C_2H_4、C_2H_6、C_3H_6、C_3H_8、C_4馏分、C_5馏分。

由于裂解气中大部分物质沸点低，常温下是气相，所以常采用加压深冷分离的方法，设备较多，水、电、汽的消耗量也较大，流程较复杂。典型的深冷分离流程有顺序分离流程、前脱乙烷流程和前脱丙烷流程等三种。

（1）顺序分离流程

顺序分离流程就是将裂解气按碳原子数的多少，由轻到重逐一分离，其分离流程见图4-1。裂解气经过压缩机 I、II、III 段压缩，压力达到1.01MPa，送入碱洗塔，脱去H_2S、CO_2等酸性气体。碱洗后的裂解气经过压缩机的IV、V 段压缩，压力达到3.74 MPa，经冷却至15℃，去干燥器用3 A分子筛脱水，使裂解气的露点温度达到-70℃左右。

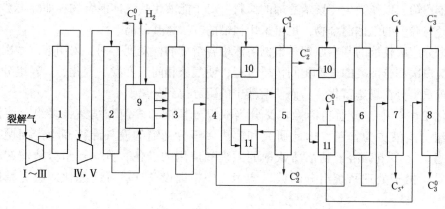

图 4-1 裂解气深冷分离顺序分离流程

1—碱洗塔；2—干燥塔；3—脱甲烷塔；4—脱乙烷塔；5—乙烯塔；6—脱丙烷塔；
7—脱丁烷塔；8—丙烯塔；9—冷箱；10—脱氢反应器；11—绿油塔

干燥后的裂解气经过一系列冷却冷凝，在冷箱中冷凝、闪蒸分离出富氢和四股由重至轻的馏分，富氢经过换热回收冷量后经过甲烷化脱 CO，然后作为加氢脱炔用氢气；四股馏分按由重至轻的顺序分别由低到高进入脱甲烷塔 3 的不同塔板，轻馏分温度低进入上层塔板，重馏分温度高进入下层塔板，在脱甲烷塔（关键组分是 CH_4 和 C_2H_4）塔顶脱去甲烷馏分。塔釜液是 C_2 以上馏分，进入脱乙烷塔 4（关键组分是 C_2H_6 和 C_3H_6），塔顶馏出 C_2 馏分，塔釜液为 C_3 及以上馏分。

由脱乙烷塔塔顶来的 C_2 馏分经过换热升温，进行气相加氢脱乙炔，在绿油塔脱除乙炔聚合物绿油，再经过 3A 分子筛干燥，然后送去乙烯塔 5。在乙烯塔（上段关键组分是 CH_4 和 C_2H_4，中下段关键组分是 C_2H_4 和 C_2H_6）的上部第 8 块塔板侧线引出纯度为 99.9% 的乙烯产品。塔釜液为乙烷馏分，送回裂解炉作裂解原料，塔顶脱出甲烷、氢（在加氢脱乙炔时带入），也可在乙烯塔前设置第二脱甲烷塔；脱去甲烷和氢后再进乙烯塔分离。

脱乙烷塔釜液进入脱丙烷塔 6（关键组分是 C_3H_8 和 C_4H_8），塔顶分出 C_3 馏分，塔釜液为 C_4 及以上馏分，含有二烯烃，易聚合结焦，故塔釜温度不宜超过 100℃，并须加入阻聚剂。为了防止结焦堵塞，此塔一般有两个再沸器，以供轮换检修使用。

由脱丙烷塔蒸出的 C_3 馏分经过加氢脱丙炔和丙二烯，然后在绿油塔脱去绿油和加氢时带入的甲烷、氢，再入丙烯塔 8（关键组分是 C_3H_6 和 C_3H_8）进行精馏，塔顶蒸出纯度为 99.9% 丙烯产品，塔釜液为丙烷馏分。

脱丙烷塔的釜液在脱丁烷塔 7（关键组分是 C_4H_{10} 和 C_5H_{10}）分成 C_4 馏分和 C_5 以上的馏分，C_4 和 C_{5+} 馏分分别送往下步工序，以便进一步分离与利用。

（2）前脱乙烷分离流程

前脱乙烷流程的分离顺序是首先以乙烷和丙烯作为分离界限，现将裂解气分成两部分，一部分是氢气、甲烷、乙烯、乙烷组成的轻馏分，一部分是丙烯、丙烷、丁烯、丁烷和碳五以上烃组成的重馏分。然后再将这两部分各自分离。流程如图 4-2 所示。

裂解气经压缩、脱酸性气体、干燥后于 3.43MPa、20℃进入脱乙烷塔 3，从塔顶脱出碳二及比碳二轻的馏分；塔釜采出碳三以上馏分。塔顶馏分经干燥、换热、冷却到 -65℃后进入脱甲烷塔 5，脱甲烷塔操作压力为 3.2MPa，塔顶（含有 4% 的乙烯）尾气进入冷箱回收乙烯，提取富氢。脱甲烷塔釜液为碳二馏分，经加氢脱炔后进入乙烯精馏塔 7，乙烯塔塔顶得乙烯，塔釜得乙烷。

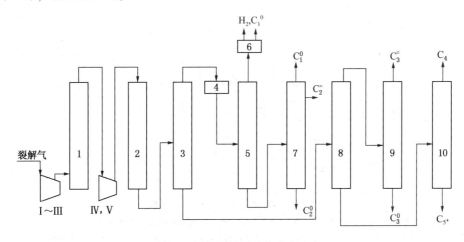

图4-2 裂解气前脱乙烷分离流程

1—碱洗塔；2—干燥塔；3—脱乙烷塔；4—加氢脱炔块；5—脱甲烷塔；6—冷箱；
7—乙烯塔；8—脱丙烷塔；9—丙烯塔；10—脱丁烷塔

脱乙烷塔塔釜液进入脱丙烷塔8，塔顶获得碳三馏分进入丙烯精馏塔9，从塔顶获得丙烯，塔釜获得丙烷。脱丙烷塔塔釜液进入脱丁烷塔10，塔顶得到碳四馏分，塔釜得到碳五馏分。

当以石脑油为裂解原料时，进入精馏系统的裂解气组成如表4-2所示。

表4-2 精馏系统裂解气组成

组 分	H_2	C_1^0	$C_2^=$	C_2^0	$C_3^=$	C_3^0	C_4^+	C_5^+	Σ
组成/%(体)	14.6	27.9	31.5	5.7	10.5	0.7	7.0	2.1	100.00

前脱丙烷流程，情况和前两种流程类似，这里不再详述。以上裂解气深冷分离的主要目的是分离出聚合级的乙烯、丙烯产品。

【案例4.1.1.2】 乙苯脱氢混合物中分离出苯乙烯

乙苯脱氢工段如图4-3所示。原料乙苯和回收乙苯混合后用泵连续送入乙苯蒸发器1，经乙苯加热器2，在混合器3中与过热蒸气混合达到反应温度，然后进入脱氢反应器4中进行脱氢反应。脱氢后的反应气体含有大量的热能。在废热锅炉5中回收热量后被冷却的反应气体再进入水冷凝器6冷凝，未冷凝的气体再经盐水冷凝器7进一步冷凝，两个冷凝器冷凝下来的液体进入油水分离器9沉降分离出油相和水相，油相送入贮槽10中并加入一定量的阻聚剂，然后送精馏工段提纯，水相送入汽提塔回收有机物。冷凝器未冷凝的气体经气液分离器8闪蒸分离，不凝气体引出作燃料用。

油相(粗苯乙烯，主要组成是苯、甲苯、乙苯、苯乙烯、焦油)首先送入乙苯蒸出塔11(关键组分是乙苯和苯乙烯)，塔顶蒸出乙苯、苯、甲苯经冷凝器冷凝后，一部分回流，其余送入苯-甲苯回收塔12(关键组分是甲苯和乙苯)，将乙苯与苯、甲苯分离。回收塔釜得到乙苯送脱氢工段，塔顶得到苯、甲苯经冷凝后部分回流，其余再送入苯-甲苯分离塔13(关键组分是苯和甲苯)。苯-甲苯分离塔顶可得到苯，塔釜可得甲苯。乙苯蒸出塔11的釜液主要含苯乙烯及少量乙苯和焦油等，将其送入苯乙烯粗馏塔14(关键组分是乙苯和甲乙烯)负压精馏，塔顶得到含少量苯乙烯的乙苯，可与粗乙苯一起作为乙苯蒸出塔11进

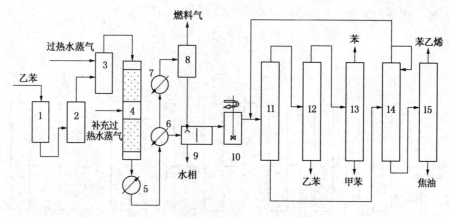

图 4-3 乙苯脱氢生产苯乙烯流程

1—乙苯蒸发器；2—乙苯加热器；3—混合器；4—脱氢反应器；5—废热锅炉；6—水冷器；
7—盐水冷凝器；8—气液分离器；9—油水分离器；10—阻聚剂添加槽；11—乙苯蒸出塔；
12—苯—甲苯回收塔；13—苯—甲苯分离塔；14—苯乙烯粗馏塔；15—苯乙烯精馏塔

料。塔釜液则送入苯乙烯精馏塔 15(关键组分是苯乙烯和苯乙烯二聚物)作负压精馏，塔顶可得到纯度达 99% 以上的苯乙烯，塔釜为含苯乙烯 40% 左右的焦油残渣，进入蒸发釜中可进一步回收苯乙烯返回精馏塔。

在分离流程中，进料中含苯乙烯的精馏塔，塔顶冷凝器连接真空泵，采用负压操作，以减轻苯乙烯在塔釜聚合所造成的设备堵塞、收率下降等问题。

以上这两个案例对混合物的分离都采用普通精馏分离的方法，可以用普通精馏方法分离的体系有如下特点：无论是理想溶液，或是正偏差溶液，或是负偏差溶液，各组分间有一定数值的相对挥发度差别，混合物中无共沸物生成，轻重关键组分的恒压线、恒温线、气液平衡关系、活度系数与组成关系如图 4-4 所示。同时应该注意的是，随着操作压力的升高，气液平衡区域在变小，使分离难度增大。

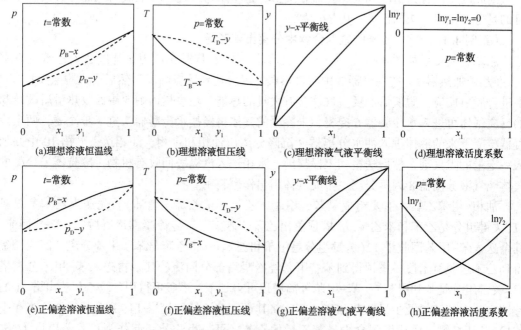

图 4-4 可用普通精馏法分离的物系特性图

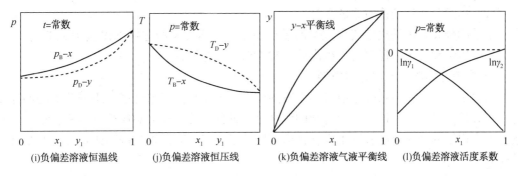

图 4-4　可用普通精馏法分离的物系特性图(续)

4.1.2　多组分精馏的特点和精馏方案的选择

（1）多组分溶液精馏的特点

首先，多组分溶液气液相平衡关系，比双组分溶液更为复杂。根据相律，平衡物系的自由度为：

$$F = n - \Psi + 2 \tag{4-1}$$

式中　Ψ——相数；

　　　F——自由度；

　　　n——组分数。

在气液两相的平衡中，相数 Ψ 为 2，因此自由度 F 与组分数 n 在数值上是相等的。对于双组分气液平衡物系，自由度 F 为 2。任意选定两个变量后，物系的状态、表示物系状态的各参数也就确定了。例如系统总压和任意组分的液相组成确定后，则与该液相组成相平衡的气相组成和温度也就确定了，不再是变量。对于 n 个组分物系的气液平衡，则有 n 个自由度，当压力确定后，尚需将物系的 $n-1$ 个独立变量同时确定，物系的平衡状态才是确定的。例如三组分 A、B、C 物系的气液平衡，有三个自由度，若总压一定，只知道液相中 A 组分的组成 x_A 并不足以确定 B 和 C 两组分的液相组成 x_B、x_C，因此与其平衡的气相组成也是无法确定的。只有再确定一个独立变量，才能通过热力学关系来确定三组分物系的平衡状态，即恒压下气液两相各组分的浓度及温度关系。从相律中可以看出，物系中组分数目增加，自由度也相应增加，所以多组分溶液相平衡计算要比双组分溶液复杂。

其次，多组分精馏操作所用的设备要比双组分精馏多。对于不形成恒沸混合物的二组分溶液，用一个精馏塔可以进行分离；但对多组分溶液精馏则不然。因受气液平衡的限制，所以要在一个精馏塔内同时得到几个相当纯的组分是不可能的。例如：由 A、B、C 三组分组成的溶液，A 易挥发，B 次之，C 难挥发，即使不存在恒沸物，如在一个塔内进行精馏，也不可能同时从塔顶、塔釜及塔中某一位置分别得到三种纯组分，最好的结果是在一个塔内分离含 A、B、C 三个组分的混合液，只能先从塔顶得组分 A，从塔釜得到组分 B 和 C；或者从塔釜得到组分 C，从塔顶得到 A 和 B 的混合物。未分离的两个组分(B+C 或 A+B)，需要通过第二个精馏塔再次进行分离。即不形成恒沸物的三组分混合液，如需要分离成三个纯净的组分，则需要二个塔。同理可知，对于四个组分混合物，需要三个塔；对于 n 个组分混合物，则需要 $n-1$ 个塔。应当指出，塔数愈多，导致流程组织方案也多，选择合理的方案就成为一个重要问题。

（2）多组分溶液精馏方案的选择

物系的分离要求是决定流程方案的重要因素。分离方案的选择不仅应满足工艺要求，保证产品质量和产量，还要考虑提高效率和降低消耗等问题。

1）多组分精馏的流程方案类型

在化工生产中，多组分精馏流程方案的分类，主要是按照精馏塔中组分分离的顺序安排而区分的。第一种是按挥发度递减的顺序分离各种组分，称为顺序分馏流程；第二种是按挥发度递增的顺序分离各种组分，称为顺序分凝流程；第三种是按不同挥发度交错采出的流程。

2）多组分精馏方案数

首先以 A、B、C 三组分物系为例，有两种分离方案，如图 4-5 所示。图 4-5（a）系按挥发度递减的顺序采出，图 4-5（b）系按挥发度递增的顺序采出。在基本有机化工生产中，按挥发度递减次序依次采出各馏分的流程最为常见，因各组分在精馏分离过程中，只需要一次塔釜汽化和一次塔顶冷凝即得产品。按挥发度递增的次序依次采出各馏分时，除最难挥发的组分外，其他组分在采出之前都必须经过多次塔釜汽化和塔顶冷凝，热量和冷量消耗大。不仅如此，由于物料的内循环增多，塔径会相应增大，再沸器的传热面积也相应增加，从而增加设备的总投资和公用工程的消耗。

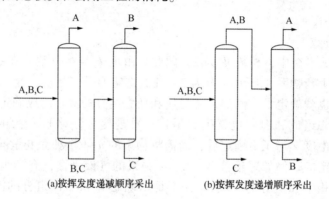

(a)按挥发度递减顺序采出   (b)按挥发度递增顺序采出

图 4-5　三组分精馏的两种方案

对于四组分 A、B、C、D 组成的溶液，若要通过精馏分离采出四种纯组分，需要三个塔，分离的流程方案有五种，如图 4-6 所示。对五组分物系的分离，需要四个塔，流程方案就有十四种。对于 n 个组分，分离流程的方案数，可用计算公式表示为：

$$Z = \frac{[2(n-1)]!}{n!\ (n-1)!}$$ （4-2）

式中　Z——分离流程的方案数；

n——被分离的组分数。

由此看出，供选择的分离流程的方案数，随组分增加而急剧递增。

3）多组分精馏方案的选择

一个比较满意的设计，如何确定最佳分离方案，这是很关键的问题。因此，分离方案的选择应尽量做到以下几点。

① 满足工艺要求。多组分精馏分离的目的，主要是为了得到质量高和成本低的产品。但许多有机物加热时会发生分解或聚合，这不仅降低了产品的收率，而且还因聚合物堵塞管道和设备，给正常生产带来许多困难，有时甚至会影响产品质量。对此，除了从操作条

件和设备结构上加以改进外，还可以从分离顺序上设法改进。例如，在石油气分离的前脱乙烷流程中的脱乙烷塔，操作压力为 3.546MPa，相应的塔釜温度为 365K，原料中所含的丁二烯在此温度下往往会发生聚合而堵塞设备。为了保证正常生产，则必须采用两个塔釜再沸器，其中一个备用；若在分离顺序上改用前脱丙烷流程［如图 4-6(e)］，在脱丙烷塔中塔压可降低到 861kPa，相应的釜温下降到 349K，这样便可使丁二烯的聚合物大量减少，不仅保证了正常连续生产，还提高了丁二烯的收率。

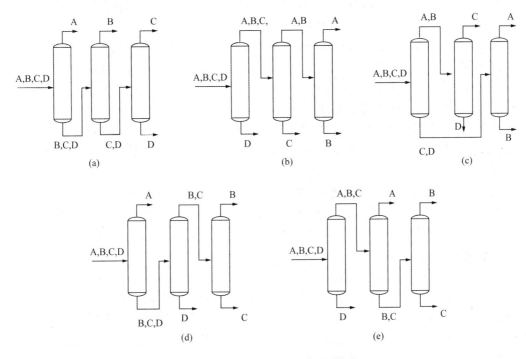

图 4-6　四组分精馏的五种精馏方案

　　为了避免成品塔之间的相互干扰，使操作稳定，保证产品质量，最好采用如图 4-6(c)所示的并联流程。例如，在 A、B、C、D 四组分溶液的精馏中，A 和 C 是所需产品，为避免因分离组分 C 的塔在操作上不稳定，而影响产品 A 的质量，可以使分离 C 组分的塔和分离 A 组分的塔处于并联位置。在石油裂解气分离中，乙烯塔和丙烯塔居于并联位置，原因之一也在于此。

　　另外，为了保证安全生产。倘若进料中含有易燃易爆等影响安全操作的组分，通常应尽早将它除去。

　　② 减少能量消耗。一般精馏过程所消耗的能量主要是以再沸器来加热釜液所需的热量和塔顶冷凝器所需的冷量。对图 4-6(a)和(b)加以分析比较便可看出，若为液体进料，在图 4-6(a)中组分 A、B 或 C，都只需经塔釜加热汽化和塔顶冷凝各一次，即可得到液体产品。但在图 4-6(b)中组分 A 则要在塔釜汽化和塔顶冷凝各三次，组分 B 则要在塔釜汽化和塔顶冷凝各两次，方可得到液体产品。显然图 4-6(b)要比图 4-6(a)消耗更多的热量和冷量。所以一般说来，按 A、B、C 挥发度递减的顺序从塔顶采出的流程，往往要比按 D、C、B 挥发度递增的顺序从塔底采出的流程，可节省更多的能量。而图 4-6(c)、(d)和(e)流程的能量消耗，则处于图 4-6(a)和(b)之间。

若进料中有一组分的相对挥发度近似于 1 时，通常将这一对组分的分离放在分离顺序的最后，这在能量消耗上也是合理的。因为在这种情况下，为了减少所需塔板数，要采用较大的回流比进行操作，要消耗较多的蒸汽和冷剂，假如其中有比这一对组分更重或更轻的组分存在，重组分会使塔釜温度升高，轻组分会使塔顶温度降低，进一步提高了所需蒸汽或冷剂的能量级别，从而消耗更多的能量。

③节省设备投资。因为塔径的大小与塔内的气液相流量大小有关，又由于图 4-6(a) 中 A 和 B 的汽化和冷凝次数比图 4-6(b) 少，所以图 4-6(a) 塔径及再沸器、冷凝器的传热面积也相应减少，从而节省了金属消耗，减少了设备投资。

若进料中有一个组分(例如 D 组分)的含量占主要时，采用图 4-6(e)，先将组分 D 分离掉，这样可以减少后续塔及再沸器的负荷，通常可比图 4-6(a) 节省设备投资费用。

若进料中有一个组分具有强腐蚀性时，则应尽早将它除去，以便后继塔无需采用耐腐蚀材料制造，相应减少设备投资费用。

显然，确定多组分精馏的最佳方案时，若要使前述三项要求均得到满足往往是不容易的。所以，通常先以满足工艺要求、保证产品质量和产量为主，然后再考虑降低生产成本等问题。

综上所述，多组分体系的分离方案的选择原则应遵循下列基本原则：

① 危险性、腐蚀性介质、容易聚合的物质应先分离，则后续塔不需要防腐处理等；如【案例 4.1.1.2】苯乙烯易聚合，故先行与其他组分分割，然后减压精馏分离出苯乙烯。其他塔的操作既不涉及减压，也不涉及聚合堵塞问题。

② 量大的组分应先分离，则后续塔的直径、高度、换热量都能相应减小。

③ 相对挥发度接近者或分离要求高的组分放到精馏流程的最后分离，需减压精馏的组分放到精馏流程的末端，并且有两个或以上的组分需严格分离时，这些组分的分离采用并联流程。如【案例 4.1.1.1】中乙烯、丙烯要求严格分离，所以放在精馏流程的最后，并且乙烯和丙烯精馏塔是并联操作的关系。

4.1.3 精馏塔的结构

用于溶液精馏过程的分离设备主要是板式塔和填料塔。在长期的生产实践中，人们不断地研究和开发出新塔型，以改善塔板上的气、液接触状况，提高板式塔的效率。目前工业生产中使用较为广泛的塔板类型有筛孔塔、浮阀塔、泡罩塔、舌形塔等几种。板式塔广泛应用于溶液精馏和气体吸收等生产过程，但以溶液精馏过程为最多。板式塔和填料塔的结构如图 4-7 和图 4-8 所示。

4.1.3.1 板式塔的总体结构

板式塔通常是由一个呈圆柱形的壳体及沿塔高按一定的间距、水平设置若干层塔板所组成。在操作时，液体靠重力作用由顶部逐板向塔底流动，并在各层塔板的板面上形成流动的液层；气体则在压力差推动下，由塔底向上经过均布在塔板上的开孔依次穿过各层塔板由塔顶排出。塔内以塔板作为气液两相接触传质的基本构件。工业生产中的板式塔，常根据塔板间是否设有降液管而分为有降液管及无降液管两大类，用得最多的是有降液管式的板式塔(图 4-7)，它主要由塔体、裙座、塔板、人孔、各种物料进出口和塔板构件等组成。

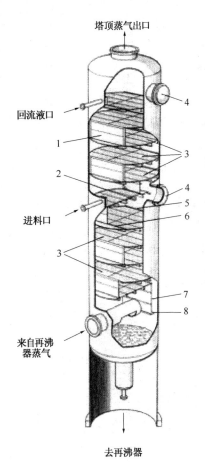

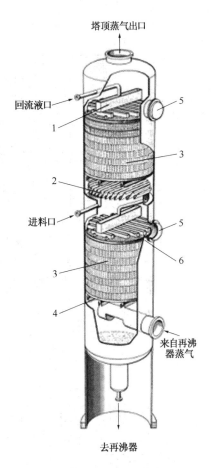

图 4-7　板式精馏塔结构图

1—降液管；2—塔板支撑；3—筛板；

4—人孔；5—入口堰；6—出口堰；

7—降液管挡壁；8—液封

图 4-8　填料精馏塔结构图

1—液体分布器；2—液体收集器；

3—整装填料；4—填料支撑板；

5—人孔；6—液体再分布器

（1）塔体

通常为圆柱形，常用钢板焊接而成，有时也将其分成若干塔节，塔节间用法兰盘连接。

（2）裙座

主要起支撑塔体的作用，其型式根据支撑载荷情况的不同，可分为圆筒形和圆锥形两种，裙座配置在固定的混凝土基础上，并用地脚螺栓与基础固定，如图 4-9 所示。

（3）塔板

塔板是板式塔内气、液接触的场所，操作时气、液在塔板上接触的好坏，对传热、传质效率影响很大。塔板有两种类型，如图 4-10 所示。

1）错流式

液体沿水平方向横穿塔板，气体则沿着与塔板垂直方向由下而上穿过板上的孔通过塔板，气液两相呈错流。这种类型塔的结构特点是具有降液管，降液管为液体从一块塔板流到下一块塔板提供了通道。筛板塔、泡罩塔、浮阀塔等的气液间的相对流动属此种类型。

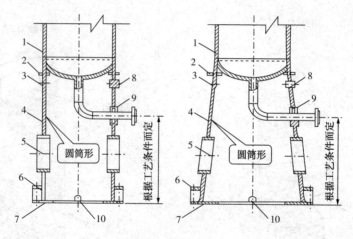

图 4-9　精馏塔裙座

1—塔体；2—保温支承圈；3—无保温时排气孔；4—裙座筒体；5—人孔；
6—螺栓座；7—基础环；8—有保温时排气孔；9—引出管通道；10—排液孔

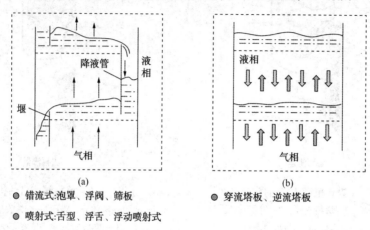

● 错流式:泡罩、浮阀、筛板　　　　● 穿流塔板、逆流塔板

● 喷射式:舌型、浮舌、浮动喷射式

图 4-10　精馏塔板及气液接触示意图

对于错流式塔板，塔板上的溢流装置包括出口堰、降液管、受液盘、进口堰等部件。

①出口堰。为保证气液两相在塔板上有充分接触的时间，塔板上必须贮有一定量的液体。为此，在塔板的出口端设有溢流堰，称为出口堰。塔板上的液层厚度或持液量很大程度上由堰高决定。生产中最常用的是弓形堰，小型塔中也有用圆形降液管升出板面一定高度作为出口堰的。

②降液管。降液管是塔板间液流通道，也是分离溢流液中所夹带气体的场所。正常工作时，液体从上层塔板的降液管流出，横向流过塔板，翻越溢流堰，进入该层塔板的降液管，流向下层塔板。降液管有圆形和弓形两种。弓形降液管具有较大的降液面积，气液分离效果好，降液能力大，因此生产上广泛采用。

为了保证液流能顺畅地流入下层塔板，并防止沉淀物堆积和堵塞液流通道，降液管与下层塔板间应有一定的间距。为保持降液管的液封，防止气体由下层塔进入降液管，此间距应小于出口堰高度。

③受液盘。降液管下方部分的塔板通常又称为受液盘，有凹型及平型两种，一般较大的塔采用凹型受液盘，平型则就是塔板面本身。

④进口堰。在塔径较大的塔中，为了减少液体自降液管下方流出的水平冲击，常设置进口堰。可用扁钢或 $\phi 8 \sim 10mm$ 的圆钢直接点焊在降液管附近的塔板上而成。为保证液流畅通，进口堰与降液管间的水平距离不应小于降液管与塔板的间距。

2）逆流式

气液均沿与塔板相垂直的方向穿过板上的孔通过塔板。气体自下而上，液体自上而下，气液两相呈逆流。这种类型塔的结构特点是没有降液管，淋降筛板塔气液间的相对流动即属此种类型。

这两种类型的塔，就全塔而言，气液流动均呈逆流，操作时塔板上都有积液，气体穿过板上小孔后在液层内生成气泡，泡沫层为气液接触传质的区域。

（4）人孔

人孔是为了进入塔内进行安装、清理、维修而开设的，人孔直径一般为 $400 \sim 450mm$。

（5）其他各种工艺管口（图4-7）

有塔顶气体出口管、回流液入口管、进料管、塔釜蒸汽入口管、塔釜液体出口管等。

4.1.3.2 几种主要板式塔型简介

（1）泡罩塔

泡罩塔是工业蒸馏操作中最早采用的气液传质设备之一，并长期应用于炼油和化工生产。此种塔板的优点是不易发生漏夜现象，有较好的操作弹性，塔板不易堵塞，对于各种物系适应性强；缺点是塔板结构复杂，造价高，塔板上气体流径曲折，压降大，安装维修较复杂。因此已逐渐淘汰。

（2）筛板塔

筛板塔的出现略迟于泡罩塔，其结构如图4-11所示。与泡罩塔的相同点是都有降液管，不同点是取消了泡罩与升气管，直接在板上钻有若干小圆孔，筛板一般用不锈钢板制成，孔的直径为 $3 \sim 8mm$。操作时，液体横穿塔板，气体从板上小孔（筛孔）鼓泡进入板上液层。筛板塔在工业应用的初期被认为操作困难，操作弹性小（气速过小筛孔会漏液，气速过高时，气体会通过筛孔后排开板上液体向上方冲出，造成严重的轴向混合），但随着人们对筛板塔性能研究的逐步深入，其设计更趋合理。生产实践表明，筛板塔结构简单、造价低、生产能力大、板效率高、压降低，已成为应用最广泛的一种。

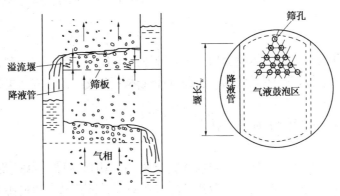

图4-11　筛板塔

（3）浮阀塔

浮阀塔在结构上看，就是在筛板塔的筛孔中安装上浮阀，目前已成为国内外工厂蒸馏操作采用的主要塔板。浮阀塔的特点是生产能力大，操作弹性大，板效率高。国内最常采用的阀片型式为F-1型(相当于国外的V-1型)，V-4型及T型也有应用。几种型式的浮阀如图4-12所示。

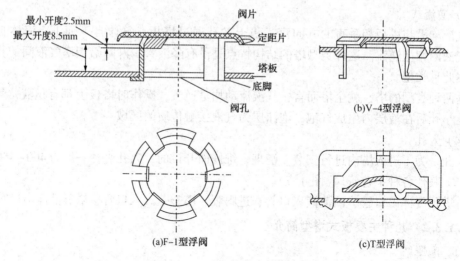

图4-12　几种常见的浮阀型式

① F-1型浮阀的结构简单，制造方便，节省材料，广泛用于化工及炼油生产中，现已列入部颁标准(JB118—68)，如图4-12(a)所示。F-1型浮阀分轻阀和重阀两种，轻阀为25g，由1.5mm薄板冲压而成；重阀为33g，由2mm薄板冲压而成，阀孔直径39mm，阀片有三条带钩的腿，插入阀孔后将其腿上的钩扳转90°，可防止气速过大时将浮阀吹脱。此外，浮阀边沿冲压出三块向下微弯的"脚"，当气速低浮阀降至塔板时，靠这三只"脚"使阀片与塔板间保持2.5mm左右的间隙；在浮阀再次升起时，浮阀不会被粘住，可平稳上升。

② V-4型浮阀如图4-12(b)所示。其特点是阀孔冲压成向下弯曲的文丘里形。可以减少气体通过塔板时的压力降。V-4型浮阀适用于减压系统。

③ T型浮阀的结构比较复杂，如图4-12(c)所示。其性能与F-1型浮阀无显著差别，只是借助固定于塔板上的支架来限制拱形阀片的运动范围，多用于处理易腐蚀、易聚合的介质。

(4) 喷射塔

喷射型塔的共同特点是气体喷出的方向与液体流动方向一致，充分利用气体的动能来促进两相间的接触，提高了传质效果。这种设计气体压降减小，且雾沫夹带量较小，故可采用较大的气速。

喷射型塔的塔板结构又有如下几种。

1) 舌形塔板

舌形塔板是筛板的变形，是一种定向喷射型塔板，构造见图4-13。塔板是由冲压制成的若干带有小角度($\varphi = 20°$)的倾斜舌片及溢流孔构成。舌孔呈三角形排列，中心距一般为65mm。

操作时，气体从下通过舌孔成斜方向以较高速度(20~30m/s)喷出。液体以和气体喷射方向相同的流向通过塔板，两相在激烈的搅拌状态下进行传质。舌形塔板的优点是气液相流动方向相同，塔板压力降较低，可允许较大的气速，处理能力比泡罩、筛板约提高40%；结构简单，价格低廉，安装检修方便。其缺点是，若气速较低、气体流量较小时，易产生漏液；不能适应气相负荷变化大的情况，操作弹性小。

2）浮动喷射塔板

浮动喷射塔板是综合了浮阀和舌形塔板的优点而提出的一种喷射塔板，结构见图4-14。

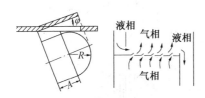

图4-13　舌形塔板示意图
（$\varphi = 25°$，$R = 25mm$，$A = 25mm$）

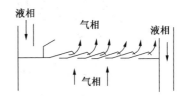

图4-14　浮动喷射塔板示意图

塔板做成百叶窗形式，条形叶片是活的，气体通过塔板把叶片顶开，从斜上方喷出，气速越大，叶片顶开的角度越大，最大时为25°。浮动喷射塔板的优点是气流和液流方向一致，并且叶片可以上下活动，故气体压降小，处理能力大，操作弹性大，板上滞液量小。塔板结构虽不复杂，但叶片易磨损或脱落；板上液体流量变化时，气液接触不能保证良好的效果，影响长期稳定运转。

3）斜孔塔板

斜孔塔板是一种有发展前途的新型塔板，其构造见图4-15。

一排排的斜孔与液流方向垂直；而同一排孔的孔口朝一个方向，相邻两排孔的孔口方向相反。斜孔与塔板平面成 α 角（一般 $\alpha = 26° \sim 28°$）。斜孔塔板的特点是相邻两排孔的气体喷出方向相反，互相起牵制作用，使塔板具有使气流水平方向喷出的优点；同时减少甚至消除了由于单向喷射造成的液体被加速的现象，不致因气流对冲造成物料往上冲的现象，因而塔板上液层低而均匀，气液接触好，允许气体负荷高。

斜孔塔板是性能较好的塔板，和其他塔板比较有如下优点：

① 生产能力比其他塔板都大。通过试验表明，斜孔塔板的气体处理量比浮阀塔板高40%左右；

② 板效率比其他塔板都高。斜孔塔板的板效率可达 70% ~ 90%，比浮阀塔板约高5% ~ 10%；

③ 结构简单，制造容易，金属用量少；

④ 压降比筛板、浮阀塔板要小，但比浮动喷射塔板、舌形塔板要大；

⑤ 操作弹性在 2.5~3.0 以上，比浮阀塔板小，但比一般筛板稍大。

（5）无溢流装置的板式塔

前面介绍的几种塔板，从板上气液流动方式看都属于错流塔板，即板上采用溢流装置。因此，这几种塔板都有因液面落差而产生气流分配不均匀的缺点，并且降液管要占去塔板面积的20%左右，影响了塔的生产能力。

无溢流装置的板式塔，如图4-16所示，就是逆流塔板，又称穿流塔板，是针对上述缺点而加以改进的。其结构类型很多，常用的有下面两种。

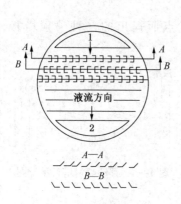

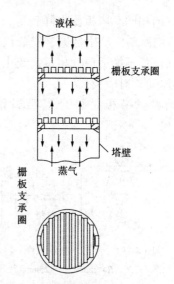

图 4-15　斜孔塔板

1—受液盘；2—降液管

图 4-16　无溢流板式塔内部形态

1）栅板及淋降筛孔板

塔板上有均匀分布的长条形或圆形孔，若开有长条形孔的称为栅板，若开有圆形孔的称淋降筛孔板。蒸气在通过长条形或圆形孔时有一定的压强差，使塔板上能积累有一定深度的液层。蒸气穿过液层时形成搅动较好的鼓泡层，进行热量和质量的交换。

这种塔板结构是板式塔中最简单的一种，加工容易，安装检修方便；生产能力大，比泡罩塔提高 30%～50%；压降小，比泡罩塔板小 40%～80%；耐污垢、耐腐蚀性较好，不易堵塞及沉淀。不过栅板和淋降筛孔板的板效率比有溢流装置的塔板约低 30%～60%，操作范围窄，负荷不宜有较大的波动。

2）波纹塔板

波纹塔板是将金属薄板冲成许多孔，然后再弯曲成正弦形波纹。塔板上的波峰可供蒸气通过，波谷可供液体分布及下流。相邻二板间的波脊成 90°交错，这样可起到液体再分布并使之均匀的作用。另外板上的筛孔多数具有倾斜角度，增强了物料在板上的湍动，而波纹状结构又使气液两相在板上作湍流流动时起自动清洗作用。所以在处理有污垢的物料时，不易堵塞设备。波纹塔板的其他性能与栅板相似。

4.1.3.3　液体在塔板上的流动型式

液体在塔板上的流动型式一般有 U 形流、单流、双流及阶梯式流等，如图 4-17 所示。

（1）U 形流

这种塔板液体的流程较长，有利于气液两相接触，但由于流程较长增加了塔板上的液面梯度，使气体分布不均，而导致塔板效率降低。此类塔板多用于小塔，适用于液相负荷较小的操作条件。

（2）单流

适于塔板结构简单，但塔径不宜太大，否则液体易从塔板中间走短路，而在塔壁周边形成死区，致使液体分布不均匀。同时液体流程较长，液面梯度较大，影响效率。

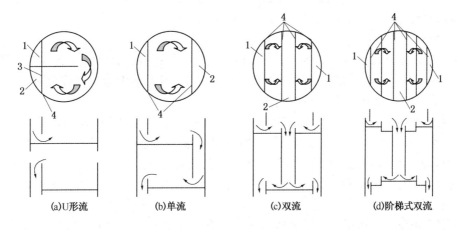

图 4-17　液体在塔板上的流动型式

(a)U形流　　(b)单流　　(c)双流　　(d)阶梯式双流

1—进口降液管；2—出口降液管；3—挡板；4—堰

（3）双流

液体均分经过两个流程，液流距离较单流减少一半，液面梯度减小。一般塔径在2.0m以上，液相负荷较大时适用这种塔板。

（4）阶梯式双流

塔板结构最复杂，在实际生产中较少采用，只是在塔径和液相负荷很大时，为了减少液面梯度而不缩短液体流程，才采用这种塔板。每一阶梯均有溢流堰，以维持塔板上的液面梯度。

4.1.3.4　塔板上的流体力学现象

（1）塔板上气液接触状况

对精馏操作来讲，塔板上气液两相接触情况会影响传热传质效果，因而，有必要研究塔板上气液接触状况。实验观察发现，气体通过筛孔的速度不同，两相在塔板上的接触状态也不同。

① 鼓泡接触状态。当上升蒸气流量较低时，气体在液层中吹鼓泡的形式是自由浮升，塔板上存在大量的清液，气液湍动程度比较低，气液相接触面积不大。

② 蜂窝状接触状况。气速增加，气泡的形成速度大于气泡浮升速度，上升的气泡在液层中积累，气泡之间接触，形成气泡泡沫混合物，因为气速不大，气泡的动能还不足以使气泡表面破裂。因此，是一种类似蜂窝状泡结构。因气泡直径较大，很少搅动，在这种接触状态下，板上清液会基本消失，从而形成以气体为主的气液混合物，由于气泡不易破裂，表面得不到更新，所以这种状态对于传质、传热不利。

③ 泡沫状接触状态。气速连续增加，气泡数量急剧增加，气泡不断发生碰撞和破裂，此时，板上液体大部分均以膜的形式存在于气泡之间，形成一些直径较小、搅动十分剧烈的动态泡沫，是一种较好的操作状态。

④ 喷射接触状态。当气速连续增加，由于气体动能很大，把板上的液体向上喷成大小不等的液滴，直径较大的液滴受重力作用落回到塔板上，直径较小的液滴，被气体带走形成液沫夹带，液体的比表面积很大，气液湍动程度高，也是一种良好的操作状态。

泡沫接触状态与喷射状态均为优良的工作状态，但喷射状态是塔板操作的极限，液沫夹带较多，所以多数塔操作均控制在泡沫接触状态。

（2）塔板上的不正常现象

① 漏液。正常操作时，液体应横穿塔板，在与气体进行充分接触传质后流入降液管。但当气速较低时，液体从塔板上的开孔处下落，这种现象称为漏液。严重漏液会使塔板上建立不起液层，导致分离效率严重下降。

② 液沫夹带和气泡夹带。当气速增大时，某些液滴被带到上一层塔板的现象称为液沫夹带。正常操作中，少量的液沫夹带是不可避免的。气泡夹带则是指在一定结构的塔板上，因液体流量过大使溢流管内的液体流量过快，导致溢流管中液体所夹带的气泡等不及从管中脱出而被夹带到下一层塔板的现象。过量的液沫夹带和气泡夹带都会导致液体或气体的返混，削弱传质效果。

③ 液泛现象。当塔板上液体流量很大，上升气体的速度很高时，液体被气体夹带到上一层塔板上的流量猛增，使塔板间充满气液混合物，最终使整个塔内都充满液体，这种现象称为夹带液泛。还有一种是因降液管通道太小，流动阻力大，或因其他原因使降液管局部区域堵塞而变窄，液体不能顺利地通过降液管下流，使液体在塔板上积累而充满整个板间，这种液泛称为溢流液泛。液泛使整个塔内的液体不能正常下流，物料大量返混，严重影响塔的操作，在操作中需要特别注意和防止。

4.1.3.5　精馏设备的选择

在石油化工生产中，对各种精馏塔的设计和选择要求可以归纳为如下几点：① 技术上要求先进，要求较高的分离效率和较大的处理量，同时要求在宽广的气液负荷范围内塔板效率高，蒸气通过塔的阻力降小。②使用方便，操作稳定可靠，调节方便，易清理和检修。③经济上要求便宜，结构简单，金属材料消耗少，制造与安装方便。

在具体情况下精馏设备的选用，应主要考虑以下几个方面：

（1）所处理物料的性质

① 对于在高温易发生聚合、分解的热敏性物料，必须采用减压操作以降低其沸点，这就要求塔的压力降要低，而填料塔的总压力降较小，故宜采用填料塔。若真空度要求不太高，为检修方便，也可采用大孔的筛板塔。

② 对于易起泡的物料，若塔径小于0.45m，则选用填料塔为宜。因填料塔能起到粉碎泡沫的作用。

③ 对于含有固体杂质的物料，应选用打孔筛板塔和无溢流装置的板式塔，因板式塔有足够的板间距，便于清理和维修，而填料塔易堵故不宜选用。

④ 对于具有腐蚀性的物料，可选用非金属材料的填料塔，或者选用耐腐蚀的合金钢板式塔，虽然价格昂贵，但可保证在高温、高压条件下维持正常操作。

⑤ 在操作条件下，如果出现液体分层，这种现象在降液管和溢流堰比较严重，则宜选择无溢流装置的板式塔或填料塔。

⑥ 对于黏性物料，在板式塔中鼓泡传质效率太低，需要增大气液相间的接触面，应选用填料塔。

（2）考虑与操作有关的因素

① 当间歇精馏操作，且停车、开车的温度变化较大时，塔体的热胀冷缩易使填料受压变形，故选用板式塔为宜。

② 当液相负荷较大或者操作压力较高时，塔板上液面梯度较大，易产生泄漏和蒸气分布不均现象，宜选用舌形板塔、浮动喷射塔，或选用阻力小的筛板塔等。

③ 当液相负荷较小时，常选用有溢流装置的板式塔，若用填料塔，则因喷淋密度太小而使精馏效率下降。

④ 若要求操作弹性大，宜选用浮阀塔，其次是泡罩塔、小开孔率的筛板搭。填料塔和无溢流装置板式塔的操作弹性最小。

⑤ 若要求塔内持液量少，或者物料在塔内停留时间要求较短时，可采用填料塔。

（3）其他有关因素

① 塔径尺寸的大小：当塔径大于0.5m时，由于板式塔放大的可靠性和检修方便，宜选用板式塔。而当塔径小于0.5m时，板式塔不便于制造和安装，选用填料塔为好。

② 精馏塔带有侧线装置时，在板式塔上安装采出盘要比填料塔容易，宜选用板式塔。

③ 安装技术要求：由于浮阀塔和筛板塔的泄漏影响较大，故要求安装水平度较高，而泡罩塔水平度要求差一些也能保证液封。

综上所述，各种塔的结构不同，其性能亦随之不同，下面将几种塔的主要性能列于表4-3中。

表4-3　板式塔主要性能比较

塔板结构	塔板生产能力（以蒸汽负荷计算）	塔板效率（当负荷为最大效率的82%时）	负荷弹性（最大负荷与最小负荷之比）	液体阻力（负荷为最大值的85%）/mmHg	塔板间距/mm	相当造价比较
泡罩塔	1	0.80	5	80	400~800	1
浮阀塔	1.2~1.3	0.8	9	50	300~600	2/3
筛板塔	1.2~1.4	0.8	3	40	400~800	1/2
舌形塔板塔	1.3	0.8	2~4	40	300~600	1/2
浮动喷射塔	1.3		5~6		300	
栅板塔	1.2~2.0	0.75	3	30	300~400	1/2
波纹板塔	1.2~1.6	0.7	3	20	300~400	1/2

注：1mmHg≈133Pa。

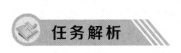
任务解析

4.2　多组分精馏的过程分析

对于多组分精馏，虽然可以用计算机进行较为严格和准确的计算，但简捷法具有快速、方便的优点。当一些基础数据不完整或不够精确时，也只能用简捷法近似计算；在为

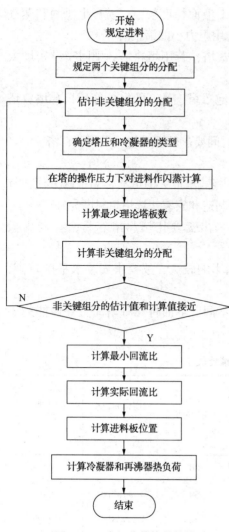

图 4-18 多组分精馏的简捷
法计算流程图

初步设计、选择方案、严格计算提供数据等方面，仍然有不少应用。在前脱乙烷分离流程中，现以脱乙烷塔为案例对精馏塔进行简捷法计算。简捷法计算的具体步骤如下：

① 物料衡算。多组分精馏的物料衡算方法有清晰分割法和非清晰分割法，通过物料衡算确定一定进料条件下的塔顶馏出液及塔釜液的组成和量。

② 塔顶温度和塔釜温度的确定。其实就是塔顶蒸气露点温度、塔釜液泡点温度的计算，依此进一步确定塔顶冷剂和塔釜再沸器加热介质的温度。

③ 最小回流比和回流比的计算。多组分精馏过程计算最小回流比常用 Underwood 法。

④ 用芬斯克公式计算最少理论塔板数。

⑤ 用吉利兰图或尔波-马克多斯关联图计算理论塔板数。

⑥ 用克尔克勃莱特法确定进料位置。

⑦ 计算冷凝器和再沸器的热负荷。

多组分精馏的简捷法计算的过程和框图如图 4-18 所示。

4.2.1 多组分精馏的物料衡算

多组分溶液精馏物料衡算时，不可能同时对所有组分在塔顶、塔釜的组成作出规定，只能对该产品质量影响较大的两个组分规定某些分离要求（如纯度、回收率等），其他各组分在塔顶、塔釜中的分布就由这两个组分的分离要求决定，而不能任意规定了。精馏塔的大小和操作条件，主要取决于对组分的分离要求，如何达到这些要求就成为分离的关键问题。

4.2.1.1 关键组分及其选择

在【案例 4.1.1.1】前脱乙烷分离流程中，脱乙烷塔是以乙烷和丙烯作为分离界限，将裂解气分成两部分，一部分是氢气、甲烷、乙烯、乙烷组成的轻馏分，一部分是丙烯、丙烷、丁烯、丁醇和碳五以上烃组成的重馏分，在这里，乙烷、丙烯为关键组分，其他组分在塔顶、塔釜中的分布就取决于这两个组分的分离要求。在【案例 4.1.1.2】中，苯乙烯精制过程的苯-甲苯回收塔进料中，含有苯、甲苯、乙苯和苯乙烯（少量）（按沸点升高的顺序排列）四个组分，通过该塔要求将原料中苯和甲苯分离出来，若规定馏出液中的乙苯的摩尔分数不应高于 0.03，釜液中甲苯摩尔分数不应高于 0.02，同时要求把甲苯和比甲苯轻的组分从塔顶分出，把乙苯和比乙苯重的组分留在釜液中。因此，甲苯和乙苯这两个组分在塔顶和塔底产品中的分配，将对整个溶液的分离起关键作用，故称它们为"关键组分"。在两个案例中挥发度大的关键组分称为轻关键组分(light key component)，以 lk 表示；挥发度较小的关键组分称为重关键组分(heavy key component)，以 hk 表示。

由此可见，关键组分的选择，主要决定于分离产品的要求及所采用的工艺流程。

4.2.1.2 清晰分割与非清晰分割

分离要求只规定了轻、重关键组分在塔顶、塔釜产物中的含量。为完成对非关键组分的分离要求，必须提供一定的温度、压力、回流和塔板数等条件。然而这些条件的确定又必须先知道非关键组分在塔顶和塔釜产物中的含量，这种循环的算法工作量是很大的。因此，多组分精馏物料衡算根据被分离物系的主要特点，作合理的简化假设，通常有以下两种情况。

（1）清晰分割

若两关键组分的挥发度相差较大，而且两者为相邻组分，同时非关键组分与关键组分的挥发度也相差较大，则可假设比重关键组分更重的组分全部在塔釜产物中，而比轻关键组分更轻的组分全部从塔顶馏出，这样规定组分分配的物料衡算方法称为清晰分割。

清晰分割是一种理想情况，其适应范围是：

①轻、重关键组分(lk 和 hk)为相邻组分，而且与两关键组分挥发度相接近的非关键组分的量不大；

②非关键组分的挥发度与两关键组分的挥发度相差甚小。

以上两种情况按清晰分割物料衡算不会产生大的误差。

（2）非清晰分割

在实际的精馏过程中，特别是组分数多，各组分的挥发度较接近，两关键组分又不一定是相邻组分的情况，不能按清晰分割处理。在这种情况下，各个组分在塔、顶塔釜均有分配，只是由于各组分的相对挥发度的不同，轻关键组分以及比轻关键组分更轻的组分在塔顶馏出液中含量高些，其他组分含量低些。塔釜液中主要含有重关键组分以及比重关键组分更重的组分，轻关键组分以及比轻关键组分更轻的组分含量相对较低。这种各组分在全塔都有一定比例的分配情况称为非清晰分割。

清晰分割的物料衡算比较简单；相反，非清晰分割的物料衡算则比较复杂，需要知道各组分相对挥发度，才能按一定的规律对其他组分计算在全塔的分配情况。这里先介绍清晰分割的物料衡算。

4.2.1.3 清晰分割法物料衡算

普通精馏过程的物料流程如图 4-19 所示。对于进料为 n 组分的物系。按照清晰分割法物料衡算，图 4-19 看起来更为简便。

利用线性方程计算过程如下：

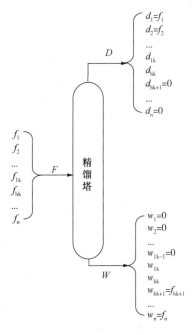

图 4-19 精馏过程清晰分割法物料衡算图示意图

（1）全塔物料衡算式

$$F = D + W \tag{4-3}$$

式中　F——进料总摩尔流量；

　　　D——馏出液总摩尔流量；

　　　W——塔釜液总摩尔流量。

（2）任意组分 i 的物料衡算

$$f_i = d_i + w_i \quad (i = 1, 2, \cdots, n) \tag{4-4}$$

其中：

$$\left. \begin{aligned} f_i &= F z_i \\ d_i &= D x_{D,i} \\ w_i &= W x_{W,i} \end{aligned} \right\} \quad (i = 1, 2, \cdots, n) \tag{4-5a} \tag{4-5b} \tag{4-5c}$$

式中　f_i——进料中组分 i 的摩尔流量。

　　　d_i——馏出液中组分 i 的摩尔流量；

　　　w_i——塔釜液中组分 i 的摩尔流量；

　　　z_i——进料中组分 i 的摩尔分率；

　　　$x_{D,i}$——馏出液中组分 i 的摩尔分率；

　　　$x_{W,i}$——塔釜液中组分 i 的摩尔分率。

轻、重关键组分分别用下标 l、h 表示。根据清晰分割的假定，规定轻、重关键组分在塔顶馏出液中的量为 d_l，d_h；在塔釜液中的量为 w_l，w_h。

（3）对于比轻关键组分更轻的组分（1 是最轻的组分，lk 是轻关键组分）

物料衡算式为：

$$\left. \begin{aligned} w_i &= 0 \\ d_i &= f_i \end{aligned} \right\} \quad (1 \leqslant i \leqslant \text{lk} - 1) \tag{4-6}$$

（4）对于比重关键组分更重的组分（hk 是重关键组分，n 是最重的组分）

物料衡算式为：

$$\left. \begin{aligned} d_i &= 0 \\ w_i &= f_i \end{aligned} \right\} \quad (\text{hk} + 1 \leqslant i \leqslant n) \tag{4-7}$$

（5）馏出液流量 D

$$D = \sum_{i=1}^{n} d_i = \sum_{i=1}^{\text{lk}-1} d_i + d_{\text{lk}} + d_{\text{hk}} = d_{\text{lk}} + d_{\text{hk}} + \sum_{i=1}^{\text{lk}-1} f_i \tag{4-8}$$

塔釜液流量 W 为：

$$W = \sum_{i=1}^{n} w_i = w_{\text{lk}} + w_{\text{hk}} + \sum_{i=\text{hk}+1}^{n} w_i = w_{\text{lk}} + w_{\text{hk}} + \sum_{i=\text{hk}+1}^{n} f_i \tag{4-9}$$

式（4-8）和式（4-9）中 $\sum_{i=1}^{\text{lk}-1} f_i$ 和 $\sum_{i=\text{hk}+1}^{n} f_i$ 是已知的（是进料量），d_{lk}，d_{hk}，w_{lk}，w_{hk} 需根据分离要求进行计算。

① 给定馏出液中轻关键组分的摩尔分数 $x_{D,\text{lk}}$ 和塔釜液中重关键组分的摩尔分数 $x_{W,\text{hk}}$，则轻、重关键组分的物料衡算为：

$$\left. \begin{aligned} d_{\text{lk}} &= D x_{D,\text{lk}} \\ w_{\text{lk}} &= f_{\text{lk}} - D x_{D,\text{lk}} \end{aligned} \right\} \tag{4-10}$$

$$w_{hk} = Wx_{W,hk}$$
$$d_{hk} = f_{hk} = Wx_{W,hk} \Bigg\}$$
(4-11)

将式(4-3)、式(4-5a)、式(4-10)、式(4-11)代入式(4-8)、式(4-9)得馏出液量 D 和釜液量 W 为：

$$D = F \cdot \frac{\sum\limits_{i=1}^{lk-1} z_i + z_{hk} - x_{W,hk}}{1 - x_{D,lk} - x_{W,hk}}$$
(4-12)

$$W = F \cdot \frac{\sum\limits_{i=hk+1}^{n} z_i + z_{lk} - x_{D,lk}}{1 - x_{D,lk} - x_{W,hk}}$$
(4-13)

② 给定馏出液中重关键组分的摩尔分数 $x_{D,hk}$ 和塔釜液中轻关键组分的摩尔分数 $x_{W,lk}$，则轻、重关键组分的物料衡算为：

$$w_{lk} = Wx_{W,lk}$$
$$d_{lk} = f_{lk} - Wx_{W,lk} \Bigg\}$$
(4-14)

$$d_{hk} = Dx_{D,hk}$$
$$w_{hk} = f_{hk} - DX_{D,hk} \Bigg\}$$
(4-15)

将式(4-3)、式(4-5a)、式(4-14)、式(4-15)代入式(4-8)、式(4-9)得馏出液量 D 和釜液量 W 为：

$$D = F \cdot \frac{\sum\limits_{i=1}^{lk} z_i - x_{W,lk}}{1 - x_{D,hk} - x_{W,lk}}$$
(4-16)

$$W = F \cdot \frac{\sum\limits_{i=h}^{n} z_i - x_{D,hk}}{1 - x_{D,hk} - x_{W,lk}}$$
(4-17)

③ 给定馏出液和塔釜液中轻关键组分的摩尔分数 $x_{D,lk}$ 和 $x_{W,lk}$，则轻关键组分的物料衡算为：

$$d_{lk} = Dx_{D,lk}$$
(4-18)

$$w_{lk} = Wx_{W,lk}$$
(4-19)

$$d_{lk} + w_{lk} = f_{lk}$$
(4-20)

将式(4-3)、式(4-5a)、式(4-18)、式(4-19)、式(4-20)代入式(4-8)、式(4-9)得馏出液量 D 和釜液量 W 为：

$$D = F \cdot \frac{z_{lk} - x_{W,lk}}{x_{D,lk} - x_{W,lk}}$$
(4-21)

$$W = F \cdot \frac{x_{D,lk} - z_{lk}}{x_{D,lk} - x_{W,lk}}$$
(4-22)

④ 给定馏出液中轻关键组分的摩尔分数 $x_{D,lk}$ 和轻关键组分的回收率 ϕ_{lk}，轻关键组分的物料衡算为式(4-20)，根据回收率的定义：

$$\phi_{lk} = \frac{d_{lk}}{f_{lk}} \times 100\% \tag{4-23}$$

联解式(4-3)、式(4-18)、式(4-23)得馏出液量 D 和釜液量 W 为:

$$D = F \frac{z_{lk}}{x_{D,lk}} \phi_{lk} \tag{4-24}$$

$$W = F - D \tag{4-25}$$

【例4-1】 在【案例4.1.1.1】中,当以轻石脑油为裂解原料时,裂解气的组成如例题4-1附表1所示。

例4-1附表1 精馏系统裂解气组成

组 分	H_2	C_1^0	$C_2^=$	C_2^0	$C_3^=$	C_3^0	C_{4+}	C_{5+}	Σ
组成/%（摩尔）	14.6	27.9	31.5	5.7	10.5	0.7	7.0	2.1	100.00

以此作为前脱乙烷流程中脱乙烷塔的进料,若要求乙烷在塔釜液中的含量不高于1.0%(摩尔),丙烯在馏出液中的含量不高于0.2%,同时要求塔顶乙烯的回收率要高于99%,塔釜丙烯的回收率要高于97%。

请对脱乙烷塔按清晰分割法作物料衡算。

解:根据工艺要求选择乙烷为轻关键组分, $x_{W,lk} \le 0.01$;丙烯为重关键组分, $x_{D,hk} = 0.002$;按清晰分割进行计算。

设以 100kmol/h 进料作为物料衡算的基准。

全塔总物料衡算为: $100 = D + W$

任意物质 i 的物料衡算为: $Fz_i = Dx_{D,i} + Wx_{W,i}$

关键组分的物料衡算为:

轻关键组分: $w_{lk} = 0.01W$, $d_{lk} = 5.7 - 0.01W$

重关键组分: $d_{hk} = 0.002D$, $w_{hk} = 10.5 - 0.002D$

比轻关键组分更轻的组分: $d_i = f_i$, $w_i = 0$ （ $1 \le i \le lk-1$ ）

比重关键组分更重的组分: $d_i = 0$, $w_i = f_i$ （ $hk+1 \le i \le n$ ）

以 100kmol/h 进料作为物料衡算的基准,将以上结果列于例题4-1附表2。

例题4-1附表2

组分	进料量 F/(kmol/h)	馏出液量 D/(kmol/h)	釜液量 W/(kmol/h)
H_2	14.6	14.6	0
CH_4	27.9	27.9	0
C_2H_4	31.5	31.5	0
C_2H_6(lk)	5.7	$5.7 - 0.01W$	$0.01W$
C_3H_6(hk)	10.5	$0.002D$	$10.5 - 0.002D$
C_3H_8	0.7	0	0.7
C_{4+}	7.0	0	7.0
C_{5+}	2.1	0	2.1
合计	100.00	$79.7 + 0.002D - 0.01W$	$20.3 - 0.002D + 0.01W$

所以：$D=79.7+0.002D-0.01W$

$100=D+W$

解方程组得：$D=79.656\text{kmol/h}$，$W=20.344\text{kmol/h}$

求出馏出液和釜液的组成见例题4-1附表3。

例题4-1附表3　物料衡算结果表

组分	进料		馏出液		釜液量	
	z_i/%（摩尔）	流量F/（kmol/h）	D/（kmol/h）	$x_{D,i}$/%（摩尔）	W/（kmol/h）	$x_{W,i}$/%（摩尔）
H_2	14.6	14.6	14.6	18.329	0	0
CH_4	27.9	27.9	27.9	35.026	0	0
C_2H_4	31.5	31.5	31.5	39.545	0	0
C_2H_6(lk)	5.7	5.7	5.497	6.901	0.203	0.998
C_3H_6(hk)	10.5	10.5	0.159	0.200	10.341	50.831
C_3H_8	0.7	0.7	0	0	0.7	3.441
C_{4^+}	7.0	7.0	0	0	7.0	34.408
C_{5^+}	2.1	2.1	0	0	2.1	10.322
合计	100.00	100.00	79.656	100.001	20.344	100.000

依此计算结果，则塔顶乙烯的回收率为：

$\varphi_{C_2^=}=\dfrac{d_{C_2^=}}{f_{C_2^=}}=\dfrac{31.5}{31.5}\times100\%=100\%$，这是由于清晰分割造成的计算误差。

塔釜丙烯的回收率为：

$\varphi_{C_3^=}=\dfrac{w_{C_3^=}}{f_{C_3^=}}=\dfrac{10.341}{10.5}\times100\%=98.5\%$

【例4-2】　某乙烯精馏塔的进料组成如例题4-2附表1所示。已知进料流量为200kmol/h，要求馏出液中乙烯的摩尔分数不小于0.9990，釜液中乙烯摩尔分数不大于0.0298。试用清晰分割法计算馏出液和釜液的流量及组成。

例题4-2附表1　乙烯精馏塔进料组成表

编号	1	2	3	4	5	Σ
组分	甲烷	乙烯(lk)	乙烷(hk)	丙烯	丙烷	
摩尔组成z_i	0.0002	0.8801	0.1160	0.0036	0.0001	1.0000

解：根据题目的分离要求，设乙烯为轻关键组分，乙烷为重关键组分。

即$x_{D,lk}=x_{D,2}=0.9990$，$x_{W,lk}=x_{W,2}=0.0298$

由式（4-21）可得：

$$D=200\times\frac{0.8801-0.0298}{0.9990-0.0298}=175.464\text{kmol/h}$$

$$W=200-175.464=24.536\text{kmol/h}$$

根据清晰分割法的规定，将各组分的物料衡算结果列于例题4-2附表2所示。

编号	组分	进料量 F/(kmol/h)	馏出液量 D/(kmol/h)	釜液量 W/(kmol/h)
1	CH_4	0.040	0.040	0
2	C_2H_4(lk)	176.020	0.9990D	176.020-0.9990D
3	C_2H_6(hk)	23.200	d_3	23.200-d_3
4	C_3H_6	0.720	0	0.720
5	C_3H_8	0.020	0	0.020
	合计	200.000	175.464	24.536

在例题 4-2 附表 2 中，塔顶馏出乙烯量 $d_2=0.9990$，$D=175.289$kmol/h

塔釜采出乙烯量 $w_2=176.020-0.9990D=0.731$kmol/h

塔顶馏出乙烷量 $d_3=D-d_1-d_2-d_4-d_5=175.464-0.040-175.289-0-0$
$=0.135$kmol/h

塔釜采出乙烷量 $w_3=23.200-d_3=23.200-0.135=23.065$kmol/h

求出馏出液和釜液的组成见例题 4-2 附表 3。

例题 4-2 附表 3　物料衡算结果表

编号	组分	进料		馏出液		釜液量	
		z_i/%(摩尔)	流量 F/(kmol/h)	D/(kmol/h)	$x_{D,i}$/%(摩尔)	W/(kmol/h)	$x_{W,i}$/(mol%)
1	CH_4	0.020	0.040	0.040	0.023	0	0
2	C_2H_4(lk)	88.01	176.020	175.289	99.900	0.731	2.979
3	C_2H_6(hk)	11.60	23.200	0.135	0.077	23.065	94.005
4	C_3H_6	0.36	0.720	0	0	0.720	2.934
5	C_3H_8	0.01	0.020	0	0	0.020	0.082
	合计	100.00	200.000	175.464	100.000	24.536	100.000

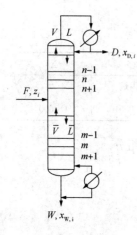

图 4-20　普通精馏
物料衡算示意图

4.2.1.4　精馏段和提馏段操作线方程

在多组分精馏的简化计算中，一般假设为恒摩尔流（如图 4-20），对精馏段第 n 板就 i 组分作物料衡算得：

$$Vy_{n,i}=Lx_{n-1,i}+Dx_{D,i} \quad (4-26)$$

得精馏段的操作线方程为：

$$y_{n,i}=\frac{L}{V}x_{n-1,i}+\frac{D}{V}x_{D,i} \quad (4-27)$$

式中　V——精馏段上升蒸气摩尔流量，$V=L+D$；

L——精馏段下降液相摩尔流量；

$y_{n,i}$——第 n 板上升蒸气中组分 i 的摩尔分数；

$x_{n-1,i}$——第 $n-1$ 板下降液体中组分 i 的摩尔分数。

同理，对提馏段第 m 板就 i 组分作物料衡算

$$\overline{V} y_{m,i} = \overline{L} x_{m-1,i} - W x_{\mathrm{W},i} \tag{4-28}$$

得提馏段的操作线方程为：

$$y_{m,i} = \frac{\overline{L}}{\overline{V}} x_{m-1,i} - \frac{W}{\overline{V}} x_{\mathrm{W},i} \tag{4-29}$$

式中　$\overline{V}$——提馏段上升蒸气摩尔流量，$\overline{V} = \overline{L} - W$；

　　　$\overline{L}$——提馏段下降液相摩尔流量；

　　　$y_{m,i}$——第 m 板上升蒸气中组分 i 的摩尔分数；

　　　$x_{m-1,i}$——第 $m-1$ 板下降液体中组分 i 的摩尔分数。

在操作线应用中，常以轻重关键组分的应用最为普遍，更具代表性。

4.2.2　塔压的确定

任何一个精馏塔都是依据在一恒定的操作压力下的气、液平衡数据进行设计、计算和操作的。一般要遵循具体的工艺条件，对于一些沸点高、高温时性质不稳定、易分解、聚合、结焦的物料或在常压下相对挥发度较小、有剧毒的物料则常常采用减压精馏。由于减压操作降低了物料沸腾温度，可避免物料在高温时热分解、聚合、结焦等可能性，且减少了有毒物料的泄漏、污染等情况。如果被分离的混合物在常温、常压下是气体或沸点较低，则可以采用加压蒸馏的方法。塔压的选择还应考虑传热设备的造价、塔的耐压性能、操作费用等综合经济效果。当原料液常压下是液体时，则一般尽可能地采用常压操作，这样对设备的要求简单，附属设备也少。

精馏塔的操作压力对以下四个方面都有影响：

（1）塔顶蒸气冷凝温度和塔釜加热温度

塔顶蒸气冷凝温度即为塔顶液相产品的泡点温度或气相产品的露点温度。塔釜中釜液沸腾温度则为塔底产物的泡点温度。此两温度随压力的增加而上升，随压力的降低而下降。从经济和方便考虑，塔顶冷凝器最好用冷却水或空气作为冷却介质，为此相应的蒸气冷凝温度须高于 40℃，否则需用致冷剂作冷却介质，但很不经济。根据 40℃ 算出的泡点压力或露点压力，是塔的最低操作压力，低于此值塔顶气就不能用水或空气冷凝。计算的压力小于或等于大气压，塔可以常压操作。

如果压力高于常压而小于 1.7MPa，往往采用加压操作；如果大于 1.7MPa，需考虑采用致冷剂，此时应通过经济核算决定是采用较低温度的致冷剂和较低压力，还是采用较高温度的致冷剂和较高压力。一般说来，如果塔顶蒸气需用致冷剂冷凝时，应考虑是否能用吸收或萃取来代替精馏。釜液温度的升高需考虑两个问题：首先，是否会引起物料分解、聚合或严重结垢，如果温度过高会发生这种问题，此临界温度就决定了釜温的最高允许温度；其次，随釜温升高，通常采用的水蒸气加热剂的压力将升高，对蒸汽热源的要求随之提高。当加热用的饱和水蒸气的温度为 180℃ 时，对应的压力为 1.003MPa（绝）；250℃ 时，相应的压力高达 3.978MPa（绝）。一般的加热蒸汽温度不超过 180℃，以免压力过高。依据塔釜最高温度算得的泡点压力，是塔的操作压力的上限，否则会发生聚合、分解或结焦等问题，或者要用其他费用昂贵得多的加热剂；如果算得的压力大于或等于大气压，塔可以常压操作；如果低于大气压，往往被迫采用真空操作，这将另增一笔相当大的设备投资和操作费用。通常认为，需用真空精馏时，应考虑选用萃取操作。

（2）对组分间相对挥发度的影响

随着压力的升高，相对挥发度将减小。此影响相当弱，因此在同一精馏塔中，除了塔顶、塔底压降 Δp 比起塔压相当大的高真空精馏塔外，可以忽略 Δp 对相对挥发度的影响；但当压力变化较大时，相对挥发度的变化对分离有相当影响，此时对操作压力的选择是一个重要因素。此外，压力的改变会影响恒沸物的组成。

（3）塔的造价和操作费用

气体的密度与压力成正比，对于一定质量流率（即一定产量）的蒸气，压力高则操作工况下的体积流量减小，从而塔径减小。对于压力在 0.3～1.0MPa 范围内的塔，其本身的投资随压力升高略有下降；对于真空精馏，真空度减小引起投资的节省是比较显著的。但是当压力超过 0.7MPa 后，塔壁厚度将增加，导致设备投资增大。压力升高引起相对挥发度的下降，达到分离要求所需的板数将增加，也将增加投资；更重要的是，相对挥发度下降将使最小回流比增加，因而增加了能量和冷却剂消耗，如果被迫利用价格贵的高温加热剂，操作费用的增加更是显著；此外，再沸器、冷凝器和泵等的投资也要增加。采用加压或真空精馏，往往还要额外增压或设置抽真空装置，其投资和操作费用均相当可观。

（4）对传质分离效率的影响

对于板式塔，压力对常压塔和加压塔的板效率没有多大影响，但对于真空精馏，由于要求每块板的压降减小，一般出口堰高取得较低，很可能使板效率下降；对于高真空精馏，就需选择筛板塔一类压降 Δp 低、效率高的塔板。对于填料塔，真空精馏时因蒸气密度小造成塔径增大，液体的喷淋密度较小，填料的润湿困难，往往传质效率变差；加压精馏时，塔的喷淋密度较高，亦会使传质效率变差（其原因可能是返混现象加大或其他因素造成）。

4.2.3　回流比

正常操作的精馏塔，有两种形式的回流：一个是塔顶馏出液液相回流，以 L 表示；另一个是塔釜蒸气的气相回流，以 $\bar{V}$ 表示。液相回流促使重组分返回塔底，气相回流促使轻组分升至塔顶，为了维持气液两相流在塔板上的均衡，既不出现液泛，也不会发生淹塔等非正常现象，L 与 $\bar{V}$ 之间是存在约束关系的，在恒摩尔流前提下，$\bar{V}=L+D+F(1-q)$，在精馏操作过程中，D、F、q 恒定，L 与 $\bar{V}$ 的变化是正比线性关系，不遵守规则的变化必然造成精馏塔的非正常现象，$\bar{V}$ 的增加能造成严重的雾沫夹带甚至液泛，塔顶重组分含量超标；L 的增加能造成塔板漏液甚至淹塔，塔釜轻组分增加。

精馏操作过程中回流比的定义为塔顶回流量 L 和馏出液量 D 之比，即 $R=\dfrac{L}{D}$，R 规定之后，液相、气相回流 L 和 $\bar{V}$ 就随之被规定。在精馏塔操作过程中，当塔板数一定时，只有选择合适的回流比才能满足工艺分离要求。而且，回流比也是影响精馏塔设备投资和运行费用的一个重要因素。然而确定多大的回流比才能达到分离要求呢？

满足轻、重关键组分达到分离要求，精馏塔的操作有两种极限条件：一种是采用最小回流比，精馏塔的理论塔板数趋于无穷多；另一种极限情况是采用全回流，回流比为无穷大，精馏塔需要的理论塔板数最少。这两个极限条件在真实工业精馏中并不现实，然而它对适宜回流比的确定和塔板数的确定有重要的意义。

4.2.3.1 最小回流比 R_m 的确定

多组分精馏塔在最小回流比下操作时，和双组分精馏一样，会出现恒浓区(又称挟点)。但是，多组分精馏比较复杂。如精馏分离 A、B、C、D 四种组分，若进料中的所有组分在馏出液和塔釜液中均存在，那么只在进料级出现一个恒浓区。窄沸程混合物的精馏或两关键组分的分离不明显的精馏属于这类分离。

另一类分离是，一个或多个组分只存在于馏出液或塔釜液中(如塔顶馏出 A、B、C，塔釜分离得 D，或者塔顶只有 A，塔釜得 B、C、D)，此时，在精馏段和提馏段各存在一个恒浓区。在进料级和精馏段恒浓区之间的各级除去重组分，使之在馏出液中不出现。在进料级和提馏段恒浓区之间的各级除去在塔釜液中不出现的轻组分。图 4-21 描述了苯(A)、甲苯(B)、乙苯(C)、苯乙烯(D)在乙苯蒸出塔中浓度的变化过程和恒浓区的情况。1 区主要使轻组分 A、B 组分浓度有所增加；2 区是上恒浓区，A、B、C 三组分恒浓；3 区使最轻组分和最重组分的浓度迅速降到 0；4 区是下恒浓区，B、C、D 三组分恒浓；5 区使 B 组分浓度为 0，C 组分微量，D 组分被迅速提浓。若所有进料组分在塔釜液中出现，则提馏段的恒浓区移至进料级。

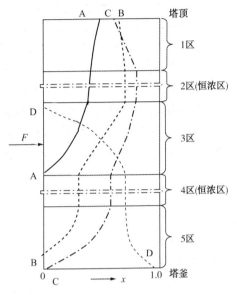

图 4-21 沿塔高 A、B、C、D 四种组分浓度分布示意图

上述两类分离的最小回流比计算方法不同，下面介绍具有两个恒浓区时计算最小回流比的恩德伍德(Underwood)方程。

根据物料平衡和相平衡关系，利用两个恒浓区的概念，并且假定在两个恒浓区之间区域各组分的相对挥发度为常数，以及在进料级到精馏段恒浓区和进料级到提馏段恒浓区的两区域均为恒摩尔流，即气相摩尔流量和液相摩尔流量均恒定，恩德伍德导出了计算最小回流比的方程式：

$$\sum_{i=1}^{n} \frac{\alpha_{i,h} z_i}{\alpha_{i,h} - \theta} = 1 - q \qquad (4-30)$$

$$\sum_{i=1}^{n} \frac{\alpha_{i,h} x_{i,D}}{\alpha_{i,h} - \theta} = R_m + 1 \qquad (4-31)$$

式中　R_m——精馏段恒浓区最小内回流比；

　　　θ——试差参数；

　　　q——进料热状态参数；

　　　$\alpha_{i,h}$——恒浓区中组分 i 相对于重关键组分的相对挥发度。

(1) 进料状态的确定

1) 给定进料状态

对于饱和液体进料，即泡点进料，$q=1$；饱和蒸气进料，即露点进料，$q=0$；对于气液混合物，$0<q<1$；对于过冷液体，$q>1$；对于过热蒸汽进料，$q<0$。

2）根据焓值计算进料状态

当已知操作条件下，进料、塔顶馏出液、塔釜液的焓时，

$$q = \frac{H_V - H_F}{H_V - h_L} \tag{4-32}$$

式（4-32）中各参数的意义和项目三公式（3-34a）中的物理意义是相同的。或者，由式（3-34a）计算出汽化率 φ，$q = l - \varphi$。

3）根据等温闪蒸或绝热闪蒸计算进料状态

在多数情况下，进料状态也可根据计算绝热闪蒸汽化率的方法来确定，用图 3-14 或图 3-15 的迭代方法计算汽化率，然后确定出进料状态。

（2）各组分相对挥发度的求法

当精馏塔的物料衡算完成后，根据塔顶馏出液的组成和塔釜液的组成，按照项目三试差露点和泡点的方法确定塔顶温度和塔釜温度，同时也确定了在操作条件下各组分的相平衡常数，如果以重关键组分为基准组分，则任意组分 i 的相对挥发度为：

$$\alpha_{ih} = \frac{k_i}{k_h} \tag{4-33}$$

从绝热闪蒸的计算过程我们知道，在确定了进料的汽化率的同时也得到了各组分的相平衡常数，用式（4-33）可以计算进料板处各组分的相对挥发度。

操作条件下，各组分的平均相对挥发度为：

$$\alpha_{ih} = \sqrt[3]{\alpha_{ih,D} \cdot \alpha_{ih,F} \cdot \alpha_{ih,W}} \tag{4-34}$$

或者简化为：

$$\alpha_{ih} = \sqrt[2]{\alpha_{ih,D} \cdot \alpha_{ih,W}} \tag{4-35}$$

式中　$\alpha_{ih,D}$——塔顶露点温度下 i 组分的相对挥发度；

　　　$\alpha_{ih,F}$——进料闪蒸温度下 i 组分的相对挥发度；

　　　$\alpha_{ih,W}$——塔釜泡点温度下 i 组分的相对挥发度。

通常，在 Underwood 方程或 Fenske 公式中的 α_{ih} 就是平均相对挥发度。

（3）θ 值和 R_m 的求法

根据进料组成和热状态参数，由式（4-30）、式（4-31）可解得 θ 值和 R_m。

① 当只有两关键组分分配时，用迭代法可解得一个 θ 值，且 $1 < \theta < \alpha_{lh}$。将所得 θ 值代入式（4-31）可得 R_m。

② 当轻、重关键组分不相邻（即有中间组分存在）时，在轻重关键组分的相对挥发度之间存在着两个以上的根，例如当存在一个中间组分 S 时，式（4-30）有两个根，即 $1 < \theta_1 < \alpha_{sh}$，$1 < \theta_2 < \alpha_{sh}$。将 θ_1，θ_2 分别代入式（4-31），可得到 $R_{m,1}$ 和 $R_{m,2}$，最终的最小回流比取其算术平均值，即：

$$R_m = \frac{R_{m,1} + R_{m,2}}{2} \tag{4-36}$$

当存在二个中间组分时，式（4-30）、式（4-31）就有三个根，依次类推。

应用恩德伍德方程计算最小回流比时，需要注意其假定条件是否成立。若在两恒浓区之间的区域内恒摩尔流和恒相对挥发度的假定不成立，那么用恩德伍德方程计算的最小回

流比会有相当大的误差。在计算时，一般要求在上述区域内各组分相对挥发度变化小于10%。

4.2.3.2 实际回流比 R

在一定的理论塔板数下，为了达到两个关键组分一定的分离要求，实际回流比必须大于最小回流比。实际回流比确定的依据是经济衡算，要求达到操作费用和设备投资费用的总和为最小。

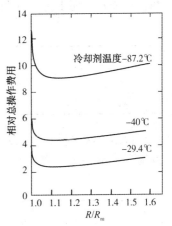

在最小回流比时，操作费用最小，而设备费用为无穷大；当回流比由最小回流比逐渐增大时，理论板数急剧减少，设备费用由于塔高的急剧减小而很快减少，随着回流比的增大，这一变化逐渐变缓；当回流比增至一定值后，由于塔径增大的影响大于塔高减小的影响，设备费用回升。生产的总费用为设备费用与操作费用之和，而操作费用总是随着回流比的增加而增大的。

J. R. Fair 和 w. L. Bolles 研究了相对总操作费用和 R/R_m 之间的关系，如图 4-22 所示。R/R_m 的最佳值为 1.05。

图 4-22　回流比对费用的影响

但是在相当大的 R/R_m 范围，仍然处于接近最佳的条件。在实际设计中，当分离需要的理论塔板数多时，经常取 R/R_m 为 1.10；而对于需要理论塔板数少的精馏分离，R/R_m 约为 1.50。

通常应用的经验规律是：

$$R/R_\mathrm{m} = 1.2 \sim 2.0 \tag{4-37}$$

【例 4-3】 【例 4-2】中的乙烯精馏塔，操作压力为 2.13MPa。塔顶冷凝器为全凝器，泡点进料。试计算该塔的最小回流比。

解：(1)精馏系统相对挥发度的确定

以重关键组分乙烷为基准计算各组分的相对挥发度。

根据【例 4-2】的计算结果，首先确定塔顶馏出液的露点温度和塔釜液的泡点温度，泡露点的计算可以通过 Wilson 关联式(2-12)：

$$k_i = \frac{p_{c,i}}{p} \exp\left[5.373(1-\omega_i)\left(1-\frac{T_{c,i}}{T}\right)\right]$$

结果列于例 4-3 附表 1。

例 4-3 附表 1

	CH₄	C₂H₄	C₂H₆	C₃H₆	C₃H₈
p_c	4599.00	5041.00	4872.00	4600.00	4248.00
T_c	190.56	282.34	305.32	364.90	369.83
ω_i	0.0110	0.0850	0.0990	0.1420	0.1520

根据馏出液组成和露点方程 $\sum \dfrac{y_i}{k_i} = 1$ 计算出露点温度 $T_D = -240.2\mathrm{K}$，此时的相平衡常数和相对挥发度列于例 4-3 附表 2。

	CH$_4$	C$_2$H$_4$	C$_2$H$_6$	C$_3$H$_6$	C$_3$H$_8$
k_i	6.4746	0.9990	0.6157	0.1972	0.1706
$\alpha_{ih,D}$	10.5167	1.6226	1.0000	0.3204	0.2771

根据进料组成和泡点方程式 $\sum k_i x_i = 1$ 计算出进料温度 $T = 242.2\text{K}$，此时的相平衡常数和相对挥发度列于例 4-3 附表 3。

例 4-3 附表 3

	CH$_4$	C$_2$H$_4$	C$_2$H$_6$	C$_3$H$_6$	C$_3$H$_8$
k_i	6.7075	1.0486	0.6482	0.2092	0.1809
$\alpha_{ih,F}$	10.3473	1.6175	1.0000	0.3227	0.2791

根据釜液组成和泡点方程式计算出进料温度 $T = 260.9\text{K}$，此时的相平衡常数和相对挥发度列于例 4-3 附表 4。

例 4-3 附表 4

	CH$_4$	C$_2$H$_4$	C$_2$H$_6$	C$_3$H$_6$	C$_3$H$_8$
k_i	9.0464	1.5801	1.0032	0.3438	0.2976
$\alpha_{ih,w}$	9.0179	1.5751	1.0000	0.3427	0.2967

则各组分的平均相对挥发度根据式(4-32)计算得结果列于例 4-3 附表 5。

例 4-3 附表 5

	CH$_4$	C$_2$H$_4$	C$_2$H$_6$	C$_3$H$_6$	C$_3$H$_8$
α_{ih}	9.9373	1.6050	1.0000	0.3284	0.2841

(2)最小回流比的计算

泡点进料，$q = 1$，根据式(4-30)试差参数 θ：

$$\sum_{i=1}^{5} \frac{\alpha_{i,h} z_i}{\alpha_{i,h} - \theta}$$

$$= \frac{9.9373 \times 0.0002}{9.9373 - \theta} + \frac{1.6050 \times 0.8801}{1.6050 - \theta} + \frac{1.0000 \times 0.1160}{1.0000 - \theta} + \frac{0.3284 \times 0.0036}{0.3284 - \theta} +$$

$$\frac{0.2841 \times 0.0001}{0.2841 - \theta}$$

$$= 0$$

解得 $\theta = 1.0459$

将 θ 代入式(4-31)得：

$$R_m = \sum_{i=1}^{5} \frac{\alpha_{i,h} x_{i,D}}{\alpha_{i,h} - \theta} - 1$$

$$= \frac{9.9373 \times 0.0002}{9.9373 - \theta} + \frac{1.6050 \times 0.9990}{1.6050 - \theta} + \frac{1.0000 \times 0.0008}{1.0000 - \theta} + \frac{0.3284 \times 0}{0.3284 - \theta} +$$

$$\frac{0.2841 \times 0}{0.2841 - \theta} - 1$$

$$= 1.8507$$

4.2.4 理论塔板数

板式精馏塔中，两相流体在一块塔板上接触经常达不到平衡状态，而只是实现从初始状态到平衡态之间部分的变化。但是，在精馏塔计算中还是应用平衡级的概念。因为，只要知道了达到一定分离要求所需的理论塔板数，就可以根据实际塔板的塔板效率，计算出所需的实际塔板数。

理论塔板数计算分为两步：首先用芬斯克(Fenske)方程计算最小理论塔板数，然后通过吉利兰关联式(或图)决定理论塔板数。此外尚需确定进料板的位置。精馏塔在进料板以上部分为精馏段，以下部分为提馏段，因此，确定进料板的位置即计算精馏段和提馏段理论塔板数。

4.2.4.1 最少理论塔板数 N_m

在全回流时，回流比 R 为无穷大，所需塔板数最少，而进料量、塔顶和塔釜出料量均为零。芬斯克推导出了在全回流时计算最少理论塔板数的公式。

全回流时 $F=0$，$D=0$，$W=0$，$V=L=\bar{V}=\bar{L}$，则精馏段的操作线方程为：

$$y_{n,i} = x_{n-1,i}$$

提馏操作线方程为：

$$y_{m,i} = x_{m-1,i}$$

这说明不论是精馏段还是提馏段，对任意塔板，来自下面塔板的上升蒸气与从该板溢流下去的液相组成相同。整个精馏塔可以看作只有一个精馏段。

设塔顶为全凝器，精馏塔从上而下塔板序数分别为 1，2，…，N，塔釜。

第 1 块板：

对于轻关键组分有操作线关系 $y_{1,1} = x_{D,1}$ (1)

相平衡关系 $y_{1,1} = k_{1,1} x_{1,1}$ (2)

所以 $x_{D,1} = k_{1,1} x_{1,1}$ (3)

对于重关键组分有操作线关系 $y_{1,h} = x_{D,h}$ (4)

相平衡关系 $y_{1,h} = k_{1,h} x_{1,h}$ (5)

所以 $x_{D,h} = k_{1,h} x_{1,h}$ (6)

式(3) 除式(6)得：

$$\frac{x_{D,1}}{x_{D,h}} = \alpha_1 \frac{x_{1,1}}{x_{1,h}} \tag{7}$$

式中 $\alpha_1 = \dfrac{k_{1,1}}{k_{1,h}}$ 是轻重关键组分在第 1 板上的相对挥发度，以下分别以 α_1、α_2、…、α_N、α_W 表示第 1，2，…，N 板及塔釜轻重关键组分的相对挥发度。

同理，对第 2，3，…，N 板及塔釜板有：

$$\frac{x_{1,1}}{x_{1,h}} = \alpha_2 \frac{x_{2,1}}{x_{2,h}} \tag{8}$$

$$\frac{x_{2,l}}{x_{2,h}} = \alpha_3 \frac{x_{3,l}}{x_{3,h}} \tag{9}$$

$$\cdots\cdots$$

$$\frac{x_{N,l}}{x_{N,h}} = \alpha_W \frac{x_{W,l}}{x_{W,h}} \tag{10}$$

在第 1，2，…，N 板间迭代式(7)、式(8)、式(9)、式(10)得：

$$\frac{x_{D,l}}{x_{D,h}} = \alpha_1 \alpha_2 \cdots \alpha_N \alpha_W \frac{x_{W,l}}{x_{W,h}} \tag{11}$$

若在全塔范围内相对挥发度变化不大，可以近似看作常数，即 $\alpha_1 = \alpha_2 = \cdots = \alpha_N = \alpha_W = \alpha_{lh}$，则对全凝器精馏塔有：

$$\frac{x_{D,l}}{x_{D,h}} = \alpha_{lh}^{N_m+1} \frac{x_{W,l}}{x_{W,h}} \tag{12}$$

式(12)两边取对数的最少理论塔板数为：

$$N_m + 1 = \frac{\lg\left[\left(\frac{x_{D,l}}{x_{D,h}}\right) \Big/ \left(\frac{x_{W,l}}{x_{W,h}}\right)\right]}{\lg\alpha_{lh}} \tag{4-38}$$

通常也写成：

$$N_m + 1 = \frac{\lg\left[\left(\frac{x_l}{x_h}\right)_D \Big/ \left(\frac{x_l}{x_h}\right)_W\right]}{\lg\alpha_{lh}} \tag{4-39}$$

如果塔顶是分凝器，分凝器相当于一块理论板，所以最少理论塔板数为：

$$N_m + 2 = \frac{\lg\left[\left(\frac{x_l}{x_h}\right)_D \Big/ \left(\frac{x_l}{x_h}\right)_W\right]}{\lg\alpha_{lh}} \tag{4-40}$$

以上式(4-38)、式(4-39)、式(4-40)都是芬斯克(Fenske)公式的形式。公式中组分平均相对挥发度由式(4-34)或式(4-35)计算得到。

4.2.4.2　理论塔板数 N

前面介绍了精馏塔操作的两种极限状况，最小回流比(此时塔板数趋于无穷)和最少理论塔板数(此时回流比趋于无穷)。为了实现对两个关键组分规定的分离要求，回流比和理论板数必须大于它们的最小值。

实际回流比的选择多出于经济方面的考虑，取最小回流比乘以某一系数，然后用分析法、图解法或经验关系确定所需理论板数。根据 J. R. Fair 和 W. L. Bolles 研究结果，R/R_m 的最佳值为 1.05。但是，在比该值稍大的一定范围都接近最佳的条件。在实际的设计中，当取 R/R_m 为 1.10 时，常需很多的理论塔板数，如果 R/R_m 取 1.50，则需要理论塔板数较少。根据经验，$R/R_m = 1.2 \sim 2.0$。

就理论塔板数的计算，吉利兰(Gilliland)根据对 R_m、R、N_m、N 四者之间的关系进行了研究，由试验结果总结出了吉利兰图，见图4-23。

图中横坐标为 $\frac{R-R_m}{R+1}$，纵坐标为 $\frac{N-N_m}{N+2}$，可以看出，N_m、N 是塔身所具有的塔板数，

不包括再沸器。

图 4-23 是吉利兰对 8 个不同物系，根据不同的精馏条件，用逐板计算法的结果绘制的，误差在 7% 左右。建立吉利兰图时，物系及操作条件的范围为：物系的组分数为 2~11；进料状态从冷进料到蒸气进料；操作压力从接近真空到 4.0MPa；关键组分间的相对挥发度为 1.26~4.05；最小回流比为 0.53~7.0；理论塔板数为 2.4~43.1。因此，只有现实条件与原试验条件较为接近时，吉利兰关联图法才较准确。

吉利兰图还可拟合成关系式进行计算，较准确的公式为：

$$Y = 1 - \exp\left[\frac{(1+54.4X)(X-1)}{(11+117.2X)\sqrt{X}}\right] \tag{4-41}$$

或者

$$Y = 0.75 - 0.75X^{0.5668} \tag{4-42}$$

式中 $X = \dfrac{R-R_m}{R+1}$，$Y = \dfrac{N-N_m}{N+2}$

后来，耳波（Erbar）和马多克斯（Maddox）对吉利兰图作了一些改进，该法关联了 $\dfrac{R}{R+1}$、Y 值、$\dfrac{R_m}{R_m+1}$，如图 4-24 所示。图中虚线部分是根据恩德伍德的 R_m 外推的。据原作者指出，该图精确度较高，平均误差为 4.4%，但只适用于泡点进料。

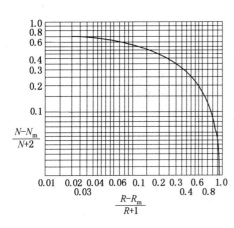

图 4-23 吉利兰图

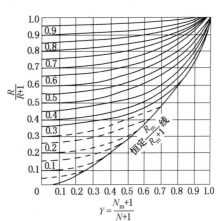

图 4-24 耳波-马多克斯关联图

4.2.4.3 进料板位置

根据芬斯克公式计算最少理论塔板数，既能用于全塔，也能单独用于精馏段和提馏段，从而可求得适宜的进料位置。

若以 n 表示精馏段的理论塔板数，m 表示提馏段的理论塔板数，则对于精馏段，最少理论塔板数为：

$$n_m = \frac{\lg\left[\left(\dfrac{x_l}{x_h}\right)_D \bigg/ \left(\dfrac{x_l}{x_h}\right)_F\right]}{\lg\alpha_{lh}} \tag{4-43}$$

对于提馏段（包括塔釜），最少理论塔板数为：

$$m_m + 1 = \frac{\lg\left[\left(\dfrac{x_l}{x_h}\right)_F \Big/ \left(\dfrac{x_l}{x_h}\right)_W\right]}{\lg\alpha_{lh}} \tag{4-44}$$

即：

$$N_m = n_m + m_m \tag{4-45}$$

同时：

$$N = n + m \tag{4-46}$$

布朗(Brown)和马丁(Martin)提出，最佳进料级的位置由式(4-47)确定：

$$\frac{n}{m} = \frac{n_m}{m_m} \tag{4-47}$$

但是除了相对对称的进料和分离之外，式(4-47)得出的结论并不十分可靠。

科尔克布赖特(Kirkhride)提出对于泡点进料可以采用下列经验式确定进料位置：

$$\lg\frac{n}{m} = 0.206\lg\left[\left(\frac{W}{D}\right)\left(\frac{z_h}{z_l}\right)\left(\frac{x_{W,l}}{x_{D,h}}\right)^2\right] \tag{4-48}$$

当塔内各处相对挥发度与全塔平均相对挥发度偏差较大时，式(4-47)和式(4-48)计算结果和严格计算所得结果相比，都存在较大误差。

【例4-4】 根据【例4-2】、【例4-3】的要求和计算结果，计算回流比 $R = 1.5R_m$ 时该塔的理论塔板数和进料位置。

解：(1)精馏塔板数的确定

该塔塔顶为全凝器，最少理论塔板数可根据式(4-39)计算：

$$N_m = \frac{\lg\left[\left(\dfrac{x_l}{x_h}\right)_D \Big/ \left(\dfrac{x_l}{x_h}\right)_W\right]}{\lg\alpha_{lh}} - 1 = \frac{\lg\left[\left(\dfrac{0.9990}{0.0008}\right)_D \Big/ \left(\dfrac{0.0298}{0.9401}\right)_W\right]}{\lg1.6050} - 1 = 21.45$$

回流比 $R = 1.5R_m = 1.5 \times 1.8517 = 2.7775$

根据公式 $X = \dfrac{R - R_m}{R + 1} = \dfrac{2.7775 - 1.8517}{2.7775 + 1} = 0.2451$

$Y = 0.75 - 0.75X^{0.5668} = 0.75 \times (1 - 0.2451^{0.5668}) = 0.4120$

联系公式： $Y = \dfrac{N - N_m}{N + 2}$

求得 $N = 38$

(2)进料位置的确定

根据式(4-48)得：

$$\frac{n}{m} = \left[\left(\frac{W}{D}\right)\left(\frac{z_h}{z_l}\right)\left(\frac{x_{W,l}}{x_{D,h}}\right)^2\right]^{0.206}$$

$$= \left[\left(\frac{24.536}{175.464}\right)\left(\frac{0.1160}{0.8801}\right)\left(\frac{0.0298}{0.0008}\right)^2\right]^{0.206} = 1.9805$$

又 $38 = n + m$

所以精馏段理论塔板数 $n = 25.3$ ， $m = 12.7$

即进料板为从上往下数第26块板。

4.2.5 非关键组分的分配

在实际生产过程中，比轻关键组分更轻的组分在釜内仍有微量存在，而比重关键组分更重的组分在塔顶馏出液中也可能微量存在。若当作清晰分割处理，则是不合理的，特别对组分较多且挥发性接近的物系，以及在轻、重关键组分之间尚有其他组分存在的情况，更不能简单处理，需按非清晰分割进行物料衡算确定各组分在塔顶馏出液和塔釜液中的分布。

确定物料分布的根据是假设在一定回流比操作时，各组分在塔内的分布和在全回流操作时的分布一致，这样就可以采用芬斯克公式去反算除关键组分以外的其他组分在塔顶和塔釜的浓度。

芬斯克公式[式(4-39)]变形为：

$$\left(\frac{x_l}{x_h}\right)_D = \alpha_{lh}^{N_m+1}\left(\frac{x_l}{x_h}\right)_W \qquad (4-49)$$

将式(4-49)左边乘以$\dfrac{D}{D}$，右边乘以$\dfrac{W}{W}$，则有：

$$\frac{Dx_{D,l}}{Dx_{D,h}} = \alpha_{lh}^{N_m+1}\frac{Wx_{W,l}}{Wx_{W,h}}$$

式中 $Dx_{D,l}=d_l$，$Dx_{D,h}=d_h$，$Wx_{W,l}=w_l$，$Wx_{W,h}=w_h$。

d_l、d_h、w_l、w_h 分别为轻、重关键组分在塔顶馏出液和塔釜液中的摩尔分量。

所以式(4-49)可写成：

$$\frac{d_l}{d_h} = \alpha_{lh}^{N_m+1} \cdot \frac{w_l}{w_h} \qquad (4-50)$$

或者

$$\frac{d_l}{w_l} = \alpha_{lh}^{N_m+1} \cdot \frac{d_h}{w_h} \qquad (4-51)$$

式(4-52)两边取对数为：

$$N_m+1 = \frac{\lg\left(\dfrac{d_l}{w_l}\right)-\lg\dfrac{d_h}{w_h}}{\alpha_{lh}} \qquad (4-52)$$

式(4-51)、式(4-52)表示了轻、重关键组分在塔顶馏出液和塔釜液中的分配规律。

若以重关键组分为基准组分，则任意组分的分配也满足这种规律，只要用组分 i 的$\dfrac{d_i}{w_i}$代替式(4-52)中的$\dfrac{d_l}{w_l}$，并改变相对应的相对挥发度即可，即：

$$N_m+1 = \frac{\lg\left(\dfrac{d_i}{w_i}\right)-\lg\dfrac{d_h}{w_h}}{\lg\alpha_{ih}} \qquad (4-53)$$

或者

$$\frac{d_i}{w_i} = \alpha_{ih}^{N_m+1}\frac{d_h}{w_h} \qquad (4-54)$$

通常，非清晰分割法物料衡算方法有两种，即图解法和解析法。

（1）图解法

根据工艺要求，算出关键组分在塔顶和塔釜中的流量，在双对数坐标系中，以$\dfrac{d_i}{w_i}$为

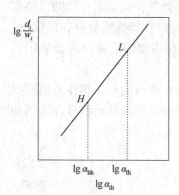

图4-25　组分在塔顶和塔底的分配

纵坐标，以各组分对重关键组分的相对挥发度α_{ih}为横坐标，就轻、重关键组分在坐标系中标出点$L\left(\dfrac{d_1}{w_1},\ \alpha_{lh}\right)$及点$H\left(\dfrac{d_h}{w_h},\ \alpha_{hh}\right)$，过$L$、$H$点作直线，显然直线的斜率为$(N_m+1)$，以式（4-53）为依据，任意组分$i\left(\dfrac{d_i}{w_i},\ \alpha_{ih}\right)$在坐标系中应和直线$LH$共线，所以其他组分在塔顶馏出液和塔釜液中的分配根据横坐标的数值，即各组分对重关键组分的相对挥发度，在直线LH上查对应的$\dfrac{d_i}{w_i}$，如图4-25所示。然后联解方程（4-4）即得d_i、w_i，这种确定物料分布的方法也称为汉斯特伯克（Hangstebck）法。

（2）解析法

① 根据工艺要求，计算出关键组分在塔顶和塔釜中流量d_1、d_h、w_1、w_h；

② 用式（4-52）计算出N_m+1；

③ 用式（4-54）计算出$\dfrac{d_i}{w_i}$；

④ $\dfrac{d_i}{w_i}$结合式（4-4）计算出d_i、w_i；

或联解方程式（4-4）和式（4-54）得：

$$d_i=\dfrac{\alpha_{lh}^{N_m+1}\left(\dfrac{d_h}{w_h}\right)f_i}{1+\alpha_{lh}^{N_m+1}\left(\dfrac{d_h}{w_h}\right)}\qquad(4-55)$$

$$w_i=\dfrac{f_i}{1+\alpha_{lh}^{N_m+1}\left(\dfrac{d_h}{w_h}\right)}\qquad(4-56)$$

上述方法是估算馏出液和釜液浓度简单易行的方法，精确程度根据操作流量比的不同会出现偏差。Stupin 和 Lockhart 对相对挥发度与组成的关系不大以及对不同组分塔板效率相同为假设条件，根据若干不同组分系统的精馏计算所得结果，分析了不同回流比时组分的分配比与组分的相对挥发度之间的关系，见图4-26。全回流时是一条直线，这是芬斯克方程的结果；最小回流比时是一条 S 形曲线。由此结果可以

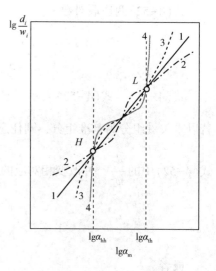

图4-26　不同回流比下组分的分配比
1—全回流；2—高回流比（~$5R_m$）；
3—低回流比（~$1.1R_m$）；4—最小回流比

看出，当组分挥发度比轻关键组分的挥发度数值略大时，则该组分在馏出液和釜液中的分配比趋于无限大，也就是全部进入馏出液中；比重关键组分更重的组分则全部进入塔釜液。而挥发度处于轻、重关键组分之间的组分，在最小回流比下的分配与全回流下的分配有一定的差别，若按全回流下的分配代替最小回流比下的分配，事实上是略微提高了要求。显然，把全回流条件下组分在馏出液和釜液中的分配比当作实际回流比下的分配比相对比较接近。因为一般的精馏塔实际上都在$(1.2\sim1.5)R_m$下操作。

【例4-5】 某乙烯精馏塔的进料组成如例4-2附表1所示。已知进料流量为200kmol/h，要求馏出液中乙烯的摩尔分率不小于0.9990，釜液中乙烷摩尔分率不小于0.94。根据【例4-2】、【例4-3】的计算结果，试用非清晰分割法计算馏出液和釜液的流量及组成。

解：根据题目的分离要求，设乙烯为轻关键组分，乙烷为重关键组分。

即 $x_{D,1}=x_{D,2}=0.9990$，$x_{W,h}=x_{W,3}=0.9400$

根据例题4-2、例题4-3的计算结果，$d_h=0.135$，$w_h=23.065$，$N_m+1=22.45$

各组分的相对挥发度如例题4-5附表1。

例题4-5附表1

	CH_4	C_2H_4	C_2H_6	C_3H_6	C_3H_8
$\alpha_{ih,A}$	9.9373	1.6050	1.0000	0.3284	0.2841

根据式(4-54)和 $w_i=f_i-d_i$ 进行计算得非清晰分割法计算结果列于例题4-5附表2。

例题4-5附表2 物料衡算结果表

编号	组分	进料		馏出液		釜液量	
		$z_i/\%$（摩尔）	流量 $F/$（kmol/h）	$D/$（kmol/h）	$x_{D,i}/$ %（摩尔）	$W/$（kmol/h）	$x_{W,i}/$ %（摩尔）
1	CH_4	0.0002	0.040	0.0400	2.280E-04	0.0000	0.0000
2	C_2H_4(lk)	0.8801	176.020	175.2885	0.9990	0.7315	0.0298
3	C_2H_6(hk)	0.1160	23.200	0.1350	7.694E-04	23.0650	0.9400
4	C_3H_6	0.0036	0.720	0.0000	3.354E-16	0.7200	0.0293
5	C_3H_8	0.0001	0.020	0.0000	3.604E-19	0.0200	0.0008
	合计	1.0000	200.000	175.4635	1.0000	24.5365	1.0000

结果表明，此题用非清晰分割法该计算非关键组分的分配，所得结果与清晰分割法非常接近。所以对于这类相对挥发度相差较大的体系，物料衡算可以用清晰分割法计算。

4.2.6 塔板效率和实际塔板数的确定

以上讨论的是理论板数的计算，其基本假设是进入塔板的气相与板上的液相充分接触，发生质量和热量传递，离开塔板的气液两相互相平衡。但在实际塔板上，由于气液两相的接触面积有限，时间短促，以致塔板上的液体不能充分均匀混合，板上液体在流入口处和溢流处往往存在着明显的浓度变化，同时离开每一块塔板的蒸气不可能与离开该塔板

图4-27 经过第 n 板的气液相浓度

的液体处于平衡，因此，实际所需的塔板数要比理论塔板数多。为了解决这个问题，就引入了塔板效率的概念。

（1）单板效率

单板效率 E_m 又称默弗里（Murphree）板效率，可用气相单板效率 E_{mV} 或液相单板效率 E_{mL} 表示，其定义分别为：

$$E_{mV} = \frac{\text{第 } n \text{ 板的实际气相增浓值}}{\text{第 } n \text{ 板的理论气相增浓值}} = \frac{y_n - y_{n+1}}{y_n^* - y_{n+1}} \tag{4-57}$$

或者
$$E_{mL} = \frac{\text{第 } n \text{ 板的实际液相相降浓值}}{\text{第 } n \text{ 板的理论液相相降浓值}} = \frac{x_{n-1} - x_n}{x_{n-1} - x_n^*} \tag{4-58}$$

式中　　y_{n+1}、y_n——进入、离开第 n 板的蒸气摩尔分率；

$\quad\quad y_n^*$——与第 n 板上液相浓度相平衡的气相摩尔分率；

$\quad\quad x_{n-1}$、x_n——进入、离开第 n 板的液相摩尔分率；

$\quad\quad x_n^*$——与第 n 板上气相浓度相平衡的液相摩尔分率。

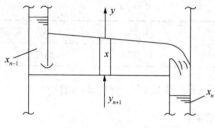

图 4-28　点效率示意图

（2）点效率

点效率是为考察塔板在操作时不同板面部位的局部传质效率所采用的一种塔效率，如图 4-28 所示，主要用于塔板结构研究。点效率 E_{OG} 的定义式为：

$$E_{OG} = \frac{y_n - y_{n+1}}{y_n^* - y_{n+1}} \tag{4-59}$$

对图 4-28 中液相浓度为 x_n 的位置，气相在液相中经历了浓度由 y_{n+1} 逐渐变为 y_n 的传质过程。设气相的摩尔流速为 G，气相的体积传质系数为 $K_y a$，泡沫层高为 H_f，与液相浓度 x_n 呈平衡的气相浓度为 y_n^*，对精馏操作来说：

$$G\mathrm{d}y = K_y a(y_n^* - y)\mathrm{d}H_f \tag{4-60}$$

式（4-60）积分式为：

$$\int_{y_{n+1}}^{y_n} \frac{\mathrm{d}y}{y_n^* - y} = \int_0^{H_f} \frac{K_y a\ \mathrm{d}H_f}{G}$$

积分得：
$$\frac{y_n^* - y_n}{y_n^* - y_{n+1}} = \mathrm{e}^{-\frac{K_y a H_f}{G}}$$

则：
$$E_{OG} = \frac{y_n - y_{n+1}}{y_n^* - y_{n+1}} = \frac{(y_n^* - y_{n+1}) - (y_n^* - y_n)}{y_n^* - y_{n+1}} = 1 - \frac{(y_n^* - y_n)}{y_n^* - y_{n+1}} = 1 - \mathrm{e}^{-\frac{K_y a H_f}{G}} \tag{4-61}$$

式（4-61）表明，要提高点效率，则泡沫层 H_f 要高，泡沫的比表面积 a 要大，传质系数 K_y 要大，气相流速 G 要低。对点效率的分析结果指明了强化板式塔传质效果的途径，但由于塔器的传质问题十分复杂，目前，对塔板效率尚不能完全进行理论分析，只能依靠实验测定。

（3）全塔效率

为了完成给定的分离任务，所需的理论板数 N 与实际板数 N_T 之比，称为全塔效率，记为 E_0，通常以百分数表示，即：

$$E_0 = \frac{N}{N_T} \times 100\%\qquad(4\text{-}62)$$

应用全塔效率可以很方便地由理论板数算出实际塔板数。但由于影响板效率的因素很多,包括系统物性(如黏度、相对挥发度、表面张力等)、塔板结构及操作条件等因素。影响因素如此之多,要精确分析是有困难的,下面只介绍从实验得出总板效率 E_0 的经验式及图线。

$$E_0 = 0.17 - 0.616\lg\sum z_i\mu_{Li}\qquad(4\text{-}63)$$

式中 μ_{Li}——全塔平均温度下各组分的液体黏度,Pa·s。

此关系式是由泡罩塔测出的数据得到的,主要适用于相对挥发度较低的碳氢化合物系统。

图线法是查图求 E_0,如图 4-29 所示,图中纵坐标为 E_0,横坐标是 $\mu_{均}\,\alpha_{均}$,$\mu_{均}$、$\alpha_{均}$ 为全塔平均操作温度下的相对挥发度及黏度。图 4-29 是泡罩塔的实验结果,若为其他塔板结构,从图上查出的 E_0 尚应乘以一个系数,一般的,筛板塔为 1.1,浮阀塔为 1.1~1.2,穿流塔板为 0.8,波纹塔板为 1.1。

通过总板效率 E_0 根据式(4-62)即可计算出实际塔板数。

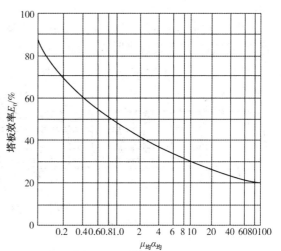

图 4-29　泡罩塔总板效率 E_0 图

4.2.7　塔顶冷凝器、塔釜再沸器的选择

4.2.7.1　根据换热负荷计算出足够的传热面积 A

$$A = \frac{Q}{K\Delta t_m}\qquad(4\text{-}64)$$

式中 Q——换热负荷,W;

　　　K——传热系数,W/(m²·K);

　　　Δt_m——传热温差,K。

往往在选择换热器时,换热器的实际换热面积要大于理论计算传热面积的 20% 左右。以保证在外界诸多因素的影响下能满足换热要求。

4.2.7.2　根据清洗要求选择物料应走管程或壳程

由于壳程中有折流板等部件,同时死区也相对较多,所以清洗难度大,所以壳程中走的物料是相对清洁的、不易结污垢的流体。而管程中流动的物料是方便于清洗的流体。同时要考虑物料在管程和壳程流动时的阻力降等问题,保证流体能顺畅流动。

4.2.7.3　有效传热温差的确定

两股流体间接换热,流体发生逆流、并流、错流等不同的换热形式,传热温差都是不一样的,即使是同一台换热器,换热效果也是不一样的。应该选择传热温差最大或较大的形式作为换热方式。

4.2.7.4 根据流体换热温差的大小确定应选择多程或单程

通常，如果物料进出口温差小，选择单程；物料进出口温差大，则选择多程。

4.2.7.5 根据操作温度选择适宜的制冷剂和加热介质

减压操作，且塔顶温度较低，塔顶冷却剂可能会选择专用制冷剂，管程和壳程之间压差较大。塔顶冷凝器、级间冷凝器和后冷凝器可选择管壳式水冷凝器，或增湿空气冷却器。

常压操作，且塔顶温度不高时，塔顶冷却器选择两端固定管板式换热器，或空气冷却器。

当塔顶压力较高，且塔顶温度也高，需要选择适宜的制冷剂，塔顶冷却器可选择 U 形管式换热器、浮头式换热器等，如图 4-30 所示。

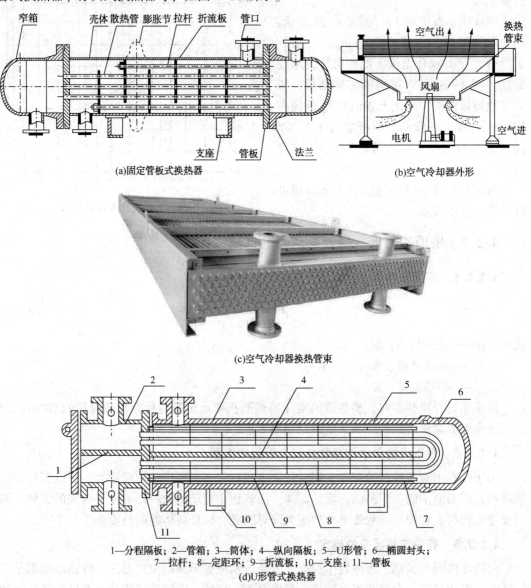

(a)固定管板式换热器

(b)空气冷却器外形

(c)空气冷却器换热管束

1—分程隔板；2—管箱；3—筒体；4—纵向隔板；5—U形管；6—椭圆封头；
7—拉杆；8—定距环；9—折流板；10—支座；11—管板；
(d)U形管式换热器

图 4-30 塔顶冷凝换热器形式

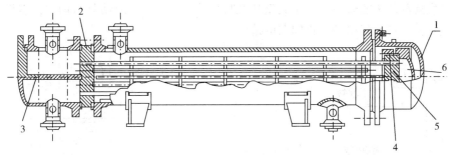

1—壳盖；2—固定管板；3—隔板；4—浮头钩圈法兰；5—浮动管板；6—浮头盖

(e)浮头式换热器

图4-30 塔顶冷凝换热器形式(续)

4.2.7.6 塔釜再沸器型式及选择

再沸器可分为交叉流和轴向流两种类型。在交叉流类型中，沸腾过程全部发生在壳程，常用的型式有釜式再沸器、内置式再沸器和水平热虹吸再沸器。在轴向流类型中，沸腾流体沿轴向流动，最常用的型式为立式热虹吸再沸器。

当热虹吸再沸器的循环量不够时，则使用泵来增加循环量，这时，称为强制流动再沸器。强制流动再沸器既可以为立式结构，也可以为水平结构。通常，立式热虹吸再沸器和强制流动再沸器的沸腾过程均发生在管程，但在特殊的应用场合，沸腾过程也可发生在壳程。下面就各种类型再沸器的优缺点及应用作一较详细的分析。

（1）釜式再沸器

釜式再沸器有一个扩大的壳体，气液分离过程在壳体中进行。液面通过一个垂直的挡板来维持，以保证管束完全浸没在液体中。管束通常为两管程的U形管结构，也可以为多管程的浮头式结构，如图4-31所示。

水动力对釜式再沸器的影响很小，因此，其性能相对可靠，特别在高真空条件下，其性能更好。通过增加管间节距，可获得很高的热流密度，在小温差的条件下，可获得良好的运行状况。釜式再沸器的缺点是容易结垢，通常为所有类型再沸器中最容易结垢的一类，此外，壳体较大，造价较高。釜式再沸器的最佳应用场合是低压、窄沸点范围以及小温差或大温差条件下的洁净流体。对于近临界压力的条件，尽管壳体较大、造价高，但性能较为可靠。

（2）内置式再沸器

如图4-32所示，内置式再沸器的特点是管束直接插入蒸馏塔的塔底液池中。其他同釜式再沸器一样，其优点亦和釜式再沸器相同，受水力的影响很小。由于省去了壳体及连接管路等，因而内置式再沸器是所有类型再沸器中造价最低的一种。除了没有壳体外，内置式再沸器的缺点和釜式再沸器一样，此外，其传热面也很有限。其应用场合类似于釜式再沸器。

（3）水平热虹吸再沸器

如图4-33所示，进料是从塔底下降管引入再沸器，液体在壳程沸腾发生汽化，形成密度较小的气液混合物，由于进料管和排出管中液体的密度差，产生静压差，成为流体自然循环的推动力。加热介质在管内流动，管程可以为单流程，也可以为多流程。其优点是有较高的循环率，因而物料有较高的流速和较低的出口干度，从而防止了高沸点组分的积聚和降低了结垢的速率。由于管束为水平方向布置，且流动面积易于控制，因而需要的静压头较低。其缺点是壳程结垢后很难清洗。由于折流板及支撑板的影响，在高热流条件下，可发生局部的干涸现象。对于大型热虹吸再沸器，为了使流动分布均匀，需设多个管口和连接管件，这必然增加了再沸器的造价。

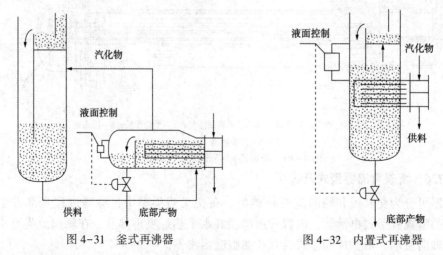

图 4-31　釜式再沸器　　　　　　　　图 4-32　内置式再沸器

对于宽沸点范围的流体，应设水平折流板，以防止轻组分在进口处闪蒸及重组分在出口处浓缩。为了防止流动阻塞和流动不稳定，应对最大热流密度加以限制。水平热虹吸再沸器适用于中等压力、中等温差及低静压头的场合。

（4）立式管侧热虹吸再沸器

如图 4-34 所示，沸腾过程发生在管程，加热介质在壳程，两相流混合物以较高的流速由排出管流向塔内。排出管口的流通截面至少应与管束总的过流面积一样大，排出管的压降应小于总压降的 30%。排出管既可由沿轴向的大直径弯管和塔连接，也可采用侧面开口和塔连接。试验表明，出口管的结构对再沸器的性能影响很小，但出口管的最小过流面积对再沸器的性能影响很大。流动循环的驱动压头由塔内液池的液面高度提供。通常，塔内的液面和再沸器的上管板在一个水平面上。对于真空条件，塔内液面高度可为管束长度的 0.5~0.8 倍，这样可减少再沸器中液体的过冷长度。为消除在低压头和高热流条件下发生的流动不稳定性，应在供液管路上安装一个阀门或孔板。对于碳氢化合物，最佳的出口干度应在 0.1~0.35 的范围，而对于水和水溶液，出口干度应在 0.02~0.1 范围。管径和管长的选择应保证有足够的循环量及防止发生干涸。

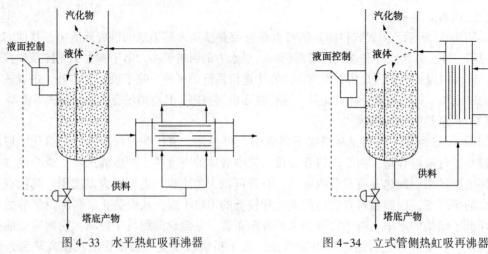

图 4-33　水平热虹吸再沸器　　　　　　图 4-34　立式管侧热虹吸再沸器

立式热虹吸的循环速度高，不仅传热膜系数高于水平式，而且有很好的防垢作用，特别适用于高分子材料。其缺点是垂直管不易拆卸、清洗及维修。另外，塔底液面高度大约与再沸器上部管板在同一水平面上，这就提高了塔底的标高，使造价增大。立式热虹吸再沸器对操作条件要求高，对于高真空和高压力(近临界压力)及高黏度的宽沸点的条件，设计难度很大。在这种条件下，最好用釜式再沸器。由较高的静压头引起的内在的高沸点状况，在低热流条件下，可能出现循环量不足的现象，因此，该类再沸器不适用于小温差的情况。其最佳适用条件为纯组分、中等压力、中等温差、中等热流及易结垢的场合。

(5) 垂直壳侧热虹吸再沸器

如图 4-35 所示，沸腾过程发生在壳侧。壳侧装有折流板，以使流体纵向流动。垂直壳侧再沸器适用于特殊的场合，在这种场合下，若将加热介质放在壳侧是不合适的。例如，对于废热锅炉，由于加热流体的腐蚀性，因而要用特殊的金属材料，这时加热介质走管程较为合适。

该类再沸器的设计，应使沸腾侧的流动均匀分布，以避免死区的出现及防止气态和高沸点组分的积聚。现场试验表明，最大的问题是由于气态的积聚而造成局部过热，从而造成上部管板出现故障，因此，设计时应使两相混合物以均匀的高流速流经管板。该类型再沸器的最佳应用场合为中等压力、中等温差条件下的纯组分的蒸发，且加热介质必须放在管内侧。

(6) 强制流动再沸器

如图 4-36 所示，沸腾过程发生在管内侧，流体循环的动力由高容量泵提供。通常，确保蒸发率小于 1%，而流体经过出口管处的阀门后将完全闪蒸。强制流动再沸器的最佳应用场合为严重结垢和极高黏性的流体。在流体保持很高的流速和非常低的蒸发率的条件下，可使结垢的速率大大减小，然而这就要求有效流速在 5~6m/s，因此泵的造价和能源的消耗都很高。

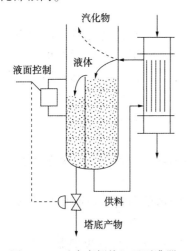

图 4-35　垂直壳侧热虹吸再沸器

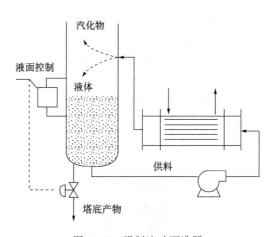

图 4-36　强制流动再沸器

4.3　精馏塔的操作

在化工生产操作中，精馏塔的运行及控制难度比较大，这是由于精馏流程相对复杂，各控制参数间关联较大，影响运行的因素较多。由于生产不同产品的生产任务不同，操作条件多样，塔型也不一样，因此精馏过程的操作控制也是各不相同的。下面从共性角度说明精馏塔的运行和控制。

4.3.1 精馏塔的开、停车

（1）原始开车

精馏塔系统安装或大修结束后，必须对其设备和管路进行检查、试压、试漏、置换及设备的单机试车、联动试车和系统试车等工作，这些准备工作和处理工作的好坏，对正常开车有直接的影响。

原始开车的程序一般按六个阶段进行。

① 检查。按工程安装图、工艺流程图逐一进行核对设备、辅助设备、管线、阀门、仪表是否正常，处于待开车状态。

② 吹除和清扫。一般采用空气或氮气把设备、管路内的灰尘、污垢等杂物吹扫干净，以免设备内的铁锈、焊渣等堵塞管道、设备等。

③ 试压、试漏。多采用具有一定压力的水进行静液压水力学试验，以检查系统设备、管路的强度和气密性。

④ 单机试车和联动试车。

⑤ 设备的清洗和填料的处理。

⑥ 系统的置换和开车。开车前一般采用氮气置换设备、管路内空气，使系统内的含氧量达到安全规定（0.2%）以下，以免设备内通入原料时形成爆炸性混合物而造成危险。有时还需用原料气把氮气置换掉，以免系统中残存氮气影响产品质量。

（2）正常开车

① 准备工作。检查仪器、仪表、阀门等是否齐全、正确、灵活，处于待开车状态，做好开车前的准备。

② 预进料。先打开放空阀，充氮，置换系统中的空气，以防在进料时出现事故，当压力达到规定的指标后停止，再打开进料阀，打入指定液位高度的料液后停止。

③ 换热器投用。打开塔顶冷凝器的冷却水（或其他冷却介质），再沸器通蒸汽，换热器投入使用。

④ 建立回流。在全回流情况下继续加热，直到塔温、塔压均达到规定指标，产品质量符合要求。

⑤ 进料与出产品。打开进料阀进料，同时从塔顶和塔釜采出产品，调节到指定的回流比。

⑥ 控制调节。对塔的操作条件和参数逐步调整，使塔的负荷、产品质量逐步且尽快地达到正常操作值，转入正常操作。

精馏塔开车时，应注意进料要平稳，再沸器的升温速度要缓慢，再沸器通入蒸汽前务必要开启塔顶冷凝器的冷却水，以保证回流液的产生。控制升温速度的原因是塔的上部为干板，塔板上没有液体，如果蒸气上升过快，没有气液接触，就可能把过量的难挥发组分带到塔顶，塔顶产品长时间达不到要求。随着塔内压力的增大，应当开启塔顶通气口，排除塔内的空气或惰性气体，进行压力调节。待回流罐中的液面达到 1/2 以上，就开始打回流，并保持回流罐中的液面。当塔釜液面维持 1/2～2/3 时，可停止进料，进行全回流操作，同时对塔顶、塔釜产品进行分析，待产品质量合格后，就可以逐渐加料，并从塔顶和塔釜采出馏出液和釜残液，调节回流量和加热蒸汽量，逐步转入正常操作状态。

(3) 停车

化工生产中停车方法与停车前的状态有关，不同的状态，停车的方法及停车后的处理方法不同。

1) 正常停车

生产进行一段时间后，设备需进行检查或检修而有计划地停车，称为正常停车。这种停车是逐步减少物料的加入，直到完全停止加入。待物料蒸完后，停止供汽加热，降温并卸掉系统压力；停止供水，将系统中的溶液排放干净（排到溶液贮槽）。打开系统放阀，并对设备进行清洗。若原料气中含有易燃、易爆的气体，要用惰性气体对系统进行置换，当置换气中含氧量小于 0.5%、易燃气总含量小于 5% 时为合格。最后用鼓风机向系统送入空气，置换气中氧含量大于 20% 即为合格。停车后，对某些需要进行检修的设备，要用盲板切断设备上的物料管线，以免可燃物漏出而造成事故。

2) 紧急停车

生产中由于一些意想不到的特殊情况而造成的停车，称为紧急停车。如一些设备的损坏、电气设备的电源发生故障、仪表失灵等，都会造成生产装置的紧急停车。

发生紧急停车时，首先应停止加料，调节塔釜加热蒸汽和凝液采出量，使操作处于待生产的状态，此时，应积极抢修，排除故障，待故障排除后，按开车程序恢复生产。

3) 全面紧急停车

当生产过程中突然停电、停水、停蒸汽或其他重大事故时，则要全面紧急停车。

对于自动化程度较高的生产装置，为防止全面紧急停车的发生，一般化工厂均有备用电源，当生产断电时，备用电源立即送电。

4.3.2 精馏塔运行调节

精馏操作中，精馏塔的塔顶温度、塔釜温度、回流比、精馏塔的压力是影响精馏质量的主要参数，在大型装置中均已采用集散控制系统 DCS 和计算机对精馏塔的操作进行自动控制。下面说明各工艺参数的调节。

(1) 塔压的调节

精馏塔的正常操作中，稳定压力是操作的基础。在正常操作中，如果加料量、釜温以及塔顶冷凝器的冷凝量等条件都维持正常、稳定，则塔压将随采出量的多少而发生变化。采出量太少的话，塔压将会升高；反之，若采出量太大，塔压降低。因此，可适当地采取调节塔顶采出量来控制塔压。

操作中有时釜温、加料量及塔顶采出量都未变化，塔压却升高，可能是冷凝器的冷剂量不足或冷剂温度升高，或冷剂压力下降所致，此时应尽快联系供冷单位予以调节。若一时冷剂不能恢复到正常操作情况，则应在允许的条件下，塔压可维持高一点或适当加大塔顶采出，并降低釜温，以保证不超压。

一定温度有与之相应的压力。在加料量和回流量及冷剂量不变的情况下，塔顶或塔釜温度的波动，会引起塔压的相应波动，这是正常的现象。如果塔釜温度突然升高，塔内上升蒸气量增加，必然导致塔压的升高。这时除调节塔顶冷凝器的冷剂和加大采出量外，更重要的是设法降低塔釜温度，使其回归正常温度。如果处理不及时，重组分带到塔顶，会使塔顶产品不合格。如果单纯考虑调节压力，加大冷剂量，不去恢复釜温，则易产生液泛；如果单从采出量方便来调节压力，则会破坏塔内各板上的物料组成，严重影响塔顶产品质量。当釜温突然降低，情况与上述情况恰恰相反，其处理方法也对应地变化。至于塔顶温度的变化引起塔压的变化，这种可能性较小。

若是设备问题引起塔压的变化，则应适当地改变其他操作因素，进行适当调节，严重时停车修理。

（2）塔釜温度的调节

影响塔釜温度的主要因素有釜液组成、釜压、再沸器的蒸汽量和蒸汽压力等。因此，在釜温波动时，除了分析再沸器的蒸汽量和蒸汽压力的变动外，还应考虑其他因素的影响。例如，塔压的升高或降低，也能引起釜温的变化，当塔压突然升高，虽然釜温随之升高，但上升蒸气量却下降，使塔釜轻组分变多，此时，要分析压力变高的原因并加以排除。如果塔压突然下降，此时釜温随之下降，上升蒸气量却增大，塔釜液可能被蒸空，重组分就会带到塔顶。

在正常操作中，有时釜温会随加料量或回流量的改变而改变。因此，在调节加料量或回流量时，要相应地调节塔釜温度和塔顶采出量，使塔釜温度和操作压力平稳。

（3）回流量的调节

回流量是直接影响产品质量和塔的分离效果的重要因素，回流比是生产中用来调节产品质量的主要手段。在精馏操作中，回流的形式有强制回流和位差回流两种。

一般，回流量是根据塔顶产品量按一定比例来调节的。位差回流是冷凝器按其回流比将塔顶蒸出的气体冷凝，冷凝液借冷凝器与回流入口的位差（静压头）返回塔顶的。因此，回流量的波动与冷凝的效果有直接的关系。冷凝效果不好，蒸出的气体不能按其回流比冷凝，回流量将减少。另外，采出量不均，也会引起压差的波动而影响回流量的波动。强制回流是借泵把回流液输送到塔顶，这样能克服压差的波动，保证回流量的平稳，但冷凝器的冷凝好坏及塔顶采出量的情况也会影响回流。

回流量增加，塔压差明显增大，塔顶产品纯度会提高；回流量减少，塔压差变小，塔顶产品纯度变差。在操作中，往往就是依据这两方面的因素来调节回流比。

（4）塔压差的调节

塔压差是判断精馏塔操作加料、出料是否均衡的重要指标之一。在加料、出料保持平衡和回流量保持稳定的情况下，塔压差基本上变化很小。

如果塔压差增大，必然会引起塔身各板温度的变化，塔压差增大的原因可能是因塔板堵塞，或是采出量太少、塔内回流量太大所致。此时，应提高采出量来平衡操作，否则，塔压差将逐渐增大，会引起液泛。当塔压差减小时，釜温不太好控制，这可能是塔内物料太少，精馏塔处于干板操作，起不到分离作用，必然导致产品质量下降。此时，应减少塔顶产出量，加大回流量，使塔压差保持稳定。

（5）塔顶温度的调节

在精馏操作中，塔顶温度是由回流温度来控制。影响回流温度的直接因素是塔顶蒸气组成和塔顶冷凝器的冷凝效果，间接因素则有多种。

在正常操作中，若加料量、回流量、釜温及操作压力都一定的情况下，塔顶温度处于正常状态。当操作压力提高时，塔顶温度会下降；反之，塔顶温度会上升。如遇到这种情况，必须恢复正常操作压力，方能使塔顶温度正常。另外，在操作压力正常的情况下，塔顶温度随塔釜温度的变化而变化。塔釜温度稍有下降，塔顶温度随之下降；反之亦然。遇到这种情况，且操作压力适当，产品质量很好时，可适当调节釜温，恢复塔顶温度。

生产中，如果由于塔顶冷凝器效果不好，或冷凝、冷却条件不满足，使回流温度升高而导致塔顶温度上升，进而塔压升高，不易控制时，则应尽快解决塔顶冷凝器的冷却效果，否则，会影响精馏的正常运行。

（6）塔釜液面的调节

精馏操作中，应控制塔釜液面高度一定，这样可起到塔釜液封的作用，使被蒸发的轻组分蒸气不致从塔釜排料管跑掉；另外，使被蒸发的液体混合物在釜内有一定的液面高度和塔釜蒸发空间，并使塔釜液体在再沸器的蒸发液面与塔釜液面有一个位差高度，保证液体因静压头作用而不断循环去再沸器内进行蒸发。

塔釜的液面一般通过塔釜排出量来控制，正常操作中，当加料、采出、产品、回流比等条件一定时，塔釜液的排出量也应该是一定的。但是，塔釜液面随温度、压力、回流量等条件的变化而改变。如这些条件发生变化，将会引起塔釜排出物组成的改变，塔釜液面也随之改变，此时，应适当调整釜液排出量。例如，当加料量不变时，塔釜温度下降，塔釜液中易挥发组分增多，促使塔釜液增加，如不增大釜液排出量，塔釜必然被充满，此时，应提高釜温，或增大釜液排出量来稳定塔釜液面。

4.3.3　精馏操作中不正常现象及处理方法

实际生产中，由于原料及产品的性质不同，质量要求各异，因此流程和塔型的选择及精馏形式，随之产生的不正常现象和处理方法也就不同。精馏操作中，常出现的不正常现象和处理方法见表4-4。

表4-4　精馏操作中常出现的不正常现象和处理方法

不正常现象	可能的原因	处理方法
釜温及压力不稳	(1) 蒸汽压力不稳 (2) 疏水器不畅通 (3) 加热器漏	(1) 调节蒸汽压力至稳定 (2) 检查、更换疏水器 (3) 停车检修
塔压差增大	(1) 负荷升高 (2) 回流量不稳定 (3) 液泛 (4) 设备堵塞	(1) 降低负荷 (2) 调节回流量使其稳定 (3) 查找原因，对症处理 (4) 疏通
釜温突然下降，不稳定	开车升温 (1) 疏水器失灵 (2) 再沸器加热蒸汽冷凝液未排出，蒸汽无法加入 (3) 再沸器有杂质堵塞管道	(1) 检查疏水器 (2) 冷凝液排出操作 (3) 清理再沸器
	正常操作 (1) 循环管堵，塔釜无循环液 (2) 再沸器列管堵 (3) 排水阻气阀失灵 (4) 塔板堵塞，液体不能回到塔釜	(1) 疏通循环管 (2) 疏通列管 (3) 检修或更换排水阻气阀 (4) 停车检查清洗

不正常现象	可能的原因	处理方法
塔顶温度不稳定	(1)塔釜温度不稳定 (2)回流液温度不稳定 (3)回流管线不畅通 (4)操作压力波动 (5)回流比小	(1)调节釜温至规定值 (2)检查冷剂温度和冷剂量 (3)疏通回流管 (4)调节操作压力至正常 (5)调节回流比至正常
系统压力升高	(1)冷剂温度高或循环量少 (2)塔釜采出量偏少 (3)塔釜温度突然上升 (4)设备堵塞	(1)调节冷剂温度或循环量 (2)增大塔釜采出量 (3)调节加热蒸汽量或稳度 (4)停车检修
液泛	(1)塔釜温度突然上升 (2)回流比大 (3)液体下降不畅，降液管局部被污物堵塞 (4)塔釜列管漏	(1)调节进料量，降低塔釜温度 (2)增大塔顶采出，减小回流比 (3)停车清理污物 (4)停车检修
塔釜液面不稳定	(1)塔釜排出量不稳定 (2)塔釜温度不稳定 (3)加料组成有变化	(1)调节塔釜排出量至稳定 (2)调节塔釜温度 (3)稳定加料组成

需要明确的是，一种异常现象发生的原因往往有多种，因此，必须了解这些原因，并在实际过程中，结合其他参数进行分析判断，采取正确措施进行处理。

4.3.4 精馏过程仿真实例

4.3.4.1 工艺流程说明

本流程(如图4-37)是利用精馏方法，在脱丁烷塔中将丁烷从脱丙烷塔釜混合物中分离出来。精馏是将液体混合物部分汽化，利用其中各组分相对挥发度的不同，通过液相和气相间的质量传递来实现对混合物分离。本装置中将脱丙烷塔釜混合物部分汽化，由于丁烷的沸点较低，即其挥发度较高，故丁烷易于从液相中汽化出来，再将汽化的蒸气冷凝，可得到丁烷组成高于原料的混合物，经过多次汽化冷凝，即可达到分离混合物中丁烷的目的。

原料为67.8℃脱丙烷塔的釜液(主要有C_4、C_5、C_6、C_7等)，由脱丁烷塔(DA-405)的第16块板进料(全塔共32块板)，进料量由流量控制器FIC101控制。灵敏板温度由调节器TC101通过调节再沸器加热蒸汽的流量，来控制提馏段灵敏板温度，从而控制丁烷的分离质量。

脱丁烷塔塔釜液(主要为C_5以上馏分)一部分作为产品采出，一部分经再沸器(EA-418A、B)部分汽化为蒸气从塔底上升。塔釜的液位和塔釜产品采出量由LC101和FC102组成的串级控制器控制。再沸器采用低压蒸汽加热。塔釜蒸汽缓冲罐(FA-414)液位由液位控制器LC102调节底部采出量控制。

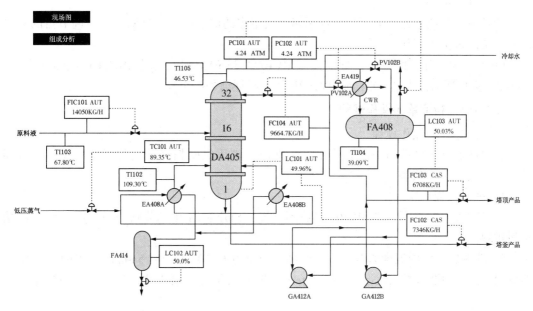

图 4-37 脱丁烷塔 DCS 图

塔顶的上升蒸气(C₄馏分和少量 C₅馏分)经塔顶冷凝器(EA-419)全部冷凝成液体,该冷凝液靠位差流入回流罐(FA-408)。塔顶压力 PC-102 采用分程控制:在正常的压力波动下,通过调节塔顶冷凝器的冷却水量来调节压力;当压力超高时,压力报警系统发出报警信号,PC-102 调节塔顶至回流罐的排气量来控制塔顶压力调节气相出料。操作压力4.25atm(表),高压控制器 PC-101 将调节回流罐的气相排放量,来控制塔内压力稳定。冷凝器以冷却水为载热体。回流罐液位由液位控制器 LC-103 调节塔顶产品采出量来维持恒定。回流罐中的液体一部分作为塔顶产品送下一工序,另一部分液体由回流泵(GA-412A、B)送回塔顶作为回流,回流量由流量控制器 FC104 控制。

该单元包括以下设备:

DA-405   脱丁烷塔

EA-419   塔顶冷凝器

FA-408   塔顶回流罐

GA-412A、B   回流泵

EA-418A、B   塔釜再沸器

FA-414   塔釜蒸汽缓冲罐

4.3.4.2 本单元复杂控制方案说明

(1)串级回路

是在简单调节系统基础上发展起来的。在结构上,串级回路调节系统有两个闭合回路。主、副调节器串联,主调节器的输出为副调节器的给定值,系统通过副调节器的输出操纵调节阀动作,实现对主参数的定值调节。所以在串级回路调节系统中,主回路是定值调节系统,副回路是随动系统。在本精馏操作中,塔顶产品和塔釜产品的采出均采用串级回路调节,即塔釜液位控制 LC101 和塔釜出料 FC102 构成一串级回路;塔顶回流控制FC104、回流罐液位 LC103 和塔顶出料 FC103 构成一串级回路。

（2）分程控制

就是由一只调节器的输出信号控制两只或更多的调节阀，每只调节阀在调节器的输出信号的某段范围中工作。

PIC102 为一分程控制器，分别控制 PV102A 和 PV102B，当 PC102. OP 逐渐开大时，PV102A 从 0 逐渐开大到 100；而 PV102B 从 100 逐渐关小至 0。

4.3.4.3 精馏单元操作规程

（1）冷态开车操作规程

装置冷态开工状态为精馏塔单元处于常温、常压氮吹扫完毕后的氮封状态，所有阀门、机泵处于关停状态。

1）进料过程

① 开 FA-408 顶放空阀 PC101 排放不凝气，稍开 FIC101 调节阀（不超过 20%），向精馏塔进料。

② 进料后，塔内温度略升，压力升高。当压力 PC101 升至 0.5atm 时，关闭 PC101 调节阀投自动，并控制塔压不超过 4.25atm（如果塔内压力大幅波动，改回手动调节稳定压力）。

2）启动再沸器

① 当压力 PC101 升至 0.5atm 时，打开冷凝水 PC102 调节阀至 50%；塔压基本稳定在4.25atm 后，可加大塔进料（FIC101 开至 50%左右）。

② 待塔釜液位 LC101 升至 20%以上时，开加热蒸汽入口阀 V13，再稍开 TC101 调节阀，给再沸器缓慢加热，并调节 TC101 阀开度使塔釜液位 LC101 维持在 40%~60%。

③ 待 FA-414 液位 LC102 升至 50%时，并投自动，设定值为 50%。

3）建立回流

随着塔进料增加和再沸器、冷凝器投用，塔压会有所升高，回流罐逐渐积液。

① 塔压升高时，通过开大 PC102 的输出，改变塔顶冷凝器冷却水量和旁路量来控制塔压稳定。

② 当回流罐液位 LC103 升至 20%以上时，先开回流泵 GA412A/B 的入口阀 V19，再启动泵，再开出口阀 V17，启动回流泵。

③ 通过 FC104 的阀开度控制回流量，维持回流罐液位不超高，同时逐渐关闭进料，全回流操作。

4）调整至正常

① 当各项操作指标趋近正常值时，打开进料阀 FIC101。

② 逐步调整进料量 FIC101 至正常值。

③ 通过 TC101 调节再沸器加热量使灵敏板温度 TC101 达到正常值。

④ 逐步调整回流量 FC104 至正常值。

⑤ 开 FC103 和 FC102 出料，注意塔釜、回流罐液位。

⑥ 将各控制回路投自动，各参数稳定并与工艺设计值吻合后，投产品采出串级。

（2）正常操作规程

1）正常工况下的工艺参数

① 进料流量 FIC101 设为自动，设定值为 14056kg/h。

② 塔釜采出量 FC102 设为串级，设定值为 7349kg/h，LC101 设自动，设定值为 50%。

③ 塔顶采出量 FC103 设为串级，设定值为 6707kg/h。

④ 塔顶回流量 FC104 设为自动，设定值为 9664kg/h。

⑤ 塔顶压力 PC102 设为自动，设定值为 4.25atm，PC101 设自动，设定值为 5.0atm。

⑥ 灵敏板温度 TC101 设为自动，设定值为 89.3℃。

⑦ FA-414 液位 LC102 设为自动，设定值 50%。

⑧ 回流罐液位 LC103 设为自动，设定值为 50%。

2）主要工艺生产指标的调整方法

① 质量调节：本系统的质量调节采用以提馏段灵敏板温度作为主参数，以再沸器和加热蒸汽流量的调节系统，以实现对塔的分离质量控制。

② 压力控制：在正常的压力情况下，由塔顶冷凝器的冷却水量来调节压力，当压力高于操作压力 4.25atm（表）时，压力报警系统发出报警信号，同时调节器 PC101 将调节回流罐的气相出料，为了保持同气相出料的相对平衡，该系统采用压力分程调节。

③ 液位调节：塔釜液位由调节塔釜的产品采出量来维持恒定，设有高低液位报警。回流罐液位由调节塔顶产品采出量来维持恒定。设有高低液位报警。

④ 流量调节：进料量和回流量都采用单回路的流量控制；再沸器加热介质流量由灵敏板温度调节。

（3）停车操作规程

1）降负荷

① 逐步关小 FIC101 调节阀，降低进料量至正常进料量的 70%。

② 在降负荷过程中，保持灵敏板温度 TC101 的稳定性和塔压 PC102 的稳定，使精馏塔分离出合格产品。

③ 在降负荷过程中，尽量通过 FC103 排出回流罐中的液体产品，至回流罐液位 LC104 在 20% 左右。

④ 在降负荷过程中，尽量通过 FC102 排出塔釜产品，使 LC101 降至 30% 左右。

2）停进料和再沸器

在负荷降至正常的 70%，且产品已大部采出后，停进料和再沸器。

① 关 FIC101 调节阀，停精馏塔进料。

② 关 TC101 调节阀和 V13 或 V16 阀，停再沸器的加热蒸汽。

③ 关 FC102 调节阀和 FC103 调节阀，停止产品采出。

④ 打开塔釜泄液阀 V10，排不合格产品，并控制塔釜降低液位。

⑤ 手动打开 LC102 调节阀，对 FA-114 泄液。

3）停回流

① 停进料和再沸器后，回流罐中的液体全部通过回流泵打入塔，以降低塔内温度。

② 当回流罐液位至 0 时，关 FC104 调节阀，关泵出口阀 V17（或 V18），停泵 GA412A（或 GA412B），关入口阀 V19（或 V20），停回流。

③ 开泄液阀 V10 排净塔内液体。

4）降压、降温

① 打开 PC101 调节阀，将塔压降至接近常压后，关 PC101 调节阀。

② 全塔温度降至 50℃ 左右时，关塔顶冷凝器的冷却水（PC102 的输出至 0）。

4.3.4.4 仪表一览表

仪表一览表见表4-5。

表4-5 仪表一览表

位号	说明	类型	正常值	量程高限	量程低限	单位
FIC101	塔进料量控制	PID	14056.0	28000.0	0.0	kg/h
FC102	塔釜采出量控制	PID	7349.0	14698.0	0.0	kg/h
FC103	塔顶采出量控制	PID	6707.0	13414.0	0.0	kg/h
FC104	塔顶回流量控制	PID	9664.0	19000.0	0.0	kg/h
PC101	塔顶压力控制	PID	4.25	8.5	0.0	atm
PC102	塔顶压力控制	PID	4.25	8.5	0.0	atm
TC101	灵敏板温度控制	PID	89.3	190.0	0.0	℃
LC101	塔釜液位控制	PID	50.0	100.0	0.0	%
LC102	塔釜蒸汽缓冲罐液位控制	PID	50.0	100.0	0.0	%
LC103	塔顶回流罐液位控制	PID	50.0	100.0	0.0	%
TI102	塔釜温度	AI	109.3	200.0	0.0	℃
TI103	进料温度	AI	67.8	100.0	0.0	℃
TI104	回流温度	AI	39.1	100.0	0.0	℃
TI105	塔顶气温度	AI	46.5	100.0	0.0	℃

4.3.4.5 实操部分思考题

1. 什么叫蒸馏？在化工生产中分离什么样的混合物？蒸馏和精馏的关系是什么？

2. 在本单元中，如果塔顶温度、压力都超过标准，可以有几种方法将系统调节稳定？

3. 当系统在一较高负荷突然出现大的波动、不稳定，为什么要将系统降到一低负荷的稳态，再重新开到高负荷？

4. 根据本单元的实际，结合"化工原理"讲述的原理，说明回流比的作用。

5. 若精馏塔灵敏板温度过高或过低，则意味着分离效果如何？应通过改变哪些变量来调节至正常？

6. 请分析本流程中是如何通过分程控制来调节精馏塔正常操作压力的。

7. 根据本单元的实际，理解串级控制的工作原理和操作方法。

 能力提升

4.4 精馏塔简单数学模型法计算和复杂精馏塔计算

4.4.1 逐板计算法

多组分精馏过程的简捷法计算，是按清晰分割法计算塔顶馏出液和塔釜液组成，然后

再依次计算出塔顶、塔釜温度、适宜操作回流此 R、理论板数 N；不能计算各板上的气液相组成 y_{ni}、x_{ni}；沿塔高各板的温度 t_n 和流量(L_n,V_n)分布。

逐板计算法的计算内容多，准确度高，可以弥补简捷法的不足。逐板计算法仍对塔内各段简化为恒摩尔流，通过逐板进行物料平衡、相平衡、热平衡计算，最后得到所需理论板数 N、全塔的组成、温度、流量分布。

根据工艺要求，确定物料分布后，即可进行逐板计算，逐板计算法是交替使用操作线方程、相平衡关系进行计算，即以相平衡关系确定同一块板上气液相间浓度关系。以操作线方程表示相邻两块板上气液相间的浓度关系，最终得理论板数 N。其步骤如下：

① 根据工艺要求进行物料分布，求得馏出液量 D 及釜液量 W，及 x_{Di} 及 x_{wi}；

② 由恩德伍德公式计算 R_m，取 R，根据操作条件(p、T、q)确定精馏段气液相流量 V、L 和提馏段的气液相流量 $\overline{V}$、$\overline{L}$(更精确的，用热平衡方程确定各板上的 V 和 L)；

③ 建立操作线方程式：精馏段逐板计算是从塔顶向下计算，塔板序号为 1、2、……、n，则精馏段操作线方程式为：

$$y_{n,i} = \frac{R}{R+1}x_{n-1,i} + \frac{1}{R+1}x_{D,i} \qquad (4-65)$$

提馏段操作线方程式为：

$$y_{m,i} = \frac{L+qF}{L+qF-W}x_{m-1,i} - \frac{W}{L+qF-W}x_{W,i} \qquad (4-66)$$

④ 利用泡、露点计算方法找出各组分的相平衡关系：

$$y_i = k_i x_i$$

⑤ 从塔顶逐板向下计算至进料板，使用精馏段操作线方程式，对塔顶 x_{Di} 可分为两种情况：若为全凝器，则 $y_{1i} = x_{Di}$；若为分凝器，气相为导出产物，液相为回流液，则按气相馏出物组成 y_{Di} 来试差计算分凝器之温度，同时求得与 y_{Di} 相平衡时的液相组成 x_{Di}。然后按如下程序逐板向下计算：

$$x_{Di} \xrightarrow{\text{操作线方程}} y_{1i} \xrightarrow{\text{相平衡关系}} x_{1i} \xrightarrow{\text{操作线方程}} y_{2i} \xrightarrow{\text{相平衡关系}} x_{2i} \xrightarrow{\text{操作线方程}} y_{3i} \cdots x_{ni}$$

一直算到相邻两板(即第 n 板与第$(n+1)$)板上的液相中轻、重关键组分浓度比达到下述条件为止：

$$\left(\frac{x_l}{x_h}\right)_{n-1} \leqslant \left(\frac{x_l}{x_h}\right)_{交点} \leqslant \left(\frac{x_l}{x_h}\right)_n \qquad (4-67)$$

式中，$\left(\dfrac{x_l}{x_h}\right)_{交点}$ 是精馏段操作线方程和进料线方程的交点。

进料线方程为：

$$y_{ni} = \frac{q}{q-1}x_{n-1,i} - \frac{z_i}{q-1} \qquad (4-68)$$

联解方程式(4-65)和式(4-68)的进料板处：

$$\left(\frac{x_l}{x_h}\right)_{交点} = \frac{z_l - \dfrac{(1-q)}{(R+1)}x_{Dl}}{z_h - \dfrac{(1-q)}{(R+1)}x_{Dh}} \qquad (4-69)$$

⑥ 由塔釜开始向上进行逐板计算至进料板。

塔釜液相组成 x_{wi} 为已知，用试差塔釜液泡点温度的方法确定塔釜各组分相平衡常数；提馏段的操作线方程变化为：

$$x_{m-1,i} = \frac{L+qF-W}{L+qF} y_{m,i} + \frac{W}{L+qF} x_{w,i} \tag{4-70}$$

然后交替使用相平衡关系和操作线方程从塔釜向上计算。

$$x_{wi} \xrightarrow{\text{相平衡关系}} y_{wi} \xrightarrow{\text{操作线方程}} x_{1i} \xrightarrow{\text{相平衡关系}} y_{1i} \xrightarrow{\text{操作线方程}} x_{2i} \xrightarrow{\text{相平衡关系}} y_{2i} \cdots x_{mi}$$

一直算到相邻两板[即第 m 板与第 $(m+1)$]板上的液相中轻、重关键组分浓度比达到下述条件为止。

$$\left(\frac{x_1}{x_h}\right)_m \leqslant \left(\frac{x_1}{x_h}\right)_{\text{交点}} \leqslant \left(\frac{x_1}{x_h}\right)_{m+1} \tag{4-71}$$

当进料状态为 $q \geqslant 0$ 时，m 板即为加料板；当 $q < 0$ 时，则 $m-1$ 板为加料板；显然，当 $q \geqslant 0$ 时，在精馏段由塔顶向下的第 n 块板，也就是提馏段从塔釜向上的第 m 块板，就是适宜的进料位置。

应该指出，采用这种简单的准则确定最适宜进料位置，由于忽略了非关键组分浓度改变的影响，显然是不太精确的，再考虑到有可能所用的气液平衡数据准确度不高，或实际操作过程中进料组成存在波动等因素，所以在塔的实际设计中，常在按上述方法确定的进料位置上下各隔 1~2 块实际塔板的地方再各安装一个进料口，共三个进料口，以便在实际操作中能按实际情况作适当调整。

4.4.2　多组分复杂精馏的简捷法计算案例

前面介绍的精馏塔均只有一股进料和两股出料(塔顶和塔釜采出)，塔顶有一台冷却器，塔釜一台再沸器。但在实际工业分离过程中，为了节省设备投资和操作费用，往往采用复杂精馏流程。如果精馏塔有多股进料、多于两股出料、中间再沸器、中间冷却器或以上多种情况均存在的精馏，称为复杂精馏。

4.4.2.1　复杂精馏流程案例

复杂精馏包括多股进料、侧线采出、中间再沸和中间冷却四种流程，现分别简述如下。

(1) 多股进料

在【案例 4.1.1.1】中，裂解气深冷分离流程-顺序分离流程中(如图 4-38 所示)中脱甲烷塔，从冷箱中分离出来的四种不同组成的进料按由轻到重的顺序在自上而下数第 13 板、第 19 板、第 25 板、第 33 板(实际塔板)处进入脱甲烷塔，塔顶馏出氢、甲烷，塔釜采出乙烯及比乙烯更重的组分；四股物料组成不同表明在进入精馏塔之前物料已有了一定程度的分离，因而比单股进料更节省设备投资和操作费用。

(2) 侧线采出

一般精馏塔只有塔顶和塔釜采出物料，若从塔身中部采出一个或一个以上物料，则称为侧线采出。

如【案例 4.1.1.1】中乙烯精馏塔(如图 4-39 所示)，来自后加氢反应器的 C_2 馏分(前加氢时来自脱乙烷塔顶的 C_2 馏分)从第 79 块塔板进入乙烯精馏塔，由第 8 块塔板侧线抽出液态乙烯产品进入乙烯产品罐，部分由回流泵打回乙烯塔作回流，部分作为制冷剂然后采出。塔顶气体经-40℃冷剂冷凝器冷凝后进入塔顶分离罐分离，液态部分回流，不凝气用-62℃乙烯冷剂冷却回收其中的乙烯，尾气返回循环压缩机回收乙烯。从第86块塔板采出液相成分进中间再沸器回收-23℃的冷量后气相返回第87块塔板。全塔共109块塔板，塔釜采出乙烷，釜温-5℃。进入乙烯精馏塔的物料中除含有大量的乙烯-乙烷馏分外，还含有少量氢和甲烷及比碳二馏分重的丙烯等。按照普通精馏的方法，需设一个第二脱甲烷塔和一个乙烯精馏塔分离这些组分以获得高纯度乙烯，但也可用一个复杂精馏塔，以上混合组分进入乙烯塔，塔顶采出氢气和甲烷，侧线液相采出乙烯馏分，塔釜采出乙烷及比乙烷重的组分。明显的，采用侧线采出可减少塔的数目，节省设备投资，但操作要求较一般精馏塔为高。

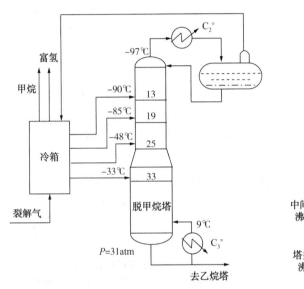
图 4-38　多股进料脱甲烷塔

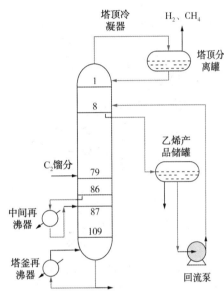
图 4-39　侧线采出乙烯精馏塔

（3）中间再沸

中间再沸是在精馏塔的提馏段抽出一股料液，通过中间再沸器加入部分热量，以代替塔釜再沸器加入的部分热量。用在塔釜温度较高或为了防止塔釜某些物质热分解或热聚合而限制加热温度时的场合，有时是塔的高度太高，塔中间蒸气流量不足时也可采用中间再沸器。中间再沸器的温度此塔釜再沸器温度低，可用比塔釜加热介质温度为低的廉价加热剂来加热，降低能量消耗，节省费用和满足工艺生产要求。如低温精馏（深冷分离）时，中间再沸器又是一种回收冷量的手段，如【案例4.1.1.1】脱甲烷塔使用中间再沸器，则可回收温度较低的冷量，如图4-40所示，从第32块板抽出温度为-37℃的液体物料经过中间再沸器温度升至-19℃从第42块板回流，同时将裂解气从-13℃降到-20℃，回收了低温冷量。

从某一塔板上抽出的液体经中间再沸器全部汽化后，所得气体中易挥发组分含量低于原抽出板的上升蒸气中易挥发组分的含量，如从 m 板抽出的液相组成 x_m，与该板平衡之气相组成为 y_m，一般 $y_m > x_m$，现因中间再沸器是将液相（组成 x_m）部分汽化，则所得蒸气中重组分含量增加。所以，中间再沸器产生的气体应根据组成情况加到抽出液体板以下的某个塔板上。

从以上可以看出，使用中间再沸器的精馏塔相当于精馏塔有两股进料和带一侧线采出的复杂精馏塔。

（4）中间冷凝器

采用中间冷凝器的脱甲烷塔如图 4-41 所示，进料经一级分凝，-29℃的液体作为脱甲烷塔的第一股进料，气体经二级冷凝，-62℃的凝液作为第二股进料，气体经第二个冷凝器（-101℃乙烯冷剂）分凝，-96℃的气液混合物作为第三股进料。同时从塔中间引出一股气体入中间再沸器，与进料气体汇合冷凝后得气液混合物回流入塔。这种情况，中间回流与第三股进料结合起来了，换热器 4 兼顾了冷却器和中间冷凝器的双重功能。

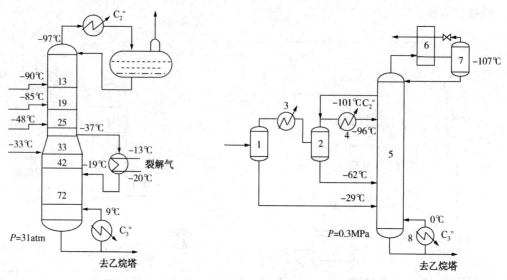

图 4-40　脱甲烷塔设中间再沸器　　　　图 4-41　脱甲烷塔设置中间冷凝器

1，2，7—闪蒸罐；3—冷却器；4—冷却器兼中间冷凝器；

5—脱甲烷塔；6—塔顶冷却器；8—塔釜再沸器

中间冷却器设在精馏段，需要时从精馏段侧线采出一股气相物料，进入中间冷凝器取出热量并冷凝成液相，因为冷凝的液相温度低于原气相温度，如从第 n 板抽出的气相组成 y_n，与该板平衡的液相组成为 x_n，一般 $y_n > x_n$，现因中间冷凝器是将 y_n 部分冷凝，则所得液相轻组分含量降低。所以，中间冷凝器产生的气体应根据组成情况加到抽出气相板以下的某个塔板上。

使用中间冷凝器可以降低塔顶冷凝器的负荷，因为采用了比塔顶冷剂温度高的冷却剂，所以这种预冷省了塔顶更低温的冷剂，也就节省了能量。

4.4.2.2　复杂精馏塔简捷法计算案例

复杂精馏计算的基本原理与普通精馏计算一样，根据相平衡、物料平衡、热量平衡逐板进行计算。只是复杂精馏变量增多，计算相当繁琐，借助于电子计算机才能解决。使用电子计算机对复杂精馏进行计算，与多组分精馏一样，也须给出一些初值才能使计算顺利进行，因此如何简化计算，以确定这些初值是设计上的一个重要问题。另外，对某些要求较为简单的情况，也可不使用电算，简捷法也是有实用意义的。以下介绍有液相侧线采出乙烯精馏塔作为复杂精馏的具体计算的例子。

复杂精馏简捷法计算的实质在于根据进料及侧线采出的股数将塔分为若干段，对各段进出塔的物料进行预分布，首先假定各段为恒摩尔流和各段组分的相对挥发度视为恒定，由此求出各段最少理论板数及最小回流此 R_m，然后确定各段的回流比 R，最后求出所需的理论塔板数 N。

　　（1）塔的分段

　　由于液相侧线采出，将塔分为三段，如图 4-42 所示。侧线以上至塔顶为上段；侧线以下至进料为中段；进料以下至塔釜为下段。因各段物料情况不一样，则操作线方程也就各不一样，且上段与中段的回流比也不一样，需分别计算。

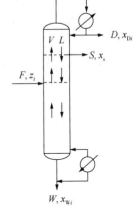

图 4-42　侧线采出
分段示意图

　　图中 S 为侧线采出物料量，x_s 为侧线组成，其他符号与前面相同。总物料衡算为：

$$F = (D+S) + W \qquad (4-72)$$

　　上段气液流量用 V、L 表示，回流比 $R_{上}$：

$$V = L + D \qquad (4-73)$$

$$R_{上} = \frac{L}{D} \qquad (4-74)$$

　　中段气液流量用 L'、V' 表示，回流比 $R_{中}$。

　　将侧线板以下的塔段视为普通精馏塔，则离开此塔顶部蒸气为 V' 中有一部分 L' 作为回流，而 $(D+S)$ 相对于一般精馏塔的塔顶采出。

$$V' = V = L + D \qquad (4-75)$$

$$L' = L - D \qquad (4-76)$$

　　因此，相应的回流比定义为：

$$R_{中} = \frac{L'}{D+S} = \frac{L-S}{D+S} \qquad (4-77)$$

　　下段气液流量用 V''、L'' 表示：

$$V'' = L'' - W \qquad (4-78)$$

$$L'' = L' + qF \qquad (4-79)$$

　　（2）最小回流比 R_m 及回流比 R

　　以精馏段液相侧线采出为例，由于侧线采出塔内气体及液体流量在各段分布情况不一，须分别用恩德伍德法计算最小回流此。

　　1）上段

　　上段最小回流比用 $R_{m,上}$ 表示，采用恩德伍德公式（Underwood）计算：

$$\sum_{i=1}^{n} \frac{\alpha_{i,h} z'_i}{\alpha_{i,h} - \theta} = 1 - q' \qquad (4-80)$$

$$\sum_{i=1}^{n} \frac{\alpha_{i,h} x_{i,D}}{\alpha_{i,h} - \theta} = R_{m,上} + 1 \qquad (4-81)$$

　　以上 Underwood 公式中，z'_i、q' 是上段的进料组成和进料状态，上段的进料来自中段最上一块板的上升饱和蒸气，因此，$q' = 0$，进料组成假定为侧线采出板上气液两相组成的平均值。

$$z'_i = \frac{y_{si} + x_{si}}{2} \tag{4-82}$$

其中
$$y_{si} = k_{si} x_{si}$$

一般 x_{si} 为侧线采出板液相组成工艺要求，由泡点方程式(3-7)可求出 y_{si}，相对挥发度通过计算塔顶露点温度和侧线采出板泡点温度来确定各组分相平衡常数 k_i，选定重关键组分为基准组分用式(4-34)计算相对挥发度，然后用式(4-83)计算平均相对挥发度：

$$\alpha_{ih} = \sqrt[2]{\alpha_{ih,D} \cdot \alpha_{ih,S}} \tag{4-83}$$

值得注意的是，在有些精馏塔的计算过程中，上段和中段选择的轻重关键组分可能会不同。

2）中段

对于中段 Underwood 公式为：

$$\sum_{i=1}^{n} \frac{\alpha_{i,h} z_i}{\alpha_{i,h} - \theta} = 1 - q \tag{4-84}$$

$$\sum_{i=1}^{n} \frac{\alpha_{i,h} x'_{i,D}}{\alpha_{i,h} - \theta} = R_{m,中} + 1 \tag{4-85}$$

式中，$x'_{i,D}$ 为塔顶和侧线采出物料的平均浓度。

$$x'_{i,D} = \frac{Dx_{i,D} + Sx_{i,S}}{D+S} \tag{4-86}$$

3）回流比

根据式(4-77)得中段回流比与上段回流比的关系为：

$$R_{中} = \frac{L-S}{D+S} = \frac{\dfrac{L}{D} - \dfrac{S}{D}}{\dfrac{D}{D} + \dfrac{S}{D}} = \frac{R_{上} - \dfrac{S}{D}}{1 + \dfrac{S}{D}} \tag{4-87}$$

所以
$$R_{上} = R_{中}\left(1 + \frac{S}{D}\right) + \frac{S}{D} \tag{4-88}$$

必须指出，同一塔内，上段与中段的回流比应满足一定的关系式，即上段回流量要保证中段所需之回流量。

式(4-82)中 $R_{上}$ 是根据中段回流比确定的上段所需回流比。由于全塔操作要受到任一段回流比的限制，因此，确定上段的回流比时，必须比较由 Underwood 方程求得的回流比与由式(4-88)所得回流比之值，取其较大者，作为上段所需回流比。

（3）最少理论板数与塔板数

根据芬斯克公式(4-39)分段计算各段所需之最少理论板数。

上段：

$$N_{m,上} = \frac{\lg\left[\left(\dfrac{x_l}{x_h}\right)_D \bigg/ \left(\dfrac{x_l}{x_h}\right)_S\right]}{\lg \alpha_{lh}} \tag{4-89}$$

$N_{m,上}$ 包括侧线采出板，但不包括冷凝器。

中段：

$$N_{\mathrm{m},\text{中}}=\dfrac{\lg\left[\left(\dfrac{x_1}{x_h}\right)_S\Big/\left(\dfrac{x_1}{x_h}\right)_F\right]}{\lg\alpha_{\mathrm{lh}}} \tag{4-90}$$

$N_{\mathrm{m},\text{中}}$ 包括进料板，但不包括侧线采出板。

下段：

$$N_{\mathrm{m},\text{中下}}+1=\dfrac{\lg\left[\left(\dfrac{x_1}{x_h}\right)_S\Big/\left(\dfrac{x_1}{x_h}\right)_W\right]}{\lg\alpha_{\mathrm{lh}}} \tag{4-91}$$

其中，
$$N_{\mathrm{m},\text{下}}=N_{\mathrm{m},\text{中下}}-N_{\mathrm{m},\text{中}}$$

$N_{\mathrm{m},\text{中下}}$、$N_{\mathrm{m},\text{下}}$ 不包括塔釜、进料板在内。

然后查吉利兰图求 N。以上方法现以带侧线采出的乙烯精馏塔为例进一步阐明。

【例 4-6】 根据下列工艺要求，计算带侧线采出的乙烯精馏塔各段的理论塔板数。已知，精馏塔的进料组成如例题 4-6 附表 1 所示，侧线采出乙烯，其纯度为 99.9%，乙烯回收率为 98%，侧线采出液中乙烷含量小于 10^{-6}，丙烯忽略不计。乙烷和丙烯从塔釜采出，其中乙烯含量不大于 1%，甲烷忽略不计。操作压力 2.1MPa，泡点进料。

例题 4-6 附表 1 进料组成

编号	1	2	3	4	合计
组分	CH_4	C_2H_4	C_2H_6	C_3H_6	
Z_i	0.0015	0.7868	0.2103	0.0014	1.0000

解：对于有侧线采出的复杂精馏塔，其操作示意图见 4-42。

（1）物料衡算（以 100kmol/h 进料为基准进行计算）。

① 侧线采出组分及量：

C_2H_4：$s_2=Fz_2\varphi_{s2}=100\times0.7868\times0.98=77.1064$（kmol/h）

侧线采出总量 $S=\dfrac{s_2}{\zeta}=77.1064/0.999=77.1836$（kmol/h）

C_2H_6：$s_3=10^{-6}S=7.718\times10^{-5}$（kmol/h）

C_3H_6：忽略不计，即 $s_4=0$

CH_4：$s_1=S-s_2-s_3-s_4=77.1836-77.1064-7.718\times10^{-5}-0=0.0771$（kmol/h）

② 塔顶馏出液的组成及量：

CH_4：$d_1=f_1-s_1-w_1=0.1500-0.0771=0.0729$（kmol/h）

C_2H_6：忽略不计，$d_3=0$

C_3H_6：忽略不计，$d_4=0$

③ 釜采出组分及量：

CH_4：忽略不计，$w_1=0$

C_2H_6：$w_3=f_3-d_3-s_3=21.03-0-7.718\times10^{-5}=21.0299$（kmol/h）

C_3H_6：$w_4=f_4-d_4-s_4=0.14-0-0=0.1400$（kmol/h）

C_2H_4：含量不大于 1%，即 $0.01=\dfrac{w_2}{w_1+w_2+w_3+w_4}$

所以 $w_2 = \dfrac{0.01(w_1+w_3+w_4)}{0.99} = \dfrac{0.01\times(0+21.0299+0.1400)}{0.99} = 0.2138(\text{kmol/h})$

所以塔顶采出乙烯 $d_2 = f_2 - s_2 - w_2 = 78.68 - 77.1064 - 0.2138 = 1.3598(\text{kmol/h})$

物料衡算结果列于例 4-6 附表 2。

例题 4-6 附表 2　物料衡算结果表

编号	组分	进料		馏出液		侧线采出		釜液量	
		$z_i/\%$ (摩尔)	流量 $F/$ (kmol/h)	$D/$ (kmol/h)	$x_{D,i}/\%$ (摩尔)	$S/$ (kmol/h)	$x_{S,i}/$ %(摩尔)	$W/$ (kmol/h)	$x_{W,i}/$ %(摩尔)
1	CH_4	0.15	0.15	0.0729	5.0883	0.0772	0.0999	0	0
2	C_2H_4(lk)	78.68	78.68	1.3598	94.9117	77.1064	99.9000	0.2138	0.9998
3	C_2H_6(hk)	21.03	21.03	0	0	0.0008	0.0001	21.0299	98.3455
4	C_3H_6	0.14	0.14	0	0	0	0	0.1400	0.6547
	合计	100.00	100.00	1.4327	100.000	77.1836	100.0000	21.3837	100.000

（2）各组分相对挥发度的计算

在 $p = 2.1\text{MPa}$ 时，为了便于计算，将各组分的相平衡常数按 De-Prister k 图回归成以下线性关系：

CH_4：$k = 5.51 + 0.029t$

C_2H_4：$k = 1.34 + 0.017t$

C_2H_6：$k = 0.89 + 0.011t$

C_3H_6：$k = 0.313 + 5.505\times10^{-3}t$

（t：℃）

对于该精馏塔，按照不同的分离目的将精馏塔分为上、中、下三段。在各段中关键组分的选择如例题 4-6 附表 3 所示。

例题 4-6 附表 3

分段	轻关键组分	重关键组分	分段	轻关键组分	重关键组分
上	CH_4	C_2H_4	下	C_2H_4	C_2H_6
中	C_2H_4	C_2H_6			

① 求塔顶馏出液的露点温度及精馏塔上段各组分的相对挥发度：

由露点方程和相平衡常数表达式试差得：$t_D = -22.4$℃时，相平衡常数如例题 4-6 附表 4 所示。

例题 4-6 附表 4

编号	1	2	3	4	合计
组分	CH_4	C_2H_4	C_2H_6	C_3H_6	
$x_{Di}/\%$(摩尔)	0.0509	0.9491	0.0000	0.0000	1.0000
k_i	4.8604	0.9592	0.6436	0.1897	

编号	1	2	3	4	合计
y_i/k_i	0.0105	0.9895	0.0000	0.0000	1.0000
$\alpha_{i,2}$	5.0671	1.0000	0.6710	0.1978	
$\alpha_{i,3}$	7.5519	1.4904	1.0000	0.2948	

② 求侧线采出液的泡点温度及各组分的相对挥发度：

由泡点方程和相平衡常数表达式试差得：$t_B = -20.0℃$ 时，相平衡常数如例题 4-6 附表 5 所示。

例题 4-6 附表 5

编号	1	2	3	4	合计
组分	CH_4	C_2H_4	C_2H_6	C_3H_6	
$x_{Si}/\%$（摩尔）	0.0010	0.9990	$1.000×10^{-6}$	0.0000	1.0000
k_i	4.9300	1.0000	0.6700	0.2029	
$k_i x_{si}$	0.0049	0.9990	0.0000	0.0000	1.0039
$\alpha_{i,2}$	4.9300	1.0000	0.6700	0.2029	
$\alpha_{i,3}$	7.3582	1.4925	1.0000	0.3029	

③ 求塔釜液的泡点温度及各组分的相对挥发度：

由泡点方程和相平衡常数表达式试差得：$t_B = 10℃$ 时，相平衡常数如例题 4-6 附表 6 所示。

例题 4-6 附表 6

编号	1	2	3	4	合计
组分	CH_4	C_2H_4	C_2H_6	C_3H_6	
$x_{wi}/\%$（摩尔）	0.0000	0.0100	0.9835	0.0065	1.0000
k_i	5.8000	1.5100	1.0000	0.3680	
$k_i x_{wi}$	0.0000	0.0151	0.9835	0.0024	1.0010
$\alpha_{i,3}$	5.8000	1.5100	1.0000	0.3680	

④ 各组分在各段的相对挥发度的计算：

根据以上的计算得各组分相对于重关键组分的相对挥发度，及式（4-32）、式（4-33）计算各组分的平均相对挥发度如例题 4-6 附表 7 所示。

例题 4-6 附表 7

编号		1	2	3	4
组分		CH_4	C_2H_4	C_2H_6	C_3H_6
上段	$\alpha_{i2,A}$	4.9981	1.0000	0.6705	0.2004
中下段	$\alpha_{i3,A}$	6.5328	1.5012	1.0000	0.3339

(3) 最小回流比和回流比的计算

① 上段：上段最小回流比用 $R_{m,\perp}$ 表示，根据式(4-76)计算出上段虚拟进料组成 z_i'，对于精馏上段，进料即为侧线采出板上的上升蒸气，所以 $q'=0$。然后用式(4-74)试差得 $\theta = 4.9396$。计算过程略，计算所需数据列于例题4-6附表8。

例题4-6 附表8

编号	1	2	3	4	合计
组分	CH_4	C_2H_4	C_2H_6	C_3H_6	
$x_{Di}/\%$(摩尔)	0.0509	0.9491	0.0000	0.0000	1.0000
z_i'	0.0015	0.7868	0.2103	0.0014	1.0000
$\alpha_{i2,A}$	4.9981	1.0000	0.6705	0.2004	
$\alpha_{i,3}$	7.5519	1.4904	1.0000	0.2948	

再将 θ 代入式(4-75)得：

$$R_{m,\perp} = 3.1065$$

② 中段：泡点进料时，先用式(4-78)试差中段 $\theta = 1.1058$，根据式(4-80)计算出 $x_{i,D}'$，然后代入式(4-79)计算得：

$$R_{m,中} = 2.7914$$

迭代过程略。

当取 $R_中 = 1.25 R_{m,中}$ 时，$R_中 = 3.4892$

代入式(4-82)计算出上段的回流比：

$$R_{\perp} = R_中\left(1+\frac{S}{D}\right)+\frac{S}{D} = 3.4892\times\left(1+\frac{77.1836}{1.4327}\right)+\frac{77.1836}{1.4327}$$

$$= 245.3376$$

(4) 最少理论塔板数和理论塔板数的计算

根据芬斯克公式(4-39)分段计算各段所需之最少理论板数。

① 上段：

$$N_{m,\perp} = \frac{\lg\left[\left(\frac{x_l}{x_h}\right)_D \Big/ \left(\frac{x_l}{x_h}\right)_S\right]}{\lg\alpha_{lh}} = \frac{\lg\left[\left(\frac{0.0729}{1.3598}\right)_D \Big/ \left(\frac{0.0010}{0.9990}\right)_S\right]}{\lg 4.9982} = 2.47$$

$$X = \frac{R_{\perp} - R_{m\perp}}{R_{\perp}+1} = \frac{245.3376 - 3.1065}{245.3376+1} = 0.9833$$

$$Y = 0.75 - 0.75X^{0.5668} = 0.75\times(1 - 0.9833^{0.5668}) = 0.0071$$

代入 $Y = \frac{N-N_m}{N+1}$ 得：

$$N_{\perp} = 2.50$$

② 中段：

$$N_{m,中} = \frac{\lg\left[\left(\frac{x_l}{x_h}\right)_S \Big/ \left(\frac{x_l}{x_h}\right)_F\right]}{\lg\alpha_{lh}} = 30.7539$$

$$N_{\text{中}} = 61.1$$

③ 下段：

$$N_{\text{m,中下}} = \frac{\lg\left[\left(\dfrac{x_\text{l}}{x_\text{h}}\right)_\text{S} \Big/ \left(\dfrac{x_\text{l}}{x_\text{h}}\right)_\text{W}\right]}{\lg\alpha_\text{lh}} - 1 = 44.2953$$

$$N_{\text{中下}} = 88.50$$

所以：$N_{\text{下}} = N_{\text{中下}} - N_{\text{中}} = 88.50 - 61.10 = 27.40$

全塔理论塔板数（包括塔釜）：

$$N_\text{T} = 2.50 + 61.10 + 27.40 + 1 = 92$$

本章符号说明

英文字母

A、B——组分；

$\quad D$——馏出流率液，kmol/h；

$\quad d$——组分馏出液流率，kmol/h；

$\quad F$——流率进料，kmol/h；

$\quad f$——组分进料流率，kmol/h；

$\quad k$——相平衡常数；

$\quad L$——液相主体；

$\quad W$——釜液流率，kmol/h；

$\quad w$——组分釜液流率，kmol/h；

$\quad \Delta H_\text{v}$——熔解热；

$\quad M$——相对分子质量；

$\quad m$——提馏段理论塔板数；

$\quad N$——理论板数；

$\quad n$——组分数；精馏段理论塔板数；

$\quad p$——压力，Pa；

$\quad q$——进料中的液相分率；

$\quad R$——回流比；

$\quad x$——液相摩尔分数；

$\quad y$——气相摩尔分数；

$\quad z$——进料组成，摩尔分数。

上标

$\quad$ s——饱和状态；

下标

$\quad$ A、B——组分；

$\quad$ D——馏出液；

$\quad$ F——进料；

$\quad$ o——初始状态；

$\quad$ h，hk——重关键组分；

$\quad i$——组分；

$\quad j$——基准组分；

$\quad$ l，lk——轻关键组分

$\quad$ m——最小状态。

希腊字母

$\quad \alpha$——相对挥发度；

$\quad \gamma$——液相活度系数；

$\quad \theta$——方程式的根；

$\quad \eta$——回收率。

练 习 题

一、填空题

1. 对于理想溶液，组分的活度系数 γ_i（ 　　 ）1；对于正偏差溶液，组分的活度系数 γ_i（ 　　 ）1；对于负偏差溶液，组分的活度系数 γ_i（ 　　 ）1。

2. 根据相律 $F = n - \varphi + 2$，n 组分气液平衡体系的自由度 $F =$（ 　　 ）；当操作压力 p 规定后，还需要（ 　　 ）个独立变量需要被确定，系统状态才是唯一确定的。

3. n 组分体系，采用普通精馏方法分离，至少需要（　　　　　）个精馏塔，分离方案有（　　　　　）种。

4. 裂解气顺序分离法是按组分相对挥发度递（　　　　　）的顺序分离的，属于顺序（　　　　　）法。

5. 多组分精馏方案的选择必须遵循三个主要的原则：（　　　　　）；（　　　　　）；（　　　　　）。

6. 多组分精馏分离时，量大的组分、腐蚀性物质、容易聚合的物质应（　　　　　）分离；需减压分离的组分、要求产品纯度高的组分安排在（　　　　　）。

7. 板式塔塔板上气液接触状态有（　　　　　）、（　　　　　）、（　　　　　）和（　　　　　）四种状态，其中（　　　　　）和（　　　　　）是优良的气液接触状态；（　　　　　）是塔板操作的极限状态，易造成液沫夹带。

8. 清晰分割法规定，比 lk 轻的组分在塔釜的量为（　　　　　），比 hk 重的组分在（　　　　　）量为 0。

9. 清晰分割法适用的范围是：lk 和 hk 必须（　　　　　）且各组分间相对挥发度（　　　　　）。

10. A、B、C 三种组分的混合物，精馏进料量分别为 30kmol/h、40kmol/h、30kmol/h，要求塔顶 A 的回收率为 98%，B 的含量不超过 0.5%，则塔顶采出 $D =$（　　　　　），塔釜采出 $W =$（　　　　　）。

11. （　　　　　）物系宜采用加压制冷精馏分离。从经济的角度考虑，塔顶露点温度 40℃ 左右时，可以采用（　　　　　）压操作。

12. 对于一些沸点高，或等温时不稳定，（　　　　　），（　　　　　），易结焦，（　　　　　）的物系采用减压精馏的方法。

13. 塔的操作压力升高，相对挥发度（　　　　　），操作费用（　　　　　）。

14. 如果精馏塔进料在饱和状态下经过节流膨胀后进入精馏塔板，则进料状态 q 满足条件（　　　　　），q 具体值可以根据（　　　　　）方法计算。

15. underwood 法计算最小回流比时，如果 lk 和 hk 相邻，则 θ 的取值范围为（　　　　　）。

16. 非清晰分割法物料衡算是以产品的分配规律、进料量为 f_i 的组分，其塔釜采出量 $W_i =$（　　　　　）。

17. 塔顶冷凝器、塔釜再沸器的选择必须满足（　　　　　）面积大于（　　　　　）面积；其他还有（　　　　　）走管程，（　　　　　）走壳程，流体流动方式的形式以 Δt_m（　　　　　）为准。

18. 再沸器可分为（　　　　　）流和（　　　　　）流两种类型。

19. 常用的交叉流再沸器类型中，沸腾过程发生在（　　　　　）程，有（　　　　　）、（　　　　　）和（　　　　　）再沸器。

20. 常用的轴向流再沸器类型中，沸腾流体在（　　　　　）程流动，常用的型式有（　　　　　）再沸器。

21. 逐板计算理论塔板数，以（　　　　　）关系确定同一塔板上气液平衡关系，以（　　　　　）方程确定相邻两板间气液浓度；进料位置选在（　　　　　）、（　　　　　）和（　　　　　）三线相交的狭小区域范围。

22. 脱甲烷塔的多股进料是结合前冷工艺，四股进料越靠近塔顶，进料（　　　　）越低，进料组成中（　　　　）组分增加，这种进料方式具有（　　　　）功能。

23. 带侧线采出的乙烯精馏塔，是第二（　　　　）塔和（　　　　）塔的结合，乙烯从（　　　　）采出，塔顶采出（　　　　）、（　　　　）和少量乙烯。

24. 对脱甲烷塔或乙烯精馏塔设置中间再沸器，可以回收（　　　　）。

25. 对脱甲烷塔设置冷凝器，可以节省塔顶（　　　　）用量。

26. 精馏操作的依据是（　　　　）。

27. 精馏过程是利用（　　　　）和（　　　　）的原理进行完成的；

28. 在总压为 101.3kPa、温度为 95℃ 下，苯与甲苯的饱和蒸气压分别为 $p_A^0 = 155.7$kPa、$p_B^0 = 63.3$kPa，则平衡时苯的液相组成为 $x =$（　　　　），气液组成为 $y =$（　　　　），相对挥发度 $\alpha =$（　　　　）；

29. 溶液中两组分（　　　　）之比，称为相对挥发度，理想溶液中相对挥发度等于两纯组分的（　　　　）之比。

30. （　　　　）适用于沸点相差较大，分离程度要求（　　　　）的溶液分离。

31. 表示任意（　　　　）气液组成与回流液之间的关系式，称为（　　　　）方程。

32. 在沸点组成图上，液相线以下的区域称为（　　　　），液相线和气液线之间的区域称为（　　　　）。

33. $T\text{-}x(y)$ 图的主要用途是求取任一温度下的（　　　　）和（　　　　）。

34. 理想溶液中，各组分混合成溶液时，既没有（　　　　）变化，也没有（　　　　）产生；（　　　　）是增加的。

35. （　　　　）和（　　　　）是维持精馏塔连续而稳定操作的前提。

36. 当分离要求和回流比一定时，（　　　　）进料的 q 值最小，此时分离所需的理论塔板数（　　　　）；

37. 精馏塔泡点进料时，q 为（　　　　）；冷液体进料时，q 为（　　　　）。

38. 精馏塔的操作线方程是依据（　　　　）得来的。

39. 精馏塔的精馏段是浓缩（　　　　），提馏段则是浓缩（　　　　）。

40. 某连续精馏塔中，若精馏段操作线方程的截距等于零，则精馏段操作线斜率等于（　　　　），提馏段操作线斜率等于（　　　　），回流比等于（　　　　），馏出液等于（　　　　），回流液量等于（　　　　）。

41. 若精馏塔塔顶某理论板上气相露点温度为 t_1，液相泡点温度为 t_2；塔底某理论板上气相露点温度为 t_3，液相露点温度为 t_4。请将四个温度间关系用 >、=、< 符号顺序排列：（　　　　）。

42. 某精馏塔塔顶上升的蒸气组成为 y_1，温度为 T，经全凝器全部冷凝至泡点后，部分回流入塔，组成为 x_0，温度为 t，试用 >、=、< 判断下列关系：T（　　　　）t，y_1（　　　　）x_0。

43. 某二元理想物系的相对挥发度为 2.5，全回流操作时，已知塔内某理论板的气相组成为 0.625，则下层塔板的气相组成为（　　　　）。

44. 精馏塔设计时，若工艺要求一定，减少需要的理论板数，回流比应（　　　　），蒸馏釜中所需的加热蒸汽消耗量应（　　　　），所需塔径应（　　　　），操作费用和投资费用的总投资将是（　　　　）的变化过程。

45. 精馏塔设计中，操作回流比越（　　　　），所需的理论塔板数越少，操作时能耗越（　　　　），随着回流比的增大，操作费用和设备费用的总和将呈现（　　　　）变化过程。

46. 精馏塔的塔底温度总是（　　　　）塔顶温度，其原因一是（　　　　），二是（　　　　）。

47. 某精馏塔操作时，若保持进料量及组成、进料热状况和加热蒸汽量不变，增加回流比，则此时塔顶 lk 组成 $x_{D,l}$（　　　　），塔底 hk 组成 $x_{w,h}$（　　　　），塔顶产品量（　　　　），精馏段液气比（　　　　）。

48. 某精馏塔塔顶蒸气组成为 y_1，温度为 t_1，经分凝器部分冷凝到泡点温度 t_0 后回流入塔，组成为 x_0，未冷凝的蒸气组成为 y_0，经全凝器后成为组成为 x_D 的产品。试用>、=、<判断下列各量的关系：y_1（　　　　）x_0，y_1（　　　　）y_0，y_0（　　　　）x_D，x_0（　　　　）x_D，y_1（　　　　）x_D，t_0（　　　　）t_1。

49. 塔设备有（　　　　）塔和（　　　　）塔。

50. 板式塔的类型有（　　　　）、（　　　　）、（　　　　）等。

51. 板式塔的塔板型式有（　　　　）和（　　　　）。

52. 将板式塔中的泡罩塔、浮阀塔、筛板塔相比较，操作弹性最大的是（　　　　），造价最昂贵的是（　　　　），单板压降最小的是（　　　　）。

53. 板式塔不正常操作现象有（　　　　）、（　　　　）、（　　　　）和（　　　　）。

54. 评价塔板性能的标准主要是（　　　　）条，它们分别是（　　　　）、（　　　　）、（　　　　）、（　　　　）、（　　　　）。

55. 塔板负荷性能图中有（　　　　）条线，它们分别是（　　　　）、（　　　　）、（　　　　）、（　　　　）、（　　　　）。

56. 为了便于塔设备内部附件的安装、修理、防腐、检查和清洗，往往要开设（　　　　）或（　　　　）。

57. 当物系清洁、不需经常清洗时，对板式塔每隔（　　　　）塔板开设一个人孔；当物系较脏、需常清洗时，每隔（　　　　）塔板开设一个人孔，凡有人孔处的塔板间距应等于或大于（　　　　）mm。

58. 在塔的设计中一般取塔顶空间高度为（　　　　）m，以利于（　　　　）和塔顶附件的安装。

59. 在精馏、吸收等设备中，通常在设备的顶部设有（　　　　），用于分离出口气中（　　　　），以提高产品质量，减少液沫损失。

60. 单流型塔板板面通常可划分为（　　　　）、（　　　　）、（　　　　）、（　　　　）几个区域。

61. 气液两相呈平衡状态时，气液两相温度（　　　　），但气相组成（　　　　）液相组成。

62. 气液两相组成相同时，则气相露点温度（　　　　）液相泡点温度。

63. 在精馏过程中，增大操作压力，则物系的相对挥发度（　　　　），塔顶温度（　　　　），塔釜温度（　　　　），对分离过程（　　　　）。

64. 所谓理论板是指该板的气液两相（　　　　），且塔板上（　　　　）。

65. 精馏塔有（　　　　）进料热状态，其中（　　　　）进料 q 值最大，进料温度 t_F

（　　　　　）泡点温度 t_b。

66. 塔板的操作弹性是指（　　　　　）。

67. 精馏塔系统安装或大修结束后，必须对其设备进行（　　　　）、（　　　　）、（　　　　）、（　　　　）、（　　　　）等准备工作。

68. 塔的操作中，当塔处理的是易燃、易爆等危险物料时，在塔开车之前，需用（　　　　）清扫赶走塔中的空气。

69. 在塔停车期间，为了防止物料经连接管线漏入塔中而造成种种危险和麻烦，一般在清扫后于各连接管线上加装（　　　　）；对塔的各法兰、人孔、焊口等处，用（　　　　）等检查。

70. 精馏塔要维持稳定的操作，应当做到三个平衡，即（　　　　）、（　　　　）、（　　　　）。

71. 精馏塔内出现淹塔现象，其原因可能是（　　　　）。

72. 精馏塔的操作中出现塔顶温度不稳定，其原因可能是（　　　　）。

73. 精馏塔的操作中釜温及压力出现不稳，其原因可能是（　　　　）。

74. 多次部分汽化，在（　　　　）相中，可提到高纯度的（　　　　）挥发组分；多次部分冷凝，在（　　　　）相中，可得到高纯度的（　　　　）挥发组分。

75. 工业上精馏装置，由（　　　　）、（　　　　）器、（　　　　）器等构成。

76. 在整个精馏塔内，各板上易挥发组分浓度由上而下逐渐（　　　　），在某板上的浓度与进料浓度（　　　　）或（　　　　）时，料液就由此引入。

77. 塔底几乎是纯（　　　　）挥发组分，整个塔内的温度由上而下逐渐（　　　　）。

78. 塔顶的（　　　　）回流与塔底的（　　　　）回流是精馏塔得以稳定操作的必要条件。

79. 通过全塔物料衡算，可求得进料和塔顶、塔底产品的（　　　　）与（　　　　）之间的关系。

80. 塔内（　　　　）两层塔板间的气液相之间的浓度关系，称为（　　　　）关系，表达这种关系的数学式叫（　　　　）。

二、判断题

1. 最小回流比状态下的理论塔板数为最少理论塔板数。 （　　　）

2. 精馏塔中，为了提高塔顶产品纯度，可提高塔顶温度。 （　　　）

3. 减压操作可以提高物料沸点。 （　　　）

4. 同一温度下，不同液体的饱和蒸气压不同。 （　　　）

5. 在精馏塔内任意一块理论板，其气相露点温度大于液相泡点温度。 （　　　）

6. 在理想的两组分溶液中，组分 A 和 B 的相对挥发度 $\alpha = 1$ 的混合溶液不能用普通的精馏方法分离。 （　　　）

7. 根据恒摩尔流假设，精馏塔内气、液两相的摩尔流量一定相等。 （　　　）

8. 蒸馏操作的依据是物系中组分间的沸点的差异。 （　　　）

9. 当分离要求和回流比一定时，进料的 q 值越大，所需总理论板数越多。 （　　　）

10. 石油蒸馏时，也只是从塔顶、塔底出料。 （　　　）

11. 在 y-x 图中，任何溶液的平衡线都在对角线上方。 （　　　）

12. 没有回流，任何蒸馏操作都无法进行。 （　　　）

13. 精馏塔的操作线方程式是通过全塔物料衡算得出来的。 （　　）

14. q 线方程式是通过进料板热量衡算得到的。 （　　）

15. 习惯上把精馏塔的进料板划为提馏段。 （　　）

16. 间接加热的蒸馏釜相当于一块理论板。 （　　）

17. 在精馏塔中，每一块塔板上的气、液相都能达到平衡。 （　　）

18. 精馏操作中，以最小回流比时的理论塔板数为最少。 （　　）

19. 精馏塔的板间距不会影响分离效果。 （　　）

20. 分离液体混合物时，精馏比简单蒸馏较为完全。 （　　）

21. 精馏塔分为精馏段、加料板、提馏段三个部分。 （　　）

22. 塔顶冷凝器中的冷凝液既可全部作为产品，也可部分回流至塔内。 （　　）

23. 全塔物料衡算时，各流量和组成既可采用摩尔流量和摩尔分数，也可采用质量流量和质量分数。 （　　）

24. 实现规定的分离要求，所需实际塔板数比理论塔板数多。 （　　）

25. 采用图解法与逐板法求理论塔板数的基本原理完全相同。 （　　）

26. 平衡线和操作线均表示同一塔板上气液两相的组成关系。 （　　）

27. 安装出口堰是为了保证气液两相在塔板上有充分的接触时间。 （　　）

28. 降液管是塔板间液流通道，也是溢流液中所夹带气体分离的场所。 （　　）

29. 降液管与下层塔板的间距应大于出口堰的高度。 （　　）

30. 在塔的操作中应先充氮置换空气后再进料。 （　　）

31. 在塔的操作中应先停再沸器，再停进料。 （　　）

三、选择题

1. 精馏的操作线为直线，主要是因为（　　）。

A. 理论板假设　　　　　　　　　　B. 理想物系

C. 塔顶泡点回流　　　　　　　　　D. 恒摩尔流假设

2. 某二元混合物，其中 A 为易挥发组分，液相组成为 $x_A = 0.5$ 时相应的泡点为 t_1，气相组成 $y_A = 0.3$ 时相应的露点为 t_2，则（　　）。

A. $t_1 = t_2$　　　　B. $t_1 < t_2$　　　　C. $t_1 > t_2$　　　　D. 无法判断

3. 精馏段操作线方程表示的是（　　）之间的关系。

A. y_i 与 x_i　　　B. y_{i+1} 与 x_i　　　C. y_i 与 x_{i+1}　　　D. y_{i+1} 与 x_{i-1}

4. 精馏段操作线与 y 轴的交点坐标为（　　）。

A. $\left(0, \dfrac{R}{R+1}\right)$　　　　　　　　B. $\left(0, \dfrac{R}{R+1}x_D\right)$

C. $\left(0, \dfrac{R}{R+1}\right)$　　　　　　　　D. $\left(0, \dfrac{R}{R+1}x_D\right)$

5. 提馏段操作线经过对角线上的点是（　　）；

A. (x_F, x_F)　　　B. (x_D, x_D)　　　C. (x_W, x_W)　　　D. 以上都不对

6. 某二元混合物，其中 A 为易挥发组分，液相组成为 $x_A = 0.5$ 时相应的泡点为 t_1，与之相平衡的气相组成 $y_A = 0.75$ 时相应的露点为 t_2，则（　　）。

A. $t_1 = t_2$　　　　　　　　　　B. $t_1 < t_2$

C. $t_1 > t_2$　　　　　　　　　　D. 无法判断

7. 溶液连续精馏计算中，进料热状况的变化将引起以下线的变化( )。

A. 提馏段操作线与 q 线　　　　　B. 平衡线；

C. 平衡线与精馏段操作线　　　　D. 平衡线与 q 线

8. 精馏分离二元理想混合物，已知回流比 $R=3$，相对挥发度 $\alpha=2.5$，塔顶组成 $x_D=0.96$，测得自上而下数第4层板的液相组成为0.4，则第3层板的液相组成为0.45，则第4层板的单板效率为( )。

A. 107.5%　　　　B. 44.4%　　　　C. 32.68　　　　D. 62.5%

9. 实现精馏操作的根本手段是( )。

A. 多次汽化　　　　　　　　　　B. 多次冷凝

C. 多次部分汽化和多次部分冷凝

10. 精馏塔( )进料时，0<q<1；

A. 冷液体　　　　　　　　　　　B. 饱和液体

C. 气、液混合物　　　　　　　　D. 饱和蒸气

11. 在 $y-x$ 图中，平衡曲线离对角线越远，该溶液越是( )。

A. 难分离　　　　　　　　　　　B. 易分离

C. 无法确定分离难易　　　　　　D. 与分离难易无关

12. 在精馏塔内，压力和温度变都比较小，计算中通常可以取塔底和塔顶相对挥发度的( )平均值作为整个塔的相对挥发度的值。

A. 对数　　　　B. 算术　　　　C. 几何

13. 相对挥发度为( )的溶液，都可以用普通蒸馏方法分离。

A. 等于1　　　　　　　　　　　B. 小于1和大于

C. 只有小于1

14. 物系组分间的相对挥发度越小，则表示分离该物系( )。

A. 容易　　　　B. 困难　　　　C. 完全　　　　D. 不完全

15. 化工生产中，精馏塔的最适宜回流比是最小回流比的( )倍。

A. 1.5~2.5　　　　B. 1.1~2　　　　C. 2~2.5

16. 水蒸气蒸馏(汽提)时，混合物的沸点( )。

A. 比低沸点物质沸点高　　　　　B. 比高沸点物质沸点高

C. 比水沸点低　　　　　　　　　D. 比水沸点高

17. 精馏操作中，回流比越大，分离效果( )。

A. 越好　　　　B. 越差　　　　C. 没变化　　　　D. 难确定

18. 降低精馏塔的操作压力，可以( )。

A. 降低操作温度，改善传热效果　　B. 降低操作温度，改善分离效果

C. 提高生产能力，降低分离效果　　D. 降低生产能力，降低传热效果

19. 增大精馏塔塔顶冷凝器中的冷却水量，可以( )塔顶压力。

A. 降低　　　　B. 提高　　　　C. 不改变

20. 操作中的精馏塔，若选用的回流比小于最小回流比，则( )。

A. 不能操作　　　　　　　　　　B. x_D、x_w 均增加

C. x_D、x_w 均不变　　　　　　D. x_D 减少，x_w 增加

21. 用精馏塔完成分离任务所需理论板数为8(包括塔釜)，若全塔效率为50%，则塔

内实际板数为(　　)。

    A. 16 层　　　　　　　　B. 12 层　　　　　　　　C. 14 层　　　　　　　　D. 无法确定

22. 精馏塔的设计中,若进料热状态由原来的饱和蒸气进料改为饱和液体进料,其他条件维持不变,则所需理论板数(　　)。

    A. 增加　　　　　　　　B. 减少　　　　　　　　C. 不变　　　　　　　　D. 不确定

23. 对于饱和蒸气进料,则 L'(　　)L,V'(　　)V。

    A. 等于　　　　　　　　B. 小于　　　　　　　　C. 大于　　　　　　　　D. 不确定

24. 对理论板的叙述错误的是(　　)。

    A. 板上气液两相呈平衡状态　　　　　B. 塔釜相当于一块理论板

    C. 是衡量实际塔板分离效率的一个标准　D. 比实际塔板数多

25. 塔板上造成气泡夹带的原因是(　　)。

    A. 气速过大　　　　　　　　　　　　B. 气速过小

    C. 液流量过大　　　　　　　　　　　D. 液流量过小

26. 精馏塔的下列操作中先后顺序正确的是(　　)。

    A. 先通加热蒸汽再通冷凝水　　　　　B. 先全回流再调节回流比

    C. 先停再沸器再停进料　　　　　　　D. 先停冷却水再停产品产出

四、简答题

1. 简述多组分精馏分离原理。

2. 什么样的多组分物系适合用普通精馏方法分离?

3. 简述最小回流比和回流比。

4. 简述相对挥发度和平均相对挥发度。

5. 如何确定精馏塔的进料位置?

6. 解释默弗里板效率、点效率和全塔效率。

7. 简述最少理论板数和理论板数。

8. 简述热虹吸再沸器原理。

9. 一正在运行的精馏塔,由于前段工序的原因,使料液组成 x_f 下降,而 F、q、R、V' 仍不变,试分析 L、V、L'、D、W 及 x_D、x_w 将如何变化?

10. 某分离二元混合物的精馏塔,因操作中的问题,进料并未在设计的最佳位置,而偏下了几块板。若 F、x_f、q、R、V' 均同设计值,试分析 L、V、L'、D、W 及 x_D、x_w 的变化趋势。(同原设计值相比)

五、计算题

1. 某精馏塔的进料流量和组成如下表所示。操作压力为 4.052MPa。要求乙烯回收率不小于98%;塔釜液中甲烷流量不大于 0.051kmol/h。试用清晰分割法计算该塔塔顶产品和塔釜液的流量和组成。

组分	CH_4	C_2H_4	C_2H_6	C_3H_8	C_4	合计
流量 $F/(kmol/h)$	30.0	35.0	20.0	10.0	5.0	100.0

2. 用简捷法计算上题的精馏塔的理论塔板数和进料位置,已知回流比是最小回流比的1.5倍。塔顶产品和塔釜液中组分分割按上题的计算结果。塔顶为全凝器,泡点回流,饱和液体进料。

3. 已知脱丙烷塔的进料组成如下表所示。要求丙烷在塔釜的浓度不大于0.005，丁烯在塔顶产品中的浓度也不大于0.005(均为摩尔分数)试用清晰分割法确定塔顶和塔釜产品的流量和组成。

组分	$C_2H_6(1)$	$C_3H_6(2)$	$C_3H_8(3)$	$C_4H_8(4)$	$C_4H_{10}(5)$	合计
流量 F/(kmol/h)	0.50	16.00	18.50	8.00	7.00	50.00

4. 题目同上题，如果塔的操作压力为1700kPa，进料状态 $q=-0.5$，塔顶温度为320K，塔釜温度为380K，试计算该塔的最小回流比。

5. 在连续精馏塔中，原料的流量和进料组成及操作条件下的平均相对挥发度如下表所示。

组分	CH_4	$C_2H_6(1)$	$C_3H_6(h)$	C_3H_8	$i\text{-}C_4H_{10}$	$n\text{-}C_4H_{10}$	合计
流量 F/(kmol/h)	5	35	15	20	10	15	100
$\alpha_{i,h}$	10.95	2.59	1.00	0.884	0.442	0.296	

按照分离要求，在馏出液中回收进料中乙烷的95.5%，在釜液中回收丙烯的94.0%(均为摩尔分数)，试用非清晰分割法计算塔顶、塔釜的产品分布。

6. 用简捷法计算脱丙烷塔的理论塔板数及进料位置。根据分离要求，确定丙烷为轻关键组分，丁烯为重关键组分。同时已知进料为气液混合物，轻、重关键组分在进料中的摩尔分数为 $z_1=0.3100$，$z_h=0.1766$。进料条件下轻、重关键组分的相平衡常数分别为 $k_1=1.34$，$k_h=0.613$。最小回流比为1.15，操作回流比是最小回流比的1.4倍，其他条件见下表。

编号	组分	馏出液		釜液量	
		$x_{D,i}$/%(摩尔)	k_{Di}	$x_{W,i}$/%(摩尔)	k_{Wi}
1	C_2H_6	0.76	2.6	0	4.8
2	C_3H_6	46.16	1.07	0	2.45
3	$C_3H_8(lk)$	52.57	0.95	0.51	2.25
4	$C_4H_8(hk)$	0.51	0.395	42.70	1.145
5	C_4H_{10}	0	0.32	45.40	0.97
6	C_5	0	0.12	11.39	0.45
	合计	100.00		100.00	

7. 某具有气相侧线采出的复杂精馏塔及部分物料衡算结果如下图所示，如果取 $R=1.25R_m$。

进料状态 $q=0.5$，试计算恒摩尔流条件下上、中、下三段的气液相负荷、精馏塔的回流比、理论塔板数。

已知精馏体系近似为完全理想体系，饱和蒸气压 $\lg p_i^s = A - \dfrac{B}{C+T}$($p_i^s$: kPa；$T$: ℃)，式中各组分系数列于下表。

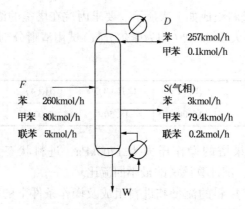

组分	苯	甲苯	联苯
A	6.927418	5.999127	6.36895
B	2037.562	1253.273	1997.558
C	340.2042	203.9267	202.608

8. 某乙烯精馏塔进料量 $F=100kmol/h$，进料组分和组成如下表所示：

组分	CH_4	C_2H_4	C_2H_6	C_3H_6	Σ
$X_{Fi}/\%$(摩尔)	0.05	0.45	0.30	0.20	1.00

分离要求：塔顶馏出液中 C_2H_6 的摩尔分数不大于 0.02，釜液中 C_2H_4 的摩尔分率不大于 0.01，试用清晰分割法确定塔顶、塔釜产品的量及组成。

解：轻关键组分：＿＿＿＿＿＿ 重关键组分：＿＿＿＿＿＿

组分	X_{Fi}	F_i	D_i	X_{Di}	W_i	X_{Wi}
CH_4	0.05					
C_2H_4	0.45					0.01
C_2H_6	0.30			0.02		
C_3H_6	0.20					
Σ	1.00	100				

结合公式：＿＿＿＿＿＿＿＿＿＿ 得：

＿＿＿＿＿＿＿＿＿＿＿＿

$D+W=100$

$D=$ ＿＿＿＿＿＿＿＿＿

$W=$ ＿＿＿＿＿＿＿＿＿

9. 利用第 8 题的物料衡算结果计算该塔各组分的相对挥发度。

已知：操作条件下的相平衡常数如下表所示（T 为温度，K）。

组分	CH_4	C_2H_4	C_2H_6	C_3H_6
k_i	$0.060T-10.380$	$0.0149T-2.770$	$0.0102T-1.900$	$0.0046T-0.9578$

解：（1）塔顶的相对挥发度：设塔顶温度 $T = 248.4K$

组分	CH_4	C_2H_4	C_2H_6	C_3H_6
y_i				
k_i				
x_i				

$\sum x_i =$ _____ + _____ + _____ + _____ = _____ ≈ _____

则塔顶温度 $T =$ _____

组分	CH_4	C_2H_4	C_2H_6	C_3H_6
k_i				
$\alpha_{ih} =$ _____				

（2）塔釜的相对挥发度：设塔顶温度 $T = 315.8K$

组分	CH_4	C_2H_4	C_2H_6	C_3H_6
x_i				
k_i				
y_i				

$\sum y_i =$ _____ + _____ + _____ + _____ = _____ ≈ _____

则塔釜温度 $T =$ _____

组分	CH_4	C_2H_4	C_2H_6	C_3H_6
k_i				
α_{ih}				

（3）全塔平均相对挥发度

组分	CH_4	C_2H_4	C_2H_6	C_3H_6
α_{ih}				

10. 利用第 8 题和第 9 题的计算结果计算该塔的理论塔板数。已知：泡点进料。

解：（1）计算最小回流比 R_m

设 $\theta = 1.1500$，则_____（填公式）以验证 θ 的正确性

即（　　　）+ _____ + _____ + _____

= _____ ≈ $1-$ _____

此时 $R_m =$ _____（填写公式）

= _____ + _____ + _____ + _____

= _____

（2）计算实际回流比 R

若 $R=1.5R_{m}$，$R=($ $)$。

（3）计算理论塔板数

最少理论塔板数 $N_{m}=$ _____（填写公式）

                  $=$ _____（计算过程）

                  $=$ _____（填写结果）。

根据吉利兰关联图：$X=\dfrac{R-R_{m}}{R+1}=$ _____ $=$ _____

$Y=\dfrac{N-N_{m}}{N+1}=0.75-0.75X^{0.5668}=$ _____ $=$ _____

则平衡级数 $N=$ _____

项目 5　特殊精馏技术

学习目标

学习目的：

通过本章的学习，掌握用精馏原理分离相对挥发度接近于 1 的物系的方法，为萃取精馏、共沸精馏等特殊精馏的实际操作打下理论基础。

知识要求：

熟悉加盐精馏、萃取精馏、共沸精馏的原理和工艺流程；

掌握萃取精馏、共沸精馏相关工艺计算；

了解特殊精馏塔的操作要点。

能力要求：

熟练特殊精馏的工业应用；

能对特殊精馏过程作相应的计算，为实际操作建立理论基础。

基本任务

多组分普通精馏方案的选择原则中有一条是：对于相对挥发度接近于 1，分离难度大的组分应安排在精馏流程的末端进行分离。不仅如此，为了分离沸点差太小，或相对挥发度接近，或组分非理想性的物质，如 $\gamma_1 p_1^s \approx \gamma_2 p_2^s$，达到节省设备投资、降低能耗的目的，化工生产中必须采用一些行之有效的措施，如加盐精馏、萃取精馏、共沸精馏、反应精馏（或称催化精馏）等特殊精馏方法。

5.1　特殊精馏案例

5.1.1　加盐精馏案例

加盐精馏是向精馏塔顶连续加入可溶性盐，以改变组分间的相对挥发度，使利用普通精馏难以分离的液体混合物变得易于分离的一种特殊精馏方法。

加盐精馏的原理是在被分离体系中加入盐，其中某种组分 i 对盐的溶解度较大时，i 组分与盐分子之间的作用力较大，挥发度降低的程度也较大；反之溶解度较低的组分，挥发度降低的程度也较低。因此，相对挥发度比未加盐时显著增大，从而有利于采用精馏的方法予以分离。对一些能够形成恒沸物的溶液，加盐使相对挥发度发生变化，能够使恒沸物的组成改变或消除恒沸物，从而使分离容易进行。

加盐精馏与萃取精馏相比，用盐作为分离剂的优点有：①盐是完全不挥发的，易在塔顶得到很纯的产品；②用少量的盐即可取得显著效果；③可缩小设备尺寸和降低热能消耗，过程经济性较高。

【案例 5.1.1.1】 乙醇-水溶液分离

图 5-1 是乙醇-水溶液的气液相平衡关系图，从图中可以看出，在低浓度时，如乙醇浓度低于 40%（摩尔），乙醇与水之间相对挥发度较大；然而水中乙醇逐渐被提浓，相对挥发度就越接近于 1，当乙醇浓度为 89.4%（摩尔）时，乙醇与水达到共沸，共沸温度是 78.2℃。普通精馏得不到纯乙醇。

如果将乙醇与水的混合液从塔的中部加入（如图 5-2 所示），醋酸钾溶于回流液中从塔顶加入。由于醋酸钾的存在，乙醇与水不再能形成恒沸物，于是从塔顶可直接得到纯乙醇，从塔底得到醋酸钾的水溶液。将此水溶液蒸发以回收醋酸钾，供循环使用。

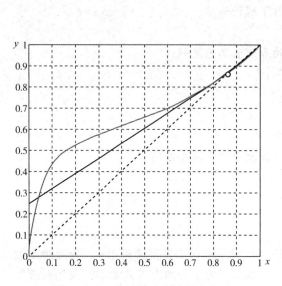

图 5-1　乙醇-水溶液气液相平衡图

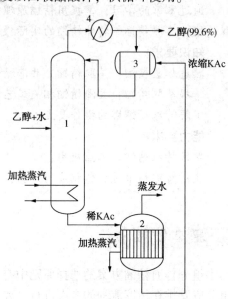

图 5-2　乙醇-水溶液加盐精馏流程
1—精馏塔；2—蒸发器；3—回流罐；
4—塔顶冷却器

许多盐都能改变乙醇-水溶液的相对挥发度，表 5-1 列出了部分盐对乙醇水溶液相对挥发度的影响。

表 5-1　各种盐对乙醇-水溶液相对挥发度的影响

序号	分离剂（盐）	相对挥发度	序号	分离剂（盐）	相对挥发度
1	不加盐	1.01	7	乙二醇+AlCl₃	4.15
2	饱和 CaCl₂	3.13	8	乙二醇+KNO₃	1.90
3	CH₃COOK	4.05	9	乙二醇+Cu(NO₃)₂	2.35
4	乙二醇+NaCl	2.31	10	乙二醇+Al(NO₃)₃	2.87
5	乙二醇+CaCl₂	2.56	11	乙二醇+CH₃COOK	2.40
6	乙二醇+SrCl₂	2.60	12	乙二醇+K₂CO₃	2.60

从表 5-1 可以看出，虽然许多盐都对乙醇脱水操作是有益的，然而，最有效的还是加入醋酸钾，不仅相对挥发度最大，同时不需引入更多分离剂，经济有效。分离流程图如图 5-2 所示。

其他的例子还很多，如：常压下，异丙醇沸点为 82.4℃，水的沸点为 100℃，二者的混合物中异丙醇浓度为 87.9%(质)时共沸，共沸温度为 80.4℃；在异丙醇的水溶液中加入氯化钙时，恒沸点消失，由此可精馏制取高纯度异丙醇。又如：在硝酸的水溶液中加入硝酸锌进行精馏，不需很多理论板，在不大的回流比下可以得到高浓度的硝酸，如果不加硝酸锌，用普通精馏方法是不可能从硝酸的水溶液中获得高浓度硝酸的。

【案例 5.1.1.2】 乙酸乙酯-乙醇分离

常压下，乙酸乙酯的沸点为 77.2℃，乙醇的沸点为 78.4℃。乙酸乙酯和乙醇的混合物在 101.39kPa 下，其恒沸组成为含乙酸乙酯 53.9(摩尔)，其恒沸温度为 71.8℃，其气液平衡关系如图 5-3 虚线所示，若在混合液中加入氯化锌后，盐效应改变了原来的气液平衡关系。图 5-3 中实线 1、2、3 分别示出，氯化锌的量分别为 0.11%、0.21%、0.33% 递增时，原溶液相对挥发度增加愈明显。利用普通精馏可以将图中 3 线所对应的气液平衡关系的溶液轻松分离。

同时，氯化锌能同时溶解于乙醇和乙酸乙酯，但在加盐精馏过程中，乙酸乙酯从塔顶采出，氯化锌和乙醇作为塔釜产品。由于氯化锌的挥发性小，所以对釜液进行蒸发操作，便可分离开乙醇和氯化锌。实际流程和醋酸钾水溶液的浓缩非常相似。

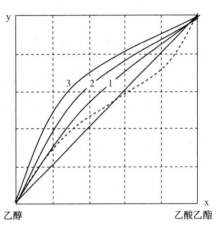

图 5-3 加盐对乙酸乙酯-乙醇相平衡的影响
图中 1、2、3 线氯化锌含量分别为
0.11%、0.21%、0.33% 时

5.1.2 萃取精馏案例

萃取精馏和加盐精馏相似，也是原溶液的沸点接近或 $\gamma_1 p_1^s \approx \gamma_2 p_2^s$，难以用普通精馏方法分离。萃取精馏加入的分离剂是液体溶剂(或称为萃取剂)，向原料液中加入第三组分(溶剂)以改变原有组分间的相对挥发度，从而实现原溶液组分的分离。通常，要求萃取剂的沸点较原料液中各组分的沸点高很多，且不与原溶液中任何组分形成恒沸物。

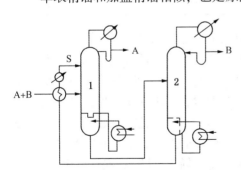

图 5-4 乙醇-水萃取精馏流程
1—萃取精馏塔；2—萃取剂回收塔
A+B—乙醇水溶液；A—乙醇；
B—水；S—乙二醇

【案例 5.1.2.1】 乙醇-水溶液分离

乙醇与水的混合液以乙二醇(沸点 197.3℃)为萃取剂，则乙醇对水的相对挥发度为 1.85，采用双塔操作流程，在萃取精馏塔顶获得乙醇，在萃取剂回收塔顶采出水，同时在塔底获得乙二醇，并循环至萃取精馏塔上部重复使用。分离方法和流程图见图 5-4。

【案例 5.1.2.2】 苯-环己烷均相物系分离

萃取精馏也常用于分离各组分沸点(挥发度)差别很小的溶液。例如,在常压下,苯的沸点为80.1℃,环己烷的沸点为80.73℃,若在溶液中加入萃取剂糠醛(沸点161.7℃),则溶液的相对挥发度发生显著的变化,如表5-2所示。

表5-2 糠醛对苯-环己烷均相物系相对挥发度的影响

糠醛的浓度/%(摩尔)	0.00	0.20	0.40	0.50	0.60	0.70
环己烷/苯相对挥发度	0.98	1.38	1.86	2.07	2.36	2.70

分离流程图可以参照图5-4,A-B对应环己烷-苯均相溶液;A对应环己烷;B对应苯;S对应糠醛。

经过分离得到环己烷浓度98.18%(摩尔),苯浓度95.74%(摩尔),回收糠醛浓度99.76%(摩尔)。

【案例 5.1.2.3】 从碳四馏分中萃取提取丁二烯

石油烃裂解产物经一系列精馏分离,从脱丁烷塔顶馏出的碳四馏分所含组分的种类和它们的相对挥发度见表5-3。在不加萃取剂时,C_4馏分中,异丁烯、1-丁烯和丁二烯的相对挥发度相差很小;加入萃取剂后,各组分间的相对挥发度显著增大,有利于将其他组分与丁二烯分离。

表5-3 碳四馏分的部分组成及在不同萃取剂中的相对挥发度

组分	正丁烷	异丁烷	异丁烯	1-丁烯	反-2-丁烯	顺-2-丁烯	丁二烯	丙炔	丁炔	乙烯基乙炔
组成/%(摩尔)	5.013	1.253	27.156	15.974	6.489	5.291	38.308	0.098	0.311	0.108
无萃取剂时相对挥发度 (51.7℃,0.69MPa)	0.886	1.18	1.03	1.02	0.845	0.805	1.00			
以含水4%(质)的糠醛水溶液为萃取剂	2.00	2.80	1.55	1.50	1.21	1.13	1.00			
以含水14.2%(质)的乙腈水溶液为萃取剂($x_S = 0.8$)	3.11	4.35	1.89	1.89	1.58	1.37	1.00	1.05	0.462	0.379

由于C_4馏分中所含组分较多,从10种组分中提取丁二烯,流程长、工艺复杂,操作难度是显而易见的。如果以乙腈水溶液为萃取剂,提取丁二烯工艺流程见图5-5。由裂解气分离工序送来的碳四馏分首先送入脱C_3塔1、脱C_5塔2,将C_3、C_5脱除,减少高聚物的生成,以保证丁二烯纯度。丁二烯萃取精馏塔3分为两段,共120块塔板,塔顶压力为0.45MPa,塔顶温度为46℃,塔釜温度为114℃。C_4馏分由塔中部进入,乙腈由塔顶第3块板加入。经萃取精馏分离后,塔顶蒸出的丁烷、丁烯馏分进入丁烷、丁烯水洗塔7水洗,塔釜排出的含丁二烯及少量炔烃的乙腈溶液,进入丁二烯蒸出塔4;在该塔中丁二烯、炔烃从乙腈中蒸出,并送进炔烃萃取精馏塔5;其塔釜排出的乙腈经冷却后供丁二烯萃取精馏塔循环使用,炔烃萃取精馏塔5的腈烃比为3~4,回流比为2~4,由于丁二烯、炔烃、丁烯在液相时几乎全溶于乙腈,且相对挥发度大,所以塔板数较少。经萃取精馏后,塔顶丁二烯送丁二烯水洗塔8,脱除丁二烯中微量的乙腈,塔釜排出的乙腈与炔烃一起送

入炔烃蒸出塔6。为防止乙烯基乙炔爆炸，炔烃蒸出塔顶的炔烃馏分必须间断地或连续地用丁烷、丁烯馏分进行稀释，使乙烯基乙炔的含量低于30%（摩尔）。炔烃蒸出塔釜排出的乙腈返回炔烃蒸出塔6循环使用，塔顶排放的炔烃送出用作燃料。

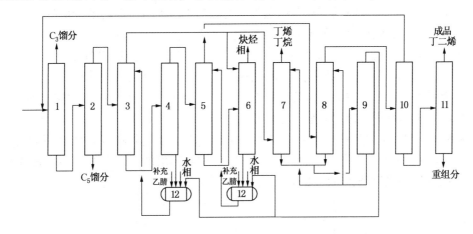

图 5-5　乙腈法萃取丁二烯工艺流程图

1—脱 C_3 塔；2—脱 C_5 塔；3—丁二烯萃取精馏塔；4—丁二烯蒸出塔；5—炔烃萃取精馏塔；
6—炔烃蒸出塔；7—丁烷、丁烯水洗塔；8—丁二烯水洗塔；9—乙腈回收塔；
10—脱轻组分塔；11—脱重组分塔；12—乙腈中间储槽

经水洗塔8后的丁二烯送脱轻组分塔10，脱除丙炔和少量水分，塔釜丁二烯中的丙炔小于 $5×10^{-6}$，水分小于 $10×10^{-6}$。为保证丙炔含量不超标，塔顶产品丙炔允许伴随60%左右的丁二烯。丙炔挥发性大，不易冷凝。当塔顶气体冷却冷凝至一定温度后，含丙炔的未凝气体以气相排出。对脱轻组分塔来说，当釜压为0.45MPa、温度为50℃左右时，回流量为进料量的1.5倍，塔板为60块左右，即可保证塔釜产品质量。

脱除轻组分的丁二烯送脱重组分塔11，脱除顺-2-丁烯、1，2-丁二烯、2-丁炔、二聚物乙腈及 C_5 等重组分。其塔釜丁二烯含量不超过5%（质），塔顶蒸气经过冷凝后即为成品丁二烯。成品丁二烯纯度为99.6%（体）以上，乙腈小于 $10×10^{-6}$，总炔烃小于 $50×10^{-6}$。为了保证丁二烯质量要求，脱重组分塔采用85块塔板，回流比为4.5，塔顶压力为0.4MPa左右。

乙腈回收塔9塔釜排出的水经冷却后，送水洗塔循环使用；塔顶的乙腈与水共沸物（共沸物含水14.2%，共沸温度76℃）返回萃取精馏塔系统。另外，部分乙腈送去净化再生，以除去其中所积累的杂质，如盐、二聚物和多聚物等。

类似的例子如项目1中图1-3所示，石脑油催化重整提取芳烃工艺过程，石脑油经重整后，重整油中芳烃含量大大提高，但与其他非芳烃沸点接近，要更有效地提取重整油中的芳烃，萃取是最有效的方法。图1-3中萃取塔5、再生塔6、甲苯塔7、二甲苯回收塔8完整说明了萃取精馏生产芳烃的工艺过程。

5.1.3　共沸精馏案例

共沸物是指在一定压力下，气液相组成与沸腾温度始终不变的这一类溶液。共沸精馏是在原溶液中添加共沸剂S（又称夹带剂），使其与溶液中至少一个组分（如A）形成最低共沸物，以增大原溶液组分间相对挥发度的非理想溶液多元精馏。形成的共沸物从塔顶采出，塔釜引出较纯产品，最后将共沸剂 S 与组分 A 加以分离。

共沸物又分为最低共沸物与最高共沸物两种。

(1) 最低共沸物

某些溶液在某一组成时其两组分的蒸气压之和出现最大值，即溶液的蒸气对理想溶液发生正偏差，$\gamma_i > 1$。此种溶液的泡点比两纯组分的沸点都低，是具有最低共沸点的溶液。如醋酸甲酯沸点 57.2℃，甲醇沸点 64.5℃，在常压下将 65%的醋酸甲酯和 35%的甲醇(均为摩尔分数)混合时所形成的共沸物，其共沸点为 54℃。具有最大共沸点的溶液在精馏过程中，只要塔顶温度控制在共沸温度，则在塔顶持续蒸出固定组成的恒沸物，根据物料衡算，塔底可以采出形成共沸物以后多余的组分。

【例 5-1】 甲醇(1)和醋酸甲酯(2)溶液 100mol，对此溶液进行间歇蒸馏分离(见图 5-6)，控制蒸馏温度 54℃，若干时间段后，已没有馏出液时，那么下列两种进料组成下，共沸物的量和组成是多少？釜残液是什么？量是多少？

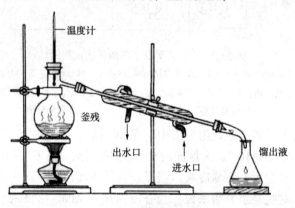

图 5-6 间歇蒸馏操作

1) 含甲醇(1)50%(摩尔)；

2) 含甲醇(1)10%(摩尔)。

解：因为共沸物组成是固定值，设共沸物中组分(1)和(2)量的比为 λ，馏出的恒沸物组成含甲醇(1)35%，醋酸甲酯(2)65%，共沸液中甲醇(1)和醋酸甲酯(2)组成比 $\lambda = \dfrac{35\%}{65\%} = 0.5385$。

如果进料组成中甲醇和醋酸甲酯的比值 $z_1 : z_2 > \lambda$，说明甲醇(1)过量，釜残液为甲醇；如果 $z_1 : z_2 = \lambda$，则说明两种物质混合物正好是共沸组成，蒸馏没有结果，馏出物和釜液同组成，蒸馏终点没有釜残。如果 $z_1 : z_2 < \lambda$，说明甲醇(1)量不足，醋酸甲酯(2)过量，釜残液为醋酸甲酯。

设馏出液的量为 D，釜残液量为 W。

1) 进料含甲醇(1)50%，$z_1 : z_2 = 1 > 0.5385$，所以釜液为甲醇，纯度近于纯净。

蒸馏过程物料衡算为：$100 = D + W$；

对甲醇作物料衡算：$100 \times 0.5 = 0.35D + w_1$

显然 $W = w_1$。

解得馏出共沸物量 $D = 76.923$mol(其中含甲醇 $0.35D = 26.923$mol，含醋酸甲酯 50mol)，剩余甲醇在釜液中的量为 $W = w_1 = 23.077$mol。

2）进料含甲醇（1）10%时，$z_1 : z_2 = 0.1111 < 0.5385$，所以釜液为醋酸甲酯，纯度近于100%。

蒸馏过程物料衡算为：$100 = D + W$；

对甲醇作物料衡算：$100 \times 0.1 = 0.35D + 0$

显然 $D = 28.571 \text{mol}$（其中含甲醇 $0.35D = 10.0 \text{mol}$，含醋酸甲酯 18.571mol）。

釜液为醋酸甲酯，$W = w_2 = 100z_2 - 18.571 = 71.429 \text{mol}$。

对于出现最低共沸物的物系，由于操作温度低，精馏过程更节省能源，也是分离过程从稀溶液中提取有机物质的一种有效方法。化工分离过程中，只要所使用精馏塔的塔板数足够，就可以从塔顶得到最低恒沸物，从塔釜得到接近于纯组分的分离要求。然而共沸物仍然是混合物，要把共沸物分离，需对其再进行加盐精馏或萃取精馏，才能完成真正的分离目的。

（2）最高共沸物

有些溶液在某一组成时其两组分的蒸气压之和出现最小值，溶液的蒸气对理想溶液发生负偏差，即 $r_i > 1$ 则形成最高共沸物。如丙酮的沸点 56.2℃，氯仿沸点 61.7℃，氯仿-丙酮溶液为负偏差较大的溶液，含氯仿 65.0%（摩尔）时形成最高沸点的共沸物，共沸点为 64.5℃。

出现最高共沸物的体系精馏分离时，由于操作温度高，要消耗更多的能源，并在塔顶很难得到高纯度物质，所以化工分离中几乎不用。

（3）共沸精馏案例

【案例 5.1.3.1】 **PTA 装置共沸精馏塔脱水及溶剂回收**

对苯二甲酸（PTA），相对分子质量为 166.13，结构式 $HOOC[C_6H_4]COOH$，在常温下是白色粉状晶体，无毒易燃。高纯度对苯二甲酸（PTA）与乙二醇（EG）缩聚得到聚对苯二甲酸乙二醇酯（PET），还可以与 1，4-己二醇或 1，4-环己烷二甲酸反应生成相应的酯，主要用于生产聚酯。而聚酯纤维是合成纤维最主要的品种，在世界合成纤维总产量中占约80%的比例。

PTA 的应用比较集中，世界上 90% 以上的 PTA 用于生产聚对苯二甲酸乙二醇酯，其他部分是作为聚对苯二甲酸丙二醇酯（PTT）和聚对苯二甲酸丁二醇酯（PBT）及其他产品的原料。

1）PTA 生产工艺

PTA 生产工艺过程可分为氧化单元和加氢精制单元两部分。PTA 是以对二甲苯（PX）为原料，醋酸（AcOH）为溶剂，在一定温度和压力下用空气氧化生成。再依次经结晶、过滤、干燥为粗品；粗对苯二甲酸经加氢脱除杂质，再经结晶、离心分离、干燥，得 PTA 成品。PTA 生产工艺如图 5-7 所示。

为保证反应的顺利进行，必须及时从系统中移走氧化反应产生的水，常压吸收塔以及高压吸收塔处理工艺气体时加入的水，要在将水移出的同时尽可能从水中回收醋酸，降低醋酸消耗。溶剂（AcOH）回收系统的作用为：①从尾气中回收醋酸；②除去溶剂中的副产物和杂质；③将水从醋酸溶液中分离出来。所以，回收系统工作状况影响 PTA 生产成本的高低和产品质量。

虽然醋酸与水不形成共沸物，且其相对挥发度较低，但采用普通精馏法进行分离所需的理论塔板数和回流比较大，相应的能耗也较高。

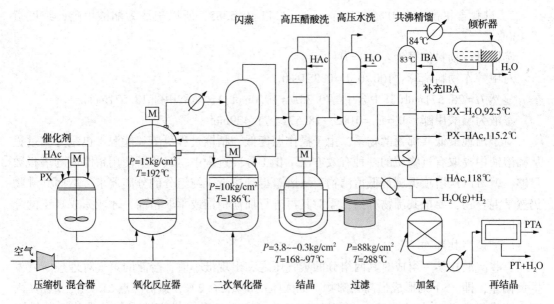

图 5-7 PTA 生产工艺流程图

2）共沸精馏的操作过程

共沸剂醋酸异丁酯（简称 IBA，沸点 116.5℃）和高压水洗塔釜液一起进入共沸精馏塔，在精馏过程中水随共沸剂 IBA 被蒸出，经冷却后与共沸剂在倾析器分层分离，共沸剂返回塔中，水排放，在塔釜中即得到醋酸。共沸精馏时一般选用形成低沸点共沸物的共沸剂，其加入量应严格控制，以减少分离过程的能耗。

该共沸精馏塔加入共沸剂后，在共沸脱水塔中形成有 5 个沸点组分的多元体系，按沸点由低到高排列为：醋酸甲酯（AcOMe）、IBA-H_2O、PX-H_2O、PX-AcOH、AcOH，它们的沸点分别是 59℃、84.4℃、92.5℃、115℃、118℃。塔顶采出 IBA-H_2O 共沸液沸点 84.4℃，经冷凝器冷凝，倾析器分离，生成两种液相，较轻的是 IBA-H_2O 油相［含水 21.06%（质）］，较重的是水相［IBA 在水中的溶解度为 0.67%（质）］。

在本侧线采出两股共沸产物，PX-H_2O 的共沸液沸点 92.5℃［含水 74.5%（质）］，PX-AcOH 共沸液沸点 115℃（AcOH 浓度 81.97%），塔釜采出 AcOH（沸点 118℃）。PX-AcOH 共沸液和塔釜 AcOH 都可以直接返回混合器循环使用。

因为 PX 的氧化反应是连串反应，原料含水量低于 20% 时，PX 的转化率都能达到 60% 左右，但反应时间明显延长（由 8min 延长至 15min），生产效率降低，所以共沸物 PX-H_2O 需进入脱水塔，以醋酸异丁酯（IBA）为共沸剂脱除水分，塔釜 PX 循环至混合器回收使用。

5.1.4 反应精馏案例

反应精馏在化工生产中的应用很广泛，基本情况有两类：

一类是原溶液组分（I，J）间有一定的相对挥发度，但通过反应可以消耗掉其中 I 组分，而达到使 J 组分纯化的目的，并且组分 I 和第三组分 S 反应生成 R，R 是一种有价值的产品，而且还与 J 组分更易于分离。工业生产中常见的这类反应精馏有：酯化、酯交换、皂化、胺化、水解、异构化、烃化、卤化、脱水、乙酰化、硝化等反应。

另一类反应则是，原溶液中若干种组分（I，J，K，M，……）中经济价值最高的 K，与 M 组分的相对挥发度非常接近(抑或形成共沸物),反应精馏就是要加入反应剂 S 与 M 生成一种经济产品 R,而使得 K 与其他组分(I,J,……)易于分离。

反应精馏适用于可逆反应,当反应产物的相对挥发度大于或小于反应物时,由于精馏作用,产物 R 离开了反应区,从而破坏了原来的化学平衡,使反应向生成产物的方向移动,提高了转化率。

根据反应类型,反应物、产物相对挥发度的关系,通常可以归纳以下 5 种反应精馏流程。

① I⇌R,若相对挥发度 $\alpha_R > \alpha_I$,则进料位置在塔下部,甚至在塔釜;产物 R 为馏出物,塔釜不出料或出料很少。如图 5-8(a)所示。

② I⇌R,若相对挥发度 $\alpha_R < \alpha_I$,则进料位置在塔上部,甚至在塔顶;釜采出产物 R,塔顶全回流操作。如图 5-8(b)所示。

③ I⇌R+D,或者 I→R→D,R 为目的产物,相对挥发度顺序为 $\alpha_R > \alpha_I > \alpha_D$,精馏的目的不但是实现产物 R 与 I 的分离,还要实现产物 R 与 D 的分离。如图 5-8(c)所示。

④ I+S⇌R+D,物系相对挥发度顺序为 $\alpha_R > \alpha_I > \alpha_S > \alpha_D$,这组分 S 在塔上部进料,I 在塔下部进料,I、S 进料口之间为反应段,I 进料口之下为提馏段,S 进料口之上为精馏段。如图 5-8(d)所示。

⑤ I+S⇌R+D,物系相对挥发度顺序为 $\alpha_I > \alpha_S > \alpha_R > \alpha_D$,组分 I 在塔下部进料,组分 S 在塔上部进料,I、S 进料口之间为反应段,塔顶全回流操作,塔釜采出 R 和 D。

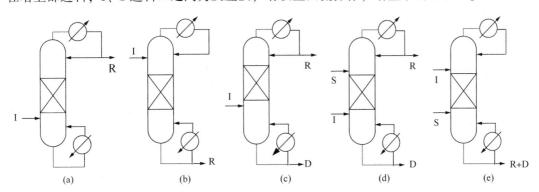

图 5-8　反应精馏流程类型

【案例 5.1.4.1】 C₄馏分中异丁烯与甲醇反应生产甲基叔丁基醚(MTBE)

以甲醇和混合 C₄ 中的异丁烯为原料,强酸性阳离子交换树脂为催化剂,合成 MTBE 的反应是一个可逆的放热反应,同时发生的副反应是异丁烯的二聚和水解,C₄ 混合烃、甲醇、MTBE 能形成两个共沸体系,一是 MTBE 和甲醇共沸,不同压力下共沸温度和组成如表 5-4 所示。二是甲醇和 C₄ 的共沸,不同压力下甲醇和 C₄ 的共沸物组成如表 5-5 所示。

表 5-4　MTBE 的二元共沸物

共沸物	沸点/℃	MTBE 浓度/%(摩尔)	共沸物	沸点/℃	MTBE 浓度/%(摩尔)
MTBE-水	52.6	96[①]	MTBE-甲醇(1.0MPa)	130	68
MTBE-甲醇(0.1 MPa)	51.6	86	MTBE-甲醇(2.5MPa)	175	54

① 冷凝液分为两相。

表 5-5　不同压力下甲醇和 C_4 的共沸物组成

塔顶压力/MPa	共沸温度/℃	C_4 摩尔分数	甲醇摩尔分数
0.5	41.5	0.951	0.049
0.7	54.1	0.926	0.074
1.0	67.9	0.896	0.104
1.2	75.0	0.874	0.126

反应精馏过程的工艺如下：水洗脱除阳离子的 C_4 混合烃与甲醇混合（烯醇比为 1∶1.05 左右），一起进入预反应器，在此完成大部分的反应，异丁烯单程转化率在 90% 左右，接近于化学平衡的反应物料进入催化精馏塔，在该塔中部设有固定的催化剂床层，作为反应区，在提馏段异丁烯和甲醇的混合物被蒸馏通过催化剂床层，异丁烯和甲醇发生醚化反应，转化率高于 99.5%，MTBE 的选择性达到 99.7% 左右（反应温度 70℃，压力 1.5MPa，烯醇比 1∶1.05，空速 $3h^{-1}$），如图 5-9 所示。通过上部精馏段，塔顶馏出 C_4 烃，及 C_4 烃和甲醇的共沸物。塔底采出 MTBE，纯度为 96% 左右。在反应精馏操作过程中，甲醇稍有过量就会落入塔釜。一旦落入塔釜，无论怎样加大塔釜供热蒸汽，甲醇也不能从塔釜蒸出，只能随 MTBE 一起从塔底排出。含有大量甲醇的 MTBE 产品，其沸点低于 MTBE 沸点。所以塔釜中含有大量甲醇，塔釜温度要低于正常操作条件下的温度，无论怎样加大供热蒸汽量，塔釜温度也不能提高到正常操作指标，同时影响 MTBE 的质量。改善这一状况的措施是严控烯醇比为 1∶1.05 左右，甲醇量不能超，但也不能小，否则影响异丁烯的转化率。

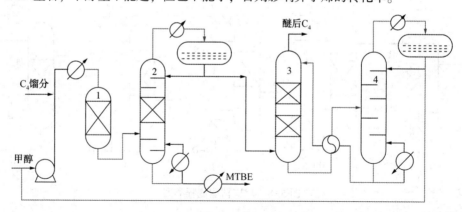

图 5-9　MTBE 催化反应精馏工艺
1—预反应器；2—反应精馏塔；3—水萃取塔；4—甲醇回收塔

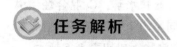 任务解析

5.2　萃取精馏

5.2.1　萃取精馏基础

萃取精馏分离的对象是相对挥发度接近的组分，分离难度大。常见的是二元或三元物

系，在萃取精馏时还要加入一种萃取剂，则体系变为三元或四元系统。对于三组分系统，需要了解三角相图及应用。

如果原溶液是二元混合物，当引入第三组分 S 作为萃取剂时，体系成为三组分系统，通常用三角相图表示系统中三组分的浓度，如图 5-10 所示。图 5-10(a)是正三角形相图，图 5-10(b)是直角三角形相图，图中三角形的顶点都代表一种纯组分，如 A 点代表三组分系统中组分 A 的纯度为 100%，而 B 和 S 的含量均为 0。三角形的任意一边代表一个二元体系，如边 AB 代表组分 A 和 B 的混合物，AB 边的中点处 $x_A = x_B = 50\%$，$x_S = 0\%$；三角相图中任意一点 P，$x_A = 20\%$，$x_B = 50\%$，$x_S = 30\%$；这一点很容易从三角相图中读出。

同时，在三角相图中可以根据杠杆规则，计算出萃取精馏塔进料量 F、萃取剂量 S、塔顶馏出物 D、塔釜采出物 W 之间的关系。如图 5-10(c)所示，图中萃取精馏塔进料 F 中 $x_A = x_B = 50\%$，点 F 是 AB 的中点，设萃取剂 S 是纯净的，则在顶点 S 处，经过萃取精馏，塔顶馏出物 D 应是 A、B、S 三元混合物，但在选择萃取剂是，我们选择 S 仅溶解 B，对 A 的溶解度很小，且忽略，萃取剂沸点高，全流向塔釜，所以塔顶馏出物 D 近似为 A 的纯净物。塔釜采出物 W 也是 A、B、S 三元混合物，但由于萃取剂选择性高，A 组分在塔釜的量且忽略，所以塔釜近似为 B 与 S 的二元混合物。连接 FS 和 DW，两条线交于点 M(点 M 的位置取决于萃取剂用量 S 的多少)。

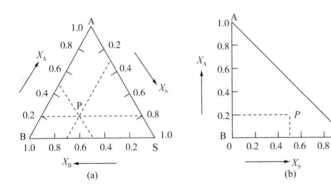 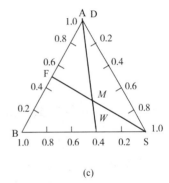

图 5-10　三角相图上的组成表示法

这样就有杠杆规则：

$$\frac{F}{S} = \frac{\overline{MS}}{\overline{MF}}, \quad \frac{D}{W} = \frac{\overline{MW}}{\overline{MD}} \tag{5-1}$$

同时根据物料衡算：

$$M = F + S = D + W \tag{5-2}$$

公式中 $\overline{MS}$、$\overline{MF}$、$\overline{MD}$、$\overline{MW}$ 代表三角相图中相应的线段长度。

5.2.2　萃取精馏流程

典型的萃取精馏流程如图 5-11 所示。图中塔 1 为萃取精馏塔，塔 2 为萃取剂回收塔。A、B 两组分混合物进入塔 1，同时向塔内加入萃取剂 S，降低组分 B 的挥发度，而使组分 A 变得易挥发。萃取

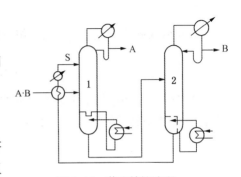

图 5-11　萃取精馏流程
1—萃取精馏塔；2—萃取剂回收塔

剂的沸点比被分离组分高，为了使塔内维持较高的萃取剂浓度，萃取剂加入口一定要位于进料板之上，但需要与塔顶保持有若干块塔板，起回收萃取剂的作用，这一段称萃取剂回收段。在该塔顶得到组分 A，而组分 B 与萃取剂 S 由塔釜流出，进入塔 2，从该塔顶蒸出组分 B，萃取剂从塔釜排出，经与原料换热和进一步冷却，循环至塔 1。

萃取精馏在工业上应用广泛，表 5-6 列举了一些工业应用实例。

表 5-6 萃取精馏的工业应用

进料中关键组分	萃取剂	进料中关键组分	萃取剂
丙酮-甲醇	苯胺，乙二醇，水	异丁烷-1-丁烯	糠醛
苯-环己烷	苯胺	2-甲基-1，3-丁二烯-戊烷	乙腈，糠醛
丁二烯-丁烷	丙酮	异戊烯-戊烯	丙酮
丁二烯-1-丁烯	糠醛	甲醇-二溴甲烷	1，2-二溴乙烷
丁烷-丁烯	丙酮	硝酸-水	硫酸
丁烯-异戊烯	二甲基甲酰胺	正丁烷-顺 2-丁烯	糠醛
异丙苯-苯酚	磷酸酯	丙烷-丙烯	乙腈
环己烷-庚烷	苯胺，苯酚	甲苯-庚烷	苯胺，苯酚
环己酮-苯酚	己二酸二酯	吡啶-水	双酚
乙醇-水	甘油，乙二醇	四氢呋喃-水	二甲基酰胺，丙二醇
盐酸-水	硫酸		

5.2.3 萃取精馏原理和萃取剂的选择

（1）萃取剂的作用

设组分 1 和组分 2 的混合物，加入萃取剂 S 进行分离。

工业上对于非理想溶液的精馏，通常在低压下（一般指 1.0MPa 以下）操作，因此，气相可视为理想气体，液相为非理想溶液，由式（2-80）可知，相平衡关系为 $k_i = \dfrac{\gamma_i^L p_i^s}{p}$，未加萃取剂时的双组分系统，组分 1 和组分 2 的相对挥发度为：

$$\alpha_{12} = \frac{\gamma_1 p_1^s}{\gamma_2 p_2^s} \tag{5-3}$$

加入萃取剂后的三组分系统，组分 1 和组分 2 的相对挥发度为：

$$(\alpha_{12})_S = \frac{p_1^s}{p_2^s}\left(\frac{\gamma_1}{\gamma_2}\right)_S \tag{5-4}$$

并将 $(\alpha_{12})_S$ 和 α_{12} 的定义为萃取剂的选择性，用 S_S 表示。通常认为有无萃取剂存在对组分 1、2 的饱和蒸气压的影响不大，所以：

$$S_S = \frac{\left(\dfrac{\gamma_1}{\gamma_2}\right)_S}{\left(\dfrac{\gamma_1}{\gamma_2}\right)} \tag{5-5}$$

$\left(\dfrac{\gamma_1}{\gamma_2}\right)$ 和 $\left(\dfrac{\gamma_1}{\gamma_2}\right)_S$ 可以由双组分和三组分的 Margules 方程来进行计算，可获得：

$$\ln S_S = x_S \left[A'_{1S} - A'_{2S} - A'_{12}(1 - 2x'_1) \right] \tag{5-6}$$

式中　　x_S——萃取剂在体系溶液中的摩尔分数；

A'_{1S}、A'_{2S}、A'_{12}——分别为组分 1 和 S、2 和 S、1 和 2 的端值常数；

$\quad\quad\quad x'_1$——组分 1 的脱萃取剂摩尔分数，或称相对浓度。

$$x'_1 = \frac{x_1}{x_1 + x_2} \tag{5-7}$$

选择性是衡量萃取剂效果的一个重要标志。由式 (5-6) 可以看出，萃取剂的选择性不仅决定于萃取剂的性质和浓度，而且也和原溶液的性质及浓度有关。

当原有两组分的沸点相近，非理想性不大时，组分 1 对组分 2 的相对挥发度接近于 1。加入萃取剂 S 后，萃取剂与组分 1 形成具有较强正偏差的非理想溶液 ($A'_{1S} > 0$)，与组分 2 形成负偏差溶液 ($A'_{2S} < 0$) 或理想溶液 ($A'_{2S} = 0$)，使 $A'_{1S} > A'_{2S}$，从而提高了组分 1 对组分 2 的相对挥发度，以实现原有两组分的分离。显然，萃取剂对 1、2 组分的作用是不同的。

当被分离物系的非理想性较大，且在一定浓度范围难以分离时，加入萃取剂后，原有组分的浓度均下降，而减弱了它们之间的相互作用。在该情况下，萃取剂主要起了稀释作用。

对于一个具体的萃取精馏过程，萃取剂对原溶液关键组分的相互作用和稀释作用是同时存在的，均对相对挥发度的提高有贡献，但到底哪个作用是主要的？事实上它们随萃取剂的选择和原溶液的性质不同而异。

（2）萃取剂的选择

在选择萃取剂时，应使原有组分的相对挥发度按所希望的方向改变，并有尽可能大的选择性。

考虑被分离组分的极性有助于萃取剂的选择，常见的有机化合物按极性增加的顺序排列为：烃→醚→醛→酮→酯→醇→二醇→（水）。选择在极性上更类似于重关键组分的化合物作萃取剂，能有效地减小重关键组分的挥发度。例如，分离甲醇（沸点 64.7℃）和丙酮（沸点 65.5℃）的共沸物，若选烃为萃取剂，则丙酮为难挥发组分；若选水为萃取剂，则甲醇为难挥发组分。

Ewell 认为，选择萃取剂时考虑组分间能否生成氢键比极性更重要。显然，若生成氢键，必须有一个活性氢原子（缺少电子）与一个供电子的原子相接触，氢键强度取决于与氢原子配位的供电子原子的性质。Ewell 根据液体中是否具有活性氢原子和供电子原子，将全部液体分成五类：

第 I 类，能生成三维氢键网络的液体：水、乙二醇、甘油、氨基醇、羟胺、含氧酸、多酚和胺基化合物等。这些是"缔合"液体，具有高介电常数，并且是水溶性的。

第 II 类，含有活性氢原子和其他供电子原子的其余液体：酸、酚、醇、伯胺、仲胺、肟、含氢原子的硝基化合物和腈化物、氨、联氨、氟化氢、氢氰酸等。该类液体的特征同 I 类。

第 III 类，分子中仅含供电子原子（O、N、F）而不含活性氢原子的液体：醚、酮、酚、酯、叔胺。这些液体也是水溶性的。

第 IV 类，由仅含有活性氢原子，不含有供电子原子的分子组成的液体：$CHCl_3$、

CH_2Cl_2、CH_2Cl—$CHCl_2$ 等。该类液体微溶于水。

第 V 类，其他液体，即不能生成氢键的化合物：烃类、二硫化碳、硫醇、非金属元素等。该类液体基本上不溶于水。

各类液体混合形成溶液时的偏差情况见表 5-7。显然，当形成溶液时仅有氢键生成则呈现负偏差；若仅有氢键断裂，则呈现正偏差；若既有氢键生成又有断裂，则情况比较复杂。从氢键理论出发将溶液划分为五种类型，并预测不同类型溶液的混合特征，对选择萃取剂是有指导意义的。例如，选择某萃取剂来分离相对挥发度接近 1 的二元物系，若萃取剂与组分 2 生成氢键，降低了组分 2 的挥发度，使组分 1 对组分 2 的相对挥发度有较大提高，则该萃取剂是符合基本要求的。

表 5-7 各类液体混合时对拉乌尔定律的偏差

类型	偏差	氢键
I +V II +V	总是正偏差 II +V 常为部分互溶	仅有氢键断裂
III +IV	总是负偏差	仅有氢键生成
I +IV II +IV	总是正偏差 II +IV 为部分互溶	既有氢键生成 又有氢键断裂
I + I I + II I + III II + II II + III	一般为正偏差 有时为负偏差 形成最高共沸物	既有氢键生成 又有氢键断裂
III + III III + V IV + IV IV + IV IV + V，V + V	接近理想溶液的正偏差 或理想溶液 最低共沸物 最低共沸物(如果有共沸物)	无氢键

萃取剂的沸点要足够高，以避免与系统中任何组分生成共沸物。沸点高的同系物作萃取剂回收容易，但相应提高了萃取剂回收塔的温度，增加了能耗。此外，尚需满足的工艺要求是：萃取剂与被分离物系有较大的相互溶解度；萃取剂在操作中是热稳定的；与混合物中任何组分不起化学反应；萃取剂比(萃取剂/进料)不得过大；无毒、不腐蚀、价格低廉易得等。

用常规的气液平衡测定方法筛选萃取剂费用昂贵，因此，常用气相色谱法快速测定关键组分在萃取剂中的无限稀释活度系数和选择性。

5.2.4 萃取精馏过程分析

5.2.4.1 萃取精馏塔物料衡算

(1) 全塔物料衡算

原溶液总物料衡算式为：

$$F = D' + W' \tag{5-8}$$

原溶液中任意物质 i 物料衡算式为：

$$F z_i = D' x'_{D,i} + W' x'_{W,i} \tag{5-9}$$

式中　F、D'、W'——原溶液系统进料、塔顶馏出液、塔釜液摩尔流量，kmol/h；

　　　z_i、$x'_{D,i}$、$x'_{W,i}$——原溶液系统 i 组分在进料、塔顶馏出液、塔釜液中摩尔分数，也称为脱萃取剂相对浓度；

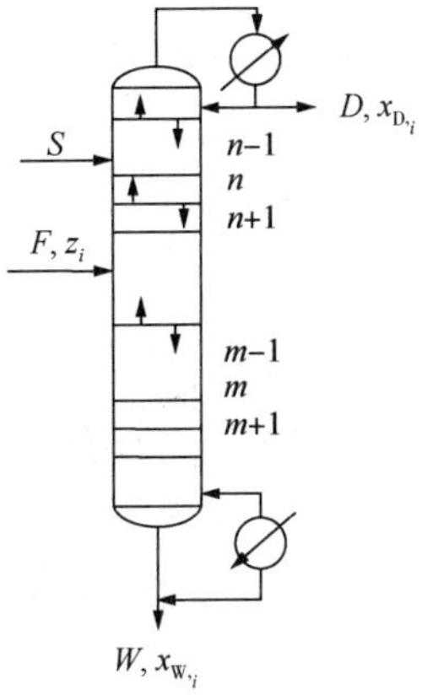

加入萃取剂后体系的物料衡算式为：

$$F + S = D + W \tag{5-10}$$

对萃取剂 S 作物料衡算为：

$$S = D x_{D,S} + W x_{W,S} \tag{5-11}$$

图 5-12　萃取精馏塔

式中　D、W——包含萃取剂时塔顶馏出液、塔釜液摩尔流量，kmol/h；

　　　$x_{D,S}$、$x_{W,S}$——塔顶馏出液、塔釜液中萃取剂摩尔分数。

显然

$$D = D' + D x_{D,S} \tag{5-12}$$

$$W = W' + W x_{W,S} \tag{5-13}$$

所以

$$D = \frac{D'}{1 - x_{D,S}} \tag{5-14}$$

$$W = \frac{W'}{1 - x_{W,S}} \tag{5-15}$$

同时对于萃取剂系统任意组分脱萃取剂后的相对浓度为：

$$x'_i = \frac{x_i}{1 - x_S} \tag{5-16}$$

式(5-14)可以用于塔顶、塔釜、任意板上组分的相对摩尔含量的计算。

（2）精馏段物料衡算和操作线方程

$$V_{n+1} + S = L_n + D \tag{5-17}$$

式中　V、S、L、D——气相、萃取剂、液相及馏出液流率；

　　　n——塔板序号（从上往下数）。

若萃取剂中不含有原溶液的组分，除萃取剂外的任意组分的物料衡算为：

$$V_{n+1} y_{n+1} = L_n x_n + D x_D \tag{5-18}$$

或者

$$y_{n+1} = \frac{L_n}{V_{n+1}} x_n + \frac{D}{V_{n+1}} x_D \tag{5-19}$$

式(5-19)也是精馏段的操作线方程。

若将式(5-19)中任意组分的含量改为脱萃取剂的相对含量，则：

$$y'_{n+1} [1 - (y_S)_{n+1}] = \frac{L_n}{V_{n+1}} x'_n [1 - (x_S)_n] + \frac{D}{V_{n+1}} x'_D [1 - (x_S)_D] \tag{5-20}$$

式中 $y'_{n+1} = \dfrac{y_{n+1}}{1-(y_S)_{n+1}}$

$$x'_{n+1} = \frac{x_{n+1}}{1-(x_S)_{n+1}}$$

$$x'_D = \frac{x_D}{1-(x_S)_D}$$

对萃取剂作物料衡算，可得：

$$V_{n+1}(y_S)_{n+1}+S=L_n(x_S)_n+D(x_S)_D \tag{5-21}$$

若 $(x_S)_D \approx 0$，则上式成为：

$$V_{n+1}(y_S)_{n+1}+S=L_n(x_S)_n \tag{5-22}$$

（3）提馏段物料衡算和操作线方程

$$V_m=L_{m-1}-W \tag{5-23}$$

对任意组分作物料衡算为：

$$V_m y_m = L_{m-1}x_{m-1}-Wx_W \tag{5-24}$$

或

$$y_m = \frac{L_{m-1}}{V_m}x_{m-1}-\frac{W}{V_m}x_W \tag{5-25}$$

式（5-25）也是提馏段操作线方程。

若将式（5-25）中任意组分的含量改为脱萃取剂的相对含量，则：

$$y'_m\left[1-(y_S)_m\right]=\frac{L_{m-1}}{V_m}x'_{m-1}\left[1-(x_S)_{m-1}\right]-\frac{W}{V_m}x'_W\left[1-(x_S)_W\right] \tag{5-26}$$

式中

$$y'_m = \frac{y_m}{1-(y_S)_m}$$

$$x'_{m-1} = \frac{x_{m-1}}{1-(x_S)_{m-1}}$$

$$x'_W = \frac{x_W}{1-(x_S)_W}$$

5.2.4.2 萃取精馏塔内流量分布

假设精馏塔内为恒摩尔流，且馏出液中萃取剂浓度很小，可以忽略不计。参阅图 5-2，列出萃取精馏塔中各段气液相负荷分别为：

萃取剂回收段：

$$V=(R+1)D \tag{5-27}$$

$$L=RD \tag{5-28}$$

精馏段：

$$V_n=(R+1)D \tag{5-29}$$

$$L_n=RD+S \tag{5-30}$$

提馏段：

$$V_m=L_m-W \tag{5-31}$$

$$L_m=L_n+qF=RD+S+qF \tag{5-32}$$

以上各式适用于塔内温度变化不大，且塔内温度与进塔萃取剂温度接近的情况，当温度变化增大时，误差会增大，此时需要热量衡算确定流量的变化。

5.2.4.3 萃取精馏塔内萃取剂用量与含量分布

在萃取精馏塔内，由于所用萃取剂的挥发度比原溶液的挥发度低得多，且用量较大，故在塔内基本维持一固定的含量值，它决定了原溶液中关键组分的相对挥发度和塔的经济合理操作。根据"恒定浓度"的概念，还可以简化萃取精馏过程的计算。

假设：①塔内为恒摩尔流；②塔顶带出的萃取剂量忽略不计。由萃取剂的物料衡算可得到：

$$V_n y_S + S = L_n x_S \tag{5-33}$$

根据相对挥发度的定义，萃取剂与原溶液之间相对挥发度可用下式表示：

$$\beta = \frac{k_S}{k} = \frac{\dfrac{y_S}{x_S}}{\dfrac{(1-y_S)}{(1-x_S)}} \tag{5-34}$$

则：

$$y_S = \frac{\beta x_S}{1+(\beta-1)x_S} \tag{5-35}$$

将式(5-34)化简可得：

$$\beta = \frac{1-x_S}{\sum_{i=1}^{n} \alpha_{iS} x_i} \tag{5-36}$$

式中　α_{iS}——组分 i 对萃取剂的相对挥发度；

x_i——组分 i 在溶液中的摩尔分数。

联解式(5-33)和式(5-35)得精馏段的萃取剂浓度为：

$$x_S = \frac{S}{(1-\beta)L_n - \left(\dfrac{\beta D}{1-x_S}\right)} \tag{5-37}$$

式(5-37)表示了萃取剂含量与萃取剂的加入量、萃取剂对原溶液的相对挥发度以及塔板间液相流率的关系。由于萃取剂对原溶液的相对挥发度数值一般很小，所以在应用该式定性分析参数之间的相互关系时，可忽略分母中第二项。由式(5-37)可见，提高板上萃取剂含量的主要手段是增加萃取剂的进料流率。当 S 和 L_n 一定时，β 值越大，x_S 也越大，有利于原溶液组分的分离，但增加了萃取剂回收段的负荷和回收萃取剂的难度。

由式(5-37)还可看出，当 S、β 一定时，L_n 增大(即回流比增大)使 x_S 下降。因此，萃取精馏塔不同于一般精馏塔，增大回流比并不总是提高分离程度的，对于一定的萃取剂/进料，通常有一个最佳回流比，它是权衡回流比和萃取剂含量对分离度综合影响的结果。

在一般工程估算中，若在全塔范围内 β 值的变化不大于 10%~20%，则可认为是定值。如果萃取剂有一定挥发度使 $\beta > 0.05$，则在确定精馏段平均温度下的 β 值后，必须由试差法计算 x_S(或 S)。

对于提馏段，可用类似的方法得到：

$$\overline{x}_S = \cfrac{S}{(1-\beta)L_m + \left(\cfrac{\beta W}{1-\overline{x}_S}\right)} \qquad (5-38)$$

若 $\beta = 0$，当进料为饱和蒸气时，则 $\overline{x}_S = x_S$；当进料为液相或气液混合物时，则 $\overline{x}_S < x_S$。

由于进入塔内的萃取剂基本上从塔釜出料，故釜液中萃取剂的含量 $(x_S)_W = S/W$，与提馏段塔板上萃取剂含量相比，因 $L_m > W$，所以 $(x_S)_W > \overline{x}_S$，萃取剂含量在再沸器中发生跃升。萃取精馏的这一特点表明，不能以塔釜液萃取剂含量当作塔板上萃取剂的含量。

5.2.4.4 回流比与理论塔板数

萃取精馏塔中萃取剂的浓度基本保持恒定，萃取剂的作用可看作只是改变原溶液中被分离组分的相对挥发度。由于萃取剂的加入，减弱了原溶液中各组分间的相互影响，使它们的相对挥发度对浓度的相关性减小。因此，当有大量萃取剂加入，萃取剂浓度很高时，组分的相对挥发度可采用只与萃取剂浓度有关而与被分离组分浓度无关的平均相对挥发度。其计算过程和普通精馏塔相似。

对于原溶液为二组分体系时，最小回流比 R_m 可采用式（5-39）和式（5-40）计算。

饱和液体进料（$q = 1$）：

$$R_{m,q=1} = \cfrac{1}{(\alpha_{12})_S - 1}\left[\cfrac{x_{1,D}}{z_1} - \cfrac{(\alpha_{12})_S(1-x_{1,D})}{1-z_1}\right] \qquad (5-39)$$

饱和蒸气进料（$q = 0$）：

$$R_{m,q=0} = \cfrac{1}{(\alpha_{12})_S - 1}\left[\cfrac{(\alpha_{12})_S x_{1,D}}{z_1} - \cfrac{(1-x_{1,D})}{1-z_1}\right] - 1 \qquad (5-40)$$

当进料为汽液混合物时（$0 < q < 1$）：

$$R_m = q R_{m,q=1} + (1-q)R_{m,q=0} \qquad (5-41)$$

式中　$(\alpha_{12})_S$——当萃取剂存在时，轻组分对重组分的相对挥发度，取塔顶和塔釜的平均值；

$\quad\quad x_{1,D}$——馏出液中轻组分摩尔分数；

$\quad\quad z_1$——进料中轻组分的摩尔分数。

当原溶液为多组分体系时，采用恩德伍特法计算 R_m，按照经验，操作回流比 R 取 $(1.2 \sim 2.0)R_m$。

随着回流比增大，塔内液相流量增加。在一定的萃取剂/原料比时，液相中萃取剂浓度减小，使萃取剂的作用减小。因此，萃取精馏和普通精馏不同，增大回流比并不一定能改善分离情况。萃取精馏塔的适宜回流比，应在权衡增大回流比所固有的好处和萃取剂浓度对分离的影响之后决定。

萃取精馏塔可分为三段计算：萃取剂回收段、精馏段和提馏段。萃取剂回收段的作用是降低馏出液中萃取剂的含量，减小萃取剂损失。由于萃取剂对被分离组分的相对挥发度很小，所需理论塔板数很少，一般在 0.5～1 个理论塔板左右，所以不必用公式计算其理论塔板数，而取 1 个理论塔板。对于精馏段和提馏段，如原溶液为二组分，则可用图解法；若为多组分，则可用与普通精馏塔相同的简捷计算法计算理论塔板数。

【例 5-2】　用萃取精馏塔分离正庚烷（1）-甲苯（2）二元混合物。原料组成为 $z_1 = z_2 = 0.5$（摩尔分数）。以苯酚为萃取剂，要求塔板上溶解含量 $x_s = 0.55$（摩尔分数）；操作回流比为 5；饱和蒸气进料；平均操作压力为 124.123kPa。要求馏出液中含甲苯摩尔分数不超过 0.8%，塔釜液中含正庚烷的摩尔分数不超过 1%（以脱萃取剂计），试求萃取剂与进料比和理论塔板数。

解：计算基准 100kmol 进料。

设萃取精馏塔有足够的萃取剂回收段，馏出液中苯酚含量 $(x_s)_D \approx 0$。

（1）脱萃取剂的物料衡算

根据式（5-8）：

$$100 = D' + W' \tag{1}$$

根据式（5-9）对正庚烷作物料平衡：

$$50 = 0.992 D' + 0.010 W' \tag{2}$$

联解（1）、（2）式得：$D' = 49.898$；$W' = 50.102$

（2）计算平均相对挥发度 $(\alpha_{12})_S$

由文献中查得本物系的有关二元 Wilson 方程参数（J/mol）：

$\lambda_{12} - \lambda_{11} = 269.8736$ $\lambda_{12} - \lambda_{22} = 784.2944$

$\lambda_{1S} - \lambda_{11} = 1528.8134$ $\lambda_{1S} - \lambda_{SS} = 8783.8834$

$\lambda_{2S} - \lambda_{22} = 137.8068$ $\lambda_{2S} - \lambda_{SS} = 3285.6918$

各组分的安托尼方程常数见下表：

组　分	A	B	C
正庚烷	6.01876	1264.37	216.640
甲　苯	6.07577	1342.31	219.187
苯　酚	6.05541	1382.65	159.493

$$\lg p^s = A - \frac{B}{t+C}$$

t：℃；p^s：kPa。

各组分的摩尔体积（cm³/mol）：

$$V_1 = 147.47, \quad V_2 = 106.85, \quad V_s = 83.14$$

假设在萃取剂进料板上正庚烷与甲苯的液相相对含量等于馏出液含量，则：

$$x_1 = 0.4464, \quad x_2 = 0.0036, \quad x_s = 0.5500$$

通过试差该塔板的泡点温度，得泡点温度为 108.37℃。

计算活度系数的步骤：

根据公式 $\Lambda_{ij} = \dfrac{V_{m,j}^L}{V_{m,i}^L} \exp\left[-\dfrac{(\lambda_{ij} - \lambda_{ii})}{RT} \right]$ 计算得：

$\Lambda_{11} = 1.0$，$\Lambda_{12} = 0.6655$，$\Lambda_{13} = 0.4805$，$\Lambda_{21} = 1.0778$，$\Lambda_{22} = 1.0$，$\Lambda_{23} = 0.7450$，$\Lambda_{31} = 0.0354$，$\Lambda_{32} = 0.4561$，$\Lambda_{33} = 1.0$。

根据公式

$$\ln \gamma_1 = 1 - \ln[\Lambda_{11}x_1 + \Lambda_{12}x_2 + \Lambda_{1S}x_S] - \left[\frac{\Lambda_{11}x_1}{\Lambda_{11}x_1 + \Lambda_{12}x_2 + \Lambda_{1S}x_S} + \frac{\Lambda_{21}x_2}{\Lambda_{21}x_1 + \Lambda_{22}x_2 + \Lambda_{2S}x_S} + \frac{\Lambda_{S1}x_S}{\Lambda_{S1}x_1 + \Lambda_{S2}x_2 + \Lambda_{SS}x_S} \right]$$

$$= 0.6753$$

$\gamma_1 = 1.9646$

同理：$\gamma_2 = 0.9723$，$\gamma_S = 1.3709$。

根据安托尼方程，求得各组分在该板上的饱和蒸气压分别为：

$p_1^s = 134.4344$，$p_2^s = 95.0226$，$p_S^s = 7.8276$。

从而求得 $(\alpha_{12})_S = \left(\dfrac{\gamma_1 p_1^s}{\gamma_2 p_2^s} \right)_S = \dfrac{1.9646 \times 134.4344}{0.9723 \times 95.0226} = 2.86$

同理：$\alpha_{1S} = 24.61$，$\alpha_{2S} = 8.61$。

假如塔釜上一板液相中正庚烷与甲苯的相对含量为釜液脱萃取剂含量，且萃取剂含量不变，则：

$$x_1 = 0.0045,\quad x_2 = 04455,\quad x_s = 0.5500$$

计算该板的泡点温度为 147.23℃，对应的各组分在该板的活度系数为：

$$\gamma_1 = 1.3908,\quad \gamma_2 = 0.9005,\quad \gamma_S = 0.9394$$

相对挥发度为：

$$(\alpha_{12})_S = 2.09,\quad \alpha_{1S} = 14.68,\quad \alpha_{2S} = 7.02$$

根据式(4-35)求得平均相对挥发度为：

$$(\alpha_{12})_S = 2.44,\quad \alpha_{1S} = 19.01,\quad \alpha_{2S} = 7.78$$

（3）计算最小回流比、回流比

露点进料时，根据式(4-39)：

$$R_m = \frac{1}{(\alpha_{12})_S - 1} \left[\frac{(\alpha_{12})_S x_{1,D}}{z_1} - \frac{(1 - x_{1,D})}{1 - z_1} \right] - 1$$

$$= \frac{1}{2.44 - 1} \left[\frac{2.44 \times 0.992}{0.5} - \frac{(1 - 0.992)}{1 - 0.5} \right] - 1$$

$$= 2.35$$

回流比 $R = 5$。

（4）计算最小理论塔板数和塔板数

根据萃取剂进料板组成 $x_1 = 0.4464$，$x_2 = 0.0036$，$x_s = 0.5500$ 和塔釜上一板的组成 $x_1 = 0.0045$，$x_2 = 04455$，$x_s = 0.5500$ 得最小理论塔板数：

$$N_m = \frac{\ln \left[\left(\dfrac{x_1}{x_2} \right)_D \Big/ \left(\dfrac{x_1}{x_2} \right)_W \right]}{\ln(\alpha_{12})_S} = \frac{\ln \left[\left(\dfrac{0.4464}{0.0036} \right)_D \Big/ \left(\dfrac{0.0045}{0.4455} \right)_W \right]}{\ln 2.44} = 10.53$$

根据式 $X = \dfrac{R - R_m}{R + 1} = \dfrac{5 - 2.35}{5 + 1} = 0.4423$

$$Y = 0.75 - 0.75 X^{0.5668} = 0.75 \times (1 - 0.4423^{0.5668}) = 0.2765$$

联系公式 $Y = \dfrac{N - N_m}{N + 1}$

求得 $N = 14.94 \approx 15$（不包括釜）。

同理测算得进料板从下往上数第 5 块板（不包括釜）。

（5）萃取剂与进料的比值

根据式(4-33)按进料计算：

$$\beta = \frac{1 - x_S}{\sum_{i=1}^{2} \alpha_{iS} x_i} = \frac{1 - 0.55}{19.01 \times 0.5 + 7.05 \times 0.5} = 0.0168$$

根据式(5-28)得精馏段的液相负荷：

$$L_n = R D' + S = 249.49 + S$$

根据式(4-37)得：

$$0.55 = \frac{S}{(1 - 0.0168)(249.49 + S) - \left(\frac{0.0168 \times 49.898}{1 - 0.55}\right)}$$

试差法求得 $S = 291$

所以 $S/F = 2.91$

萃取剂回收段理论塔板数通常取 1 块。

根据以上计算，全塔理论塔板数为 16 块板（不包括塔釜）。

5.2.5 多组分萃取精馏典型案例分析

【例 5-3】 用乙腈作萃取剂从碳四馏分中萃取丁二烯，丁二烯萃取精馏塔进料流量为 100kmol/h，进料组成及各组分相对于丁二烯的相对挥发度如例题 5-3 附表 1 所示。饱和蒸气进料，塔顶采用全凝器，操作压力 0.45MPa。要求丁二烯的回收率为 99.8%（摩尔），塔顶馏出液中含乙腈不超过 0.2%，水含量不超过 0.15%（摩尔），釜液中顺-2-丁烯的浓度不大于 0.9%（摩尔），萃取剂乙腈水溶液入塔温度为 50℃，萃取剂含水 10%（摩尔），精馏段萃取剂浓度为 $x_S = 0.8$，试确定：

（1）塔顶、塔釜产品分配；

（2）最小回流比和回流比（取 $R = 1.35 R_m$）；

（3）理论塔板数；

（4）萃取剂用量；

（5）精馏塔各段气液相负荷。

例题 5-3 附表 1　丁二烯萃取精馏塔进料组成及在乙腈中的相对挥发度

编号	1	2	3	4	5	6	7	8	9	10
组分	异丁烷	正丁烷	异丁烯	1-丁烯	反-2-丁烯	顺-2-丁烯	丙炔	丁二烯	丁炔	乙烯基乙炔
z_i/%（摩尔）	1.253	5.013	27.156	15.974	6.489	5.291	0.098	38.308	0.311	0.108
$\alpha_{i,S}$	39.8	31.4	23.6	23.3	20.8	19.23	15.6	15.0	7.35	6.1

解：（1）物料衡算

根据分离要求选择顺-2-丁烯为轻关键组分，丁二烯为重关键组分。根据回收率的定义，丁二烯在塔釜的量为：

$$w_8 = \varphi_{W,8} f_8 = 0.998 \times 38.308 = 38.2314 \text{kmol/h}$$

$$d_8 = f_8 - w_8 = 38.308 - 38.2314 = 0.0766 \text{kmol/h}$$

假设塔釜顺-2-丁烯的量为 w_6，则 $d_6 = 5.291 - w_6$，用非清晰分割法试差得：

$$w_6 = 0.3516 \text{kmol/h}, \quad d_6 = 4.9394 \text{kmol/h}$$

以丁二烯为基准用式$(\alpha_{ih})_S = \dfrac{\alpha_{iS}}{\alpha_{hS}}$计算各组分的相对挥发度如例题5-3附表2所示。

例题5-3附表2 丁二烯萃取精馏塔进料组成及在乙腈中的相对挥发度

编号	1	2	3	4	5	6	7	8	9	10
组分	异丁烷	正丁烷	异丁烯	1-丁烯	反-2-丁烯	顺-2-丁烯	丙炔	丁二烯	丁炔	乙烯基乙炔
$\alpha_{i,S}$	39.8	31.4	23.6	23.3	20.8	19.23	15.6	15.0	7.35	6.1
$(\alpha_{ih})_S$	2.6533	2.0933	1.5733	1.5533	1.3867	1.2820	1.0400	1.0000	0.4900	0.4067

根据芬斯克公式得：

$$N_m = \frac{\lg\left(\dfrac{d}{w}\right)_1 - \lg\left(\dfrac{d}{w}\right)_h}{\lg \alpha_{lh}} - 1$$

$$= \frac{\lg\left(\dfrac{4.9394}{0.3516}\right)_1 - \lg\left(\dfrac{0.0766}{38.2314}\right)_h}{\lg 1.2820} - 1$$

$$= 34.65$$

同时用非清晰分割法进行物料衡算得各组分在塔顶塔底的分配如例题5-3附表3所示。

例题5-3附表3 物料衡算表

序号	组分	进料液		塔顶馏出液		釜液	
		f_i/(kmol/h)	z_i/%(摩尔)	d_i/(kmol/h)	$x_{D,i}$/%(摩尔)	w_i/(kmol/h)	$x_{W,i}$/%(摩尔)
1	异丁烷	1.253	1.253	1.2530	2.0575	1.07E-13	2.73E-13
2	正丁烷	5.013	5.013	5.0130	8.2318	2.00E-9	5.10E-9
3	异丁烯	27.156	27.156	27.1557	44.5923	0.0003	0.0007
4	1-丁烯	15.974	15.974	15.9737	26.2304	0.0003	0.0007
5	反-2-丁烯	6.489	6.489	6.4829	10.6455	0.0061	0.0157
6	顺-2-丁烯	5.291	5.291	4.9394	8.1110	0.3516	0.8992
7	丙炔	0.097	0.097	0.0035	0.0057	0.0935	0.2392
8	丁二烯	38.308	38.308	0.0766	0.1258	38.2314	97.7730
9	丁炔	0.311	0.311	2.59E-14	4.25E-14	0.3110	0.7954
10	乙烯基乙炔	0.108	0.108	1.17E-17	1.92E-17	0.1080	0.2762
	合计	100.000	100.000	60.8978	100.0000	39.1022	100.0000

（2）最小回流比和回流比

因为是泡点进料，$q=1$，在轻重关键组分间有一组分丙炔，所以可以计算出两个最小回流比，然后取二者的平均值。

根据 Underwood 公式，$\sum_{i=1}^{n} \dfrac{\alpha_{i,h} z_i}{\alpha_{i,h} - \theta} = 1 - q$ 试差得在 $1.040 \sim 1.282$ 之间的 $\theta = 1.1468$，

代入公式 $\sum_{i=1}^{n} \dfrac{\alpha_{i,h} x_{i,D}}{\alpha_{i,h} - \theta} = R_m + 1$ 得最小回流比的值为 $R_{m,1} = 3.2408$。

根据 Underwood 公式，$\sum_{i=1}^{n} \dfrac{\alpha_{i,h} z_i}{\alpha_{i,h} - \theta} = 1 - q$ 试差得在 $1.0 \sim 1.04$ 之间的 $\theta = 1.0399$，代

入公式 $\sum_{i=1}^{n} \dfrac{\alpha_{i,h} x_{i,D}}{\alpha_{i,h} - \theta} = R_m + 1$ 得最小回流比的值为 $R_{m,2} = 2.5817$。

所以：$R_m = \dfrac{R_{m,1} + R_{m,2}}{2} = 2.9112$

所以回流比 $R = 1.35 R_m = 3.9302$

（3）理论塔板数

有吉利兰公式得 $X = \dfrac{R - R_m}{R + 1} = 0.2067$，$Y = 0.75 - 0.75 X^{0.5668} = 0.4431$

由 $Y = \dfrac{N - N_m}{N + 2}$ 得 $N = 67.4$（不包括塔釜）

（4）进料位置的确定

精馏段和提馏段平衡级数之比为：

$$\frac{n}{m} = \frac{\ln\left[\left(\dfrac{x_1'}{x_h'}\right)_D \bigg/ \left(\dfrac{x_1'}{x_h'}\right)_F\right]}{\ln\left[\left(\dfrac{x_1'}{x_h'}\right)_F \bigg/ \left(\dfrac{x_1'}{x_h'}\right)_W\right]} = \frac{\ln\left[\left(\dfrac{8.1110}{0.1258}\right)_D \bigg/ \left(\dfrac{5.291}{38.308}\right)_F\right]}{\ln\left[\left(\dfrac{5.291}{38.308}\right)_F \bigg/ \left(\dfrac{0.8992}{97.7630}\right)_W\right]} = 2.269$$

$$n + m = 67.4$$

解得：$n = 46.8$，$m = 20.6$

萃取剂回收段取 1 块理论塔板，则全塔有 58.4 块理论塔板（不包括塔釜）。

（5）萃取剂用量

根据式（5-36）计算：

$$\beta = \frac{1 - x_S}{\sum_{i=1}^{n} \alpha_{iS} x_i}$$

$$= \frac{1 - 0.8}{\begin{array}{c} 39.8 \times 1.253\% + 31.4 \times 5.013\% + 23.6 \times 27.156\% + 23.3 \times 15.974\% + 20.8 \times 6.489\% + \\ 19.23 \times 5.291\% + 15.6 \times 0.097\% + 15 \times 38.308\% + 7.35 \times 0.311\% + 6.1 \times 0.108\% \end{array}}$$

$$= 0.009822$$

含萃取剂的塔顶馏出液量：

$$D = \frac{D'}{1 - x_{DS}} = \frac{60.8978}{1 - 0.002 - 0.0015} = 61.1117$$

根据式（5-30）的精馏段的液相负荷：

$$L_n = RD + S = 240.1791 + S$$

根据式（5-34）得：

$$0.8 = \cfrac{S}{(1-0.0098)(240.1791+S)-\left(\cfrac{0.0098\times61.1117}{1-0.8}\right)}$$

试差法求得 $S=1236\text{kmol/h}$

（6）精馏塔各段汽液相负荷

萃取剂回收段：

$$V=(R+1)D=(3.9302+1)\times61.1117=301.2908\text{kmol/h}$$

$$L=RD=3.9302\times61.1117=240.1791\text{kmol/h}$$

精馏段：

$$V_n=V=301.2908\text{kmol/h}$$

$$L_n=L+S=240.1791+1236=1376.1791\text{kmol/h}$$

提馏段：

$$V_m=V_n-(1-q)F=301.2908-100=201.2908\text{kmol/h}$$

$$L_m=L_n=1376.1791\text{kmol/h}$$

（7）包含萃取剂在内的全塔的物料衡算

加入萃取剂中含水量：$1236\times10\%=123.6\text{kmol/h}$

含乙腈量：$1236\times90\%=1112.4\text{kmol/h}$

其中塔顶含水量：$0.0015D=0.0015\times61.1117=0.0917\text{kmol/h}$

含乙腈量：$0.002D=0.002\times61.1117=0.1112\text{kmol/h}$

塔釜采出液中含水量：$123.6-0.0917=123.5038\text{kmol/h}$

含乙腈量：$1112.4-0.1112=1112.2888\text{kmol/h}$

包括萃取剂在内的物料衡算结果如例题5-3附表4所示。

例题 5-3 附表 4　物料衡算表

序号	组分	进料液		塔顶馏出液		釜液	
		f_i/(kmol/h)	z_i/%(摩尔)	d_i/(kmol/h)	$x_{D,i}$/%(摩尔)	w_i/(kmol/h)	$x_{W,i}$/%(摩尔)
1	异丁烷	1.253	1.253	1.2530	2.0503	1.07E-13	8.36E-15
2	正丁烷	5.013	5.013	5.0130	8.2030	2.00E-9	1.57E-10
3	异丁烯	27.156	27.156	27.1557	44.4362	0.0003	2.23E-5
4	1-丁烯	15.974	15.974	15.9737	26.1386	0.0003	2.07E-5
5	反-2-丁烯	6.489	6.489	6.4829	10.6082	0.0061	4.81E-4
6	顺-2-丁烯	5.291	5.291	4.9394	8.0826	0.3516	0.0276
7	丙炔	0.097	0.097	0.0035	0.0057	0.0935	0.0073
8	丁二烯	38.308	38.308	0.0766	0.1254	38.2314	2.9988
9	丁炔	0.311	0.311	2.59E-14	4.24E-14	0.3110	0.0244
10	乙烯基乙炔	0.108	0.108	1.17E-17	1.91E-17	0.1080	0.0085
11	水	123.6		0.0917	0.1500	123.5038	9.6874
12	乙腈	1112.4		0.1112	0.2000	1112.2888	87.2455
	合计	1336.000	100.000	61.1117	100.0000	1274.8948	100.0000

5.3 共沸精馏

5.3.1 共沸精馏基础

(1) 共沸物

共沸物是指在一定压力下，气液相组成与沸腾温度始终不变的这一类溶液。共沸物又分为最高共沸物与最低共沸物两种。共沸精馏常选择有最低恒沸物的共沸剂作为夹带剂。

某些溶液在某一组成时，其两组分的蒸气压之和出现最大值，即溶液的蒸气对理想溶液发生正偏差，$\gamma_i > 1$。此种溶液的泡点比两纯组分的沸点都低，是具有最低共沸点的溶液。如图5-13所示。

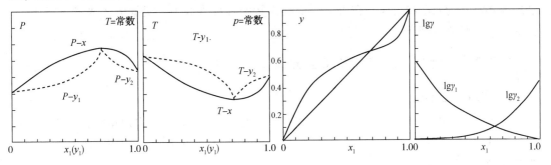

图5-13 具有最低共沸点的均相体系气-液平衡相图

许多含极性基团(如—OH、—COOH、—NH$_2$等)以及有适当挥发性的有机物和脂肪烃，芳香烃等所形成的溶液发生正偏差，具有最低共沸点。

当溶液与理想溶液的偏差相当大时，互溶性降低，可形成非均相共沸溶液。所有非均相共沸溶液全都具有最低共沸点，即$\gamma_i > 1$，如糠醛-水、苯-水、正丁醇-水、异丁醇-水等物系均具有非均相共沸物。如图5-14所示。

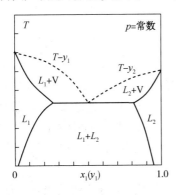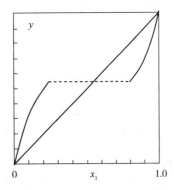

图5-14 具有最低共沸点的非均相气-液-液平衡相图

(2) 共沸精馏

共沸精馏是在原溶液(i,j)中添加共沸剂S(又称夹带剂)使其与溶液中组分i形成最低共沸物，以增大原组分i和j之间相对挥发度的非理想溶液多元精馏。形成的共沸物(i+S)从塔顶采如，塔釜引出较纯产品j，最后将共沸物(i+S)用萃取精馏或加盐精馏的方式加以分离。

（3）对共沸剂的要求

① 必须与原溶液中某组分形成最低共沸物（共沸温度较原溶液的任一组分的沸点要低），改变组分的相对挥发度，使$(\alpha_{12})_S$越大越好。

② $\beta = \dfrac{\text{共沸剂量}}{\text{共沸物量}}$，若$\beta$值小，共沸剂的用量尽可能少，由于共沸剂从塔顶引出，因此，要求共沸剂的汽化潜热ΔH_V值要小。

③ 与共沸剂所形成的最低共沸物容易分离，即容易回收共沸剂，如可采用冷却分层、盐析、萃取剂萃取或水洗等方法回收共沸剂。

④ 无毒，无腐蚀，热稳定性好，能长期使用。

⑤ 价格低廉，来源充沛，容易得到。

选择共沸剂时可查阅共沸物表，本书附带物质物性参数计算表，表中列举了一些共沸剂形成共沸物的温度和组成，在可能形成共沸物的各种溶剂中，根据上述要求进行比较，权衡选择，必要时需通过实验评定。

5.3.2 共沸物系的特点及工业分离方案

5.3.2.1 二元物系

常压下苯（沸点 80.2℃）和环己烷（沸点 80.8℃）二者互溶，形成均相物系。用普通精馏分离难度大。若系统压力不大，可假设气相为理想气体，液相为非理想溶液，则二元均相共沸物的特征是：

$$\alpha_{12} = \frac{\gamma_1 p_1^s}{\gamma_2 p_2^s} = 1 \tag{5-42}$$

共沸压力满足条件：

$$p = p_1 + p_2 = \gamma_1 p_1^s x_1 + \gamma_2 p_2^s x_2 \tag{5-43}$$

不论是已知共沸压力求共沸温度和共沸组成，还是已知共沸温度求共沸压力和共沸组成，都要应用式（5-42）和式（5-43）。

（1）二元系均相共沸物的工业分离方案

在【案例 5.1.2.2】苯-环己烷均相物系分离中我们知道，常压下苯的沸点为 80.1℃，环己烷的沸点为 80.8℃，若在溶液中加入萃取剂糠醛（沸点 161.7℃），则溶液的相对挥发度发生显著的变化，如在糠醛浓度为 0.7 时，环己烷/苯相对挥发度为 2.7。然而由于糠醛的沸点较高，用萃取精馏分离时，塔釜所用加热蒸汽的量大且温度高。在经济上的投资显然较大。

如果选用一种合适的共沸剂，如丙酮（沸点 56.2℃），分离苯（1）和环己烷（2）溶液，如图 5-15 所示。丙酮与环己烷（2）形成最低共沸物（沸点 53.1℃），从共沸精馏塔的塔顶引出，塔釜采出纯苯。丙酮与环己烷（2）的共沸物用水作为萃取剂，由于丙酮在水中的溶解度较大，

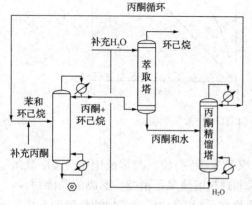

图 5-15 苯-环己烷混合物的分离流程

所以在萃取塔底引出丙酮水溶液，从塔顶采出纯环己烷(2)。丙酮水溶液中丙酮和水的相对挥发度较大，在丙酮精馏塔顶引出丙酮，作为共沸剂循环使用，塔釜引出水作为萃取剂循环使用。

【例5-4】 有苯(1)和环己烷(2)二元溶液中 $z_1 = 0.8$(摩尔分数)，若用丙酮(S_1)作为夹带剂，塔顶均相恒沸物组成是 $x'_2 = 0.325$(质量分数)，试估算：

(1) 进料 $F_1 = 100 kmol/h$ 苯(1)和环己烷(2)二元溶液需要多少丙酮作为共沸剂？

(2) 如果共沸物环己烷(2)-丙酮(S_1)用水(S_2)作为萃取剂，若设定萃取塔进料 F_2 温度为20℃，操作压力180kPa，塔底萃取剂浓度为 $x_{S_2} = 0.6$，则水的用量为多少？

解：环己烷(2)的摩尔质量 $M_2 = 84$，丙酮(S_1)的摩尔质量 $M_{S_1} = 58$，所以恒沸物摩尔分数为：

$$x_2 = \frac{\dfrac{x'_2}{M_2}}{\dfrac{x'_2}{M_2} + \dfrac{x'_{S_1}}{M_{S_1}}} = \frac{\dfrac{0.325}{84}}{\dfrac{0.325}{84} + \dfrac{0.675}{58}} = 0.2495$$

$$X_{S_1} = 0.7505$$

1）对于100kmol/h 苯(1)和环己烷(2)二元溶液中环己烷的量为 $f_2 = z_2 F_1 = 0.2 \times 100 = 20 kmol/h$。

所需要的夹带剂丙酮的量满足：$\dfrac{f_2}{f_{S_1}} = \dfrac{x_2}{x_{S_2}}$，

$$f_{S_1} = \frac{f_2 x_{S_1}}{x_2} = \frac{20 \times 0.7505}{0.2495} = 60.16 kmol/h$$

2）用水(S_2)作为萃取剂，如图例题5-4附图1所示。

在共沸精馏塔中，塔釜采出苯(其他组分的量忽略)量 $W_A = 80 kmol/h$，塔顶采出共沸物(环己烷+丙酮)量为：

$D_A = f_2 + f_{S_1} = 20 + 60.16 = 80.16 kmol/h$

对共沸精馏塔塔顶物料进行萃取操作，以分离共沸物(环己烷+丙酮)，因为常温时，环己烷的相对密度 $\rho_2 = 0.78$，在水中的溶解度为0.014%；丙酮的相对密度 $\rho_{S_1} =$

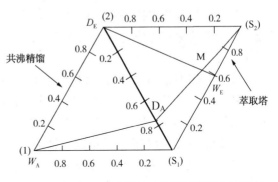

例题5-4附图1　共沸精馏和萃取精馏联合计算

0.788，丙酮和水是互溶的，但同时是易挥发的，有很高的气相浓度，但逆流萃取操作时塔顶丙酮浓度低，相对应的气相浓度也低。如例题5-4附图2所示。

在萃取塔中，塔底进料 F_2 就是共沸精馏塔顶的共沸物，$F_2 = D_A = 80.16 kmol/h$，塔顶加入萃取剂水(S_2)，萃取塔顶采出环己烷(其他组分忽略)，其+量 $D_E = f_2 = 20 kmol/h$，塔釜是水(S_2)-丙酮(S_1)的均相物料。如例题5-4附图3所示。

全塔物料衡算为：$F_2 + f_{S_2} = D_E + W_E$

同时对萃取剂水(S_2)物料衡算：$F_2 \times 0 + f_{S_2} = D_E \times 0 + (f_{S_1} + f_{S_1}) \times 0.6$

水的加入量 $f_{S_2} = 90.24 kmol/h$。同理也可以根据杠杆规则计算得出相近的结果。

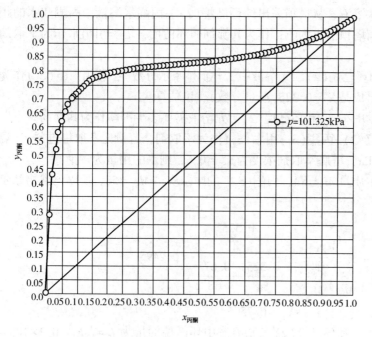

例题 5-4 附图 2　丙酮-水系统气液相平衡图　　　　　例题 5-4 附图 3

要注意的是，丙酮作为共沸剂时，共沸剂用量太大，萃取水用量也很大，环己烷：丙酮：水的摩尔比是 1：3：4.5，特别在高浓度环己烷溶液分离中，丙酮和水用量都很大，经济成本高。可选择用糠醛作萃取剂，用萃取精馏法分离。

（2）二元系非均相共沸物的工业分离方案

某些双组分共沸物（如丁醇-水、苯-水，）在温度降低时可分为两个具有一定互溶度的液层。此类共沸物的分离不必加入第三组分，采用两个塔联合操作便可获得两个高纯度产品。

如正丁醇沸点 117.2℃，相对密度 0.8098，微溶于水（8：100），可与水形成最低共沸混合物，同时发现共沸物冷却至 20℃时，正丁醇在水中的溶解度 7.7%（质），水在正丁醇中的溶解度 20.1%（质）。

正丁醇-水溶液在进行两塔联合精馏时，醇塔Ⅰ和水塔Ⅱ塔顶都是共沸物，共沸温度为 92.3℃，共沸组成含水量 42.7%（质），共沸物在塔顶冷凝器中冷凝冷却后便分成两个液相，一个是水相[含大量水和少量醇，醇含量用 x_b 表示，$x_b=7.7\%$（质）]，另一个是醇相[丁醇含量大，用 x_a 表示，$x_a=79.9\%$（质）]。

经过倾析器后醇相返回丁醇塔作回流，水相返回水塔作回流，如图 5-16 和图 5-17 所示。

在丁醇塔中，由于水是易挥发组分，所以高纯度丁醇从塔釜引出，塔顶得到接近共沸组成的共沸物。

在水塔中，丁醇是易挥发组分，所以水是塔底产品，塔顶得到接近共沸组成的共沸物。水塔可以直接用蒸汽加热。必须注意的是，当进料液中丁醇含量 $z>x_a$ 时，则从丁醇塔进料；当 $z<x_b$ 时，则从水塔进料；当 $x_b<z<x_a$ 时，原料直接加入倾析器。这样才更经济。

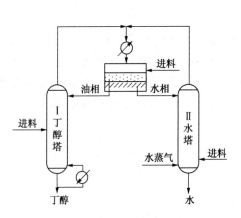

图 5-16 丁醇-水共沸精馏流程

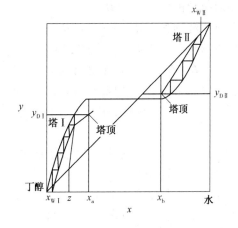

图 5-17 丁醇-水共沸过程操作线

【例 5-5】 含醇 35%（摩尔）的正丁醇（1）-水（2）共沸，塔顶共沸物经冷凝器中冷凝冷却后便分成两个液相，一个是水相，醇含量为 $x'_{W1} = 7.7\%$（质）；另一个是醇相，含丁醇浓度 $x'_{B1} = 79.9\%$（质）。

求：（1）共沸物冷凝分层后醇相和水相的比是多少？

（2）试确定合理的进料位置；

（3）若进料量为 100kmol/h，则塔 Ⅰ 获得 99.5% 的丁醇是多少？塔 Ⅱ 获得 99.9% 的水是多少？

解：（1）共沸物组成质量组成为：$x'_1 = 0.573$，$x'_2 = 0.427$；

其摩尔组成为：

含水 $x_2 = \dfrac{\dfrac{x'_2}{M_2}}{\dfrac{x'_2}{M_2} + \dfrac{x'_1}{M_1}} = \dfrac{\dfrac{0.427}{18}}{\dfrac{0.427}{18} + \dfrac{0.573}{74}} = 0.7539$

含醇：$x_1 = 0.2461$。

冷却后非均相体系醇相（B 相）的摩尔组成：

含醇：$x_{B1} = \dfrac{\dfrac{x'_{B1}}{M_1}}{\dfrac{x'_{B1}}{M_1} + \dfrac{x'_{B2}}{M_2}} = \dfrac{\dfrac{0.799}{74}}{\dfrac{0.799}{74} + \dfrac{0.201}{18}} = 0.4916$，

含水：$x_{B_2} = 0.5084$。

非均相体系水相（W 相）的摩尔组成：

含醇：$x_{W1} = \dfrac{\dfrac{x'_{W1}}{M_1}}{\dfrac{x'_{W1}}{M_1} + \dfrac{x'_{W2}}{M_2}} = \dfrac{\dfrac{0.077}{74}}{\dfrac{0.077}{74} + \dfrac{0.923}{18}} = 0.0199$，

含水：$x_{B_2} = 0.9801$。

设有共沸物 1mol，经过倾析的醇相 Bmol，水相 Wmol。

则总物料衡算为：$1=B+W$。

对正丁醇物料衡算：$1 \cdot x_1 = Bx_{B_1}+Wx_{W_1}$

所以 $B=0.4795$mol，$W=0.5205$mol。所以醇相和水相的比值为 $B:W=1:1.0855$。

（2）含醇35%（摩尔）的正丁醇（1）-水（2）的溶液，从倾析器进料则可分为醇相和水相，其中醇相含醇可提高到49.16%，相对于进料，浓度提高了14.16%；水相的含醇降低到1.99%。这样做相当于进行了预分离处理，一个倾析器提高了分离效率和经济效率。

（3）以塔Ⅰ和塔Ⅱ为体系做总物料衡算：

$F=W_{\mathrm{I}}+W_{\mathrm{II}}$ 即：$100=W_{\mathrm{I}}+W_{\mathrm{II}}$

对丁醇做物料平衡：$Fz_1 = W_{\mathrm{I}}x_{\mathrm{WI},1}+W_{\mathrm{II}} x_{\mathrm{WII},1}$

即：$100×0.35 = 0.995W_{\mathrm{I}}+0.001W_{\mathrm{II}}$

解得：醇塔Ⅰ采出99.5%的醇，$W_{\mathrm{I}}=35.11$kmol/h，

水塔采出99.9%水，$W_{\mathrm{II}}=64.89$kmol/h。

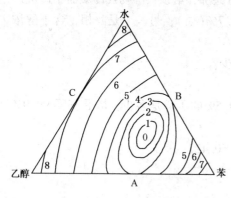

图5-18　乙醇-苯-水系统三角相图

5.3.2.2　三元共沸物系工业分离方案

（1）三元系三角相图

图5-18是乙醇-苯-水系统的三角相图，图中0，1，2，……8分别表示依次递升的等泡点线，0点表示乙醇-苯-水三元物系的最低共沸点，A、B、C点分别表示一个二元共沸物，温度依次升高。

三元系统共沸组成的计算和二元系的计算方法相同，由共沸条件 $\alpha_{12}=\alpha_{13}=\alpha_{23}=1$ 得出：

$$\frac{\gamma_1}{\gamma_3}=\frac{p_3^{\mathrm{s}}}{p_1^{\mathrm{s}}} \tag{5-44}$$

$$\frac{\gamma_2}{\gamma_3}=\frac{p_3^{\mathrm{s}}}{p_2^{\mathrm{s}}} \tag{5-45}$$

再加上

$$p=\gamma_1 p_1^{\mathrm{s}}x_1+\gamma_2 p_2^{\mathrm{s}}x_2+\gamma_3 p_3^{\mathrm{s}}x_3 \tag{5-46}$$

三个方程中包括 T、p、x_1、x_2、（$x_3=1-x_1-x_2$），故已知 T 可求 p、x_1、x_2、（$x_3=1-x_1-x_2$），已知 p 可求 T、x_1、x_2、（$x_3=1-x_1-x_2$）。

（2）以苯为共沸剂乙醇（1）-水（2）溶液的分离方案

对于能形成共沸物的混合溶液来说，普通的精馏方法是很难进行分离的。例如：乙醇（1）-水（2）溶液，因为乙醇和水形成了共沸物。在常压下，共沸组成为4.43%（质）的水，95.57%（质）的乙醇，共沸点为78.15℃。即在共沸点温度和共沸组成时，溶液的气液相组成（平衡组成）相等。这就无法用普通精馏的方法将乙醇浓度为95.57%（质）的溶液再浓缩，即得不到纯度高于95.57%的乙醇。但可根据共沸精馏的原理，选择一个好的共沸剂，使之与乙醇（1）-水（2）水溶液形成三元共沸物，从而达到分离目的，即可得到无水乙醇。

表5-8为常压下几种共沸剂与乙醇、水形成三元共沸物的特性。

表 5-8 三元共沸物特性表

组分			各纯组分沸点/℃			三元共沸点/℃	共沸物组成/%(质)		
1	2	3	1	2	3		1	2	3
乙醇	水	苯	78.3	100	80.2	64.85	18.5	7.4	74.1
乙醇	水	乙酸乙酯	78.3	100	77.15	70.23	8.4	9.0	82.6
乙醇	水	三氯甲烷	78.3	100	61.15	55.5	4.0	3.5	92.5

在表 5-8 所列共沸剂中(组分 3),以苯应用最早、最广。虽然目前有被三氯甲烷和乙醇乙酯取代的趋势,但本实验考虑到苯作共沸剂方法成熟,现象明显,数据较全,便于学生掌握,故用苯作共沸剂制无水乙醇。

乙醇(1)、水(2)、苯(3)三者之间可以形成一个三元共沸物,它们之间存在的共沸物情况见表 5-9。

表 5-9 乙醇(1)-水(2)-苯(3)之间存在共沸物的情况

共 沸 物	共沸点/℃	共沸物组成/%(质)		
		1	2	3
乙醇(1)-水(2)(二元)	78.15	95.57	4.43	—
水(2)-苯(3)(二元)	69.25	—	8.83	91.17
乙醇(1)-苯(3)(二元)	68.24	32.37	—	67.63
乙醇(1)-水(1)-苯(3)(三元)	64.85	18.5	7.4	74.1

当添加适当数量的苯于工业乙醇中蒸馏时,则乙醇-水-苯三元共沸物首先馏出,其次为乙醇-苯二元共沸物,无水乙醇最后留于釜底,其蒸馏过程以图 5-19 说明。

正三角顶点 1、2、3 分别表示乙醇、水和苯纯物质。T 点为乙醇(1)-水(1)-苯(3)三元共沸物组成,C 点表示 1-2 二元共沸物组成,D 点表示 1-3 的二元共沸组成,E 点为 2-3 的二元共沸组成。曲线 $\overset{\frown}{2M3}$ 为饱和溶解度曲线,该线以下为两相共存区,曲线两端表示两相组成。该曲线受温度的影响而上下移动。

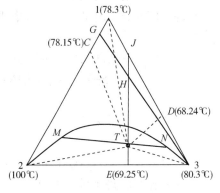

图 5-19 乙醇(1)-水(2)-苯(3)三元相图

设以 95%的乙醇为原料(图 5-19 中 G 点),加入共沸剂,各组成顺 $\overline{G3}$ 线变化,得到组成为 H 的混合物。蒸馏时,则三元共沸物先馏出(沸点 64.85℃),组成为 T 点组成($x_1 = 18.5\%$,$x_2 = 7.4\%$,$x_3 = 74.1\%$)。而釜中残液的组成沿 THJ 线向 J 点移动。当达到 J 点时,釜液中已无水分,如果操作中,加入苯适量(恰好夹带水完毕),则塔釜只有乙醇,点 J 和点 1 重合;如果加入过量的苯,则塔顶还可蒸出乙醇(1)-苯(3)的共沸物,共沸点 68.25℃,直至将全部苯蒸出为止,则塔釜得到近乎纯乙醇。

乙醇塔顶馏出的三元共沸(其总组成为 T 点所示),冷凝后分为两相,一相以苯为主,称富苯相;另一相含水量高,称富水相,如表 5-10 所示。塔顶三元共沸物一般可利用倾析器分层将富苯相回流至醇塔，水相回流至苯回收塔，如图 5-20 所示。

表 5-10 乙醇(1)-水(2)-苯(3)共沸物倾析
所得富苯相和富水相组成

倾析相态	组分	质量分数/%
富水相	水(2)	40.51
	乙醇(1)	49.23
	苯(3)	9.70
富苯相	水(2)	2.01
	乙醇(1)	13.58
	苯(3)	84.41

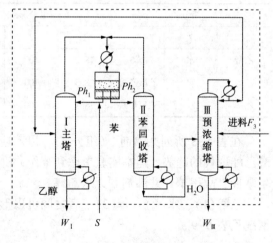

图 5-20 用苯作共沸剂分离乙醇-
水的共沸精馏流程

【例 5-6】 根据前面所给的信息，拟用苯作共沸剂，分离乙醇(1)-水(2)混合物，进料中乙醇质量浓度为 60%，进料量为 200kg/h，采用常用三塔流程精馏(如图 5-20)，预浓缩塔将乙醇水溶液提取至共沸浓度，试估算：

(1) 如果主塔 I 塔釜采出纯乙醇，塔 III 塔釜采出纯水，试问量分别是多少？

(2) 塔顶冷凝后倾析所得富苯相 ph1 和富水相 ph2 的比例是多少？

(3) 塔 II 塔釜组成是多少？

(4) 塔 II 釜采出量多少，若塔 III 塔顶采出乙醇和水的二元共沸物，则塔顶采出量为多少？

(5) 塔 I 中共沸剂加入量为多少？在开车时，全回流阶段共沸剂加入量为多少？

解：(1) 如图 5-20 虚线框为体系做物料衡算，设共沸剂补偿量为 S，则：

$$S + F_3 = W_I + W_{III}$$

对乙醇做物料衡算：

$$S \times 0 + z_1 F_3 = W_I + 0 \times W_{III} \quad (1)$$

所以醇量：$W_I = 200 \times 0.6 = 120\text{kg/h}$，水量：$W_{III} = 80\text{kg/h}$。

需要补偿的共沸剂量 $S = 0$。

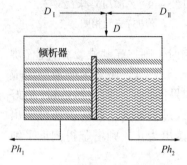

习题 5-6 附图 1 倾析器物料
平衡图

(2) 塔 I 和塔 II 塔顶馏出三元共沸物，总量为 D，以 $D = 100\text{kg/h}$ 为基准进行计算，经倾析器得到富苯相 ph1，量为 E；富水相 ph2，量为 R。如图例题 5-6 附图 1 所示。

倾析器总物料平衡：

$$D = E + R \quad (2)$$

对乙醇做物料衡算：

$$DZ_{a1} = x_{E1}E + x_{R1}R \quad (3)$$

$D = 100\text{kg/h}$，共沸物中醇浓度 $Z_{a1} = 0.185$，富苯相 ph1 中醇浓度 $x_{E1} = 0.1358$，富水相 ph2 中醇浓度 $x_{R1} = 0.4929$。

解得：$E = 86.20\,\text{kg/h}$，$R = 13.8\,\text{kg/h}$。

富苯相 ph1 和富水相 ph2 的比例是$\dfrac{E}{R} = 6.2464$。

（3）在所设计算基准下，富水相 ph2 中醇含量 $R_1 = Rx_{E1} = 13.8 \times 0.4923 = 6.7937\,\text{kg/h}$；

富水相 ph2 中水含量 $R_2 = Rx_{E2} = 13.8 \times 0.4051 = 5.5904\,\text{kg/h}$；

富水相 ph2 中苯含量 $R_3 = Rx_{E3} = 13.8 \times 0.0970 = 1.3386\,\text{kg/h}$；

塔 II 的作用是将富水相中的苯回收，那么要用共沸方法拔干 $1.3386\,\text{kg/h}$ 的苯，需夹带醇量 m_1，水量 m_2，满足共沸组成比例见式（4）和式（5）。

$$\frac{1.3386}{0.741} = \frac{m_1}{0.185} \tag{4}$$

$$\frac{1.3386}{0.741} = \frac{m_2}{0.074} \tag{5}$$

解得 $m_1 = 0.3342\,\text{kg/h}$，水量 $m_2 = 0.1337\,\text{kg/h}$。

在计算基准下，塔 II 釜液余乙醇：

$M_1 = R_1 - m_1 = 6.7937 - 0.3342 = 6.3595\,\text{kg/h}$；

塔 II 釜液余水 $M_2 = R_2 - m_2 = 5.5904 - 0.1337 = 5.4567\,\text{kg/h}$；

塔 II 釜液量 $M = M_1 + M_2 = 11.8162\,\text{kg/h}$；

塔 II 釜液组成为：含醇：$x_1 = \dfrac{M_1}{M} = \dfrac{6.3595}{11.8162} = 0.5382$

含水：$x_2 = \dfrac{M_2}{M} = \dfrac{5.4567}{11.8162} = 0.4618$

（4）对预分离塔 III 物料平衡计算（如图例题 5-6 附图 2）：

$$F_3 + W_{II} = D_{III} + W_{III} \tag{6}$$

在塔 III 对乙醇物料衡算得：

$$Z_1 F_3 + x_1 W_{II} = x_{a1} D_{III} + 0 \times W_{III} \tag{7}$$

将已知数据代入式（7）：

$$0.6 \times 200 + 0.5382 W_{II} = 0.9557 D_{III} \tag{8}$$

联解式（6）、式（8）得：$W_{II} = 12.7329\,\text{kg/h}$；$D_{III} = 132.7329\,\text{kg/h}$；

（5）对苯回收塔 II 物料平衡（如图例题 5-6 附图 3）：

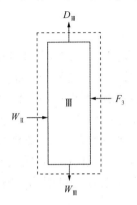

例题 5-6 附图 2　塔 III 物料平衡

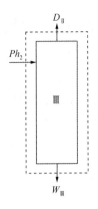

例题 5-6 附图 3　塔 III 物料平衡

塔 II 总物料平衡：

$$\text{ph2} = D_{\text{II}} + W_{\text{II}} \tag{9}$$

对乙醇物料衡算：

$$x_{\text{E1}}\, \text{ph2} = x_{\text{a1}} D_{\text{II}} + x_1 W_{\text{II}} \tag{10}$$

水相 ph2 中醇浓度 $x_{\text{E1}} = 0.4923$，醇（1）-水（2）二元共沸物中醇浓度 $x_{\text{a1}} = 0.9557$，塔 II 釜液醇浓度 $x_1 = 0.5382$，$W_{\text{II}} = 12.7329\text{kg/h}$；

联解式（9）、式（10）得：水相量 ph2 = 14.6348kg/h，

塔 II 塔顶三元共沸物量 $D_{\text{II}} = 1.9019\text{kg/h}$。

由富苯相 ph1 和富水相 ph2 的比例是 $\dfrac{E}{R} = 6.2464$，可以算出富苯相的量 ph1 = 91.4145kg/h。

由例题 5-6 附图 1 对倾析器物料平衡得：

$$D_{\text{I}} + D_{\text{II}} = \text{ph1} + \text{ph2} \tag{11}$$

有前面计算可知 ph1 = 91.4145kg/h，ph2 = 14.6348kg/h，$D_{\text{II}} = 1.9019\text{kg/h}$。

所以：$D_{\text{I}} = 104.1474\text{kg/h}$，

前面计算得共沸剂补充量 $S = 0$（不计精馏过程的损失量）；

开车全回流操作时，共沸剂的加入量 Az，$a = x_{\text{az3}}(D_{\text{I}} + D_{\text{II}}) = 0.741 \times (104.1474 + 1.9019) = 78.5826\text{kg/h}$。这些共沸剂循环使用就能满足分离要求。

通过以上运算，看出的问题是：

① 倾析器能否达到将富苯相和富水相达到平衡分离的程度，如果在回流之前达不到平衡，则按实际情况加以调整。

② 塔 II-苯回收塔物料流量太小，设计和实际操作都难度大。解决的方案是：塔 III 塔顶不精馏至共沸物，仅将醇浓度提至 80% 左右，增加含水量，一方面使塔 II 的流量负荷增加，另一方面使预分离塔 III 有效板数减少，增加经济性；另一个解决方案，省去共沸剂回收塔 II，采用主塔 I 和预分离塔 III 双塔精馏流程。从预分离塔 III 顶部回收苯，因为倾析器水相 ph2 流量小，苯量少，形成的乙醇-水-苯三元共沸物温度低于乙醇-水二元共沸物温度。在工业上是可以实现回收苯的要求的。

5.3.3　共沸剂精馏塔计算

当共沸剂确定后，还须根据共沸剂性质确定其引入位置。如果共沸剂对原分离物系中两个组分而言相对不易挥发的话，可在靠近塔顶部分引入，这样能保证塔内有足够的共沸剂浓度，不至于影响到进料板以下共沸剂的浓度；共沸剂以最低共沸物从塔顶蒸出时，则需考虑共沸剂的分段引入，一部分可随进料液一起引入，另一部分共沸剂需在进料板以下离塔釜尚有一段距离的部位引入，这样才能保证塔内共沸剂的浓度，而又不使共沸剂从塔釜排出；若共沸剂同时对分离物系中两个组分都形成共沸物时（即从塔顶和塔釜均引出共沸物），则共沸剂在沿塔高的任何地方均可引入，这种情况一般很少遇到。

二元非均相共沸系统的精馏计算

如丁醇-水系统、苯酚-水系统的计算如下。

（1）物料衡算和操作线方程

二元非均相共沸系统的物料衡算需要把两个塔作为一个整体加以考虑，例如图5-21所示情况，按最外圈物料衡算得出：

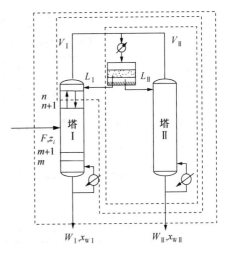

$$F = W_{\text{I}} + W_{\text{II}} \tag{5-47}$$

$$Fz = W_{\text{I}} x_{W_{\text{I}}} + W_{\text{II}} x_{W_{\text{II}}} \tag{5-48}$$

由给定的 F、z、$x_{W_{\text{I}}}$、$x_{W_{\text{II}}}$ 可求出 W_{I}、W_{II} 之值。

按中间一圈所示范围进行物料衡算可得出：

$$V_{\text{I}} = L_{\text{I}} + W_{\text{II}} \tag{5-49}$$

对于易挥发组分为：

$$V_{\text{I}} y_{n+1} = L_{\text{I}} x_n + W_{\text{II}} x_{W_{\text{II}}} \tag{5-50}$$

故

图 5-21　二元非均相共沸
精馏物料衡算图

$$y_{n+1} = \frac{L_{\text{I}}}{V_{\text{I}}} x_n + \frac{W_{\text{II}}}{V_{\text{I}}} x_{W_{\text{II}}} \tag{5-51}$$

此式即为塔 I 精馏段的操作线方程，它与对角线的交点是 $x = x_{W_{\text{II}}}$，斜率是 $L_{\text{I}}/V_{\text{I}}$。

若按最内圈作物料衡算，可得：

$$V_{\text{I}} y_{\text{I}} = L_{\text{I}} x_{L_{\text{I}}} + W_{\text{II}} x_{W_{\text{II}}} \tag{5-52}$$

式中　y_{I}——塔 I 顶共沸物中组分的浓度；

$x_{L_{\text{I}}}$——塔 I 顶回流液中组分的浓度。

塔 I 的操作线与普通精馏塔的没有差别，塔 II 的操作线方程可以仿照塔 I 的方法得到。

（2）共沸精馏塔中液气比（亦称为内回流比）及理论塔板数的确定

以下以例题来说明这个问题。

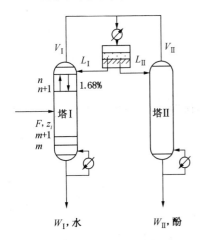

例题 5-7 附图 1　苯酚-水系统
共沸精馏物料衡算图

【例5-7】　原料中含苯酚的摩尔分数 1.0%，水 99%，要求釜液中苯酚含量小于 0.001%，流程如例题 5-7 附图 1 所示，苯酚与水是部分互溶系，但在 101.3kPa 下并不形成非均相共沸物。因此，塔 I 和塔 II 出来的蒸气在冷凝冷却器中冷到 20℃，然后在分层器中分层。水层返回塔 I 作为回流，酚层进入塔 II，要求苯酚产品纯度为 99.99%。假定塔内为恒摩尔流率，饱和液体进料，并设回流液过冷对塔内回流量的影响可以忽略。试计算：

（1）以 100mol 进料为基准，塔 I 和塔 II 的最小上升蒸气量为多少？

（2）当各塔的上升蒸气量为最小上升蒸气量的 4/3 倍时，所需理论塔板数是多少？

（3）求塔 I 和塔 II 的最小理论塔板数。

解：由文献上查得苯酚-水系统在 101.3kPa 下的气

·189·

液平衡数据(摩尔分数)如例题 5-7 附表 1 所示：

例题 5-7 附表 1　苯酚-水系统在 101.3kPa 下的气液平衡数据

$x_酚$	$y_酚$	$x_酚$	$y_酚$	$x_酚$	$y_酚$	$x_酚$	$y_酚$
0	0	0.010	0.0138	0.10	0.029	0.70	0.15
0.001	0.002	0.015	0.0172	0.20	0.032	0.80	0.27
0.002	0.004	0.017	0.0182	0.30	0.038	0.85	0.37
0.004	0.0072	0.018	0.0186	0.40	0.048	0.90	0.55
0.006	0.0098	0.019	0.0191	0.50	0.065	0.95	0.77
0.008	0.012	0.020	0.0195	0.60	0.090	1.00	1.00

并查得 20℃时苯酚-水的互溶度数据为：水层含苯酚摩尔分数 1.68%，酚层含水摩尔分数 66.9%。

（1）以 100mol 进料为基准，在恒摩尔流假设的基础上就整个体系对酚作物料平衡（如图 5-21 所示），得：

$$1.00 = 0.00001 W_I + 0.9999 W_{II}$$

同时，$100 = W_I + W_{II}$

所以，$W_I = 99.0$，$W_{II} = 1.0$

确定塔 I 的操作线：由式(5-51)可得：

$$V_I y_{n+1} = L_I x_n + 0.9999 W_{II} \tag{a}$$

对塔 I 提馏段作物料平衡可得提馏段的操作线方程为：

$$V_I' y_m = L_I' x_{m+1} - 0.00001 W_I \tag{b}$$

最小上升气量相当于最小回流比时的气量。若恒浓区出现在进料板，由附表 1 可以查出与进料酚组成达到相平衡时的气相组成，则由式(a)得出：

$$0.0138 V_{最小} = 0.01 L_{最小} + 0.9999 W_{II}$$
$$= 0.01(V_{最小} - W_{II}) + 0.9999 W_{II}$$
$$= 0.01 V_{最小} + 0.9899 W_{II}$$

所以，$V_{最小} = \dfrac{0.9899 W_{II}}{0.0038} = 260.5 W_{II} = 260.5$

若恒浓区出现在塔顶，因回流液酚浓度 $x = 0.0168$，用例题 5-7 附表 1 中数据内插法计算得 $y = 0.0181$，代入式(a)得：

$$0.0181 V_{最小} = 0.0168 V_{最小} + 0.9831 W_{II}$$

所以，$V_{最小} = \dfrac{0.9831 W_{II}}{0.0013} = 756.2 W_{II} = 756.2$

比较两种方法计算的 $V_{最小}$，取数值较大者，即 $V_{最小} = 756.2$。

故恒浓区必在塔顶，酚在恒浓区平衡组成为 $x = 0.331$，$y = 0.0403$。

塔 II 只有提馏段，其操作线方程为：

$$V_{II}' y_m = L_{II}' x_{m+1} - W_{II} x_{W_{II}} \tag{c}$$

将恒浓区平衡组成代入（c）式得：

$$0.0403 V'_{最小} = 0.331 L'_{最小} - 0.9999 W_{II}$$
$$= 0.331(V'_{最小} + W_{II}) - 0.9999 W_{II}$$
$$= 0.331 V'_{最小} - 0.6689 W_{II}$$

所以，$V'_{最小} = \dfrac{0.6689 W_{II}}{0.2907} = 2.3 W_{II} = 2.3$

（2）求塔 I 的理论塔板数

精馏段：$V_I = \dfrac{4}{3} V_{最小} = \dfrac{4}{3} \times 756.2 = 1008.3$，$L_I = V_I - W_I = 1008.3 - 1.0 = 1007.3$

提馏段：$V'_I = V_I = 1008.3$，$L'_I = L_I + F = 1007.3 + 100 = 1107.3$

代入式（a）和式（b）得出：

精馏段的操作线方程为：$y_{n+1} = 0.999 x_n + 0.9999$

提馏段的操作线方程为：$y_m = 0.999 x_{m+1} - 0.00099$

由操作线方程及平衡线，在 $y-x$ 图（例题 5-7 附图 2）上由 $x = 0.0168$ 到 $x_{W_I} = 0.00001$ 间绘梯级，可得出所需理论板数为 15（可能会有误差）。

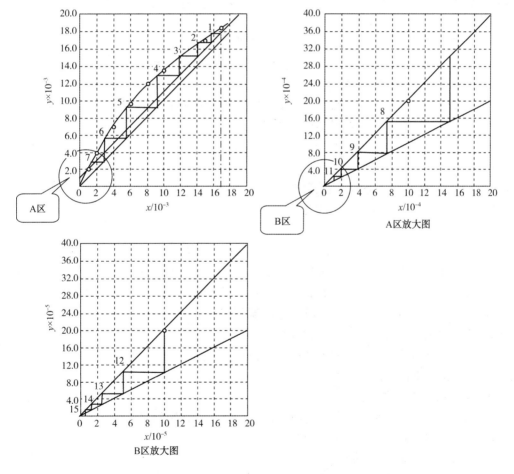

例题 5-7 附图 2　图解法求理论塔板数

练 习 题

一、选择题

1. 萃取精馏时若饱和液体进料，则溶剂加入位置点为（　　）。

 A. 精馏段上部   B. 进料板

 C. 提馏段上部

2. 在一定温度和组成下，A、B 混合液的总蒸气压力为 P，若 $P>P_A^s$，且 $P>P_B^s$，则该溶液（　　）。

 A. 形成最低恒沸物   B. 形成最高恒沸物

 C. 不形成恒沸物

3. 选择的萃取剂最好应与沸点低的组分形成（　　）。

 A. 正偏差溶液   B. 理想溶液

 C. 负偏差溶液

4. 当萃取精馏塔塔顶产品不合格时，可采用下列（　　）方法来调节。

 A. 加大回流比   B. 加大萃取剂用量

 C. 增加进料量

5. 特殊精馏可以分离以下具有（　　）特性的物系。

 A. 物质间沸点差太小   B. 相对挥发度接近

 C. 组分非理想性特殊，如 $\gamma_1 p_1^s \approx \gamma_2 p_2^s$

6. 加盐精馏与萃取精馏相比，用盐作为分离剂的优点有（　　）。

 A. 盐是完全不挥发的，对塔顶产品质量无影响

 B. 少量盐对挥发度改变较大

 C. 盐可用水洗脱除

 D. 可缩小设备尺寸和降低热能消耗

7. 乙酸乙酯–乙醇的最低恒沸物，加入氯化锌（　　），其相对挥发度明显改善？可缩小设备尺寸和降低热能消耗。

 A. 0. 33kg   B. 0. 33g   C. 0. 33%（质）

8. 乙醇和乙酸乙酯，在加盐精馏过程中，下列说法正确的是（　　）。

 A. 乙酸乙酯从塔顶采出，氯化锌和乙醇作为塔釜产品

 B. 釜液进行蒸发操作，可分离开乙醇和氯化锌

 C. 水吸收操作可分离乙醇和氯化锌

 D. 乙醇从塔顶采出，氯化锌和乙酸乙酯是塔釜产品

9. 反应精馏操作的优势是（　　）。

 A. 反应物必然形成共沸物

 B. 由于精馏作用，反应产物离开反应区，打破了平衡转化率的约束

 C. 平衡必然向生成产物的方向移动

 D. 单程转化率近乎完全转化

10. 为了改变原溶液 1、2 组分的相对挥发度，加入萃取剂改变了以下（　　）参数。

 A. p_1^s B. p_2^s C. γ_1 D. γ_2

11. 萃取剂的选择原则是（　　　）。

A. 沸点要足够高

B. 萃取剂与被分离物系有较大的相互溶解度

C. 萃取剂具热稳定和化学稳定性

D. 萃取剂比（萃取剂/进料）不得过大

E. 无毒、不腐蚀、价格低廉易得

F. 萃取剂与被分离物系相互溶解度小，便于分离

12. 萃取剂与原溶液之间相对挥发度 β 值增大，则塔板上的萃取剂浓度值（　　　）。

A. 增大　　　　　　B. 减小　　　　　　C. 不影响　　　　　　D. 不确定

13. 对共沸剂的选择要求有（　　　）。

A. 必须与原溶液中某组分形成最低共沸物

B. 共沸剂的用量尽可能少，汽化潜热 ΔH_v 值要小

C. 回收共沸剂再生循环容易

D. 热稳定性、化学稳定性好

E. 无毒（低毒），无腐蚀（腐蚀性小），价廉易得

14. 苯、乙酸乙酯、三氯甲烷都可以用作共沸剂分离得到高纯度乙醇，利用乙醇水溶液提取食品级乙醇时，应选择（　　　）作为共沸剂。

A. 苯　　　　　B. 乙酸乙酯　　　　　C. 三氯甲烷　　　　　D. 可不用共沸剂

二、填空题

1. 特殊精馏方法有（　　　　）、（　　　　）、（　　　　）、（　　　　）（或称催化精馏）等。

2. 乙醇–水溶液中加入 CH_3COOK，结果是（　　　　）消失，（　　　　）增大。

3. 苯的沸点为 80.1℃，环己烷的沸点为 80.73℃，若以糠醛为分离剂，则属于（　　　　）精馏；若以丙酮作为分离剂，则属于（　　　　）精馏分离。

4. 碳四馏分用乙腈水溶液作为分离剂，提高了各组分间的（　　　　）；乙腈是（　　　　）剂，精馏操作的目的是提取（　　　　）。

5. 将碳四馏分与甲醇同时进入有阳离子树脂床层的精馏塔，甲醇的作用是（　　　　），这种分离叫（　　　　），这种分离操作的目的是去除组分（　　　　），生产（　　　　）产品。

6. 常压下 100mol 含甲醇 50%（摩尔）的醋酸甲酯（1）–甲醇（2）溶液，共沸精馏时，共沸物组成为含醋酸甲酯（1）65%，其共沸点为 54℃，则塔顶得到恒沸物（　　　　）mol，塔釜得到组分（　　　　）mol（可视作纯净物）。

7. 对苯二甲酸（PTA）是以对二甲苯（PX）为原料，反应时加入醋酸（AcOH）为（　　　　），产物气相分离时，加入醋酸异丁酯为（　　　　），在共沸脱水塔中形成了有 5 个沸点组分的多元体系，按沸点由低到高排列为：醋酸甲酯（AcMe）、IBA–H_2O、PX–H_2O、PX–AcOH、AcOH，其中共沸物有（　　　　）、（　　　　）和（　　　　）。

8. 三角形相图，三角形的顶点都代表一种（　　　　），三角形的任意一边代表一个（　　　　），三角相图中任意一点 P 代表一个（　　　　）系统。

9. 萃取剂的沸点比被分离组分（　　　　），为了使塔内维持较高的萃取剂浓度，萃取剂加入口一定要位于（　　　　），但需要与塔顶保持有若干块塔板，起（　　　　）作

用，这一段称萃取剂回收段。

10. 对于一个具体的萃取精馏过程，萃取剂对原溶液关键组分既有(　　　　)作用，又有(　　　　)作用。

11. 常见有机化合物烃、醛、醚、醇、水、酮、酯、二醇按极性增加的顺序排列为：(　　　　)。

选择在极性上更类似于(　　　　)的化合物作萃取剂，能有效地减小重关键组分的挥发度。

12. 分离甲醇(沸点 64.7℃)和丙酮(沸点 65.5℃)的共沸物。若选己烷为萃取剂，则(　　　　)为难挥发组分；若选水为萃取剂，则(　　　　)为难挥发组分。

13. 原溶液为 1 和 2 两组分系统，其中 1 组分的摩尔浓度为 $x_1 = 0.6$；对 1、2 组分作萃取精馏，萃取剂浓度 $x_s = 0.7$，则三组分系统中组分 2 的摩尔浓度为(　　　　)。

14. 某些溶液在某一组成时，其两组分的蒸气压之和出现最大值，即溶液的蒸气对理想溶液发生(　　　　)偏差，$\gamma_i^{(-)} 1$。此种溶液的泡点比两纯组分的沸点都(　　　　)，是具有(　　　　)共沸点的溶液。

15. 糠醛-水、苯-水、正丁醇-水、异丁醇-水等物系都是具有(　　　　)恒沸温度的非均相共沸物。

16. 苯-环己烷均相物系可以选择糠醛为(　　　　)，(　　　　)精馏分离苯-环己烷，分离体系有(　　　　)个塔；也可以选择丙酮作(　　　　)，(　　　　)精馏分离苯-环己烷，体系有(　　　　)个塔。

17. 丁醇(1)-水(2)溶液在进行两塔联合精馏时，醇塔Ⅰ和水塔Ⅱ塔顶蒸出产物组成(　　　　)，共沸物在塔顶冷凝器中冷凝冷却后便分成两个液相，一个是水相[醇含量 x_b = 7.7%(质)]，另一个是醇相[含水量 x_w = 20.1%(质)]，若进料组成含醇 $z_1 = 50\%$(质)，则加料位置是(　　　　)。

三、判断题(对打√，错打×)

1. 乙醇-水溶液中加入 CH_3COOK，结果使恒沸点消失，相对挥发度增加。　　　(　　　)

2. 异丙醇和水不共沸。　　　　　　　　　　　　　　　　　　　　　　　(　　　)

3. 乙醇-水溶液分离，可用乙二醇作为萃取剂，萃取精馏分离。　　　　　　(　　　)

4. 乙醇-水溶液分离，可用苯或三氯甲烷作为共沸剂，共沸精馏分离。　　　(　　　)

5. 在硝酸的水溶液中加入硝酸锌进行精馏，不需很多理论板，在不大的回流比下可以得到高浓度的硝酸，如果不加硝酸锌，用普通精馏方法是不可能从硝酸的水溶液中获得高浓度硝酸的。　　　　　　　　　　　　　　　　　　　　　　　　　(　　　)

6. 最高恒沸物溶液，其两组分的蒸气压之和出现最大值，溶液的蒸气对理想溶液发生正偏差。　　　　　　　　　　　　　　　　　　　　　　　　　　　　(　　　)

7. 恒沸精馏操作常选择最高恒沸物溶液。　　　　　　　　　　　　　　　(　　　)

8. 当原有两组分的沸点相近，非理想性不大时，组分 1 对组分 2 的相对挥发度接近于 1。加入萃取剂 S 后，萃取剂与组分 1 形成具有较强正偏差的非理想溶液，与组分 2 形成负偏差溶液或理想溶液，从而提高了组分 1 对组分 2 的相对挥发度。　　　(　　　)

9. 萃取塔和萃取精馏塔工作原理是一样的。　　　　　　　　　　　　　　(　　　)

10. 苯-环己烷均相物系可以选择。　　　　　　　　　　　　　　　　　　(　　　)

四、简答题

1. 萃取精馏的实质是什么？如何提高其选择性？

2. 萃取精馏的原理是什么？画出液相进料的萃取精馏流程。

3. 甲醇（1），沸点 337.7K；丙酮（2），沸点 329.4K，溶液具有最低恒沸点，$T_恒 = 328.7K$，$x_1 = 0.2$ 的非理想溶液，如用萃取精馏分离时，萃取剂应从酮类选还是从醇类选？请说明原因。

4. 什么叫恒沸精馏？画出一个二元非均相恒沸精馏流程。

5. 怎样用三角相图来求解恒沸剂的用量？

6. 用恒沸精馏的基本原理，说明沸点相近和相对挥发度相近是否为同一概念。

7. 当原溶液为二组分时，恒沸精馏和萃取精馏都可以用图解法求算，试问两者主要异同是什么？

8. 何为特殊精馏？

9. 反应精馏分为哪两类？根据反应物、反应产物、共沸剂之间的相对挥发度分析其反应精馏流程类型。

五、计算题

1. 甲醇（1）和醋酸甲酯（2）溶液 100mol，对此溶液进行间歇蒸馏分离，控制蒸馏温度 54℃，若干时间段后，已没有馏出液时，则下列两种进料组成下，共沸物的量和组成是多少？釜残液是什么？量是多少？

（1）含甲醇（1）80%（摩尔）；

（2）含甲醇（1）20%（摩尔）。

2. 某萃取精馏法分离正庚烷（1）-甲苯（2）二元混合物，原料组成 $z_1 = z_2 = 0.5$（摩尔分数），进料流量 $F = 100$kmol/h，采用苯酚为萃取剂，如果回流比为 5，饱和液体进料，萃取剂与进料比 $\dfrac{S}{F} = 2.9$，要求馏出液中苯酚含量为 0，甲苯不超过 0.8%；釜液中正庚烷摩尔分数不超过 1%（不包括萃取剂），则恒摩尔流条件下上（1）、中（2）、下（3）三段气液相负荷分别为多少？

3. 用萃取精馏法分离丙酮（1）-甲醇（2）的二元混合物。原料组成 $z_1 = 0.75$，$z_2 = 0.25$（摩尔分数），水为萃取剂。常压操作，已知进料流率 40mol/s，进料温度 50℃。操作回流比为 4。若要求馏出液中丙酮含量大于 95%，丙酮回收率大于 99%（摩尔分数），问该塔需多少理论塔板数？

4. 用乙二醇作萃取剂，由塔顶加入，萃取精馏分离乙醇（1）-水（2）混合物。要求塔顶产品中乙醇摩尔组成为 0.995，乙醇回收率为 0.99；乙醇水溶液的进料组成为 0.88（均为摩尔分数），饱和蒸气进料。试确定所需要的理论板数。

5. 某 1、2 两组分构成二元物系，活度系数方程为 $\ln \gamma_1 = A x_2^2$，$\ln \gamma_2 = A x_1^2$，端值常数与温度的关系：

$$A = 1.7884 - 4.35 \times 10^{-3} T \quad (T: K)$$

蒸气压方程为：$\ln p_1^s = 16.0826 - \dfrac{4050}{T}$

$$\ln p_1^s = 16.3526 - \dfrac{4050}{T} \quad (p: kPa; T: K)$$

假设气相为理想气体，试问：99.75kPa 时，（1）系统是否形成共沸物？（2）共沸温度是多少？

6. 有苯（1）和环己烷（2）二元溶液中 $z_1 = 0.6$（mol 分率），若用丙酮（S_1）作为夹带剂，塔顶均相恒沸物组成是 $x'_2 = 0.325$（质量分数），试估算：

（1）进料 $F_1 = 100$kmol/h 苯（1）和环己烷（2）二元溶液需要多少丙酮作为共沸剂？

（2）如果共沸物环己烷（2）-丙酮（S_1）用水（S_2）作为萃取剂，若设定萃取塔 F_2 进料（例题 5-4 附图 3）温度为 20℃，操作压力 180kPa，塔底萃取剂浓度为 $x_{S2} = 0.65$，则水的用量为多少？

7. 用双塔共沸精馏系统实现正丁醇的脱水。进料量 $F = 5000$kmol/h，原料含水 28%，进料状态 $q = 0.7$。要求丁醇相含水 4%，水相含水 99.5%（均为摩尔分数）。操作压力为 101.3kPa。饱和液体回流，两塔均采用再沸器加热，丁醇塔中 $L/V = 1.23(L/V)_{min}$，水塔中 $(V'/W)_2 = 0.132$。求：

（1）醇塔和水塔塔釜产量各为多少？

（2）适宜的进料位置和两个塔的平衡级数。

气液平衡数据见习题 7 附表 1。

习题 7 附表 1   气液平衡数据（101.3kPa）

x_1	y_1	$T/℃$	x_1	y_1	$T/℃$
3.9	26.7	111.5	57.3	75	92.8
4.7	29.9	110.6	97.5	75.2	92.7
5.5	32.3	109.6	98.0	75.6	93.0
7.0	35.2	108.8	98.2	75.8	92.8
25.7	62.9	97.9	98.5	77.5	93.4
27.5	64.1	97.2	98.6	78.4	93.4
29.2	65.5	96.2	98.8	80.8	93.7
30.5	66.2	96.1	99.2	84.3	95.4
49.6	73.6	93.5	99.4	88.4	96.8
50.5	74.0	93.4	99.7	92.9	98.3
55.2	74.4	92.9	99.8	95.1	98.4
56.4	74.6	92.9	99.9	98.1	99.4
57.1	74.8	92.9	100	100	100

8. 根据本章所给的信息，拟用苯作共沸剂，分离乙醇（1）-水（2）混合物，进料中乙醇质量浓度为 60%，进料量为 1000kg/h，采用常用三塔流程精馏（如图 5-20 所示），预浓缩塔将乙醇水溶液提取至含醇 80%（质）的溶液，试估算：

（1）如果主塔Ⅰ塔釜采出纯乙醇，塔Ⅲ塔釜采出纯水，试问量分别是多少？

（2）塔顶冷凝后倾析所得富苯相 ph1 和富水相 ph2 的比例是多少？

（3）塔Ⅱ塔釜组成是多少？

（4）塔Ⅱ釜采出量多少，若塔Ⅲ塔顶采出乙醇和水的二元共沸物，则塔顶采出量为多少？

（5）塔Ⅰ中共沸剂加入量为多少？在开车时，全回流阶段共沸剂加入量为多少？

9. 用乙腈作萃取剂从碳四馏分中萃取丁二烯，丁二烯萃取精馏塔进料流量为1000kmol/h，进料组成及各组分相对于丁二烯的相对挥发度如习题9附表1所示。饱和液体进料，塔顶采用全凝器，操作压力0.45MPa。要求丁二烯的回收率为99.8%（摩尔），塔顶馏出液中含乙腈不超过0.2%，水含量不超过0.15%（摩尔），釜液中顺-2-丁烯的浓度不大于0.9%（摩尔），萃取剂乙腈水溶液入塔温度为50℃，萃取剂含水10%（摩尔），精馏段萃取剂浓度为 $x_S = 0.8$，试确定：

（1）塔顶、塔釜产品分配；

（2）最小回流比和回流比（取 $R = 1.35 R_m$）；

（3）理论塔板数；

（4）萃取剂用量；

（5）精馏塔各段气液相负荷。

习题9附表1 丁二烯萃取精馏塔进料组成及在乙腈中的相对挥发度

编号	1	2	3	4	5	6	7	8	9	10
组分	异丁烷	正丁烷	异丁烯	1-丁烯	反-2-丁烯	顺-2-丁烯	丙炔	丁二烯	丁炔	乙烯基乙炔
$z_i/\%$（摩尔）	1.253	5.013	27.156	15.974	6.489	5.291	0.098	38.308	0.311	0.108
$\alpha_{i,S}$	39.8	31.4	23.6	23.3	20.8	19.23	15.6	15.0	7.35	6.1

项目6 多组分气体吸收和解吸过程

基本任务

6.1 多组分气体吸收典型案例

气体吸收是利用气体混合物中各组分在某液体中溶解度的不同，用液体处理气体混合物，使气体混合物中的一种或多种组分从气相转移到液相中，从而达到分离组分或制取产品的目的。吸收是气液相间的传质过程。而吸收的逆过程，即溶质从液相中分离出来转移到气相的过程，称为解吸。

吸收时所用的液体称为溶剂（或吸收剂），被吸收的组分称为溶质（或吸收质）。若气体吸收过程中只有一个组分在吸收剂中具有显著的溶解度，其他组分的溶解度均小到可以忽略不计，则这种吸收称为单组分吸收；若气体混合物中具有显著溶解度的组分不止一种，则这种吸收称为多组分吸收。例如用油吸收法分离石油裂解气，除氢以外，裂解气中其他组分都不同程度地从气相溶到溶剂油中了。

6.1.1 吸收操作及工程目的

6.1.1.1 吸收操作分类

根据讨论问题的方便和着眼点的不同，吸收过程可以有很多分类方法。

（1）物理吸收和化学吸收

按照溶质与溶剂的结合是溶解关系还是化学反应关系，吸收分为化学吸收和物理吸收。

物理吸收指的是气体溶质与液体溶剂之间不发生明显的化学反应，即纯属溶解过程，例如，用水吸收二氧化碳。若气体溶质进入液相之后与溶剂或溶剂中的活性组分进行化学反应，则所进行的过程称为化学吸收。按其化学反应的类型，又分为发生可逆反应和不可逆反应的化学吸收过程。例如，用乙醇胺溶液吸收二氧化碳为可逆反应，而用稀硫酸吸收混合气中的氨是不可逆反应。

对于物理吸收，液相中溶质的平衡浓度基本上是它在气相中分压的函数。吸收的推动力是气相中溶质的实际分压与溶液中溶质的平衡蒸气压之差。

在化学吸收中，进入溶液的溶质部分或全部转变为其他化学物质，此溶质的平衡蒸气压便有所降低，甚至可以降到零。这样就使吸收推动力提高，从而提高吸收速率，并且使一定量溶剂能吸收更多数量的溶质。因此，化工生产中常采用化学吸收。若进行的化学反应是可逆的，可用加热、减压等方法将溶剂回收使用。和物理吸收相比，化学吸收具有速度快、溶解能力大、溶剂用量少、设备尺寸小、溶剂回收再利用难度增大等特点。

（2）等温吸收和非等温吸收

按照吸收过程中有无显著的温度变化，可分为等温吸收和非等温吸收。气体溶解时一般都放出溶解热。化学吸收中则还有反应热效应。若混合气中被吸收组分的含量低，溶剂用量大，则系统温度的变化并不显著，可按等温吸收考虑。有些吸收过程，例如用水吸收 HCl 气体或 NO_2 气体，用稀硫酸吸收氨，放热量很大，若不进行中间冷却，则气液两相的温度都有很大改变，称为非等温吸收。

（3）单组分吸收和多组分吸收

按照吸收过程中被吸收组分的种类多少，可分为单组分吸收和多组分吸收，例如制取盐酸、硫酸等产品是单组分吸收，而从焦炉煤气中回收芳烃、火电厂燃烧尾气（包括 NO_x、SO_2 和 CO_2 等）的处理为多组分吸收。

（4）其他

还有一些分类方法，如按照气体中能被吸收的物料量多少，可分为贫气吸收和富气吸收；按照过程进行中气液两相接触的方式和采用的设备形式，可分为喷淋吸收、鼓泡吸收和降膜吸收等。

6.1.1.2　吸收操作的目的

（1）净化或精制气体

石油化工生产中，无论采用哪种原料路线制得的粗原料，大多都是多组分混合物。工业上常用吸收方法除去其中的影响产品质量或对催化剂有害或对设备有腐蚀的物质。例如：用乙醇胺液脱除裂解气或天然气中的硫化氢、二氧化碳，以净化裂解气；乙烯直接氧化制环氧乙烷生产中原料气的脱硫、脱卤化物，以保证催化剂活性；合成甲醇工业中，合成气的脱硫、脱二氧化碳，使合成气更纯净，防止催化剂中毒、设备腐蚀和产物复杂化；二氯乙烷生产过程中用水除去氯化氢以精制产品。

（2）分离气体混合物

用以得到目的产物或回收其中一些组分。例如：裂解气的油吸收，可以将 C_2 以上的组分溶解于溶剂油与甲烷、氢分开；用 N-甲基吡咯烷酮作溶剂，将天然气部分氧化所得裂化气中的乙炔吸收分离出来；焦炉气的油吸收以回收其中的芳烃；乙烯直接氧化制环氧乙烷生产中，用水吸收分离反应气体中的环氧乙烷，用碳酸钾吸收反应气体中的二氧化碳等。

（3）将最终气态产品制成溶液或中间产品

例如：用水吸收氯化氢气体制成盐酸；用水吸收甲醛蒸气制甲醛溶液；用水吸收丙烯氨氧化反应气中的丙烯腈作为中间产品等。

（4）治理有害气体污染，保护环境

各类化学加工工程中都要排放一些尾气或废气，其中大多含有 SO_2、H_2S、NO、NO_2、HCN、HF、Cl_2 等有毒、有害的物质，虽然它们的含量很低，但对人体和大气环境危害极大，例如用碱性吸收剂吸收这些有毒的酸性气体以保护环境。

6.1.2 多组分吸收和解吸技术的工业应用案例

6.1.2.1 吸收剂的选择

（1）吸收剂的选择原则

① 吸收剂要有良好的吸收性能，这也是最重要的。

② 吸收剂要有良好的选择性，有选择地吸收所需的物质。

③ 吸收剂有较小的挥发性，这样可以减少吸收剂的损失，降低操作成本，保护环境。

④ 吸收剂最好要无毒无害，这样既环保又降低处理成本。

⑤ 吸收剂最好要价廉易得，吸收过程吸收剂的循环量很大，还是便宜点比较好。

⑥ 所选的吸收剂要能与溶质在后续的分离过程中容易分离，否则还不如不吸收。

（2）工业常用吸收剂

由于石油化工生产的特点，反应原料气几乎都是多组分混合物。其中除了目的产物以外，还含有一些有价值的副产品，也有一些有害的杂质。所以采用吸收法来分离这种气体混合物通常是多组分吸收。就是说，在吸收剂吸收目的产物的同时也不同程度地吸收了其他的一些组分。吸收和解吸过程按其生产目的的不同，可分为以下几个方面，代表性的工业应用见表6-1。

表 6-1 工业吸收过程

溶 质	溶 剂	吸收类型	溶 质	溶 剂	吸收类型
丙酮	水	物理吸收	萘	液态烃	物理吸收
氨	水	物理吸收	二氧化碳	NaOH 水溶液	不可逆化学吸收
乙醇	水	物理吸收	氯化氢	NaOH 水溶液	不可逆化学吸收
氯化氢	水	物理吸收	氟化氢	NaOH 水溶液	不可逆化学吸收
氟化氢	水	物理吸收	硫化氢	NaOH 水溶液	不可逆化学吸收
二氧化硫	水	物理吸收	氯	水	可逆化学吸收
三氧化硫	水	物理吸收	一氧化碳	铜氨溶液	可逆化学吸收
苯和甲苯	液态烃	物理吸收	CO_2 和 H_2S	一乙醇胺或二乙醇胺溶液	可逆化学吸收
丁二烯	液态烃	物理吸收	CO_2 和 H_2S	二乙醇胺、三乙醇胺溶液	可逆化学吸收
丙烷和丁烷	液态烃	物理吸收	一氧化氮	水	可逆化学吸收

6.1.2.2 吸收过程的工业应用案例

（1）水吸收氯化氢制盐酸案例

盐酸生产工序是将液氯生产过程中产生的废氯气（氯气体积分数在 65% 以上）和从氢

处理工序送来的氢气在铁合成炉内以 1：(1.05~1.10)的物质的量比燃烧生成氯化氢；氯化氢经散热器散热，再经石墨冷却器用循环水冷却后进入膜式吸收塔，采用稀酸液吸收氯化氢气体(组成：y_{HCl}=90%~95%，y_{Cl_2}<0.5%，其余为 H_2，体积分数)，其工艺流程如图6-1所示。含有氢气、氯气的氯化氢气体由第一级膜式吸收器的顶部进入，与来自第二级膜式吸收器的稀酸并流接触，氯化氢溶于水中生成盐酸(31%~33%)，进入盐酸成品槽，未被吸收的氯化氢从第一级膜式吸收塔底部出来，进入第二级膜式吸收器的顶部，与尾气塔下来的稀酸接触，稀酸浓度进一步增浓。未被溶解的氯化氢和其他气体从第二级膜式吸收塔底部出来，进入尾气填料塔，被从稀酸循环槽来的稀酸水进一步溶解，剩余尾气从尾气塔顶部被水流泵抽吸走处理后放空。第一、二级膜式吸收器中，氯化氢溶解于水中放出的热量由吸收管外冷却水带走。

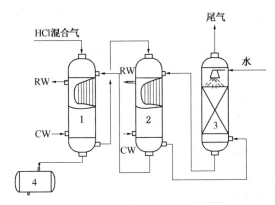

图 6-1　氯化氢吸收制盐酸工艺流程图
1——一级膜式吸收塔；2——二级膜式吸收塔；3—尾气吸收塔；4—盐酸储槽

在这个案例中，气体混合物中含有氯化氢、氢气、氯气，它们在水中的溶解度见表6-2。显然，HCl 在水中的溶解度远大于 Cl_2、H_2 在水中的溶解度，如此大的溶解度差异使得可以用水作为溶解吸收氯化氢、氢气、氯气混合气体中的 HCl，这在盐酸工业以及环境保护方面洗涤含 HCl 气体的尾气等方面得到广泛应用，同时氯气的含量小于 0.5%，与水反应仍然生成盐酸和次氯酸，对产品质量没有影响，氢气可以循环进一步与氯气反应生产氯化氢。

表 6-2　Cl_2、H_2、HCl 在水中的溶剂度(p=1atm)

温度/℃	气体在水中的溶解度/(m³气体/m³水)		
	Cl_2	H_2	HCl
0	3.148	0.0215	507
20	2.299	0.0182	442
30	1.799	0.0170	413

(2) 二氧化碳吸收案例

某合成氨厂经一氧化碳变换工序后，变换气的主要成分为 N_2、H_2、CO_2，此外还含有少量的 CO、甲烷等杂质，其中以二氧化碳含量最高。二氧化碳既是氨合成催化剂的有害物质，又是生产尿素、碳酸氢铵产品的原料，须在合成前去除，工厂采用如图 6-2 的工艺来实现。

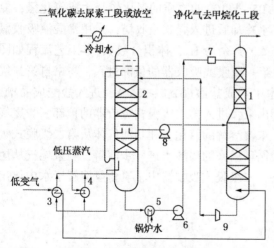

图 6-2 碳酸钾化学吸收脱出
二氧化碳工艺流程示意图

1—吸收塔；2—再生塔；3，4—再沸器；
5—锅炉给水预热器；6—贫液泵；7—过滤器；
8—半贫液泵；9—水力透平

含二氧化碳 18%左右的低温变换气从吸收塔 1 底部进入，在塔内分别与塔中部来的半贫液和塔顶部来的贫液进行逆流接触，二氧化碳溶解进入贫液和半贫液与液相中的碳酸钾发生反应被吸收，出塔净化气的二氧化碳含量低于 0.1%，经分离器分离掉气体夹带的液滴后进入下一工序。

吸收了二氧化碳的溶液称为富液，从吸收塔的底部引出。为了回收能量，富液先经过水力透平 9 减压膨胀，然后利用自身残余压力流到再生塔 2 顶部，在再生塔顶部，溶液闪蒸出部分水蒸气和二氧化碳后沿塔流下，并和由低变气再沸器 3 加热产生的蒸汽逆流接触，受热后进一步释放二氧化碳。由塔中部引出的半贫液，经半贫液泵 8 加压进入吸收塔中部，再生塔底部贫液经锅炉给水预热器 5 冷却后，由贫

液泵 6 加压进入吸收塔顶部循环吸收。

这个案例是一个化学吸收的例子，当碳酸钾溶液与合成气接触时，合成气中的二氧化碳溶解于液相中并与碳酸钾发生化学反应：$CO_2+K_2CO_3+H_2O \longrightarrow 2KHCO_3$，这样使得液相中的二氧化碳不断被化学反应"消耗"掉，从而使气相中的二氧化碳不断溶解进入液相。其他气体与二氧化碳相比，因为不与碳酸钾反应，溶解在碳酸钾溶液中的量很少，这样就可以将混合气体中的二氧化碳与其他气体分离。

（3）吸收-解吸联合案例

某化工厂从焦炉煤气中回收粗苯（苯、甲苯、二甲苯等），采用如图 6-3 所示的工艺流程。焦炉煤气在吸收塔内与洗油（焦化工厂生产中的副产品，数十种碳氢化合物的混合物）逆流接触，气相中粗苯蒸气溶于洗油中，脱苯煤气从塔顶排出。溶解了粗苯的洗油称

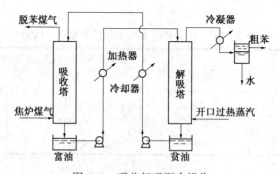

图 6-3 吸收解吸联合操作

为富油，从塔底排出。富油经换热器升温后从塔顶进入解吸塔，过热水蒸气从解吸塔底部进塔。在解吸塔顶部排出的气相为过热水蒸气和粗苯蒸气的混合物。该混合物冷凝后，因两种冷凝液不互溶，并因密度不同而分层，粗苯在上，水在下。分别引出则可得粗苯产

品。从解吸塔底部出来的洗油称为贫油，贫油经换热器降温后再进入吸收塔循环使用。

本案例是一个多组分物理吸收和解吸的过程，焦炉煤气的组成如表6-3所示。用溶剂油吸收焦炉气中的芳烃，芳烃溶解于溶剂油，达到芳烃与煤气的分离，然后吸收液解吸又可得到芳烃和溶剂油，如此连续操作，达到分离焦炉煤气的目的。

表6-3　焦炉煤气组成

名　称	可燃成分					不可燃成分			
	H_2	CO	CH_4	C_mH_n	苯类	水蒸气	CO_2	N_2	O_2
体积分数/%	55~60	5~8	23~28	2~4	0.5~1	4~5	1.5~3	3~5	0.4~0.8

6.2　多组分吸收塔的结构

用于吸收过程的主要设备是填料塔和板式塔。填料塔内，以填料作为气液接触基本构件，操作中气流自下而上与自上而下流动的液体沿着填料表面进行传质过程，属于气液两相连续逆流接触式设备。精馏过程也广泛采用填料塔，但操作的液气比(特别是真空精馏)要较吸收过程小得多，容易出现液体喷淋不均匀现象而影响传质效率，故填料精馏塔采用塔径范围较小(一般在800mm以下)，传质单元高度约为吸收塔的2倍。吸收过程采用填料塔较之精馏过程具有更为有利的条件。下面重点介绍填料塔的结构。

6.2.1　填料塔的总体结构

填料塔的总体结构见图6-4。主要由塔体(器身、封头、接管及连接件、人孔、支座)及塔的附属结构如填料支承板、液体喷淋装置、液体再分配装置构成。有时根据需要尚装有气体入塔分布结构及除雾器等。

在填料塔的设计中，除需正确计算填料层高度及主体几何尺寸以外，一些附属结构的设计和选择也很重要。否则容易引起气液分布不匀而严重影响传质效率，或者由于附属构件(例如支承板)阻力过大而影响塔的生产能力等。填料型式不同对这些构件的要求也不同，一些整砌型填料(例如波纹填料、栅条填料)及较精密小型填料(如丝网填料、乳化塔等)对气液分布要求更高。

6.2.2　填料塔的附属结构

6.2.2.1　支撑板

填料的支承板一般应满足两个基本条件，即自由截面积不小于塔内填料层的孔隙率，强度足以支承填料的重量。常见的支撑板(见图6-5)应满足这两项条件(主要用于拉西环填料)，扁钢条间的适宜距离为填

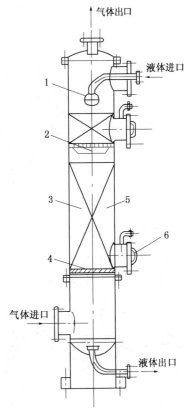

图6-4　填料塔结构示意图
1—液体喷淋器；2—液体再分布器；3—填料；
4—填料支承板；5—塔体；6—人孔或手孔

料外径的 0.6~0.8 倍左右。在较大直径的塔中也可采用较大间距，上面再放一层十字式瓷环隔层，然后再在上堆放拉西环等填料。

当栅板[见图 6-5(b)]结构不能满足以上两项条件时，可采用升气管型[见图 6-5(c)]支撑板。气体由升气管的齿缝流出，液体由小孔及齿缝的底部溢流向下。当有足够的齿缝面积时，这种结构甚至能达到 100%（对于塔截面积）的气相自由截面率。对于小型塔则可使用驼峰型支撑板[见图 6-5(d)]。支撑板的剖视结构图见图 6-6。

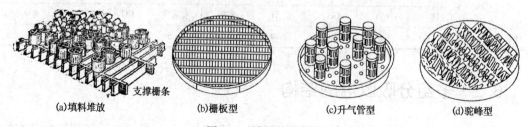

(a)填料堆放　　(b)栅板型　　(c)升气管型　　(d)驼峰型

图 6-5　填料的支撑板

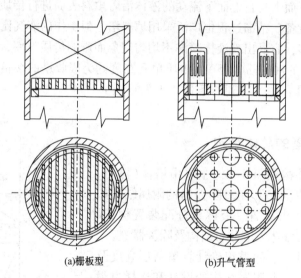

(a)栅板型　　　　(b)升气管型

图 6-6　支撑板剖视图

6.2.2.2　液体喷淋装置

填料塔的液体喷淋装置十分重要，它直接影响塔内填料的表面有效利用率。喷淋装置的结构型式较多，主要有盘式、莲蓬式、管式、槽式等。

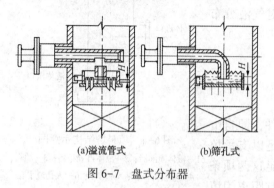

(a)溢流管式　　　(b)筛孔式

图 6-7　盘式分布器

（1）盘式分布器

盘式分布器的结构如图 6-7 所示。盘上开有 $\phi3 \sim 10mm$ 的筛孔，或设有直径 $>15mm$ 的溢流管。液体流到分布盘上以后，均匀地淋洒分布在整个塔截面上。分布盘的直径为塔径的 0.6~0.8 倍，适用于在直径 800mm 以上的塔。

（2）莲蓬式分布器

莲蓬式分布器也是常用的一种形式，

其结构如图 6-8 所示。

莲蓬式分布器通常的参数为：莲蓬头直径 d 为塔径 D 的 1/5~1/3；球面半径为（0.5~1.0）d；喷洒角 $\alpha \leqslant 80°$；喷洒外圈距塔壁距离 70~100mm；蓬头小孔直径 3~10mm；孔数可根据液体流量、物理性质和操作压力等确定。

莲蓬式分布器一般在直径 600mm 以下的塔中使用。

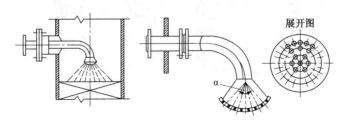

图 6-8　莲蓬式分布器

（3）管式分布器

几种结构简单的管式分布器如图 6-9 所示。多孔直管式和多孔盘管式的管底部都开有 2~4 排 ϕ3~6mm 的小孔，孔的总面积约与进料管面积相等。多孔直管式适用于塔径在 600mm 以下的情况，而多孔式则适用于塔径为 1200mm 以下的情况。

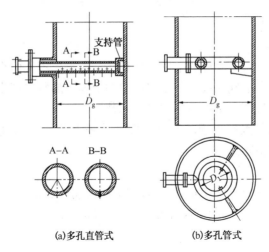

(a)多孔直管式　　(b)多孔管式

图 6-9　多孔管式分布器

6.2.2.3　液体再分配装置

液体在沿填料层(特别是拉西环等实体填料)下流时，往往产生逐渐向塔壁方向集中的趋势，而使总传质系数和设备传质效率大为降低。此壁效应在小塔中，因其单位截面的周边大而更为显著。为了克服这种现象，则必须在塔内每隔一段距离设置一个液体再分配装置。

两个液体再分配装置间的距离为 $Z=(2.5~3)D$，塔径在 φ400mm 以下时，Z 允许比以上范围略大；大塔径 Z 也不宜超过 6m；对于鲍尔环 $Z=(5~10)D$，环径与塔径比（d/D）大时，Z 可取 5，大塔径 Z 亦不宜超过 6m。对于矩鞍填料，填料大小与塔径之比（d/D）应小于 1/15，$Z=(5~8)D$，大塔径 Z 亦不宜超过 6m。

截锥式液体再分配装置(见图 6-10)是几种常用液体再分配装置中最简单的一种结构

型式。适用于结构在 600~800mm 以下的塔，图 6-10(a)只将截锥体焊(或搁置)在塔体中，截锥上下仍能放满填料而不占空间。当需要分段卸出填料时，则采用图 6-10(b)的结构。截锥上加设支承板，截锥下隔一段距离再装填料。

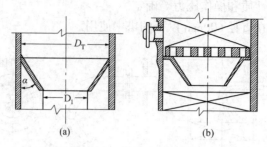

(a)
(b)

图 6-10　截锥式再分布器

6.2.2.4　气体进塔装置

一般气体进塔的分布要求并不严格，只适当采取措施避免气流直接由接管口或水平管冲入塔内即可。对于直径小于 500mm 的小塔，可使气体的入塔管伸到塔的中心线位置，管末端切成 45°的向下斜口，或类似图 6-10(a)的向下缺口，使气体折转向上。对于直径在 1.5m 以下的塔，管的末端可作成向下的喇叭形扩大口；对于更大直径的塔，可以作成类似于图 6-10(b)的盘管式。

6.2.2.5　除沫装置

一般情况下，由于填料塔允许的空塔气速较小，所以出塔气体很少出现大量雾沫夹带现象。但在操作中有时空塔气速过大，或因塔顶的液体喷淋装置产生严重溅液现象，或工艺过程不允许气体夹带液滴，则需考虑加设除沫装置。

填料塔常用的除沫装置有折板除沫器，在液体喷淋装置与出气管之间填置一段干填料、丝网除沫器及旋流板除沫器。

(1) 折板除沫器

折板除沫器(见图 6-11)由 50mm×50mm×3mm 的角钢构成，板间横向距离为 25mm，当气流垂直流过除沫板所产生的阻力约为 490~980Pa 时，能除去直径最小约 0.05mm 的雾滴。

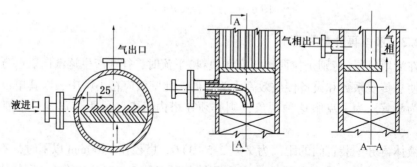

图 6-11　折板除沫器

(2) 丝网除沫器

丝网除沫器(见图 6-12)是一种效率较高的除沫器，可除去大于 0.05mm 的液滴，效率可达98%~99%，但不宜用于液滴中含有或溶有固体物质(如碱液、碳酸氢铵溶液等)的场合，否则将产生液体蒸发后固体堵塞除沫器的现象。

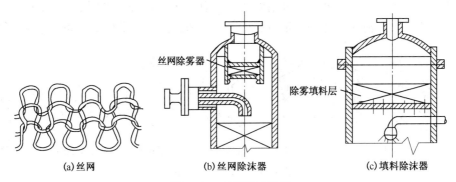

图6-12　丝网除沫装置

丝网有各种规格和材料，如不锈钢丝、铜丝、镀锌铁丝、镍丝、聚四氯乙烯丝、聚乙烯丝、聚氯乙烯丝及尼龙丝等，丝网高度一般取100~150mm，压降小于2450Pa，支承丝网的栅板应具有大于90%的自由截面。

(3) 旋流板除沫器

旋流板除沫器有固定的风车叶片，气流通过叶片时产生旋转运动，利用离心力的作用除去雾滴，其除雾效率可达98%~99%，阻力介于折流板与丝网除雾器之间。

6.2.2.6　液体出口装置

液体的出口装置既要便于从塔内排液，又要防止气体从液体出口外泄，常用的液体出口装置可采用液封装置，如图6-13(a)所示。若塔的内外压差较大时，可采用倒U形管液封装置，如图6-13(b)所示。

6.2.2.7　料种类及选择

所谓填料是一种提供传质表面的固体填充物，其作用就在于使气液两相能够达到良好接触，提高传质速率。

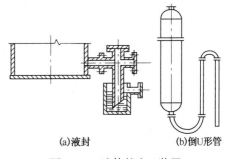

(a)液封　　　(b)倒U形管

图6-13　液体的出口装置

(1) 填料种类

目前工业填料塔所使用的填料种类很多，大致可分为实体填料和网体填料两大类。在实体填料中包括拉西环及其衍生环、鲍尔环、矩鞍形填料、波纹填料等；网体填料则包括由丝网制成的各种填料，如鞍形网、θ网环填料等。

1) 拉西环

拉西环是最老最典型的一种填料，结构形状简单。常用的拉西环为外径与高度相等的空心圆柱体，见图6-14(a)。其厚度在机械强度允许的情况下以尽量薄为宜。

拉西环在塔内有两种填充方式：乱堆和整砌。乱堆填料装卸方便，但压降较大；一般直径在50mm以下的填料用乱堆法。整砌法适用于直径在50mm以上的填料，压降较小。

拉西环的材质最常用的是陶瓷，在处理碱液及高温操作等对陶瓷不适宜的情况下，可用金属拉西环，塑料拉西环等填料。

拉西环填料易产生液体沟流和壁流现象。效率随塔径及层高增加而下降显著，随气速的变化亦很敏感，因而操作弹性小。

拉西环的衍生环有实体θ环，又名勒辛环，以及十字环等，见图6-14(b)、(c)。勒辛环比表面积较大，但压降比一般填料要高。十字环目前只作乱堆的塔底支撑分布层用。

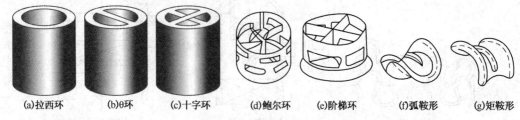

(a)拉西环　　(b)θ环　　(c)十字环　　(d)鲍尔环　　(e)阶梯环　　(f)弧鞍形　　(g)矩鞍形

图6-14　各种实体填料

2）鲍尔环

鲍尔环是20世纪50年代初期在欧洲开始用于工业装置中的一种填料，它是拉西环的一种改进形式。其结构如图6-14(d)所示。

鲍尔环在环壁上开有长方形窗，窗口环壁所形成的叶片向环中心弯入相接于环心。小窗的总面积约为全环壁面积的35%左右，使环的内表面得到充分利用，环心搭接的叶片使液体分布也较均匀，因而传质速率较高；塔内气、液流体可从小窗穿通，阻力降低，在相同的气速下较之拉西环约低50%~70%；操作弹性较大，维持稳定效率的操作弹性可比拉西环大2倍以上。但因开设窗口削弱了机械强度，因此以用金属或塑料作材料为宜。

3）阶梯环

在鲍尔环的基础上，又发展了一种叫作"阶梯环"的填料。阶梯环总高为直径的5/8，圆筒一端有向外翻卷的喇叭口，如图6-14(e)所示。这种填料的孔隙率大，而且填料个体之间呈点接触，可使液膜不断更新。具有压力降小和传质效率高等特点，是目前使用的环形填料中性能最为良好的一种。阶梯环多用金属及塑料制造。

4）矩鞍形填料

矩鞍形填料是一种敞开式填料，其形状如图6-14(f)所示。由于这种填料形状的特点，使其在填料床层中相互重叠的部分较少，空隙率较大，填料表面的有效利用率较高，与拉西环相比，压降低，传质效率高(与相同尺寸的拉西环相比，效率可提高40%以上)。这种填料经生产运转证明不易被团体悬浮物所堵塞，强度大，装填破碎少，而且制作方便，因此在国内外得到推广使用。矩鞍形填料可用塑料、陶瓷制作。

5）丝网填料

在气液传质设备中，当分离精度要求较高时，常采用一些高效填料。它们一般是由网体做成一定的形状，所以叫做丝网填料。丝网填料的种类很多，如图6-15所示。

丝网填料具有以下特点：由于丝网填料较为细薄，填料可以做成较小的尺寸，因而比表面积大；空隙率大，阻力小；由于丝网的网孔细密，所以因表面张力所引起的毛细管作用，在填料经过预润湿之后，丝网表面形成了一层均匀流动的薄膜，使填料表面积的有效利用率增高，而一般的实体填料往往表面润湿很不完全，液相沟流情况严重，使液流分布不均。由于以上特点，丝网填料具有等板高度小、阻力低等优点。此外，由于丝网表面润湿率高，单位容积的持液量较大，但相当于每层理论塔板的输液量很小，因而对于精密精馏过程是非常有利的。

但丝网填料在使用上受到一定的限制，它在多数场合下不能代替常用的实体填料及板式塔，这主要因为：丝网价格昂贵，很难大量供应；不适于有腐蚀性及含污垢的物料；使用时要采用适当的预润湿措施；操作时要求十分平稳；装填时要求松紧适当、上下均匀，如果处理不当，常会造成很多困难；拆修不便，拆修后需补充大量丝网等。

目前，我国工业上使用的丝网填料主要有θ网环填料和波纹网填料。

θ网环填料是用一定网目的金属丝网按所需尺寸切成小块，以经线为圆围成图6-15（a）的形式。使用的材料有铁丝网、不锈钢丝网、磷青铜丝网等。丝网的目数以大于40目较好，容易形成稳定液膜。θ网环填料的等板高度较小，一般在100mm以下，比其他实体填料及板式塔小得多；每块理论板的压降较小；通量适当，动能因子（$u\sqrt{\rho_f}$）约为1左右。但这种填料价格昂贵，安装要求及预液泛要求严格，且不适于ϕ150mm以上的大塔。

金属波纹网填料由平行丝网波纹片垂直排列组装而成，见图6-15（f），网片波纹方向与塔轴成一定的倾角（一般为30°或45°），相邻两网片倾角方向相反，使波纹片之间形成一系列相互交叉的三角形通道，相邻两盘成90°交叉安放。具有效率高、阻力小、持液量小、通量大、操作弹性范围较广、放大效应较小等优点，适用于精密精馏及高真空精馏，对难分离物系、热敏性物系及高纯度产品的精馏提供了有效手段。

| (a)θ网环 | (b)鞍形网 | (c)压延孔环 | (d)螺线圈 | (e)三角线圈 | (f)波纹网 |

图6-15　常用网体填料

（2）填料的选择

工业上，为使填料塔能够有效地操作，要求：填料尽可能具备的条件是传质速度高，即要求具有较大的比表面积，并且对流体要有较好的润湿性；气体通过填料时阻力小，即要求填料的自由体积大；经久耐用，具有良好的耐腐蚀性和机械强度；取材容易，制造方便，价格便宜。

上述要求未必每种填料都具备。生产中总是希望所选填料通过的气、液负荷较大，同时传质效果又好，这样则可缩小塔的体积，节省设备投资。但是具备这些优良条件的填料往往费用很高，反而增加了设备的总成本。所以选择填料时，要根据工艺要求，按填料的特性综合考虑确定。

6.3　多组分吸收和解吸分析

6.3.1　多组分吸收和解吸过程的特点

和精馏过程相比，吸收解吸过程有它自己的一些特点。

（1）吸收和解吸过程的关键组分

多组分吸收和解吸像多组分精馏一样，不能对所有组分规定分离要求，只能对吸收和解吸操作起关键作用的组分即关键组分规定分离要求。由设计变量分析可知，多组分吸收和解吸中只能有一个关键组分。一旦规定了关键组分的分离要求，由于各组分在同一塔内进行吸收或解吸，塔板数相同，液气比一样，它们被吸收量的多少由它们各自的相平衡关系决定。

多组分吸收塔的工艺计算一般也分为设计型和操作型。例如，已知入塔原料气的组成、温度、压力、流率，吸收剂的组成、温度、压力、流率，吸收塔操作压力和对关键组分的分离要求，计算完成该吸收操作所需的理论板数、塔顶尾气量和组成、塔底吸收液的量和组成，属于设计型计算；已知入塔原料气的组成、温度、压力、流量，吸收剂的组成、压力和温度，吸收塔操作压力，对关键组分的分离要求和理论板数，计算塔顶加入的吸收剂量、塔顶尾气量和组成、塔底吸收液量和组成，则属于操作型计算。解吸塔的情况相似，只是将进出塔的物流相应变化即可。

一般的精馏塔是一处进料，塔顶和塔釜出料。而吸收塔或解吸塔是两处进料、两处出料，相当于复杂塔。

(2) 单向传质过程

精馏操作中，气液两相接触时，气相中的较重组分冷凝进入液相，而液相中的较轻组分被汽化转入气相。因此，传质过程是在两个方向上进行的。若被分离混合物中各组分的摩尔汽化潜热相近，往往假定塔内的气相和液相都是恒摩尔流，计算过程要简单得多。而吸收过程则是气相中某些组分溶入不挥发吸收剂中去的单向传质过程。吸收剂由于吸收了气体中的溶质而流量不断增加，气体的流量则相应地减小，因此，液相流量和气相流量在塔部不能视为恒定的，这就增加了计算的复杂性。

解吸也是单向传质过程，但与吸收相反，溶质不是从气相传入液相，而是从液相进入气相，塔中气相和液相总流量是向上增大的。

(3) 吸收塔内组分的分布

例如用吸收油吸收分离裂解气，对于像氢气、甲烷、乙烷等溶解度很小的组分，几乎不被吸收剂所吸收，因而这些组分在气相中的流量基本不变，但在塔上部稍有降低。这说明只有一个平衡级，这些组分在液体中就几乎完全达到了平衡，在此后的各级塔板上流量几乎没有什么变化。

对于像丁烷、戊烷等溶解度较大的组分，在原料气体进塔后，立刻在塔下部的几块塔板上被吸收。到达上部塔板时，气体中仅剩下微量。因而在上部几块塔板上转入液体的易溶组分不多，易溶组分在液体中的流量保持不变，至下部几块塔板时，液相中易溶组分的流量迅速增加。丙烷是溶解度适中的组分，在全塔中原料气相中的丙烷约有一半被吸收下来，而且是在各个塔板逐渐被吸收的。

通过上述实例不难看出，在多组分混合物的吸收过程中，不同组分和不同塔段的吸收程度是不相同的。难溶组分即轻组分一般只在靠近塔顶的几块塔板上被吸收，而在塔板上变化很小。易溶组分即重组分主要在塔底附近的若干块塔板上被吸收，而关键组分才在全塔范围内被吸收。

(4) 吸收和解吸过程的热效应

在吸收过程中，溶解热将使气体和液体的温度发生变化，温度的变化又会对吸收过程产生影响。一方面因为相平衡常数不仅是液相浓度的函数，而且是液相温度的函数，一般说来，吸收放热使液体温度升高，而相平衡常数增大，过程的推动力减小；另一方面，由于吸收放热，气体和液体之间产生温差，这使得相间传质的同时发生相间传热。

在吸收塔中，溶质从气相传入液相的相变释放了吸收热，通常该热量用以增加液体的显热，因而导致温度沿塔向下增高；相反，在解吸操作中，液体向下流动时有被冷却的趋势。其理由与在吸收塔中所述的完全类似。这是吸收和解吸过程最一般的情况。

吸收过程所释放的热量在液体和气体中的最终分配很大程度上取决于两股物流热容量 $Lc_{p,L}$ 和 $Gc_{p,V}$ 的相对大小。L 为液相流率，G 为气体流率，$c_{p,L}$ 为液体比热容，$c_{p,V}$ 为气体比热容。如果在塔顶 $Lc_{p,L}$ 明显大于 $Gc_{p,V}$，则上升气体的热量传给吸收剂，使离开塔的尾气温度与进塔吸收剂的温度相近。在这种情况下，吸收所释放的全部热量提高了吸收液的温度，从塔底移出。在接近塔底的塔段，高温吸收液加热进塔气体，使部分热量返回塔中，引起温度分布上出现极大值。例如，以乙醇胺、乙二醇的水溶液为吸收剂净化天然气中 CO_2 和 H_2S，当 CO_2 和 H_2S 含量较高时，如 $Lc_{p,L}/Gc_{p,V}=2.5$，塔顶出口气体和进口吸收剂的温度基本相同（41.7℃），而在塔底，两股物流的温度差较大，吸收液为 79.4℃，原料气为 32.2℃。

当 CO_2 和 H_2S 含量较低时，吸收剂热容量 $Lc_{p,L}$ 比气体的热容量 $Gc_{p,V}$ 明显的小，如 $Lc_{p,L}/Gc_{p,V}=0.2$，当吸收剂沿塔下流时，被气体冷却，在接近于原料气温度的条件下出塔，则吸收所释放的大部分热量以尾气显热的形式带出。

如果 $Lc_{p,L}$ 和 $Gc_{p,V}$ 近似相等，并伴有明显的热效应，则出塔尾气和吸收液的温度将超过它们的进口温度。在这种情况下，热量在液体和气体之间的分配取决于塔中不同位置因吸收而放热的情况，如图 6-16 所示。如果液体吸收剂有明显的挥发性，它可能在塔下部的几块板上部分汽化，且汽化的吸收剂在进气中的含量趋于平衡组成。因吸收而加热液体和因吸收剂汽化而冷却液体的相反作用，会在沿塔的中部出现温度的极大值。

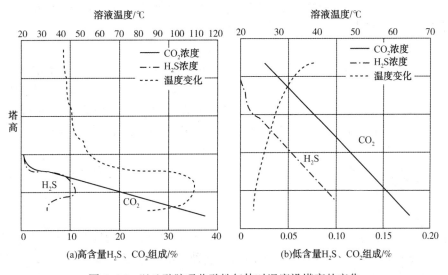

图 6-16　以乙醇胺吸收酸性气体时温度沿塔高的变化

6.3.2　多组分解吸过程常用的工业方法

解吸是使溶解于吸收剂中的气体组分从吸收液中蒸出的过程，工业上常用这种方法使吸收剂得以再生。当以回收利用被吸收的气体组分为目的时，也必须采用解吸操作。

在解吸操作时，解吸传质推动力 $\Delta y=y_i^s-y_i$ 或 $\Delta p=p_i^s-p_i$，y_i^s 和 p_i^s 为体系相平衡时组分 i 的摩尔分数和饱和蒸气压，y_i、p_i 为气相中组分 i 的摩尔分数和分压。由此可见，y_i 和 p_i 愈小，传质推动力愈大，有利于解吸。因此，解吸操作常在低压下进行，以增加传质推动力。同时，y_i^s 和 p_i^s 增加，传质推动力也增加。所以解吸操作过程常采用加热吸收液、升高操作温度等方法。

下面介绍几种常用的工业解吸方法。

6.3.2.1 降压解吸

如前所述,降低压力增大了解吸过程的推动力,有利于解吸过程。对于加压吸收过程,当解吸时,只要将压力降低,即可使解吸过程达到一定的要求。如果是常压吸收,则解吸时,就需将压力减至负压。

多组分解吸时,各个组分具有不同的解吸速率和不同的相平衡常数。因此,解吸过程中气相浓度应有变化。但是,由于解吸过程的速率较大,推动力一般较大,因此,可将降压解吸视为平衡闪蒸过程,按等焓节流来计算。

6.3.2.2 解吸剂作用下的解吸过程

有时利用降压解吸达不到要求的解吸率,特别是溶解度较大的组分,更不容易解吸出来。利用解吸剂可降低气相组分的分压,从而提高组分的解吸率。常用的解吸介质有惰性气体、水蒸气、溶剂蒸气等。

（1）直接蒸汽解吸

加热有利于解吸过程。直接蒸汽作为解吸剂可提高解吸的温度。水蒸气还可以起到降低组分在气相中分压的作用。直接蒸汽解吸时应将吸收液加热到泡点温度以上进行解吸。

解吸是吸热过程,同时,由于实际操作中有一定的热损失,为补充热量,要靠蒸汽冷凝热供给,蒸汽用量高于惰性气体的计算值。当采用过热蒸气时,则热量的消耗靠过热的热量来补偿,蒸汽的用量可不高于惰性气体的计算值。

（2）解吸剂解吸

在回收溶剂时,在解吸塔底吹入某一惰性的介质,以降低塔中气相中溶质气体的分压,增加传质的推动力。如在烃类裂解过程中加入大量的水蒸气,后续分离中这些水蒸气逐渐冷凝成水,并溶解了一部分有机物质,这部分有机物质常用水蒸气汽提的方法加以回收,一方面是蒸汽加热造成有机物质挥发,另一方面水蒸气降低了气相中有机质的分压,增加了传质推动力。当然,有些工艺过程就只用解吸剂解吸,如合成气溶剂吸收法脱除其中 CO_2 时,最后溶剂要再生循环使用,再生时可在解吸塔底吹入氮气或空气作为解吸气,帮助脱除溶液中的 CO_2,使溶液变为溶剂并循环使用。

（3）间接蒸汽加热解吸

间接蒸汽加热解吸与直接蒸汽解吸在塔内进行情况相似,只是间接蒸汽加热解吸的蒸气是来自解吸液体本身,而不是从外部加入。这种解吸方法是在解吸塔下部装有重沸器。热量通过间壁式换热器传给液体,使之部分汽化。间接蒸汽解吸相当于精馏塔的提馏段。

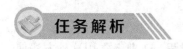 任务解析

6.4 多组分吸收与解吸的简捷法计算

多组分吸收计算的基本方程式仍然是相平衡、物料平衡和热平衡,常用的简捷法计算仅需前两者即可。

6.4.1 气液相平衡

在基本有机化工生产中，常见的吸收过程，是用大量的溶剂处理较少量的气体混合物，由此生成的溶液，是低浓度溶液。

在低浓度下，吸收过程的溶质在液相中的浓度与其平衡分压的关系服从亨利定律，即：

$$p_i = H_i x_i \tag{6-1}$$

式中　H_i——亨利系数，Pa；

　　　x_i——平衡时组分 i 在液相中的摩尔分数；

　　　y_i——平衡时组分 i 在气相中的分压，Pa。

稀溶液可以看作是理想溶液，符合拉乌尔定律，即：

$$p_i = p_i^s x_i \tag{6-2}$$

式中　p_i^s——组分 i 处于纯态时，在平衡温度下的饱和蒸气压，Pa。

对于稀溶液将亨利定律与拉乌尔定律相比较，则得：

$$H_i = p_i^s \tag{6-3}$$

即亨利系数等于该纯组分在同温度下的饱和蒸气压。

处于低压下的气体可以看作是理想气体，符合道尔顿定律：

$$p_i = p y_i \tag{6-4}$$

式中　p——系统操作压力，Pa。

对于稀溶液将亨利定律与道尔顿定律相比较，则得：

$$y_i = \frac{H_i}{p} x_i \tag{6-5}$$

若令相平衡常数为：

$$k_i = \frac{H_i}{p} \tag{6-6}$$

则得吸收过程的相平衡方程式为：

$$y_i = k_i x_i \tag{6-7}$$

在基本有机化工生产中，多组分吸收操作往往是在低压或形成稀溶液的情况下操作，因此，其相平衡常数仍可采用精馏过程的相平衡常数计算。

当溶质和吸收剂在化学结构上有较大区别，形成非理想溶液时，则相平衡常数和吸收剂的种类有关，必须使用专门测定的平衡常数数据。

由相平衡常数 k_i 的数值同样可以判断某气体组分溶解度的大小，k_i 值愈大，表明该气体的溶解度愈小。k_i 值随温度的升高而增大，随压力的升高而减小，亦即气体的溶解度随温度的减小和压力的升高而增加。因此，低温和高压条件对吸收过程有利；反之，有利于解吸过程的条件则是高温和压低。

6.4.2 多组分物系的物料平衡及操作线方程

气体吸收过程一般采用逆流连续操作，其物料平衡如图 6-17 所示。

对于用大量溶剂吸收贫混合气的操作过程，气体和液体的流量变化很小，可视为恒摩尔流。

如图 6-17 中塔任一截面与塔底就任意组分的物料衡算，得：

$$V(y_{N+1}-y_{n+1})=L(x_N-x_n) \tag{6-8}$$

所以操作线方程为：

$$y_{n+1}=\frac{L}{V}x_n+\left(y_{N+1}-\frac{L}{V}x_N\right) \tag{6-9}$$

若就全塔进行任意组分物料衡算，则：

$$V(y_{N+1}-y_1)=L(x_N-x_0) \tag{6-10}$$

若就第 n 板进行任意组分物料衡算，则：

$$V(y_{n+1}-y_n)=L(x_n-x_{n-1}) \tag{6-11}$$

式中 V——塔内平均气相流量，mol/s；

L——塔内平均液相流量，mol/s；

y——气相中组分的摩尔分数；

x——液相中组分的摩尔分数。

6.4.3 吸收因子法

图 6-17 是具有 N 块理论板的吸收塔示意图，图中 1、2、……N 代表理论板序号，排列顺序由塔顶开始；n 表示任意一块理论板。

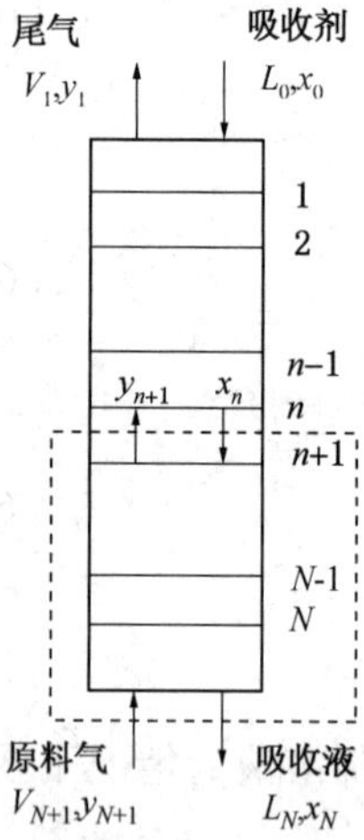

图 6-17 具有 N 块理论板的吸收塔示意图

以 v 表示气相量中组分 i 的流率，以 l 表示液相流中组分 i 的流率，对 n 板作 i 组分的物料衡算。

$$v_{n+1}-v_n=l_n-l_{n-1} \tag{6-12}$$

任一组分 i 的相平衡关系可表示为：

$$y=kx$$

也就是说：$\dfrac{v}{V}=k\,\dfrac{l}{L}$

整理后得：

$$l=\frac{L}{Vk}v=Av \tag{6-13}$$

定义：

$$A=\frac{L}{Vk} \tag{6-14}$$

A 为吸收因子，它是综合考虑了塔内气液两相流率和平衡关系的一个数群。L/V 值大，相平衡常数小，则吸收因子 A 大，有利于组分的吸收。

用吸收因子代入物料衡算式(6-12)消去 l_n 和 l_{n-1}，得

$$v_n=\frac{v_{n+1}+A_{n-1}v_{n-1}}{A_n+1} \tag{6-15}$$

当 $n=1$ 时，由式(6-15)得：

$$v_1=\frac{v_2+A_0v_0}{A_1+1} \tag{6-16}$$

由式(6-13)可知，$u_0=l_0/A_0$，代入式(6-16)得：

$$v_1=\frac{v_2+l_0}{A_1+1} \tag{6-17}$$

当 $n=2$ 时，由式(6-15)得：

$$v_2 = \frac{v_3 + A_1 v_1}{A_2 + 1} = \frac{(A_1+1)v_3 + A_1 l_0}{A_1 A_2 + A_2 + 1} \qquad (6-18)$$

逐板向下计算直到 N 板，得：

$$v_N = \frac{(A_1 A_2 A_3 \cdots A_{N-1} + A_2 A_3 \cdots A_{N-1} + \cdots + A_{N-1} + 1)u_{N+1} + A_1 A_2 \cdots A_{N-1} l_0}{A_1 A_2 A_3 \cdots A_N + A_2 A_3 \cdots A_N + \cdots + A_N + 1} \qquad (6-19)$$

对全塔作 i 组分的物料衡算：

$$v_{N+1} - v_1 = l_N - l_0 \qquad (6-20)$$

由式(6-13)可知，$v_N = l_N / A_N$，代入式(6-20)得：

$$v_N = \frac{v_{N+1} - v_1 + l_0}{A_N} \qquad (6-21)$$

由式(6-18)和式(6-20)可知：

$$\begin{aligned}\frac{v_{N+1} - v_1}{v_{N+1}} &= \frac{A_1 A_2 A_3 \cdots A_N + A_2 A_3 \cdots A_N + \cdots + A_N}{A_1 A_2 A_3 \cdots A_N + A_2 A_3 \cdots A_N + \cdots + A_N + 1} \\ &\quad - \frac{l_0}{v_{N+1}}\left(\frac{A_2 A_3 \cdots A_N + A_3 A_4 \cdots A_N + \cdots + A_N + 1}{A_1 A_2 \cdots A_N + A_2 A_3 \cdots A_N + \cdots + A_N + 1}\right)\end{aligned} \qquad (6-22)$$

该式关联了吸收率、吸收因子和理论板数，称为哈顿-富兰克林(Horton-Franklin)方程。

应当指出，该公式在推导中未作任何假设，是普遍适用的，但严格按照上式求解吸收率、吸收因子和理论板数之间的关系还是很困难的。因为各板上的相平衡常数是温度、压力和组成的函数，而这些条件在计算之前是未知的，各处气液相流率也是未知的。因此，必须对吸收因子的确定进行简化处理。

(1) 平均吸收因子法

该法假定各板上的吸收因子是相同的，即采用全塔平均的吸收因子来代替各板上的吸收因子。

$$A_1 = A_2 = \cdots = A_N = A$$

至于平均值的求法，不同作者提出了不同的方法，如有的采用塔顶和塔底条件下吸收因子的平均值，也有的采用塔顶和塔底温度的平均值作为计算相平衡常数的温度，并根据吸收剂流率和进料气流来计算吸收因子。所以，这类方法只有在塔内液气比变化不大的情况下才是准确的。应用上述假设，并经一系列变换，式(6-21)可简化为：

$$\frac{v_{N+1} - v_1}{v_{N+1} - v_0} = \frac{A^{N+1} - A}{A^{N+1} - 1} = \phi \qquad (6-23)$$

式中 $v_{N+1} - v_1$ 表明气体中 i 组分通过吸收塔后被吸收的量，而 $v_{N+1} - v_0$ 则是根据平衡关系计算的该组分最大可能吸收量，两者之比表示相对吸收率。当吸收剂不含溶质时，$v_0 = 0$，相对吸收率等于吸收率。

式(6-23)所表达的是相对吸收率和吸收因子、理论板数之间的关系。为了便于计算，克雷姆塞尔等把式(6-23)绘制成曲线，如图6-18所示。当规定了组分的吸收率、吸收温度和液气比等操作条件时，可查图得到所需的理论板数；当规定了吸收率和理论板数时，可查图得到吸收因子，从而求得液气比。

直接解式(6-23)可用于求解 N：

$$N=\frac{\lg\frac{A-\varphi}{1-\varphi}}{\lg A}-1 \tag{6-24}$$

关键组分的吸收率是根据分离要求决定的，有了关键组分的吸收率，再有关键组分的吸收因子，即可利用图 6-18 或式(6-24)确定理论板数。

关键组分的吸收因子 $A_k=L/(Vk_k)$，k_k 一般取全塔平均温度和压力下的数值，因而计算 A_k 的关键在于确定操作液气比 L/V。为此首先要确定最小液气比，它基本上等于最小吸收剂的比用量，定义为在无穷多塔板的条件下，达到规定分离要求时，1kmol 的进料气所需吸收剂的物质的量(kmol)。

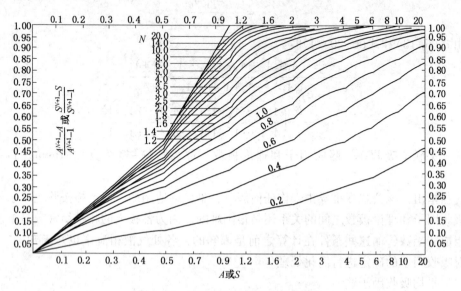

图 6-18　吸收因子(或解吸因子)图

具体来说，简捷法对吸收过程的计算步骤可以归纳为以下几点：

① 根据吸收要求确定关键组分及关键组分的回收率 φ_k。

② 最小液气比 $(L/V)_{min}$ 和液气比 L/V 的计算。

当 $N\rightarrow\infty$ 时，由图 6-18 可以看出关键组分的吸收因子 $A_{k,N\rightarrow\infty}=\varphi_k$，故 $(L/V)_{min}=k_kA_k=k_k\varphi_k$，通常取适宜的吸收剂比用量 $(L/V)=(1.2\sim2.0)(L/V)_{min}$。

③ 理论塔板数计算：求出关键组分在液气比下的吸收因子：

$$A_k=\frac{L}{Vk_k}$$

由下式计算塔板数：

$$N=\frac{\lg\frac{A_k-\varphi_k}{1-\varphi_k}}{\lg A_k}-1$$

④ 求非关键组分的吸收因子和吸收率：根据式(6-14)计算非关键组分的吸收因子，然后用式(6-23)计算非关键组分的吸收率。

⑤ 由物料衡算定出塔顶尾气量 V_1 和尾气组成 y_i，吸收剂用量 L_0 以及塔底吸收液量 L_N

和组成 x_N。

【例6-1】 已知原料气组成如例题 6-1 附表 1 所示。

例题 6-1 附表 1　吸收塔进料气组成

组　　分	氢气	甲烷	乙烯	乙烷	丙烯	异丁烷
摩尔分数	0.1320	0.3718	0.3020	0.0970	0.0840	0.0132

拟用 C_4 馏分作为吸收剂在板式吸收塔中回收原料气中 99% 的乙烯。该吸收塔处理的气体流量为 100kmol/h，塔的操作压力为 4.035MPa，平均操作温度为 -14℃。计算：(1)最小液气比；(2)操作液气比为最小液气比的 1.5 倍时所需的理论板数；(3)各组分的吸收率和塔顶尾气的数量和组成；(4)塔顶应加入的吸收剂量。

解：(1)根据吸收要求确定乙烯为关键组分，乙烯的回收率 $\varphi_k = 0.99$。

(2)最小液气比 $(L/V)_{min}$ 和液气比 L/V 的计算

在 $p = 4.035MPa$，$t = -14℃$ 时，各组分的相平衡常数如例题 6-1 附表 2 所示。

例题 6-1 附表 2　$p = 4.035MPa$，$t = -14℃$ 时各组分的相平衡常数

组分	氢气	甲烷	乙烯	乙烷	丙烯	异丁烷
k_i	—	3.1	0.72	0.52	0.15	0.058

注：氢气在 C_4 馏分中的溶解度很小，相平衡常数很多，可忽略其在吸收剂中的溶解。

当 $N \to \infty$ 时，由图 6-18 可以看出关键组分的吸收因子 $A_{k,N\to\infty} = \varphi_k = 0.99$，根据式(6-14)得：

$$(L/V)_{min} = k_k A_k = k_k \varphi_k = 0.72 \times 0.99 = 0.7128$$
$$(L/V) = (1.5)(L/V)_{min} = 1.5 \times 0.7128 = 1.0692$$

(3)理论塔板数计算

求出关键组分在实际液气比下的吸收因子：

$$A_k = \frac{L}{Vk_k} = \frac{1.0692}{0.72} = 1.485$$

代入式(6-24)计算塔板数：

$$N = \frac{\lg \dfrac{A_k - \varphi_k}{1 - \varphi_k}}{\lg A_k} - 1 = \frac{\lg \dfrac{1.485 - 0.99}{1 - 0.99}}{\lg 1.485} - 1 = 8.86$$

(4)求非关键组分的吸收因子和吸收率

利用式(6-14)计算非关键组分的吸收因子，然后用公式 $\varphi_i = \dfrac{A_i^{N+1} - A_i}{A_i^{N+1} - 1}$ 计算非关键组分的吸收率。计算结果如例题 6-1 附表 3 所示。

例题 6-1 附表 3　$p = 4.035MPa$，$t = -14℃$ 时各组分的吸收因子及吸收率

组　　分	氢气	甲烷	乙烯	乙烷	丙烯	异丁烷
吸收因子 A_i	—	3.1	0.72	0.52	0.15	0.058
吸收率 φ_i	0	0.3449	1.485	2.058	7.128	18.43

(5)由物料衡算定出塔顶尾气量 V_1 和尾气组成 y_i 的计算

组　分	氢气	甲烷	乙烯	乙烷	丙烯	异丁烷	合计
进料中各组分的量 $V_{N+1,i}/(\text{kmol/h})$	13.2	37.18	30.2	9.7	8.4	1.32	100.00
被吸收的量 $V_{N+1,i}\varphi_i/$ (kmol/h)	0	12.64	29.9	9.68	8.4	1.32	61.94
尾气 $V_i=V_{N+1,i}(1-\varphi_i)/$ (kmol/h)	13.2	24.54	0.3	0.02	0	0	38.06
尾气组成 $y_i/(\%)$（摩尔）	34.68	64.48	0.79	0.05	0	0	100.00

（6）吸收剂用量 L_0 以及塔底吸收液量 L_N 的计算

塔内气体的平均流量为：

$$V=\frac{V_{N+1}+V_1}{2}=\frac{100+38.06}{2}=69.03\text{kmol/h}$$

塔内液体的平均流量为：

$$L=\frac{L_0+L_N}{2}=\frac{L_0+(L_0+61.69)}{2}=(L_0+30.97)\text{kmol/h}$$

因为 $L/V=1.0692$，所以 $L_0+30.97=1.0692\times69.03=73.81\text{kmol/h}$

塔顶加入的吸收剂量为：$L_0=42.84\text{kmol/h}$

（2）有效吸收因子法

埃迪密斯特（Edmister）提出，采用平均有效吸收因子 A_e 和 $A_e{}'$ 代替各式中的吸收因子，并且使式（6-22）左端的吸收率保持不变。这种方法所得结果颇为满意，所以得到广泛应用。

平均有效吸收因子 A_e 和 $A_e{}'$ 分别定义如下：

$$\frac{A_e^{N+1}-A_e}{A_e^{N+1}-1}=\frac{A_1A_2A_3\cdots A_N+A_2A_3\cdots A_N+\cdots+A_N}{A_1A_2A_3\cdots A_N+A_2A_3\cdots A_N+\cdots+A_N+1} \tag{6-25}$$

$$\frac{1}{A_e{}'}\left(\frac{A_e^{N+1}-A_e}{A_e^{N+1}-1}\right)=\frac{A_2A_3\cdots A_N+A_3A_4\cdots A_N+\cdots+A_N+1}{A_1A_2\cdots A_N+A_2A_3\cdots A_N+\cdots+A_N+1} \tag{6-26}$$

式（6-22）可改写为：

$$\frac{v_{N+1}-v_1}{v_{N+1}}=\left(1-\frac{l_0}{A'_eu_{N+1}}\right)\left(\frac{A_e^{N+1}-A_e}{A_e^{N+1}-1}\right) \tag{6-27}$$

埃迪密斯特（Edmister）指出，对于具有 N 块塔板的吸收塔，吸收过程主要是由塔顶和塔底两块板来完成的，只要知道了塔底板的吸收因子 A_N 和塔顶板的吸收因子 A_1，就可以用以下两式来计算有效吸收因子，所得的结果与逐板法比较接近。

$$A'_e=\frac{A_N(A_1+1)}{A_N+1} \tag{6-28}$$

$$A_e=\sqrt{A_N(A_1+1)+0.25}-0.5 \tag{6-29}$$

如果令

$$R = \cfrac{\cfrac{v_{N+1}-v_1}{v_{N+1}}}{\left(1-\cfrac{l_0}{A'_e v_{N+1}}\right)} \tag{6-30}$$

则由式(6-27)解出 N 值：

$$N = \frac{\lg \dfrac{A_e-R}{1-R}}{\lg A_e} - 1 \tag{6-31}$$

为了计算有效吸收因子，就必须知道吸收塔顶板和塔底板的气液相流率(即 V_1、L_1、V_N，L_N)和温度。这就需要预先按平均有效吸收因子法确定塔顶尾气和出口吸收液的流率与组成估计。根据进料的流率、组成、塔的操作压力及温度计算进塔气体和吸收剂的流率、组成及温度、理论板数，具体计算步骤如下：

① 用平均吸收因子法，按式(6-23)估计各组分的尾气量 v_1 和塔底的吸收液量 l_N。并据此计算塔顶、塔底的 L/V 值及其平均值、吸收因子、塔板数。

② 假设尾气温度(T_1)，通过全塔热衡算确定塔底吸收液的温度(T_N)。

$$L_0 h_{L_0} + V_{N+1} H_{V,N+1} = L_N h_{LN} + V_1 H_{V,1} + Q \tag{6-32}$$

式中　H，h——分别为气相和液相的摩尔焓；

　　　Q——吸收塔移出的热量。

③ 用离开顶板的尾气流率(V_1)和进料气流率(V_{N+1})估计从底板上升的气体流率(V_N)。各板的吸收率相同，则任意相邻两板的气相流率比值为：

$$\frac{V_n}{V_{n+1}} = \left(\frac{V_1}{V_{N+1}}\right)^{\frac{1}{N}} \tag{6-33}$$

则任意板与进料气的气相流率比值为：

$$\frac{V_n}{V_{N+1}} = \left(\frac{V_1}{V_{N+1}}\right)^{\frac{N+1-n}{N}} \tag{6-34}$$

即

$$V_n = V_{N+1}\left(\frac{V_1}{V_{N+1}}\right)^{\frac{N+1-n}{N}} \tag{6-35}$$

④ 由塔顶至 n 板间作总量和组分的物料衡算，分别得：

$$L_n = L_0 + V_{n+1} - V_1 \tag{6-36a}$$

$$l_n = l_0 + v_{n+1} - v_1 \tag{4-36b}$$

⑤ 假设塔内温度变化与吸收量成正比：

$$\frac{t_{N+1}-t_n}{t_{N+1}-t_1} = \frac{V_{N+1}-V_{n+1}}{V_{N+1}-V_1} \tag{6-37}$$

⑥ 计算每一组分在顶板和底板条件下的吸收因子。

⑦ 用式(6-28)和式(6-29)计算有效吸收因子。

⑧ 用图6-18确定吸收率。

⑨ 作组分物料衡算，计算尾气和出口吸收液的组成。

⑩ 校核全部假设。

平均有效吸收因子法对气、液流率和温度的估算与实际情况有相当出入，但通过它们求出的各组分回收率与用严格计算结果仍较接近。

Owens 和 Maddox 分析了大量用计算机进行多组分吸收塔逐板计算的结果，发现理论板数 3~12 的塔，都有大约 80%的吸收量发生于塔顶、底两板，因此认为全塔吸收因子用顶板、底板和代表其余 $N-2$ 块板共三个吸收因子表示更接近于实际情况。该法称为改进的有效吸收因子法。

（3）解吸因子法

如图 6-19 所示的解吸塔，用类似式（6-22）的推导方法可导出。

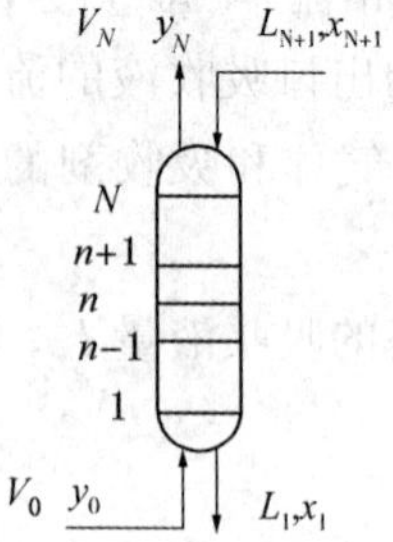

图 6-19 解吸塔

$$\frac{l_{N+1}-l_1}{l_{N+1}}=\frac{S_1S_2S_3\cdots S_N+S_2S_3\cdots S_N+\cdots+S_N}{S_1S_2S_3\cdots S_N+S_2S_3\cdots S_N+\cdots+S_N+1}$$

$$-\frac{v_0}{l_{N+1}}\left(\frac{S_2S_3\cdots S_N+S_3S_4\cdots S_N+\cdots+S_N+1}{S_1S_2S_3\cdots S_N+S_2S_3\cdots S_N+\cdots+S_N+1}\right) \qquad (6-38)$$

式中，S 是解吸因子：

$$S=k\left(\frac{V}{L}\right) \qquad (6-39)$$

用全塔平均解吸因子代替各板解吸因子，式（6-38）可化简为：

$$\frac{l_{N+1}-l_1}{l_{N+1}}=\left(1-\frac{v_0}{Sl_{N+1}}\right)\left(\frac{S^{N+1}-S}{S^{N+1}-1}\right) \qquad (6-40)$$

或

$$\frac{l_{N+1}-l_1}{l_{N+1}-l_0}=\left(\frac{S^{N+1}-S}{S^{N+1}-1}\right)=c_0 \qquad (6-41)$$

c_0 称为相对解吸率，是组分的解吸量与在气体入口端达到相平衡的条件下可解吸的该组分最大量之比。对于用惰性气流的气提来说，因入塔气体中不含被解吸组分，相对解吸率等于解吸率。

表示 c_0-S-N 关系的曲线称为解吸因子图，它与吸收因子图是同一张图（见图 6-18），使用方法也相同。但要注意，两者的塔板编号顺序是相反的。

为了提高计算的准确性，式（6-38）中的解吸因子用有效解吸因子 S_e 和 S_e' 代替，得：

$$\frac{l_{N+1}-l_1}{l_{N+1}}=\left(1-\frac{v_0}{S'_el_{N+1}}\right)\left(\frac{S_e^{N+1}-S_e}{S_e^{N+1}-1}\right) \qquad (6-42)$$

$$S_e'=\frac{S_N(S_1+1)}{S_N+1} \qquad (6-43)$$

$$S_e=\sqrt{S_N(S_1+1)+0.25}-0.5 \qquad (6-44)$$

令

$$m=\frac{\dfrac{l_{N+1}-l_1}{l_{N+1}}}{1-\dfrac{v_0}{S'_el_{N+1}}} \qquad (6-45)$$

则由式（6-42）可得：

$$N=\frac{\lg\dfrac{S_e-m}{1-m}}{\lg S_e}-1 \qquad (6-46)$$

已知关键组分的解吸率和各组分的解吸因子，计算所需理论板数和非关键组分的解吸率的计算步骤与吸收类似。

【例 6-2】 用空气气提废水中的挥发性有机物。操作温度 21℃、压力 103kPa。废水和气提气的流率分别为 13870kmol/h 和 538kmol/h。解吸塔 20 块实际塔板。废水中各有机物的含量和必要的热力学性质见例题 6-2 附表 1。

例题 6-1 附表 1 废水中各有机物的含量和必要的热力学性质

组　分	在废水中质量浓度/(mg/L)	21℃时在水中的溶解度(摩尔分数)	21℃蒸气压/kPa
苯	150	0.00040	10.5
甲苯	50	0.00012	3.10
乙苯	20	0.000035	1.03

希望脱出 99.9% 的有机物。不知道确切的塔效率，估计在 5%～20% 之间，该塔相应有 1～4 块理论板。计算每种理论板下各有机物的解吸率 c_0。哪些条件下能达到预期的分离程度？

解：假设忽略空气的吸收和水的汽提。各组分的解吸因子 $S_i = k_i(V/L)$，式中 V、L 按进口条件计。k_i 值用 $k_i = \dfrac{\gamma_i p_i^s}{p}$ 计算，对溶解度很小的组分，$\gamma_i = \dfrac{1}{x_i^*}$，$x_i^*$ 为溶解度(摩尔分数)，因此 $k_i = \dfrac{p_i^s}{x_i^* p}$。

S_i、k_i 的计算结果如例题 6-2 附表 2 所示。

例题 6-2 附表 2 各组分 S_i、k_i 的计算结果

组　分	k_i(21℃，103kPa)	S_i
苯	255	9.89
甲苯	249	9.66
乙苯	284	11.02

由式(6-41)计算各种情况各组分的解吸率 c_0 见例题 6-2 附表 3 所示。

例题 6-2 附表 3 各组分的解吸率 c_0

组　分	解　吸　率 c_0			
	1 块板	2 块板	3 块板	4 块板
苯	90.82	99.08	99.91	99.99
甲苯	90.62	99.04	99.90	99.99
乙苯	91.68	99.25	99.93	99.99

解吸率即回收率，随理论板的变化很敏感。为达到挥发性有机物总解吸率 99.9%，需 3 块理论板。对现有 20 块板的塔，板效率需大于 15%。

6.5 化学吸收

工业上的吸收过程很多都带有化学反应，称为化学吸收。其目的是为了利用化学反应增强吸收速率和吸收率。对于化学吸收，溶质从气相主体向气液界面的传质机理与物理吸收相同，液相中化学反应对传质速率的影响反映在三个方面：增强传质推动力，提高传质系数和增大填料层有效接触面积。

溶质气体 A 扩散通过气液界面之后，因与液相中的反应物起反应而被消耗，使液相主体中 A 的浓度 c_{AL} 降低，增加了传质推动力（$c_{Ai}-c_{AL}$）。当反应是不可逆的，且反应进行较快并且有足够长的接触时间时，液相主体中溶质的浓度可降低到很低甚至接近于零，此时推动力就等于界面上溶质 A 的浓度 c_{Ai}。推动力的提高导致了传质速率的增大。

化学反应可使所溶解的溶质未扩散到液相主体之前，在液膜中部分或全部消耗掉，意味着它在液相中扩散阻力减小，液相传质系数增大，因而总传质系数也增大。传质系数的增加程度随反应机理的不同而有很大差别。

对于填料吸收塔，液体散布在填料表面上形成薄膜，有些地方比较薄而且流动得快，另一些地方则相反甚至停滞不动。在物理吸收中，流动很慢或停滞不动的液体易被溶质饱和而不能再进行吸收；但在化学吸收中，这些液体还可以吸收更多的溶质才达饱和，于是，对物理吸收不再是有效的填料润湿表面，对化学吸收仍然可能是有效的。

化学吸收的优点是吸收剂的吸收容量大，用量少，提高了过程的吸收率，降低了设备的投资和能耗。由于化学吸收中反应可以是可逆的或不可逆的，所以在解吸和溶剂回收流程以及应用场合上都不相同。

6.5.1 化学吸收类型和增强因子

6.5.1.1 化学吸收的类型

在化学吸收中，液相中不仅存在着扩散过程，而且还有化学反应，且两者交织在一起，使过程较为复杂。不同类型的反应，即瞬时反应、快速反应、中速反应和慢速反应等决定了液膜和液相主体对化学反应所起的作用，表现出各类化学吸收过程有不同的浓度分布特征，如图 6-20 所示。

瞬时反应，即被吸收经分 A 与吸收剂中活性组分 B 一旦相遇立即完成反应。此类反应的特征是反应速率远远大于传质速率，即（$-r_A$）$\gg N_A$。此类反应必将在液膜内的某一反应面上完成，见图 6-20（a）。若吸收剂中活性组分 B 的浓度很高，传递速度又快，则反应面将与气液界面重合。

当化学反应足够快时，反应速率大于传质速率，即（$-r_A$）$> N_A$。此时吸收组分 A 在液膜中边扩散边反应，因此被吸收经分的浓度随膜厚的变化不再是直线关系，而是一个向下弯曲的曲线。在液膜内存在着一个反应物 A 和 B 的共存区，化学反应在这个区域内完成，见图 6-20（b）。

中速反应的特征是$(-r_A) \approx N_A$。组分 A 从液膜开始边扩散边反应，反应区一直扩散到液相主体，见图 6-20(c)。

慢速反应，其反应速率远远小于传质速率，即$(-r_A) \ll N_A$。组分 A 通过液膜扩散时来不及反应便进入液相主体，因此反应主要在液相主体中进行，液膜的传质阻力是整个化学吸收过程阻力的组成部分，见图 6-20(d)。

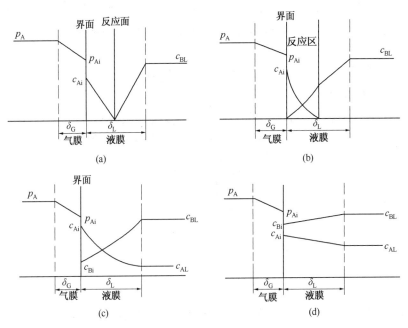

图 6-20　化学吸收的浓度分布

6.5.1.2　增强因子

在化学吸收中，反应的存在不仅影响气液平衡关系，而且影响传质速率。由于反应在液相中进行，故仅仅影响液相传质速率。一般说来，化学反应的结果会使液相分传质系数k_L增加，但影响k_L的因素错综复杂，既有化学动力学方面的，又有界面上影响物理传质的诸因素。尽管多年来对化学吸收的传质理论进行了大量研究，但从基本原理出发预测k_L并未取得多大进展。一个有成效的方法是引入"增强因子"的概念来表示化学反应对传质速率的增强程度。所谓"增强因子"就是与相同条件下的物理吸收比较，由于化学反应而使传质系数增加的倍数。增强因子 E 的定义式为：

$$E = \frac{k_L}{k_L^0} \tag{6-47}$$

式中　k_L——化学吸收的液相分传质系数，m/s；

k_L^0——无化学反应的液相分传质系数，m/s。

相应的吸收速率方程为：

$$N_A = k_L(c_{Ai} - c_{AL}) = E k_L^0 (c_{Ai} - c_{AL}) \tag{6-48}$$

式中　N_A——组分 A 的吸收速率，$kmol/(m^2 \cdot s)$；

c_{Ai}、c_{AL}——气液界面和液相主体中被吸收组分 A 的浓度，$kmol/m^3$。

对慢速反应，在反应发生之前 A 已扩散进入液相主体。由于反应的消耗，液相主体中

A 的浓度较低，因而传质推动力 $(c_{Ai}-c_{AL})$ 比没有化学反应发生时高。对于该情况，化学反应仅影响推动力，而对液相分传质系数无增强作用，故 $k_L=k_L^0$ 和 $E=1$。

另一个极端情况是瞬时可逆反应，由于反应瞬时即完，在液膜中已达到化学平衡。在该情况下，传质速率与化学动力学无关，而与反应物以及产物的传递过程有关。增强因子 E 很大，其数量级为 $10^2\sim10^4$。

在上述两种情况之间存在着一个很宽的范围，一般包括快速反应和中速反应。在该情况下，液相分传质系数 k_L 是反应速率的函数，同时也受传质的影响。然而，E 基本上与这些因素无关。

增强因子的数值常表示为下列两个无因次参数的函数。

（1）八田数（Hatta number）

为了表示反应与扩散两者作用的相对大小，定义化学吸收参数 M，而八田数 $H_a=\sqrt{M}$。对于不同级数的反应，M 的表达式并不相同。若反应为溶质 A 的一级不可逆反应，则：

$$M=\frac{D_A k_1}{(k_L^0)^2}=H_a^{\ 2} \tag{6-49}$$

式中　k_1——溶质 A 的一级反应速率常数，s^{-1}；

　　　D_A——A 在液相中的扩散系数，m^2/s。

若反应为溶质 A 与溶剂中活性组分 B 的二级不可逆反应，则：

$$M=\frac{D_A k_2 c_{BL}}{(k_L^0)^2}=H_a^{\ 2} \tag{6-50}$$

式中　k_2——溶质 A 与组分 B 的二级反应速率常数，$m^3/(kmol\cdot s)$；

　　　c_{BL}——液相主体中 B 的浓度，$kmol/m^3$。

八田数 H_a（或化学吸收参数 M）的数值愈大，则溶质从界面扩散到液相主体过程中在膜内的反应量愈大；此值为零时，膜中无反应，即为物理吸收。

（2）浓度-扩散参数

为了表示液膜内 B 向界面扩散的速度与 A 向液相主体扩散的速度的相对大小，定义浓度-扩散参数：

$$Z_D=\left(\frac{D_B}{\nu D_A}\right)\left(\frac{c_{BL}}{c_{Ai}}\right) \tag{6-51}$$

式中　ν——化学剂量系数比，等于与 1molA 反应的 B 的物质的量；

　　　D_B——B 在液相中的扩散系数，m^2/s。

6.5.2　化学吸收和解吸计算

伴有化学反应的传质方程还没有广泛应用于吸收和解吸的设计上。更常用的设计方法是以相同的化学系统和在相似的设备上所取得的实验数据为基础的。

化学吸收的计算方法原则上与物理吸收相同，只是由于有化学反应发生，必须考虑由此而引起的吸收速率的增加，即应当考虑增强因子。基本原则是联解物料衡算式、相平衡关系式、传质方程式和反应动力学方程式。计算的任务是：计算在一定回收率时的最小吸收剂用量，确定实际吸收剂用量；计算吸收塔的传质单元数或容积。此外，由于化学吸收的热效应较物理吸收大些，所以还要通过热量衡算来确定合适的换热方式，以保证过程在适宜的条件下进行。

下面仅推导填料吸收增设计的基本公式。

对于组分 A，单位体积填料的气膜和液膜吸收速率方程分别为：

$$N_A a = k_G a(p_A - p_{Ai}) = k_G ap(y_A - y_{Ai}) \qquad (6-52)$$

$$N_A a = E k_L^0 a(c_{Ai} - c_A) \qquad (6-53)$$

气液平衡关系用亨利定律表示 $p_A = H_A c_A$

将亨利定律代入式(6-53)，然后与式(6-52)联立，得：

$$N_A a = \frac{1}{\dfrac{1}{k_G a} + \dfrac{H_A}{E k_L^0 a}} p(y_A - y_A^*) \qquad (6-54)$$

式(6-54)正是用气相总传质系数表示的化学吸收速率方程，所以：

$$K_G a = \frac{1}{k_G a} + \frac{H_A}{E k_L^0 a} \qquad (6-55)$$

对于物理吸收，气相总传质系数是：

$$K_G^0 a = \frac{1}{k_G a} + \frac{H_A}{k_L^0 a} \qquad (6-56)$$

比较式(6-55)和式(6-56)，得：

$$K_G a = \frac{1+B}{1+B/E} K_G^0 a \qquad (6-57)$$

式中　　$B = \dfrac{k_G H_A}{k_L^0}$；

k_G——气相分传质系数，$kmol/(m^2 \cdot s \cdot kPa)$；

k_L^0——无化学反应时的液相分传质系数；m/s；

H_A——亨利常数，$kPa \cdot m^3/kmol$；

a——单位体积填料的传质表面积，m^2/m^3；

K_G^0——物理吸收的气相总传质系数，$kmol/(m^2 \cdot s \cdot kPa)$；

K_G——化学吸收的气相总传质系数，$kmol/(m^2 \cdot s \cdot kPa)$。

设填料塔截面积为 S，那么在高度为 dZ 的填料层体积内，组分 A 的吸收速率为：

$$d(G'Sy_A) = GSd\left(\frac{y_A}{1-y_A}\right) = GS\frac{dy_A}{(1-y_A)^2} \qquad (6-58)$$

式中　　G'——单位塔截面积的混合气体摩尔流率，$kmol/(m^2 \cdot s)$；

G——单位塔截面积的情气摩尔流率，$kmol/(m^2 \cdot s)$；

y_A——在气相主体中组分 A 的摩尔分数。

由式(6-54)、式(6-55)和式(6-57)也可求出在 dZ 的填料层体积内 A 的吸收速率：

$$N_A a SdZ = \frac{1+B}{1+B/E} K_G^0 ap(y_A - y_A^*) SdZ \qquad (6-59)$$

联立求解式(6-58)和式(6-59)，积分得：

$$Z = \frac{G}{K_G^0 ap} \int_{y_2}^{y_1} \frac{dy_A}{(1-y_A)^2(y_A - y_A^*)(1+B)(1+B/E)} \qquad (6-60)$$

式中　Z——填料高度，m；

　　　　p——总压，kPa；

　y_1、y_2——吸收塔气体进出口的气相摩尔分数。

式(6-60)是计算化学吸收填料塔填料高度的通用方程式。$G/K_G^0 ap$ 对物理吸收是传质单元高度。积分相为传质单元数，是 k_G、k_L^0 和 E 的函数。

化学吸收如果所进行的反应是可逆的，所得溶液便可进行解吸。化学吸收常使用专用的溶剂，故解吸溶质并回收溶剂是工艺过程中不可缺少的环节。

从溶液中取出溶剂的手段是减压与加热。解吸过程往往先用减压闪蒸以取出一些较易除去的组分，然后在填料塔或板式塔内作彻底的解吸。塔釜内通入直接蒸汽或间接蒸汽加热；要解吸的溶液自塔顶送入或在接近塔顶处送入(以防止排出气体中有溶剂蒸气损失)。

有化学反应的解吸塔一直缺乏成熟的设计方法。到 20 世纪 80 年代初，Astarita、Savage、Weiland、Rawal 和 Rice 先后提出的填料塔的计算步骤如下：

① 计算塔底的蒸气组成，假设塔釜加热器为一个平衡级。

② 由总物料衡算与热衡算求塔顶蒸气组成。

③ 规定出第一小段填料高度，将小段以内的气、液流速与组成均视为恒定，求出此段内的增强因子。从顶部的第一小段开始，利用平衡关系与速率关系，计算第一小段的传质速率。

④ 对第一小段作热衡算以估计蒸气冷凝速率，作物料衡算以估算从第一小段流下的液流速率与组成。

⑤ 将各量在第一小段顶部的值与在底部的值分别取平均。自第③步起重复算到各量的平均值收敛为止。若所选第一小段规定高度不大，则第一小段底部的流速与组成便能与实际相接近，此小段底部各量可以作为下一段的初值。

⑥ 如此选择第二段、第三段、……，逐段往下算，直到相当于塔底的状况(溶液解吸后浓度符合设计的要求)达到为止。各小段的高度之和即为所需的填料层高度。

6.6　工业吸收装置实操要点

填料吸收塔的操作主要有原始开车、正常开车；短期停车、长期停车、紧急停车等。填料塔的原始开车与精馏塔的原始开车有相似之处，故不重复介绍。

6.6.1　填料吸收塔的开、停车

(1) 正常开车

① 准备工作。检查仪器、仪表、阀门等是否齐全、正确、灵活，做好开车前的准备。

② 送液。启动吸收剂泵，调节塔顶喷淋量至生产要求。

③ 调节液位。调节填料塔的排液阀，使塔底液面保持规定的高度。

④ 送气。启动风机，向填料塔送入原料气。

(2) 停车

1) 短期停车

① 通告系统前后工序或岗位。

② 停止送气。逐渐关闭鼓风机调节阀，停止送入原料气，同时关闭系统的出口阀。

③ 停止送液。关闭吸收剂泵的出口阀，停泵后关闭进口阀。

④ 关闭其他设备的进出口阀门。

2）长期停车

① 按短期停车操作步骤停车，然后开启系统放空阀，卸掉系统压力。

② 将系统中的溶液排放到溶液储槽，用清水清洗设备。

③ 若原料气中含有易燃、易爆的气体，要用惰性气体对系统进行置换，当置换气中含氧量小于0.5%，易燃气总含量小于5%时为合格。

④ 用鼓风机向系统送入空气，置换气中氧含量大于20%即为合格。

6.6.2 吸收操作的调节

吸收的目的虽然各不相同，但对吸收过程来讲，都希望吸收尽可能完全，即希望有较高的吸收率。吸收率的高低不但与吸收塔的结构、尺寸有关，也与吸收时的操作条件有关，正常条件下，吸收塔的操作应维持在一定的工艺条件范围内，然而，由于各种原因，日常操作有时会偏离工艺条件范围，因此，必须加以调节。在吸收塔已确定的前提下，影响吸收操作的因素有气液流量、吸收温度、吸收压力及液位等。

（1）流量的调节

① 进气量的调节。进气量反映了吸收塔的操作负荷。由于进气量是由上一工序决定的，因此一般情况下不能变动；若吸收塔前设有缓冲气柜，可允许在短时间内作幅度不大的调节，这时可在进气管线上安装调节阀，通过开大或关小调节阀来调节进气量。正常操作情况下应稳定进气量。

② 吸收剂流量的调节。吸收剂流量越大，单位塔截面积的液体喷淋量越大，气液的接触面越大，吸收效率越高。因此，在出塔气中溶质含量超标的情况下，可适度增大吸收剂流量来调节。但吸收剂用量也不能过大，过大一是增加了操作费用，二是若塔底溶液作为产品时，产品浓度就会降低。

（2）温度与压力的调节

① 吸收温度的调节。吸收温度对吸收率的影响很大。温度越低，气体在吸收剂中的溶解度越大，越有利于吸收。

由于吸收过程要释放热量，为了降低吸收温度，对于热效应较大的吸收过程，通常在塔内设置中间冷却器，从吸收塔中部取出吸收过程放出的热量。若吸收剂循环使用，则在吸收剂吸收完毕出塔后，通过冷却器冷却降温，再次入塔吸收。

低温虽有利于吸收，但应适度，因温度控制得过低，势必消耗冷剂流量，增大操作费用，且吸收剂黏度随温度的降低而增大，输送消耗的能量也大，且在塔内流动不畅，造成操作困难。因此吸收温度应统筹各方面因素综合考虑。

② 吸收压力的调节。提高操作压力，可提高混合气体中被吸收组分的分压，增大吸收的推动力，有利于气体的吸收，但加压吸收需要耐压设备，需要压缩机，增大了操作费用，因此是否采用加压操作应作全面考虑。

生产中，吸收的压力是由压缩机的能力和吸收前各设备的压降所决定。多数情况下，吸收压力是不可调的，生产中应注意维持塔压。

（3）塔底液位的调节

塔底液位要维持在一定高度上。液位过低，部分气体可进入液体出口管，造成事故或环境污染。液位过高，超过气体入口管，使气体入口阻力增大。通常采用调节液体出口阀开度来控制塔底液位。

6.6.3 吸收操作不正常现象及处理方法

填料吸收塔系统在运行过程中，由于工艺条件发生变化、操作不慎或设备发生故障等原因造成不正常现象。一经发现，应迅速处理，以免造成事故。常见的不正常现象及处理方法如表6-4所示。

表6-4 吸收操作中常见异常现象及处理方法

异 常 现 象	原　因	处 理 方 法
尾气夹带液体量大	(1)原料气量过大 (2)吸收剂量过大 (3)吸收剂黏度大 (4)填料堵塞 (5)操作温度高	(1)减少进塔原料气量 (2)减少吸收剂喷淋量 (3)过滤或更换吸收剂 (4)停车检查，清洗或更换填料 (5)降低吸收剂温度
尾气中溶质含量超标	(1)进塔原料气溶质含量高 (2)吸收剂用量不够 (3)吸收温度过高或过低 (4)吸收剂喷淋效果差 (5)填料堵塞	(1)与上一工序联系降低原料气溶质含量 (2)加大吸收剂用量 (3)调节吸收剂入塔温度 (4)清理、更换喷淋装置 (5)停车检查，清洗或更换填料
塔内压差太大	(1)进塔原料气量大 (2)吸收剂量大 (3)吸收剂脏、黏度大 (4)填料堵塞	(1)减少进塔原料气量 (2)减少吸收剂喷淋量 (3)过滤或更换吸收剂 (4)停车检查，清洗或更换填料
吸收剂量突然下降	(1)溶液槽液位低、泵抽空 (2)吸收剂泵坏 (3)吸收剂压力低或中断	(1)补充溶液 (2)启动备用泵或停车检修 (3)使用备用吸收剂源或停车
塔底液面波动	(1)原料气压力波动 (2)吸收剂用量波动 (3)液面调节器出故障	(1)稳定原料气压力 (2)稳定吸收剂用量 (3)修理或更换

本章符号说明

英文字母：

A——吸收因子；

A_e——平均有效吸收因子；

A'_e——平均有效吸收因子；

c_0——解吸率；

D——扩散系数；

E——增强因子；

H——亨利常数；

H_a——八田数；

K——化学平衡常数；总传质系数；

k——气液平衡常数；

L——液相流率；kmol/h；

l——吸收过程中的组分液相流率；kmol/h；

N——理论板数；

P——压力，Pa；

p——组分的分压，Pa；

S——解吸因子; φ——相对吸收率。

S_e——平均有效吸收因子;   上标:

T——温度,K; L——液相;

v——吸收过程的组分气相流率, s——饱和状态;

    kmol/h; V——气相;

V——吸收塔中气相流率,kmol/h; $*$——平衡状态。

x——液相摩尔分率;   下标:

y——气相摩尔分率; A、B——组分;

Z——填料高度。 V——气相;

希腊字母: L——液相主体;

    γ——液相活度系数; m——最小状态。

练 习 题

一、填空题

1. 用水吸收氯化氢、氢气、氯气混合气体中的 HCl 制取盐酸,则水称为(   ),氯化氢和氯气是(   ),盐酸是(   ),氢气是(   )。

2. 将吸收了 CO_2 的碳酸钾溶液加热回收碳酸钾溶液循环使用,这一过程叫(   )。

3. 利用气相中各溶质在溶剂中的溶解度差异分离气相混合物的过程是(   )。

4. 利用气相中溶质与化学溶剂反应,使化学平衡移动,从而使溶质转移到溶剂相的分离过程是(   )。

5. 吸收中平衡常数大的组分是(   )组分。

6. 吸收中平衡常数小的组分是(   )组分。

7. 吸收因子越大对吸收越(   ),温度越高对吸收越(   ),压力越高对吸收越(   )。

8. 吸收因子为(   ),其值可反映吸收过程的(   )。

9. 埃迪密斯特(Edmister)指出,对于具有 N 块塔板的吸收塔,吸收过程主要是由(   )和(   )两块板来完成的。

10. 吸收剂的再生常采用的是(   )、(   )和(   )方法。

11. 吸收过程在塔釜的浓度限度为(   ),它决定了吸收液的(   )。

12. 吸收过程在塔顶的浓度限度为(   ),它决定了吸收剂中(   )。

13. 吸收的相平衡表达式为(   ),在(   )操作下有利于吸收,吸收操作的限度是(   )。

14. 解吸因子定义为(   ),相同条件下,解吸因子与吸收因子(   )。

15. 吸收有(   )关键组分,这是因为(   )的缘故。

16. 吸收过程只有在(   )的条件下,才能视为恒摩尔流。

17. 吸收过程计算各板的温度采用(   )来计算,而其流率分布则用(   )来计算。

18. 吸收过程发生的条件为(   ),其限度为(   )。

二、选择题

1. 吸收操作的类型划分可以是(　　　　)。

A. 物理吸收和化学吸收　　　　　　　　　B. 等温吸收和非等温吸收

C. 单组分吸收和多组分吸收　　　　　　　D. 喷淋吸收、鼓泡吸收和降膜吸收等。

2. 吸收操作的工业应用有(　　　　)。

A. 净化或精制气体　　　　　　　　　　　B. 分离气体混合物

C. 将最终气态产品制成溶液或中间产品　　D. 治理有害气体污染，保护环境

3. 水吸收氯化氢制盐酸可采用以下(　　　　)工艺设备。

A. 逆流多段吸收　　　　　　　　　　　　B. 用将膜式吸收塔

C. 冷却水移走吸收热　　　　　　　　　　D. 吸收塔内材质宜采用石墨材料

4. 制氢过程中低温变换气中的 CO_2 和 CO 可以用以下(　　　　)方法除去。

A. 碳酸钾溶液洗去 CO_2 和 CO

B. 碳酸钾溶液洗去 CO_2，甲烷化脱除 CO

C. 低温甲醇洗洗去 CO_2 和 CO

D. 低温甲醇洗洗去 CO_2，甲烷化脱除 CO

5. 吸收因子 A 与下列参数的对应关系正确的是(　　　　)

A. 吸收因子 A 反比于相平衡常数

B. 吸收因子 A 反比于液气比

C. 吸收因子 A 正比于相平衡常数

D. 吸收因子 A 正比于液气比

6. 吸收塔的气、液相最大负荷处应在(　　　　)

A. 塔的底部　　　　B. 塔的中部　　　　C. 塔的顶部　　　　D. 随物系特性变化

7. 在吸收操作过程中，任一组分的吸收因子 A_i 与其吸收率 Φ_i 在数值上相应是(　　　　)。

A. $A_i < \Phi_i$　　　　B. $A_i = \Phi_i$　　　　C. $A_i > \Phi_i$　　　　D. 二者没有关系

8. 下列(　　　　)不是吸收的有利条件。

A. 提高温度　　　　B. 提高吸收剂用量　　C. 提高压力　　　　D. 减少处理的气体量

9. 下列(　　　　)不是影响吸收因子的物理量。

A. 温度　　　　　　B. 吸收剂用量　　　　C. 压力　　　　　　D. 气体浓度

E. 溶解度

10. 平衡常数较小的组分是(　　　　)。

A. 难吸收的组分　　　　　　　　　　　　B. 最轻组分

C. 挥发能力大的组分　　　　　　　　　　D. 吸收剂中的溶解度大

11. 易吸收组分主要在塔的(　　　　)位置被吸收。

A. 塔顶板　　　　　B. 进料板　　　　　C. 塔底板　　　　　D. 各塔板平均吸收

12. 平均吸收因子法的假设是(　　　　)。

A. 假设全塔的温度相等　　　　　　　　　B. 假设全塔的压力相等

C. 假设各板的吸收因子相等　　　　　　　D. 假设各塔板吸收率相等

13. 下列(　　　　)不是等温吸收时的物系特点。

A. 被吸收的组分量很少　　　　　　　　　B. 溶解热小

C. 吸收剂用量较大　　　　　　　　　　　D. 被吸收组分的浓度高

14. 关于吸收的描述下列( )不正确。

    A. 根据溶解度的差异分离混合物　　　B. 适合进行量大气体的分离

    C. 效率比精馏低　　　D. 能得到高纯度的气体

15. 当体系的 $y_i - y_i^s > 0$ 时( )。

    A. 发生解吸过程　　　B. 发生吸收过程

    C. 发生精馏过程　　　D. 没有物质的净转移

16. 当体系的 $y_i - y_i^s = 0$ 时( )。

    A. 发生解吸过程　　　B. 发生吸收过程

    C. 发生精馏过程　　　D. 没有物质的净转移

17. 吸收剂的选择条件是( )。

    A. 对关键组分溶解度大　　　B. 挥发度小

    C. 毒害小　　　D. 价廉易得

    E. 被吸收溶质易于溶剂分离

18. 填料塔的总体结构主要由以下( )部件构成。

    A. 塔体(器身、封头、接管及连接件、人孔、支座)

    B. 塔的附属结构(填料支承板、液体喷淋装置、液体再分配装置、液封装置)

    C. 填料

    D. 安全附件

19. 化学吸收过程中，如反应发生在液膜层中一反应面，溶质在液相主体中浓度趋于0，属于以下( )情况。

    A. 瞬时反应　　　B. 快速反应　　　C. 中速反应　　　D. 慢速反应

20. 化学吸收过程中，如反应发生在液膜层中一反应层，层厚为 $\delta <$ 液膜厚度，溶质在液相主体中浓度趋于0，属于以下( )情况。

    A. 瞬时反应　　　B. 快速反应　　　C. 中速反应　　　D. 慢速反应

21. 化学吸收过程中，如反应发生在液膜层中一反应层，层厚为 $\delta \geq$ 液膜厚度，溶质在液相主体中浓度大于0，属于以下( )情况。

    A. 瞬时反应　　　B. 快速反应　　　C. 中速反应　　　D. 慢速反应

22. 化学吸收过程中，如反应发生延伸到液相主体中，溶质在液相主体中浓度较高，属于以下( )情况。

    A. 瞬时反应　　　B. 快速反应　　　C. 中速反应　　　D. 慢速反应

23. 吸收塔雾沫夹带严重的原因有( )。

    A. 原料气量过大　　　B. 吸收剂量过大　　　C. 吸收剂黏度大

    D. 填料堵塞　　　E. 操作温度高

三、判断题

1. 从焦炉煤气中提取芳烃，进入吸收油的组分是芳烃成分。( )

2. 填料塔支撑板的作用仅是支撑填料。( )

3. 吸收塔液体喷淋装置和再分布装置是同一部件。( )

4. 吸收塔气体进塔处需要安装液封和除沫装置。( )

5. 吸收和解吸过程都属于单向传质。( )

6. 吸收过程放热，解吸过程吸热。( )

7. 吸收率、吸收因子和理论塔板数存在约束关系，如 Horton-Franklin 方程。（   ）

8. 如果化学吸收反应速率$(-r_A)$>相际传质速率N_A，则属于中速化学吸收。（   ）

9. 液相中化学反应对传质速率的影响反映在三个方面：增强传质推动力，提高传质系数和增大填料层有效接触面积。（   ）

四、简答题

1. 试分析吸收因子对吸收过程的影响。

2. 用平均吸收因子法计算理论板数时，分别采用L_0/V_{N+1}（L_0为吸收剂用量，V_{N+1}为原料气用量）和$L_{平均}/V_{平均}$，来计算吸收因子A。试分析求得的理论板数哪个大？为什么？

3. 在吸收过程中，若关键组分在操作条件下的吸收因子A小于设计吸收率Φ，将会出现什么现象？

4. 吸收分离的依据是什么？如何分类？

5. 吸收操作在化工生产中有何应用？

6. 吸收与蒸馏操作有何区别？

7. 何谓最小液气比？怎样确定？

8. 吸收剂用量对吸收操作有何影响？如何确定适宜液气比？

9. 吸收过程为什么常常采用逆流操作？

五、计算题

1. 某裂解气组成如下表所示。

组　分	H_2	CH_4	C_2H_4	C_2H_6	C_3H_6	$i\text{-}C_4H_{10}$	Σ
$y_{N+1,i}$	0.132	0.3718	0.3020	0.097	0.084	0.0132	1.000

现拟以$i\text{-}C_4H_{10}$馏分作吸收剂，从裂解气中回收99%的乙烯，原料气的处理量为100kmol/h，塔的操作压力为4.052MPa，塔的平均温度按-14℃计，求：

（1）为完成此吸收任务所需最小液气比。

（2）操作液气比若取为最小液气比的1.5倍，试确定为完成吸收任务所需理论板数。

（3）各个组分的吸收分率和出塔尾气的量和组成。

（4）塔顶应加入的吸收剂量。

2. 拟进行吸收的某厂裂解气的组成如下表所示。

组分	CH_4	C_2H_6	C_3H_8	$i\text{-}C_4H_{10}$	$n\text{-}C_4H_{10}$	$i\text{-}C_5H_{10}$	$n\text{-}C_5H_{10}$	$n\text{-}C_6H_{14}$	Σ
$y_{N+1,i}$	0.765	0.045	0.065	0.025	0.045	0.015	0.025	0.015	1.000

当在1.013MPa压力下，以相对分子质量为220的物质为吸收剂，吸收剂温度为30℃，而塔中液相平均温度为35℃。试计算异丁烷（$i\text{-}C_4H_{10}$）回收率为0.90时所需理论塔板数以及各组分的回收率。操作液气比为最小液气比的1.07倍，求塔顶尾气的数量和组成。

3. 某原料气组成如下表所示。

组　分	CH_4	C_2H_6	C_3H_8	$i\text{-}C_4H_{10}$	$n\text{-}C_4H_{10}$	$i\text{-}C_5H_{12}$	$n\text{-}C_5H_{12}$	$n\text{-}C_6H_{14}$
$y_{N+1,i}$	0.765	0.045	0.035	0.025	0.045	0.015	0.025	0.045

先拟用不挥发的烃类液体为吸收剂在板式塔吸收塔中进行吸收，平均吸收温度为38℃，压力为1.013MPa，如果要求将$i-C_4H_{10}$回收90%。试求：

（1）为完成此吸收任务所需的最小液气比。

（2）操作液气比为组小液气比的1.1倍时，为完成此吸收任务所需理论板数。

（3）各组分的吸收分率和离塔尾气的组成。

（4）求塔底的吸收液量。

4. 原料气各组分流量如下表所示。用$n-C_{10}$烃作吸收剂，流量为500kmol/h。原料气温度为15℃，吸收剂温度为32℃，塔压为0.517MPa。设吸收塔有3个平衡级，试计算贫气和吸收液流量及组成。

组　　分	CH_4	C_2H_6	C_3H_8	$n-C_4H_{10}$	$n-C_5H_{12}$	合计
流量/（kmol/h）	1660	168	98	52	24	2000

5. 裂解气的组成如下表所示。以C_4馏分作吸收剂，要求乙烯回收率为99%。已知裂解气流量为100kmol/h。操作压力为4.052MPa，平均操作温度为-14℃。试确定：

（1）最小液气比。

（2）当操作液气比为最小液气比的1.5倍时，所需的平衡级数。

（3）贫气流量及组成。

组　　分	H_2	CH_4	C_2H_4	C_2H_6	C_3H_6	$n-C_4H_{10}$	合计
流量/（kmol/h）	0.1320	0.3718	0.3020	0.0970	0.0840	0.0132	1.0000

6. 对习题2，不考虑塔顶与塔底温度差别，只考虑液气比的变化，用有效吸收因子法确定贫气中各组分的流量。

7. 设习题2中的吸收塔塔顶和塔底温度分别为-24℃和-4℃，试用有效吸收因子法确定贫气中各组分的流量。

8. 将习题4中所得的吸收液在0.203MPa压力下，用过量蒸汽汽提。汽提塔有2个平衡级。设平均操作温度为110℃。吸收液/蒸汽=10(摩尔比)。试确定汽提所得的吸收剂的组成。

9. 在24℃、2.02MPa下，将含70%(摩尔)甲烷、15%(摩尔)乙烷、10%(摩尔)丙烷和5%(摩尔)正丁烷的气体，在绝热的板式塔中用烃油吸收。烃油含1%(摩尔)正丁烷、99%(摩尔)不挥发性烃油，进塔的温度和压力与进料气相同。所用液气比为3.5。进料气中的丙烷至少有70%(摩尔)被吸收。甲烷在烃油中的溶解度可以忽略，而其他的组分均形成理想溶液。估算所需的理论板数和尾气的组成。

10. 某厂采用丙酮吸收法处理来自脱乙烷塔顶的气体，其目的是要脱除其中所含的乙炔(要求乙炔含量少于10^{-5})。原料气的组成为乙烷12.6%(摩尔)、乙烯87.0%(摩尔)、乙炔0.4%(摩尔)。吸收拟在一个具有12块理论板的吸收塔中进行，吸收进行的条件为：$p=1.8MPa$，$T=-20℃$，操作的液气比为0.55。试计算：

（1）乙炔、乙烯和乙烷的吸收率。

（2）以100kmol/h进料气为基准的塔顶气体的量和组成。

项目 7　吸附分离技术

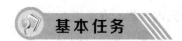

学习目的：

通过本项目的学习，掌握吸附过程的工业应用并为吸收塔的正确操作、优化操作打下理论基础。

知识要求：

掌握吸附过程的原理；

掌握吸附工艺及其应用；

了解常用的吸附设备。

能力要求：

熟悉常用吸附剂，并能做出正确选择；

学会利用吸附方法分离混合物。

某些多孔性固体凭借其巨大的表面积，能够选择性地从流体混合物中凝聚一定组分，吸附过程就是利用固体颗粒的这种能力，借助于混合物中各组分在吸附剂上的吸附能力不同将其分离的过程。吸附过程是分离和纯化气体与液体混合物的重要化工操作之一。在化工、炼油、轻工、食品及环保等领域都有广泛的应用。

基本任务

7.1　应用案例

7.1.1　工业烟气中的 SO_2 的净化

吸附法对低浓度气体的净化能力很强，吸附分离不仅能脱除有害物质，并且可以回收有用物质使吸附剂得到再生，所以在环境污染治理工程中应用非常广泛。工业烟气中的 SO_2 是主要的大气污染物，低浓度 SO_2 除了用吸收法净化之外，也可采用吸附净化法，常用的吸附剂是活性炭。活性炭吸附 SO_2 时，在干燥无氧条件下主要是物理吸附方法，当有氧和水蒸气存在时会发生化学吸附。

一般来说，活性炭吸附 SO_2 吸附容量为 $40 \sim 140 g/kg$（活性炭）。活性炭吸附 SO_2 工艺简单、运转方便、副反应少、可回收稀硫酸。但由于活性炭吸附容量有限，吸附设备较大，一次性设备投资高，吸附剂需要频繁再生。长期使用后，活性炭会有磨损，并因堵塞微孔丧失活性，因此，活性炭需定期更换。

7.1.2 糖液脱色

在糖精钠、木糖醇等甜味剂生产中，结晶母液由于含有多种杂质而颜色较深，使结晶品不纯而带色。解决方法是在结晶母液中加入活性炭，混合搅拌一定时间后，再将活性炭过滤分离除去。由于活性炭的吸附作用，结晶母液中的杂质被吸附除去，经过处理的母液几乎可以达到无色透明的程度。

7.1.3 移动床从裂解气冷箱尾气中提取乙烯

典型的移动床吸附分离流程如图7-1所示。吸附剂为活性炭。塔的结构使得固相可以连续、稳定地输入和输出，并且使气固两相逆流接触良好，不致发生沟流或局部不均匀现象。进料气从塔的中部进入吸附段下部。其中较易被吸附的组分被自上而下的固体吸附剂所吸附，顶部产品只包含有难吸附组分。固体下降到精馏段，与自下而上的气流相遇，固体上较易挥发的组分被置换出去。固相吸附剂离开精馏段时，只剩下易被吸附的组分，起到增浓作用。再往下一段是解吸段，吸附质在此被蒸汽加热和吹扫。吹出的气体，部分作为塔底产品，部分上至精馏段作为回流，固体则下降至提升器底部，经气体提升至提升器顶部，然后循环回到塔顶。用来从甲烷、氢混合气体中提取乙烯的逆流移动床吸附分离过程的物料衡算和温度分布见图7-2。

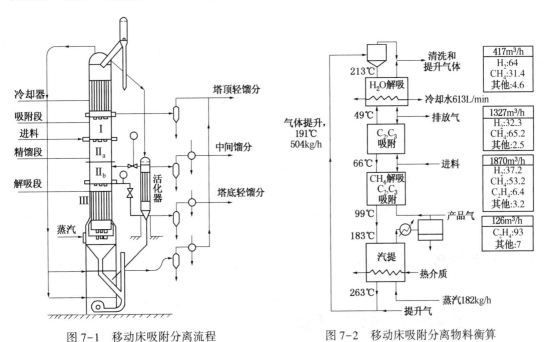

图7-1 移动床吸附分离流程　　　　图7-2 移动床吸附分离物料衡算

7.1.4 其他工业应用实例

吸附过程在工业上应用广泛，表7-1列举了工业吸附分离应用实例。

表 7-1　工业吸附分离应用实例

吸 附 过 程	吸 附 剂
气体主体分离	
正构链烷烃/异构链烷烃，芳烃	分子筛
N_2/O_2	分子筛
O_2/N_2	碳分子筛
CO，CH_4，CO_2，N_2，Ar，NH_3/H_2	分子筛、活性炭
烃/排放气	活性炭
H_2O/乙醇	分子筛
色谱分析分离	无机或高聚物吸附剂
气体净化	
H_2O/含烯烃的裂解气、天然气、合成气、空气等	硅胶、活性氧化铝、分子筛
CO_2/C_2H_4、天然气等	分子筛
烃、卤代物、溶剂/排放气	活性炭、其他吸附剂
硫化物/天然气、H_2、液化石油气等	分子筛
SO_2/排放气	分子筛
汞蒸气/氯碱槽排放气	分子筛
室内空气中易挥发有机物	活性炭、Silicalite
异味气体/空气	Silicalite 等
液体主体分离	
正构链烷/异构链烷、芳烃	分子筛
对二甲苯/间二甲苯、邻二甲苯	分子筛
果糖/葡萄糖	分子筛
色谱分析分离	无机高聚物，亲和吸附剂
液体净化	
水/有机物、含氧有机物、有机卤化物（脱水）	硅胶、活性氧化铝、分子筛
有机物、含氧有机物、有机卤化物/水（水的净化）	活性炭
异味物/饮用水	活性炭
硫化物/有机物	活性炭、其他吸附剂
石油馏分、糖浆和植物油等的脱色	活性炭
各种发酵产物/发酵罐流出液	活性炭，亲和吸附剂
人体中的药物解毒	活性炭

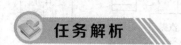 任务解析

7.2　吸附分离的基本原理

7.2.1　吸附与脱附

7.2.1.1　吸附

固体表面上的原子或分子的力场和液体的表面一样，处于不平衡状态，表面存在着剩

余吸引力，这是固体表面能产生吸附作用的根本原因。这种剩余的吸引力由于吸附了其他分子而有一定程度的减少，从而降低了表面能，故固体表面可以自动地吸附那些能够降低其表面能的物质。当流体与多孔性固体接触时，固体的表面对流体分子会产生吸附作用，其中多孔性固体物质称为吸附剂，而被吸附的物质称为吸附质。根据吸附剂表面与吸附质之间作用力的不同，吸附可分为物理吸附与化学吸附。

（1）物理吸附

物理吸附是由于吸附剂与吸附质之间存在分子间力的作用所产生的吸附，也称范德华吸附。物理吸附时表面能降低，所以是一种放热过程。从分子运动论的观点来看，这些吸附于固体表面上的分子由于分子运动，也会从固体表面上脱离逸出，其本身并不发生任何化学变化。因此，物理吸附是可逆的，如当温度升高时，气体（或液体）分子的动能增加，吸附质分子将越来越多地从固体表面上逸出。物理吸附可以是单分子层吸附，也可以是多分子层吸附。物理吸附的特征可归纳为以下几点。

① 吸附质和吸附剂间不发生化学反应，一般在较低的温度下进行。

② 一般没有明显的选择性，对于各种物质来说，分子间力的大小有所不同，与吸附剂分子间力大的物质首先被吸附。

③ 物理吸附为放热过程，吸附过程所放出的热量，称为该物质在此吸附剂表面上的吸附热。

④ 吸附剂与吸附质间的吸附力不强，当系统温度升高或流体中吸附质浓度（或分压）降低时，吸附质能很容易地从固体表面逸出，而不改变吸附质原来性状。

⑤ 吸附速率快，几乎不要活化能。

（2）化学吸附

吸附质在固体颗粒表面发生化学反应。吸附质与吸附剂分子间的作用力是化学键力，这种化学键力比物理吸附的分子间力要大得多，其热效应亦远大于物理吸附热，吸附质与吸附剂结合比较牢固，一般是不可逆的，而且总是单分子层吸附。化学吸附的特征可归纳为如下几点。

① 有很强的选择性，仅能吸附能参与化学反应的某些物质分子。

② 吸附速率较慢，需要一定的活化能，达到吸附平衡需要的时间长。

③ 升高温度可以提高吸附速率，宜在较高温度下进行。

实际应用中物理吸附与化学吸附之间不易严格区分。同一种物质在低温时可能进行物理吸附，温度升高到一定程度时就发生化学吸附，有时两种吸附会同时发生。这里主要介绍物理吸附过程。

7.2.1.2 脱附

当系统温度升高或流体中吸附质浓度（或分压）降低时，被吸附物质将从固体表面逸出，这就是脱附（或称解吸），是吸附的逆过程。这种吸附-脱附的可逆现象在物理吸附中均存在。工业上利用这种现象，在处理混合物时，当吸附剂将吸附质吸附之后，改变操作条件，使吸附质脱附，同时吸附剂再生并回收吸附质，以达到分离混合物的目的。

再生方法有加热脱附再生、降压或真空脱附再生、溶剂萃取再生、置换再生、化学氧化再生等。

（1）加热脱附再生

通过升高温度，使吸附质脱附，从而使吸附剂得到再生。几乎各种吸附剂都可用加热再生法恢复吸附能力。不同的吸附过程需要不同的温度，吸附作用越强，解吸时需加热的温度越高。

（2）降压或真空解吸

气体吸附过程与压力有关，压力升高时，有利于吸附；压力降低时，脱附占优势。因此，通过降低操作压力可使吸附剂得到再生，若吸附在较高压力下进行，则降低压力可使被吸附的物质脱离吸附剂进行脱附；若吸附在常压下进行，可采用抽真空方法进行脱附。工业上利用这一特点采用变压吸附工艺，达到分离混合物及吸附剂再生的目的。

（3）置换再生

在气体吸附过程中，某些热敏性物质，在较高温度下易聚合或分解，可以用一种吸附能力较强的气体(解吸剂)将吸附质从吸附剂中置换与吹脱出来。再生时解吸剂流动方向与吸附时流体流动方向相反，即采用逆流吹脱的方式。这种再生方法需加一道工序，即解吸剂的再脱附，一般可采用加热解吸再生的方法，使吸附剂恢复吸附能力。

（4）溶剂萃取

选择合适的溶剂，使吸附质在该溶剂中溶解性能远大于吸附剂对吸附质的吸附作用，从而将吸附质溶解下来，这样的工艺既用了吸附法，又用了萃取法，成本明显增高。这样做的唯一原因是，固体吸附剂的选择性更好，可以将所需的溶质高选择性地回收，而萃取法是再生吸附剂的方法。

（5）化学氧化再生

具体方法很多，可分为湿式氧化法、电解氧化法及臭氧氧化法等几种。有些有毒、有害的物质被吸附后，不宜直接脱附排放，而要经过氧化降解，做无害化处理后加以排放。这样的例子在环境保护方面的应用非常广泛。

（6）生物再生法

利用微生物将被吸附的有机物氧化分解。此法简单易行，基建投资少，成本低。其作用和效果与化学氧化再生雷同。

生产实际中，上述几种再生方法可以单独使用，也可几种方法同时使用。如活性炭吸附有机蒸气后，可用通入高温水蒸气再生，也可用加热和抽真空的方法再生；沸石分子筛吸附水分后，可用加热吹氮气的方法再生。

7.2.2 影响吸附的因素

影响吸附的因素有吸附剂的性质、吸附质的性质及操作条件等，只有了解影响吸附的因素，才能选择合适的吸附剂及适宜的操作条件，从而更好地完成吸附分离任务。

（1）操作条件

低温操作有利于物理吸附，适当升高温度有利于化学吸附。温度对气相吸附的影响比对液相吸附的影响大。对于气体吸附，压力增加有利于吸附，压力降低有利于脱附。

（2）吸附剂的性质

吸附剂的性质如孔隙率、孔径、粒度等影响比表面积，从而影响吸附效果。一般来说，吸附剂粒径越小或微孔越发达，其比表面积越大，吸附容量也越大。但在液相吸附过程中，对相对分子质量大的吸附质，微孔提供的表面积不起很大作用。

（3）吸附质的性质及其浓度

对于气相吸附，吸附质的临界直径、相对分子质量、沸点、饱和性等影响吸附量。若用同种活性炭作吸附剂，对于结构相似的有机物，相对分子质量和不饱和性越大，沸点越高，越易被吸附；对于液相吸附，吸附质的分子极性、相对分子质量、在溶剂中的溶解度等因素影响吸附量。相对分子质量越大，分子极性越强，溶解度越小，越易被吸附。吸附质浓度越高，吸附量越少。

（4）吸附剂的活性

吸附剂的活性是吸附剂吸附能力的标志，常以吸附剂上所吸附的吸附质的量与所有吸附剂量之比的百分数来表示，其物理意义是单位吸附剂所能吸附的吸附质的质量。吸附剂的活性越高，吸附量越大。

（5）接触时间

吸附操作时应保证吸附质与吸附剂有一定的接触时间，使吸附接近平衡，充分利用吸附剂的吸附能力。但是延长接触时间需要靠增大吸附设备来实现，所以确定最佳接触时间，需要从经济方面综合考虑。

（6）吸附设备的性能

吸附器的性能也直接影响吸附效果，吸附设备的性能取决于设备对温度的调节能力、对停留时间的控制以及结构合理性等。

7.2.3 吸附剂

7.2.3.1 吸附剂的基本特征

吸附剂是流体吸附分离过程得以实现的基础。如何选择合适的吸附剂是吸附操作中必须解决的首要问题。一切固体物质的表面对于流体都具有吸附的作用，但合乎工业要求的吸附剂则应具备如下一些特征。

（1）大的比表面积

流体在固体颗粒上的吸附多为物理吸附，由于这种吸附通常只发生在固体表面几个分子直径的厚度区域，单位面积固体表面所吸附的流体量非常小，因此要求吸附剂必须有足够大的比表面积以弥补这一不足。吸附剂的有效表面积包括颗粒的外表面积和内表面积，而内表面积总是比外表面积大得多，只有具有高度疏松结构和巨大暴露表面的孔性物质，才能提供巨大的比表面积。微孔占的容积一般为 $0.15 \sim 0.9 \mathrm{mL/g}$，微孔表面积占总面积的 95% 以上。常用吸附剂的比表面积为：硅胶：$300 \sim 800 \mathrm{m^2/g}$；活性氧化铝：$100 \sim 400 \mathrm{m^2/g}$；活性炭：$500 \sim 1500 \mathrm{m^2/g}$；分子筛：$400 \sim 750 \mathrm{m^2/g}$。

（2）具有良好的选择性

在吸附过程中，要求吸附剂对吸附质有较大的吸附能力，而对于混合物中其他组分的吸附能力较小。例如：活性炭吸附二氧化硫（或氨）的能力远大于吸附空气的能力，故活性炭能从空气与二氧化硫（或氨）的混合气体中优先吸附二氧化硫（或氨），达到分离净化废气的目的。

（3）吸附容量大

吸附容量是指在一定温度、吸附质浓度下，单位质量（或单位体积）吸附剂所能吸附的最大值。吸附容量除与吸附剂表面积有关外，还与吸附剂的孔隙大小、孔径分布、分子极性及吸附剂分子上官能团性质等有关。吸附容量大，可降低处理单位质量流体所需的吸附剂用量。

（4）具有良好的机械强度和均匀的颗粒尺寸

吸附剂的外形通常为球形和短柱形，也有无定形颗粒，工业用于固定床吸附的颗粒直径一般为1~10mm；如果颗粒太大或不均匀，可使流体通过床层时分布不均，易造成短路及流体返混现象，降低分离效率；如果颗粒小，则床层阻力大，过小时甚至会被流体带出，因此吸附剂颗粒的大小应根据工艺的具体条件适当选择。同时吸附剂是在温度、湿度、压力等操作条件变化的情况下工作的，这就要求吸附剂有良好的机械强度和适应性，尤其是采用流化床吸附装置，吸附剂的磨损大，对机械强度的要求更高。

（5）有良好的热稳定性及化学稳定性

吸附剂的热稳定性是指其能耐一定的高低温而不变质、不分解、不变性、不变形等特点，而最大限度地保持了吸附剂原有的特性。吸附剂的化学稳定性是指其能保持一定的惰性，不与吸附质发生不可逆的化学反应，并且能最大限度地脱附干净，对毒物敏感性差，从而保持吸附剂原有的特性。

（6）有良好的再生性能

吸附剂在吸附后需再生使用，再生效果的好坏往往是吸附分离技术能否使用的关键，要求吸附剂再生方法简单，再生活性稳定。

此外，还要求吸附剂的来源广泛，价格低廉。实际吸附过程中，很难找到一种吸附剂能同时满足上述所有要求，因而在选择吸附剂时要权衡多方面的因素。

7.2.3.2 常用的吸附剂

（1）活性炭

活性炭是碳质吸附剂的总称。几乎所有的有机物都可作为制造活性炭的原料，如各种品质的煤、重质石油馏分、木材、果壳等。将原料在隔绝空气的条件下加热至600℃左右，使其热分解，得到的残炭再在800℃以上高温下与空气、水蒸气或二氧化碳反应使其烧蚀，便生成多孔的活性炭。

活性炭具有非极性表面，为疏水和亲有机物的吸附剂。它具有性能稳定、抗腐蚀、吸附容量大和解吸容易等优点。经过多次循环操作，仍可保持原有的吸附性能。活性炭用于回收气体中的有机物质，脱除废水中的有机物，脱除水溶液中的色素等。活性炭可制成粉末状、球状、圆柱形或碳纤维等。活性炭的典型性质如表7-2所示。

表7-2 活性炭吸附剂的性质

物理性质	液相吸附用		气相吸附用
	木 材 基	煤 基	
CCl_4 活性/%	40	50	60
碘值	700	950	1000
堆积密度/（kg/m³）	250	500	500
灰分/%	7	8	8

（2）炭分子筛(CMS)

与活性炭相比，CMS 有很窄的孔径分布。基于不同组分在该吸收剂上具有不同的内扩散速率，即使 CMS 对这些物质基本上没有选择性，仍能进行有效的分离。例如 CMS 能有效地分高空气、回收 N_2。

（3）沸石分子筛

沸石分子筛一般是用 $M_{x/m}[(AlO_2)_x(SiO_2)_y]\cdot zH_2O$ 表示的含水硅酸盐，其中 M 为 IA 和 IIA 族金属元素，多数为钠与钙，m 表示金属离子的价数。沸石分子筛具有 Al-Si 晶形结构，典型的几何形状如图 7-3 所示。可以看出，沸石分子筛由高度规则的笼和孔构成。每一种分子筛都有特定的均一孔径，根据其原料配比、组成和制造方法不同，可以制成各种孔径和形状的分子筛。某些工业分子筛产品及物理性质见表 7-3。

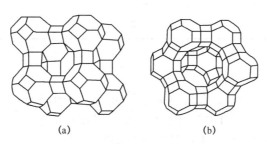

(a)   (b)

图 7-3 两种常用沸石的结构

表 7-3 工业分子筛产品

沸石类型	牌号	阳离子	孔径/nm	堆积密度/(kg/m³)
A	3A	K	0.3	670~740
	4A	Na	0.4	660~720
	5A	Ca	0.5	670~720
X	13X	Na	0.8	610~710
丝光沸石	AW-300	Na⁺混合		
小孔	Zeolon-300	阳离子	0.3~0.4	720~800
菱沸石	AW-300	混合阳离子	0.4~0.5	640~720

向制造分子筛的原料溶液中加入其他阳离子，如钠、钾、锂和钙，以利于最终吸附剂产品呈电中性，在后续操作中，这些阳离子也可被另外的阳离子所交换，新的阳离子使分子筛修饰改性。

沸石分子筛是强极性吸附剂，对极性分子如 H_2O、CO_2、H_2S 和其他类似物质有很强的亲和力，而与有机物的亲和力较弱。在对有机物之间的分离中，极性的大小是关键因素。根据分子筛微孔尺寸大小一致的特点，当微孔尺寸比某些物质的分子大而比其他物质分子小时，分子筛的筛分性能即起作用。从图 7-3 可看出不同分子筛的微孔直径和吸附分子大小的范围。例如，LiA 分子筛（也称 3A 分子筛）可用于脱除空气中的水分，这是因为水分子能进入沸石微孔，而 O_2 和 N_2 则不能。

有一种特殊的新型分子筛，几乎全部由 SiO_2 组成，实际上没有 Al 或其他阳离子。该分子筛吸附孔径大约为 6A（0.6nm），孔隙率 33%，其吸附特性见表 7-4。这类分子筛是疏水的，故称为疏水沸石，它们的分离特性更类似于活性炭。虽然它的价格比活性炭贵，但它有很高的热稳定性，其再生温度比活性炭高得多。当吸附剂表面被聚合物或其他难脱除物质所覆盖成为关键问题时，这一性质显得特别重要。此外，它还能在高温的气相中操作。

表 7-4 Si 分子筛吸附特性(室温下)

吸 附 质	动态直径/Å①	吸附分子数(单位晶格)
H_2O	2.26	15.1
CH_3OH	3.8	38
正定烷	4.3	27.6
正己烷	4.3	10.9
苯	5.85	8.7
季戊烷	6.2	1.4

① 1Å $= 10^{-10}$m(或 $= 0.1$nm)。

(4) 硅胶

硅胶是另一种常用吸附剂，它是一种坚硬的由无定形的 SiO_2 构成的具有多孔结构的固体颗粒，其分子式为 $SiO_2 \cdot nH_2O$。制备方法是：用硫酸处理硅酸钠水溶液生成凝胶，所得凝胶再经老化、水洗去盐后，干燥即得。根据制造过程条件的不同，可以控制微孔尺寸、空隙率和比表面积的大小。

硅胶处于高亲水和高疏水性质的中间状态，典型的物理性质如表 7-5 所示。硅胶常用于各种气体的脱水，也可用于烃类的分离、废气净化(含有 SO_2、NO_x 等)、液体脱水等。它是一种较理想的干燥吸附剂，在温度 25℃ 和相对湿度 60% 的空气流中，微孔硅胶吸附水的吸湿量为硅胶质量的 24%。硅胶吸附水分时，放出大量吸附热。硅胶难于吸附非极性物质的蒸气，易于吸附极性物质，它的再生温度为 150℃ 左右，也常用作特殊吸附剂或催化剂载体。

表 7-5 硅胶吸附剂的性质

物 理 性 质	指 标	吸附性质	吸附量/%(质)
表面积/(m^2/g)	830	0.613kPa，25℃ 吸附水	11
密度/(kg/m^3)	720	2.33kPa，25℃ 吸附水	35
再生温度/℃	130~280	13.3kPa，−183℃ 吸附 O_2	22
孔隙率/%	50~55	33.3kPa，25℃ 吸附 CO_2	3
孔径/nm	1~40	33.3kPa，25℃ 吸附 $n-C_4$	7
孔容积/(cm^3/g)	0.42		

(5) 活性氧化铝

活性氧化铝又称活性矾土，其分子式是 $Al_2O_3 \cdot nH_2O$，用无机酸的铝盐反应生成氢氧化铝的溶胶，然后转变为凝胶，经灼烧脱水即成活性氧化铝，活性氧化铝表面的活性中心是羟基和路易斯酸中心，极性强，对水有很高的亲和作用，主要用于液体与气体的干燥。在一定的操作条件下，它的干燥精度非常高。而它的再生温度又比分子筛低得多。可用活性氧化铝干燥的部分工业气体包括 Ar、He、H_2、氟利昂、氟氯烷等。它对有些无机物具有较好的吸附作用，故常用于碳氢化合物的脱硫以及含氟废气的净化等。另外，活性氧化铝还可用作催化剂载体。

活性氧化铝的物理性质如表 7-6 所示。

表 7-6 活性氧化铝吸附剂的性质

物 理 性 质	指　标	吸 附 性 质	吸附量/%(质)
表面积/(m²/g)	320	0.613kPa，25℃吸附水	7
密度/(kg/m³)	800	2.33kPa，25℃吸附水	16
再生温度/℃	150~315	33.3kPa，25℃吸附 CO_2	2
孔隙率/%	50		
孔径/nm	1~7.5		
孔容积/(cm³/g)	0.40		

（6）其他吸附剂

近年来 ICI Katalco 公司推出"不可逆"吸附剂或称高反应性能吸附剂。该类吸附剂能在气相或液相中与多种组分进行激烈的化学反应。例如，烃类中的硫化氢实际上可完全脱除掉。由于吸附质和吸附剂进行的是不可逆反应，因此不可能在使用现场再生，须返回生产厂家处理。显然，这类吸附剂仅仅适用于除去微量组分，例如百万分之几的含量。吸附负荷过高，吸附剂更换过于频繁，在经济上是不合理的。不可逆吸附剂的应用如表 7-7 所示。

表 7-7 各种不可逆吸附剂脱除杂质一览表

吸附剂类型	杂　质	吸附剂类型	杂　质
含硫化合物	H_2S、COS、SO_2、有机硫化物	含氮化合物	NO_x、HCN、NH_3、有机氮化物
卤化物	HF、HCl、Cl_2、有机氯	不饱和烃类	烯烃、二烯烃、乙炔
有机金属化合物	AsH_3、As(CH_3)$_3$	供氧体	O_2、H_2O、甲醇、羰基化合物、有机酸
汞和汞化物	金属羰基化物	H_2、CO、CO_2	

生物吸附剂是另一类反应吸附剂。它首先吸附诸如有机分子等物质，然后将它们氧化成 CO_2、H_2O，若原始分子中除 C、H 和 O 外尚有其他原子，则也氧化成另外物质。实际上，在处理城市和工业废水的生化处理池中，生物质就可认为是生物吸附剂。这些生物质也能固定于多孔或高比表面的支撑体上，例如木质或小球，然后用作反应吸附剂处理含有机物质的气体。

吸附树脂也是一类令人关注的吸附剂。用于从废气中脱除有机物质，例如从空气流中脱除丙酮。这些树脂通常是苯乙烯-二乙烯苯的共聚物，并可引入其他官能团赋予树脂某些吸附特性，在这方面类似于离子交换树脂。大孔网状结构的树脂，其比表面积接近于无机吸附剂，是吸附性能优良的高分子聚合物吸附剂。

亲和吸附剂是具有极高选择性的吸附剂，用于从复杂的有机分子混合物中回收特殊的生物质或有机分子。该吸附剂的活性中心与吸附质分子几个中心进行可逆反应。之所以具有高选择性是因为吸附剂的活性中心与被吸附分子的活性点必须在几何上排成一条线。亲和吸附剂价格很贵，仅用于回收极昂贵的医药和生物质的情况。

 能力提升

7.3　吸附过程动力学

7.3.1　吸附平衡

在一定温度和压力下，当流体(气体或液体)与固体吸附剂经长时间充分接触后，流体

吸附质被固体吸附剂吸附，吸附质在两相中的浓度不再发生变化，称为吸附平衡。

在相同的条件下，若流体中吸附质的浓度高于平衡浓度，则吸附质继续被吸附；反之，若流体中吸附质的浓度低于平衡浓度，则吸附剂上的吸附质发生脱附，最终达到新的平衡。由此可见，吸附平衡关系决定了吸附过程的方向和限度，这是吸附过程的基本依据。

7.3.1.1 气体吸附平衡

（1）单组分气体吸附平衡

1）Langmuir 吸附等温方程

Langmuir 基于以下假设：吸附剂表面各处的吸附能力是均匀的，各吸附位具有相同的能量；每个吸附中心只能吸附一个分子（单分子层吸附）；吸附的分子间不发生相互作用，也不影响分子的吸附作用；吸附活化能与脱附活化能与表面吸附程度无关。

据此推导出了吸附剂 S 的吸附率 θ_A 与吸附质 A 的分压 p_A 之间的关系：

$$\theta_A = \frac{kp_A}{1+kp_A} \tag{7-1}$$

式中　θ_A——A 单分子层吸附分率；

p_A——吸附剂质 A 在气体混合物中的分压；

k——Langmuir 平衡常数，与温度有关。

2）焦姆金（Темкии）吸附模型

该模型认为，吸附活化能 E_a 与脱附活化能 E_d 与覆盖度 θ 的关系如下：

$$E_a = E_a^0 + \alpha\theta$$
$$E_d = E_d^0 - \beta\theta$$

吸附热：

$$q = E_d - E_a = (E_d^0 - E_a^0) - (\alpha+\beta)\theta = q^0 - (\alpha+\beta)\theta \tag{7-2}$$

此时，吸附和脱附速率方程为：

$$r_a = k_a p_A \exp(-\alpha\theta_A/RT)$$
$$r_d = k_d \exp(\beta\theta_A/RT)$$

吸附达到平衡时：$r = r_a - r_d$

则：

$$\theta_A = \frac{RT}{\alpha+\beta}\ln(K_A p_A) \tag{7-3}$$

式中：$K_A = k_a/k_d$。

式（7-3）为焦姆金吸附等温式。主要适用于中等覆盖度的情况。

3）弗鲁德里希（Freundlich）吸附模型

该模型认为，吸附活化能 E_a 与脱附活化能 E_d 与覆盖度的关系如下：

$$E_a = E_a^0 + \mu\ln\theta$$
$$E_d = E_d^0 - \gamma\ln\theta$$

吸附热为：

$$q = E_d - E_a = (E_d^0 - E_a^0) - (\gamma+\mu)\ln\theta = q^0 - (\gamma+\mu)\ln\theta$$

推导得吸附方程式为：

$$\theta_A = K_A p_A^{(\mu+\lambda)/RT} = K_A p_A^{1/n} \tag{7-4}$$

（2）物理吸附量

根据式(7-1)、式(7-3)、式(7-4)可以计算出物理吸附量的大小：

$$q = q_m \theta_A \tag{7-5}$$

式中　q、q_m——吸附剂 S 的吸附容量和单分子层最大吸附容量。

7.3.1.2　液体吸附平衡

液体吸附的机理比气体复杂，除温度和溶质浓度外，吸附剂对溶剂和溶质的吸附、溶质的溶解度和离子化、各种溶质之间的相互作用以及共吸附现象等都会不同程度地影响溶质的吸附。以活性炭对有机化合物水溶液的吸附特性为例，可归纳出以下规律：

① 同族的有机化合物，相对分子质量越大，吸附量越大；

② 相对分子质量相同的有机化合物，芳香族化合物比脂肪族化合物容易吸附；

③ 直链化合物比侧链化合物容易吸附；

④ 溶解度越小，疏水性越强，越容易吸附；

⑤ 被其他基团置换的位置不同的异构体，吸附性能也不相同。

当使用硅胶作吸附剂时，硅胶呈极性，此时吸附剂对非极性溶剂所形成溶液的吸附性能与用活性炭为吸附剂的情况相反。

当溶液浓度较低的时候，溶剂的吸附作用可以忽略不计，Langmuir 方程和 Freundlich 方程适用分压 p_A 用浓度 c_A 代替。

吸附剂吸附液体不能直接测定总吸附量，所以吸附剂的吸附量常用吸附质的表观吸附量表示，即：

$$q_A = \frac{n(x_A - x_A^*)}{s} \tag{7-6}$$

式中　q_A——吸附质 A 的表观吸附量；

n——二元溶液的总量；

s——吸附剂质量；

x_A——二元溶液中溶质 A 的摩尔分数；

x_A^*——达到吸附平衡后二元溶液中溶质 A 的摩尔分数。

该式由溶质 A 的物料衡算得到，并假设溶剂不被吸附，忽略液体混合物总物质的量的变化。

7.3.2　吸附动力学和传递过程

7.3.2.1　吸附机理

吸附质在吸附剂的多孔表面上被吸附过程如图 7-4 所示，分为下列四步：

① 吸附质 A 从流体主体通过分子扩散与对流扩散穿过薄膜或边界层传递到吸附剂的外表面，称为外扩散过程；

② 吸附质 A 通过孔扩散从吸附剂的外表面传递到微孔结构的内表面，称为内扩散过程；

③ 吸附质 A 在吸附剂的孔表面扩散；

④ 吸附质 A 被吸附在孔表面上。

对于化学吸附，吸附质与吸附剂间有化学键的形成，第④步可能较慢，是控制步骤。

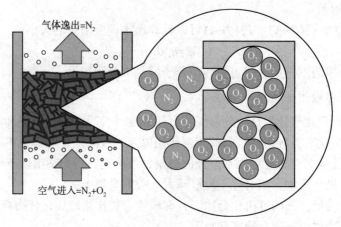

图 7-4　吸附机理

7.3.2.2　吸附的传质速率方程

根据以上机理，吸附速率方程可以分别用外扩散、内扩散或总传质速率方程表示。

（1）外扩散传质过程

吸附质 A 从流体主体对流扩散到吸附剂颗粒外表面的传质速率方程为：

$$\frac{\mathrm{d}q_{A}}{\mathrm{d}t} = k_{c}S(c_{b,A} - c_{s,A}) \tag{7-7}$$

式中　q_{A}——单位吸附剂上吸附质 A 的吸附量，kg/kg；

　　$\mathrm{d}q_{A}/\mathrm{d}t$——吸附质 A 的吸附速率，kg/(kg·s)；

　　　k_{c}——流体相侧的传质系数，m/s；

　　S——单位吸附剂的传质外表面积，m^{2}/kg；

$c_{b,A}$、$c_{s,A}$——流动相主体和吸附剂表面上吸附质 A 的浓度，kg/m^{3}。

（2）内扩散传质过程

由于微孔贯穿颗粒内部，吸附质从颗粒外表面的孔口到内表面吸着处的路径不同，所以吸附质的内部传质是一个逐步渗入的过程。通常，吸附质在微孔中的扩散有两种形式，即沿孔截面的扩散和沿孔表面的扩散。前者根据孔径和吸附质分子平均自由程之间大小关系又有三种情况，包括分子扩散、努森扩散和介于两者之间的扩散。微孔内表面存在吸附质，且沿微孔存在浓度梯度，吸附质沿孔表面向微孔内部扩散，称为表面扩散。按照内扩散机理进行内扩散速率的计算比较困难，通常把内扩散过程简化处理成从外表面向颗粒内的传质过程，而传质速率用下列方程表示：

$$\frac{\mathrm{d}q_{A}}{\mathrm{d}t} = k_{s}S(q_{s,A} - q_{A}) \tag{7-8}$$

式中　q_{A}——单位吸附剂上吸附质 A 的吸附量，kg/kg；

　　$\mathrm{d}q_{A}/\mathrm{d}t$——吸附质 A 的吸附速率，kg/(kg·s)；

　　　k_{s}——吸附剂固体相侧的传质系数，m/s；

　　　S——单位吸附剂的传质外表面积，m^{2}/kg；

　　$q_{s,A}$——吸附剂外表面上吸附质 A 吸附量，kg/kg。

（3）总传质速率方程

实际上，吸附剂外表面处的浓度 $c_{s,A}$、$q_{s,A}$ 无法测定，因此通常按拟稳态处理，将吸附速率用总传质方程表示为：

$$\frac{\mathrm{d}q}{\mathrm{d}t} = K_c S(c - c^*) = K_s S(q^* - q) \tag{7-9}$$

式中　c^*——平衡时流动相中吸附质的浓度，kg/m^3；

$\quad\quad q^*$——平衡时单位吸附剂上吸附质的吸附量，kg/kg；

$\quad\quad K_c$——以 $\Delta c = (c - c^*)$ 表示的总传质系数，m/s；

$\quad\quad K_s$——以 $\Delta q = (q^* - q)$ 表示的总传质系数，m/s；

$\quad\quad S$——单位吸附剂的传质外表面积，m^2/kg；

$\quad\quad q_{s,A}$——吸附剂外表面上吸附质 A 吸附量，kg/kg。

对于稳态过程从流体传递到吸附剂外表面的速率应等于从吸附剂外表面传递到吸附剂内部的速率，所以有：

$$\frac{\mathrm{d}q}{\mathrm{d}t} = K_c S(c - c^*) = K_s S(q^* - q) = k_c S(c_{b,A} - c_{s,A}) = k_s S(q_{s,A} - q_A) \tag{7-10}$$

如果在操作浓度的范围内吸附平衡为直线，则有：

$$(q - q_0) = m(c - c_0) \tag{7-11}$$

式中　q_0、c_0——实验基准点对应的吸附量和吸附浓度；

$\quad\quad m$——吸附过程相平衡常数。

由此可得：

$$\frac{1}{K_c} = \frac{1}{k_c} + \frac{1}{mk_s} \tag{7-12}$$

$$\frac{1}{K_s} = \frac{m}{k_c} + \frac{1}{k_s} \tag{7-13}$$

当过程为外扩散控制时，$K_c \approx k_c$；过程为内扩散控制时，$K_s \approx k_s$。

7.4　吸附分离工艺

吸附分离工艺过程通常由两个主要部分构成：首先使流体与吸附剂接触，吸附质被吸附剂吸附后，与流体中不被吸附的组分分离，此过程为吸附操作；然后将吸附质从吸附剂中脱附，并使吸附剂重新获得吸附能力，这一过程为吸附剂的再生操作。若吸附剂不需再生，这一过程改为吸附剂的更新。本节介绍工业常用的吸附分离工艺。

7.4.1　固定床吸附

固定床吸附采用的是固定床吸附器。固定床吸附器多为圆柱形立式设备，吸附剂颗粒均匀地堆放在多孔支撑板上，成为固定吸附剂床层。流体自上而下或自下而上通过吸附剂床层进行吸附分离。固定床吸附操作再生时可用产品的一部分作为再生用气体，根据过程的具体情况，也可以用其他介质再生。例如用活性炭去除空气中的有机溶剂蒸气时，常用水蒸气再生。再生气冷凝为液体再分离。

7.4.1.1 工作原理

（1）吸附过程

如图7-5所示，吸附质初始浓度为c_0的流体连续流经装有吸附剂的床层。一段时间后，部分床层中吸附剂达到吸附平衡，失去吸附能力，而部分床层则建立了浓度分布，即形成吸附波。随着时间的推移，吸附波向床层出口方向移动，并在某一时间t_i，床层出口端的流出物中出现吸附质。当时间达到t_b时，流出物中吸附质的浓度达到允许的最大浓度c_b，此点称为吸附质的穿透点，而达到穿透点的时间t_b称为透过时间，c_b为穿透点浓度。当吸附过程继续进行时，吸附波逐渐移动到床层出口；当时间为t_e时，床层吸附剂全部达到吸附平衡，吸附剂失去吸附能力，必须再生或进行更换。从t_i到t_e的时间周期与床层中吸附区或传质区的长度相对应，它与吸附过程的机理有关。

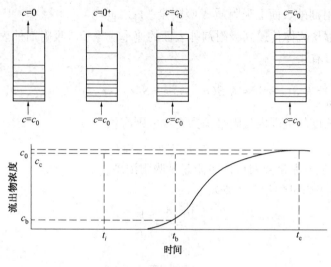

图7-5　吸附透过曲线

（2）透过曲线

图7-4中的曲线称为吸附透过曲线。该曲线易于测定，因此常用来反映床层内吸附负荷曲线的形状，而且可以较准确地求出穿透点。影响透过曲线的因素很多，有吸附剂与吸附质的性质，有温度、压力、浓度、pH值、移动相流速、流速分布等参数，还有设备尺寸大小、吸附剂装填方法等。

7.4.1.2 固定床吸附流程

（1）双固定床(1吸附+1再生)流程

为使吸附操作连续进行，至少需要两个吸附器循环使用。如图7-6所示，A、B两个吸附器，A进行吸附，B进行再生。当A达到穿透点时，B再生完毕，进入下一个周期，即B进行吸附，A进行再生，如此循环进行连续操作。

（2）三固定床(2吸附+1再生)流程

1）串联操作流程

如果体系吸附速率较慢，采用上述的双固定床流程时，流体只在一个吸附器中进行吸附，达到穿透点时，很大一部分吸附剂未达到饱和，利用率较低。这种情况宜采用两个或两个以上吸附器串联使用，构成图7-7所示的串联流程，图示为两个吸附器串联使用的流程，流体先进入 A，再进入 B 进行吸附，C 进行再生，当从 B 流出的流体达到破点(穿透点)时，则 A 转入再生，C 转入吸附，此时流体先进入 B 再进入 C 进行吸附，如此循环往复。

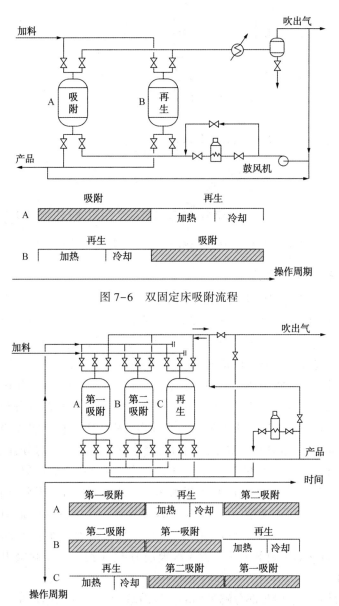

图 7-6　双固定床吸附流程

图 7-7　三固定床(2 吸附+1 再生)串联吸附流程

2) 并联流程

当处理的流体量很大时，往往需要很大的吸附器，此时可以采用几个吸附器并联使用的流程，如图 7-8 所示，图中 A、B 并联吸附，C 进行再生；下一个阶段是 A 再生，B、C 并联吸附；再下一个阶段是 A、C 并联吸附，B 再生，依此类推。

固定床吸附器最大的优点是结构简单，造价低，吸附剂磨损少，应用广泛。缺点是间歇操作，操作必须周期性变换，因而操作复杂，设备庞大。适用于小型、分散、间歇性的污染源治理。

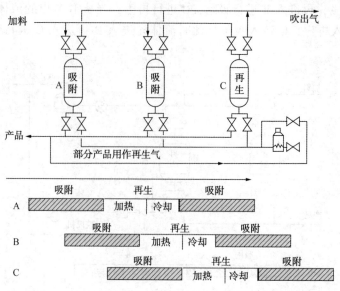

图 7-8　三固定床(2吸附+1再生)并联吸附-脱附流程

7.4.1.3　模拟移动床吸附

模拟移动床是目前液体吸附分离中广泛采用的工艺设备。模拟移动床吸附分离的基本原理与移动床相似。图 7-9 所示为液相移动床吸附塔的工作原理。设料液只含 A、B 两个组分，用固体吸附剂和液体解吸剂 D 来分离料液。固体吸附剂在塔内自上而下移动，至塔底出去后，经塔外提升器提升至塔顶循环入塔。液体用循环泵压送，自下而上流动，与固体吸附剂逆流接触。整个吸附塔按不同物料的进出口位置，分成四个作用不同的区域：ab 段为 A 吸附区，bc 段为 B 解吸区，cd 段为 A 解吸区，da 段为 D 的部分解吸区。被吸附剂所吸附的物料称为吸附相，塔内未被吸附的液体物料称为吸余相。在 A 吸附区，向下移动的吸附剂把进料 A+B 液体中的 A 吸附，同时把吸附剂内已吸附的部分解吸剂 D 置换出来，在该区顶部将进料中的组分 B 和解吸剂 D 构成的吸余液 B+D 部分循环，部分排出。在 B 解吸区，从此区顶部下降的含 A+B+D 的吸附剂，与从此区底部上升的含有 A+D 的液体物料接触，因 A 比 B 有更强的吸附力，故 B 被解吸出来，下降的吸附剂中只含有 A+D。A 解吸区的作用是将 A 全部从吸附剂表面解吸出来。解吸剂 D 自此区底部进入塔内，与本区顶部下降的含 A+D 的吸附剂逆流接触，解吸剂 D 把 A 组分完全解吸出来，从该区顶部放出吸余液 A+D。

D 解吸区的目的在于回收部分解吸剂 D，从而减少解吸剂的循环量。从本区顶部下降的只含有 D 的吸附剂与从塔顶循环返回塔底的液体物料 B+D 逆流接触，按吸附平衡关系，B 组分被吸附剂吸附，而使吸附相中的 D 被部分地置换出来。此时吸附相只有 B+D，而从此区顶部出去的吸余相基本上是 D。

图 7-10 所示为用于吸附分离的模拟移动床操作示意，固体吸附剂在床层内固定不动，而通过旋转阀的控制将各段相应的溶液进出口连续地向上移动，这种情况与进出口位置不动，保持固体吸附剂自上而下地移动的结果是一样的。在实际操作中，塔上一般开 24 个等距离的口，同接于一个 24 通旋转阀上，在同一时间旋转阀接通 4 个口，其余均封闭。如图中 6、12、18、24 四个口分别接通吸余液 B+D 出口、原料液 A+B 进口、吸取液 A+D

出口、解吸剂 D 进口，经一定时间后，旋转阀向前旋转，则出口又变为 5、11、17、23，依此类推，当进出口升到 1 后又转回到 24，循环操作。

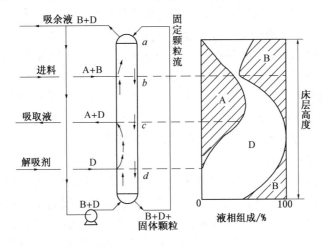

图 7-9　移动床吸附原理示意图

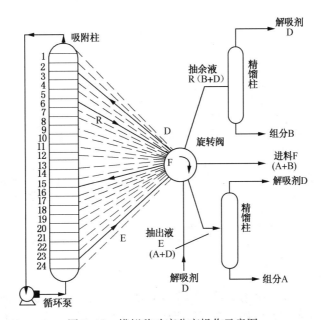

图 7-10　模拟移动床分离操作示意图

模拟移动床的优点是处理量大、可连续操作，吸附剂用量少，仅为固定床的 4%。但要选择合适的解吸剂，对转换物流方向的旋转间要求高。

7.4.1.4　变压吸附

变压吸附分离过程也是一种循环过程。它是以压力为热力学参数，在等温条件下借吸附量随压力的变化特性而实现的吸附分离过程。

（1）操作原理

如图 7-11 所示，如果吸附和解吸过程中床层温度维持 T_1，在吸附压力和解吸压力下吸附质的分压分别为 P_A 和 P_B，则在 A、B 两点吸附量之差 $\Delta q = q_A - q_B$ 为每经加压吸附和减压解吸循环的吸附质的分离量。如果要使吸附和解吸过程吸附剂吸附量之差增加，可以同时采用减压和加热方法进行解吸再生，沿 AD 线两端的吸附容量差值 $\Delta q = q_A - q_D$，该情况为联合解吸。在实际的变压吸附分离操作中，吸附质的吸附热都较大。伴随吸附过程放热使床层升温，操作点由 A 移至 E。解吸过程吸热使床层降温，操作点为 F，故吸附循环沿 EF 线进行，一次循环的吸附质分离量为 $\Delta q = q_E - q_F$。因此，欲提高变压吸附的处理能力，除提高吸附剂的选择性之外，其吸附等温线的斜率变化也要显著，并尽可能加大操作压力的变化，以增加吸附量的变化值。为此，可采用升压吸附或真空解吸的方法操作。一般优惠吸附等温线的低压端，曲线较为陡峭，所以，在真空下解吸或用非吸附性气体解吸和吹扫床层，都可以较大程度地提高变压吸附过程的吸附量。

（2）变压吸附的工业流程

最简单的变压吸附和变真空吸附是在两个并联的固定床中实现的。如图 7-12 所示，与变温吸附不同，它不用加热变温的方式，而是靠消耗机械功提高压力或造成真空完成吸附分离循环。一个吸附床在某压力下吸附，而另一个吸附床在较低压力下解吸。变压吸附只能用于气体吸附，因为压力的变化几乎不影响液体吸附平衡。变压吸附可用于空气干燥、气体脱除杂质和污染物以及气体的主体分离等。

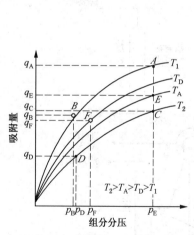

图 7-11　吸附量与组分分压

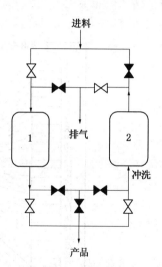

图 7-12　变压吸附循环

具有两个固定床的变压吸附循环如图 7-13 所示，称为 Skarstrom 循环。每个床在两个等时间间隔的半循环中交替操作：充压后吸附；放压后吹扫。实际上分四个步骤进行。

原料气用于充压，流出产品气体的一部分用于吹扫。在图 7-13 中 1 床进行吸附，离开 1 床的部分气体返至 2 床吹扫用，吹扫方向与吸附方向相反。从图 7-13 可看出，吸附和吹扫阶段所用的时间小于整个循环时间的 50%。在变压吸附的很多工业应用中，这两步耗用的时间占整个循环中较大的比例，因为充压和放压进行很快。所以变压吸附和真空吸附的循环周期很短，一般为数秒至数分钟。因此，小的床层能达到相当高的生产能力。

在上述变压吸附基本循环方式的基础上已提出了很多改进，其目的是为了提高产品纯度、回收率、吸附剂的生产能力和能量的效率等。可归纳为以下几方面：①采用三、四台或多台吸附床；②增加均压阶段，吹扫结束后的床与吸附后的另一个床均压；③增加预处理或保护床，脱除影响分离任务的强吸附性杂质；④采用强吸附气体作为吹扫气；⑤缩短循环周期。过长的循环周期会引起床层在吸附阶段升温和在解吸阶段降温，这都是不希望的。图 7-14 和图 7-15 为四床 PSA 系统流程和操作。

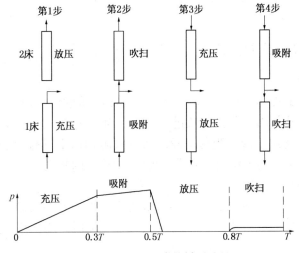

图 7-13　变压吸附的循环过程

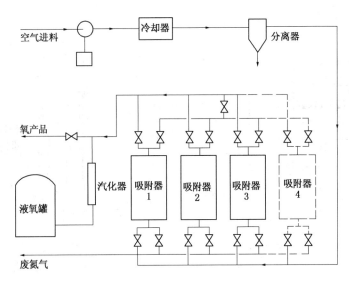

图 7-14　三床或四床 PSA 分离空气流程图

位号												
1	ADS		EQ1 ↑	CD ↓	EQ2 ↓	CD ↓	PUR ↓	EQ2 ↑	EQ1 ↑	R ↑		
2	CD ↓	PUR ↓	EQ2 ↑	EQ1 ↑	R	ADS			EQ1 ↑	CD ↓	EQ2 ↓	
3	EQ1 ↓	CD ↓	EQ2 ↓	CD ↑	PUR ↑	EQ2 ↑	EQ1 ↑	R	ADS			
4	EQ1 ↓	R ↑	ADS			EQ1 ↑	CD ↑	EQ2 ↑	CD ↓	PUR ↓	EQ2 ↑	

图 7-15　四床 PSA 单元循环操作图

EQ—均压；CD—并流或逆流降压；R—升压；↑—并流；↓—逆流；ADS—吸附；PUR—清洗

变压吸附和变真空吸附分离受吸附平衡或吸附动力学的控制。这两种类型的控制在工业上都是重要的。例如，以沸石为吸附剂分离空气，吸附平衡是控制因素。氮比氧和氩吸附性能更强。从含氩1%的空气中能生产纯度大约96%的氧气。当使用炭分子筛作为吸附剂时，氧和氮的吸附等温线几乎相同，但是氧比氮的有效扩散系数大得多，因此可生产出纯度 > 99%的氧气产品。

7.4.2 其他吸附分离方法

（1）流化床吸附

流化床吸附器内的操作如图7-16所示，含有吸附质的流体以较高的速度通过床层，使吸附剂呈流态化。流体由吸附段下端进入，自下而上流动，净化后的流体由上部排出，吸附剂由上端进入，逐层下降，吸附了吸附质的吸附剂由下部排出进入再生段。在再生段，用加热吸附剂或用其他方法使吸附质解吸(图中使用的是气体置换与吹脱)，再生后的吸附剂返回到吸附段循环使用。

流化床吸附的优点是能连续操作，处理能力大，设备紧凑。缺点是构造复杂，能耗高，吸附剂和容器磨损严重。图7-17所示为连续流化床吸附工艺流程。

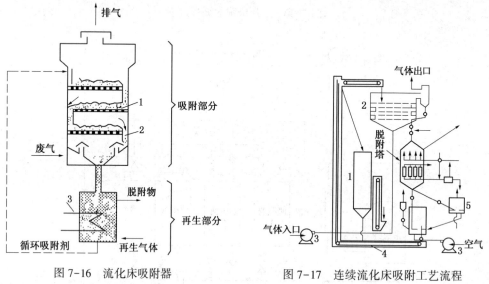

图7-16　流化床吸附器
1—塔板；2—溢流堰；3—加热器

图7-17　连续流化床吸附工艺流程
1—料斗；2—多层流化床吸附器；3—风机；
4—皮带传送机；5—再生塔

（2）蜂窝转轮吸附

蜂窝转轮吸附器是利用纤维活性炭吸附、解吸速度快的特点，用一层波纹纸和一层平纸卷制成的。转轮以0.05~0.1r/min的速度缓慢转动，废气沿轴向通过。转轮的大部分供吸附用，一小部分供解吸用。吸附区内废气以3m/s的速度通过蜂窝通道，解吸区内反向通入热空气解吸，解吸出的是较高浓度的气体。通过这样的装置使废气得到较大程度的浓缩，浓缩后的废气再进行催化燃烧，燃烧产生的热空气又去进行解吸，如图7-18所示。蜂窝转轮吸附器能连续操作，设备紧凑，节省能量。适于处理大气量、低浓度的有机废气。

（3）回转床吸附

如图7-19所示，回转吸附器结构为回转床圆鼓上按径向以放射状分成若干吸附室，各室均装满吸附剂，吸附床层做成环状，通过回转连续进行吸附和解吸。吸附时，待净化废气从鼓外环室进入各吸附室，净化后的气体从鼓心引出。再生时，吹扫蒸汽自鼓心引入吸附室，将吸附质吹扫出去。回转床解决了吸附剂的磨损问题，且结构紧凑，使用方便，但各工作区之间的串气较难避免。

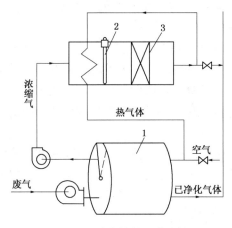

图 7-18　蜂窝转轮吸附流程

1—吸附转轮；2—电加热器；3—催化床层

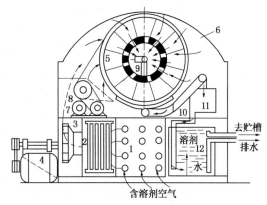

图 7-19　回转床吸附器

1—过滤器；2—冷却器；3—风机；4—电动机；
5—吸附转筒；6—外壳；7—转筒电机；
8—减速传动装置；9—水蒸气入口管；
10—脱附器出口管；11—冷凝冷却器；12—分离器

（4）参数泵

参数泵是利用两组分在流体相与吸附剂相分配不同的性质，循环变更热力学参数(如温度、压力等)，使组分交替地吸附、解吸，同时配合流体上下交替地同步运动，使两组分分别在吸附柱的两端浓集，从而实现两组分的分离。

如图 7-20 所示是以温度为变更参数的参数泵原理示意。吸附器内装有吸附剂，进料为含组分 A、B 的混合液，对于所选用的吸附剂，A 为易吸附组分，B 为难吸附组分。吸附器的顶端与底端各与一个泵(包括储槽)相连，吸附器外夹套与温度调节系统相连接。

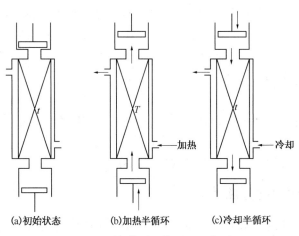

(a)初始状态　　(b)加热半循环　　(c)冷却半循环

图 7-20　参数泵工作原理示意图

参数泵每一循环分为前后两部分，即加热阶段和冷却阶段，吸附床温度分别为 T、t，流动方向分别向上和向下。当循环开始时，如图 7-20(a) 所示，床层内两相在较低的温度 t 下平衡，流动相中吸附质 A 的浓度与底部储槽内溶液的浓度相同。第一个循环的加热阶段，如图 7-20(b) 所示，床层温度加热到 T，流体由底部泵输送自下而上流动，A 由吸附剂中向流体相转移，结果是从床层顶端流入到顶端储槽内的溶液中 A 的浓度比原来提高，而床层底端的溶液浓度仍为原底部储槽内的溶液浓度。

加热阶段终了，改变流体流动方向，同时改变床层温度为较低的温度 t，开始进入冷却阶段，如图 9-20(c) 所示，流体由顶部泵输送自上而下流动，由于吸附剂在低温下的吸附容量大于它在高温下的吸附容量，因此吸附质 A 由流体相向吸附剂中转移，吸附剂上 A 的浓度增加，相应地在流体相中 A 的浓度降低，这样从床层底端流入到底部储槽内的溶液中 A 的浓度低于原来在此槽内的溶液浓度。

接着开始第二个循环，在加热阶段中，在较高床层温度的条件下，A 由吸附剂中向流体相转移，这样从床层顶端流入到顶端储槽内的溶液 A 的浓度要高于在第一个循环加热阶段中收集到的溶液的浓度，在冷却阶段中，溶液中 A 的浓度进一步降低。如此循环往复，组分 A 在顶部储槽内不断增浓，相应的组分 B 在底部储槽内不断增浓。

由于温度和流体流向的交替同步变化，使组分 A 流向柱顶，组分 B 流向柱底，如同一个泵推动它们分别作定向流动。参数泵的优点是可以达到很高的分离程度。参数泵目前尚处于实验研究阶段，理论研究已比较成熟，但在实际应用中还有许多技术上的困难。它比较适用于处理量较小和难分离的混合物的分离。

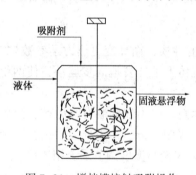

图 7-21　搅拌槽接触吸附操作

（5）搅拌槽接触吸附

如图 7-21 所示，将料液与吸附剂加入搅拌槽中，通过搅拌使固体吸附剂悬浮与液体均匀接触，液体中的吸附质被吸附。为使液体与吸附剂充分接触，增大接触面积，要求使用细颗粒的吸附剂，通常粒径应小于 1mm，同时要有良好的搅拌。这种操作主要应用于除去污水中的少量溶解性的大分子，如带色物质等。由于被吸附的吸附质多为大分子物质，解吸困难，故用过的吸附剂一般不再生而是弃去。搅拌槽接触吸附多为间歇操作，有时也可连续操作。

7.5　吸附过程计算

根据分离物系的性质和过程的分离要求（如纯度、回收率、能耗等），确定适宜的吸收剂和解吸剂，并选择不同的吸附分离工艺和设备。

下面重点介绍两种吸附设备上的吸附分离计算。

7.5.1　搅拌槽吸附分离计算

搅拌槽常用于液体的吸附分离。将要处理的液体与固体吸附剂（粉末或颗粒状）加入搅拌槽中，在良好的搅拌下，固液形成悬浮液，在固液充分接触中吸附质被吸附。由于搅拌作用和采用了小颗粒吸附，减小了吸附的外扩散阻力，因此吸附速率快。

搅拌槽吸附多用于液体的精制，例如脱水、脱色、脱臭等。搅拌槽吸附过程的设计主要是确定吸附剂用量和吸附操作时间。

（1）单级吸附操作

单级操作的流程示意图见图7-22。设原溶剂量为L_0kg，其中吸附质含量为$y_0$kg 吸附质/kg 溶剂；吸附剂量为S_0kg，吸附剂中吸附质的初始含量为$x_0$kg 吸附质/kg 吸附剂，两者同时进入吸附槽，任意时刻，吸附质在两相中的组成为x，y（质量分数）。对吸附质作物料平衡为：

$$L_0(y_0-y) = S_0(x-x_0) \tag{7-14}$$

此即过程的操作线方程。

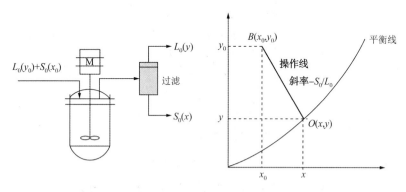

图7-22 溶液单级吸附过程

如果平衡关系可以用 Freundlich 式表示，对于低浓度液体的液相吸附，可用浓度代替压力，则：

$$x = Ky^{\frac{1}{n}} \tag{7-15}$$

若令 $m = \left(\dfrac{1}{K}\right)^n$，则：

$$y = mx^n \tag{7-16}$$

若$x_0=0$ 时，由式（7-14）得：
$$\frac{S}{L} = \frac{y_0-y}{x} = \frac{y_0-y}{\left(\dfrac{y}{m}\right)^{\frac{1}{n}}} \tag{7-17}$$

由式（7-17）可以确定为获得一定的吸收率所需的吸附剂用量。

（2）多级逆流操作

采用多级逆流操作可以进一步节省吸附剂用量。图7-23 所示为多级逆流吸附的流程与操作关系。假如吸附剂不夹带溶液，以第1～n级为系统作吸附质的物料衡算，得多级逆流的操作线方程为：

对全系统对吸附质做物料衡算得：

$$L(y_0-y_N) = S(x_1-x_{N+1}) \tag{7-18}$$

在式（7-18）中，y_0、y_N、x_1、x_{N+1} 根据工艺要求是已知的，溶液处理量L也已知，因此可以求出吸附剂用量S；通过作图法可以求出逆流操作级数N，也可以通过迭代法求出级数N。

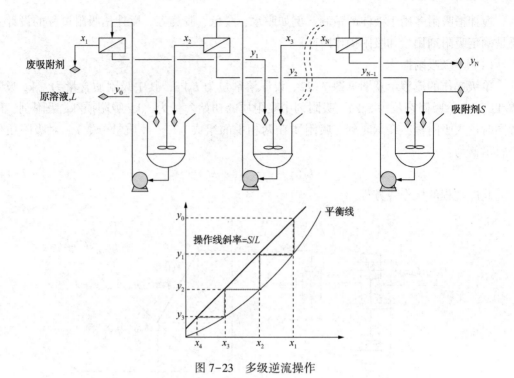

图 7-23　多级逆流操作

【例 7-1】　某产品的水溶液还有少量色素，拟用活性炭吸收除去(活性炭几乎被产品吸附)；色素吸附平衡实验获得相关数据如例 7-1 附表 1 所示。表中色度可视为浓度，要求吸附后色度降到原始含量的 10%，计算分别采用(1)单级吸附；(2)二级逆流吸附时每处理 1000kg 溶液所需活性炭的量。

例题 7-1 附表 1

吸附剂用量/(kg 活性炭/kg 溶液)	0	0.001	0.004	0.008	0.02	0.04
平衡时溶液的色度	9.6	8.1	6.3	4.3	1.7	0.7

解：令 y 表示每 kg 溶液所含色素单位，吸附平衡时每 kg 活性炭上的色素含量为 x：

$$x_i = \frac{y_0 - y_i}{\text{活性炭量}}$$

例题 7-1 附表 2　线性回归法

吸附剂用量/(kg 活性炭/kg 溶液)	0	0.001	0.004	0.008	0.02	0.04
平衡时溶液的色度 y_i	9.6	8.1	6.3	4.3	1.7	0.7
吸附剂上色素含量 x_i	—	1500	825	662.5	395	222.5

设 $y = mx^n$，则 $\ln y = n\ln x + \ln m$，令 $M = (\ln y - n\ln x - \ln m)^2$

$$\frac{\partial M}{\partial n} = -2\sum_{i=1}^{5}(\ln y_i \ln x_i - n(\ln x_i)^2 - \ln x_i \ln m) = 0 \Rightarrow \sum_{i=1}^{5}(\ln y_i \ln x_i - n(\ln x_i)^2 - \ln x_i \ln m) = 0$$

$$\frac{\partial M}{\partial m} = -2\sum_{i=1}^{5}(\ln y_i - n\ln x_i - \ln m)/m = 0 \Rightarrow \sum_{i=1}^{5}(\ln y_i - n\ln x_i - \ln m) = 0$$

$\ln y$	2.092	1.841	1.459	0.531	-0.357	5.565
$\ln x$	7.313	6.715	6.496	5.979	5.405	31.908
$\ln y * \ln x$	15.298	12.360	9.475	3.173	-1.928	38.378
$(\ln x)^2$	53.483	45.096	42.198	35.747	29.213	205.738

线性回归得，$m = 0.00527$，$n = 0.996$

所以 Freundlich 吸附平衡关系为：$y = 0.00527x^{0.996}$

（1）单级吸附时，$y_0 = 9.6$，$y_1 = 10\%$，$y_0 = 0.96$

由式（7-17）得：

$$S = \frac{(y_0 - y_1)L}{\left(\frac{y_1}{m}\right)^{\frac{1}{n}}} = \frac{(9.6 - 0.96) \times 1000}{\left(\frac{0.96}{0.00527}\right)^{\frac{1}{0.996}}} = 46.449 \text{kg 活性炭}$$

（2）二级逆流吸附时，由式（7-18）得系统中溶质的物料衡算为：

$$L(y_0 - y_2) = S(x_1 - x_{N+1}) \tag{1}$$

对第二釜做溶质的物料衡算：$L(y_1 - y_2) = S(x_2 - x_{N+1})$ (2)

其中 $x_{N+1} = 0$，式（1）和式（2）相比得：$\dfrac{y_0 - y_2}{y_1 - y_2} = \dfrac{x_1}{x_2}$ (3)

由平衡关系，代入式（3）得：$\dfrac{y_0 - y_2}{y_1 - y_2} = \dfrac{x_1}{x_2} = \dfrac{\left(\dfrac{y_1}{m}\right)^{\frac{1}{n}}}{\left(\dfrac{y_2}{m}\right)^{\frac{1}{n}}}$ (4)

$y_0 = 9.6$，要求 $y_2 = 10\%$，$y_0 = 0.96$，代入式（4）得 $y_1 = 3.400$

所以：$S = \dfrac{(y_0 - y_2)L}{\left(\dfrac{y_1}{m}\right)^{\frac{1}{n}}} = \dfrac{(9.6 - 0.96) \times 1000}{\left(\dfrac{3.40}{0.00527}\right)^{\frac{1}{0.996}}} = 13.05 \text{kg 活性炭}$

7.5.2 固定床吸附分离计算

7.5.2.1 固定床吸附器的吸附过程

在固定床吸附器的吸附操作中，一般是混合气体从床层的一端进入，净化了的气体从床层的另一端排出。因此，首先吸附饱和的应是靠近进气口一端的吸附剂床层。随着吸附的进行，整个床层会逐渐被吸附质饱和，床层末端流出吸附质，此时吸附应该停止，完成了一个吸附过程。为了描述吸附过程，提出了以下概念。

（1）吸附负荷曲线与透过曲线

1）吸附负荷曲线

在实际操作中，对于一个固定床吸附器，气体以等速进入床层，气体中的吸附质就会按某种规律被吸附剂所吸附。吸附一定时间后，吸附质在吸附剂上就会有一定的浓度，我们把这一定的浓度称为该时刻的吸附负荷。如果把这一瞬间床层内不同截面上的吸附负荷对床层的长度(高度)作一条曲线,即得吸附负荷曲线。也就是说,吸附负荷曲线是吸附床层内吸附质浓度 x 随床层长度 z 变化的曲线。

实际操作中吸附负荷曲线如图 7-24 所示。图中把曲线分成了三个区域:饱和区(所有吸附剂已经达到了饱和)、传质区(有一部分吸附剂还正在吸附)和未用区(所有吸附剂上均未有吸附质)。如果经过一段时间的吸附,绘制另一时刻的吸附负荷曲线时,会发现曲线前进到了Ⅱ线的位置,所以我们又形象地把吸附负荷曲线称为吸附波或吸附前沿。当吸附波的下端到达床层末端时,说明已有吸附质漏出,这时床层被穿透,当床层被穿透的这个时刻,称为破点。此时流出气体中吸附质的浓度称为破点浓度。

由于床层的阻力不同,吸附负荷曲线会有不同的形状。床层阻力愈大,某一时刻床层内各截面上浓度差别越大,吸附负荷曲线也就变得越平缓,这当然是我们不希望出现的情况。

2) 透过曲线

吸附负荷曲线表达了床层中浓度分布的情况,为了分析床层流出物中吸附质浓度的变化,以流出物中吸附质浓度 y 为纵坐标,时间 τ 为横坐标,则随时间的推移可画出一条 $y-\tau$ 曲线。如图 7-25 所示,开始时流出吸附质浓度为 y_B,它是与吸附剂中的 x_B 浓度相平衡的;当 x_B 达到破点时床层出口端流出物中吸附质浓度开始上升,到 τ_E 时升到 y_E,即接近床层进口浓度,这时床层已完全没有吸附能力,吸附波的末端也离开床层了。于是在 $y-\tau$ 图上,从 τ_B 到 τ_E 呈现一个 S 形曲线,这条曲线称为"透过曲线"。它的形状与吸附负荷曲线是完全相似的,只是方向相反。由于它与吸附负荷曲线成镜面对称相似,所以也称吸附负荷曲线为"吸附波"或"传质前沿"。

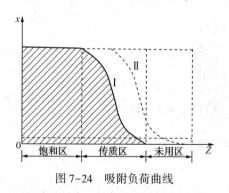

图 7-24 吸附负荷曲线 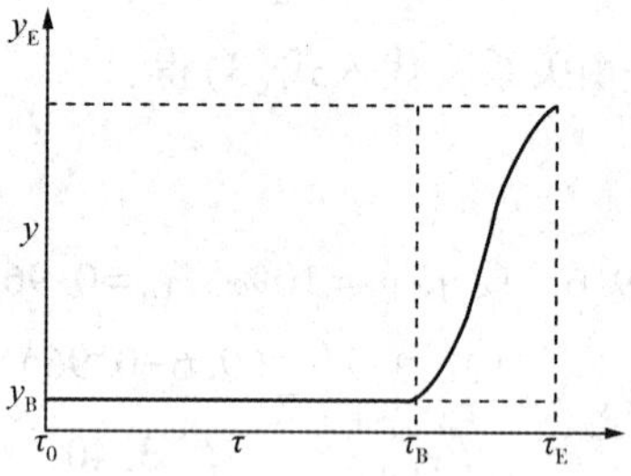   图 7-25 固定床吸附中流出吸附质分布曲线

由于透过曲线易于测定和标绘出来,因此也用它来反映床层内吸附负荷曲线的形状,而且也能准确地求出破点。如果透过曲线比较陡,说明吸附过程比较快,反之则速度较慢。如果透过曲线是一条竖直的直线,则说明吸附过程是很快的,是理想的吸附波。

(2) 保护作用时间

保护作用时间是固定床吸附器的有效工作时间。它定义为从吸附操作开始到床层被穿透所经历的时间称为保护作用时间,如图 7-25 所示的由 τ_0 到 τ_B 所经历的时间,到达 τ_B 时,床层内吸附剂还没有完全饱和。图中的 $y_B>0$,这个值可以根据排放标准规定。

图 7-25 还出现一个点,即 τ_E,时间到达 τ_E 时,吸附波整个移出床层,说明床层内的吸附剂已完全饱和,完全失去了吸附能力,这一点称为耗竭点或干点,到达干点时,床层内流出的气体中,吸附质浓度基本等于进口浓度。

在实际操作中,一旦达到了破点,就应停止操作,切换到另一吸附床,穿透了的吸附床转入脱附再生。

（3）传质区高度

把一个吸附波所占据的床层高度称为传质区高度，用 Z_a 表示。从理论上讲，传质区高度应是流出气体中溶质浓度从 0 变到 y_0 这个区间内吸附波在 Z 轴上占据的长度，但实际上再生后的吸附剂中还残留一定量的吸附质（一般为初始浓度 y_0 的 5%~10%），而吸附剂完全达到饱和的时间又太长，所以一般把由破点时间 τ_B 对应的气体浓度 y_B 到干点时间 τ_E 对应的气体浓度 y_E 这段时间内吸附波在 Z 轴上所占据的长度称为传质区高度。

为了使吸附操作比较可靠，就必须使床层有足够的长度，起码要包含一个稳定的传质区。而形成一个稳定的传质区需要一定时间。如果吸附器床层长度比传质区长度还短，那就不能出现一个稳定的传质区，操作不稳定，出现破点的时间会比计算的来得快，为避免此点，吸附器床层长度一定要比传质区长度长。例如实验室内所用吸附柱高度就规定应至少是传质区长度的 2 倍，而吸附柱直径最少应是最大吸附剂颗粒直径的 10 倍。

（4）传质区吸附饱和率（度）和剩余饱和能力分率

这两个概念可用下式表示：

$$吸附饱和率 \varphi = \frac{传质区内吸附剂实际的吸附量}{传质区内吸附剂达饱和时的吸附量} \tag{7-19}$$

$$剩余饱和吸附能力分率 E = \frac{传质区内吸附剂仍具有吸附能力}{传质区内吸附剂达到饱和时的吸附能力} \tag{7-20}$$

这也是量度固定吸附床操作性能的两个指标，吸附饱和率越大，剩余饱和吸附能力分率越小，说明吸附床的操作性能越好。

7.5.2.2 希洛夫近似计算法

（1）希洛夫公式

在理想状态下，在理想保护作用时间 τ'_B 内通过吸附床的吸附质 i 将全部被吸附，即通过床层的吸附质 i 的量一定等于床层内所吸附的量，即：

$$v_0 \tau'_B c_o = ZA\rho_B x_T \tag{7-21}$$

式中　V_0——通过床层的气体体积流量，m^3/s；

　　　c_0——气体中吸附质初始浓度，kg/m^3；

　　　τ'_B——理想保护作用时间，s；

　　　A——吸附床层截面积，m^2；

　　　ρ_B——吸附剂堆积密度，kg 吸附剂/m^3；

　　　x_T——吸附剂的静活性（平衡吸附量），kg/kg 吸附剂；

　　　Z——床层长度，m。

由上式可得：

$$\tau'_B = \frac{ZA\rho_B x_T}{v_0 c_o} \tag{7-22}$$

对于一定的吸附系统和操作条件，ρ_B、x_T、V_0、c_o 均已确定，因此可令：

$$K = \frac{A\rho_B x_T}{v_0 c_0} \tag{7-23}$$

则式（7-22）可变成：

$$\tau'_B = KZ \tag{7-24}$$

但对一个实际的操作过程，由于床层存在阻力，因此实际上的保护作用时间 τ_B 要比理想保护作用时间 τ'_B 短，我们把被缩短的这段时间称为保护作用时间损失，用 τ_o 来表示。

阻力越大，τ_o 越大。三个时间的关系可表示如下：

$$\tau_B = \tau'_B - \tau_o \tag{7-25}$$

将式(7-24)代入式(7-25)即得：

$$\tau_B = KZ - \tau_0 = K(Z - Z_0) \tag{7-26}$$

式(7-26)即为具有实用价值的希洛夫公式，Z_o 称为床层长度损失，τ_o 和 Z_o 均可由实验求得。

（2）利用希洛夫公式的简化计算

在吸附净化的设计中，常利用希洛夫公式进行简化计算。简化计算还是以实验作为基础，利用希洛夫公式求出 K 与 τ_o，再根据生产要求的操作周期求出吸附床层长度，并根据气速，求出所需床层半径或截面积。具体步骤简述如下：

① 选择吸附剂，确定操作条件，包括温度、压力和流速。固定吸附床的气体流速一般掌握在 0.2~0.6m/s 之间；

② 规定出合适的破点浓度；

③ 在一定气速 u 下，测不同床层长度 Z 的保护作用时间 τ_B，作出 τ_B-Z 直线，求出 K 和 τ_0；

④ 定出操作周期 τ_B，s；

⑤ 将 K、τ_0、τ_B 代入希洛夫公式，求出 Z，若 Z 过长可以分层。

⑥ 用下式计算床层直径：

$$D = \sqrt{\frac{4V}{\pi u}} \tag{7-27}$$

⑦ 求吸附剂用量 S：
$$S = AZ\rho_B \tag{7-28}$$

为避免装填损失，可多取 10% 装填量。

【例 7-2】 用活性炭固定床吸附器吸附净化废气。常温常压下废气流量为 1000m³/h，废气中四氯化碳初始浓度为 2000mg/m³，选定空床气速为 20m/min。活性炭平均粒径为 3mm，堆积密度为 450kg/m³，操作周期为 40h。在上述条件下，进行动态吸附实验取得如下数据：

床层高度 Z/m	0.1	0.15	0.2	0.25	0.3	0.35
透过时间 τ_B/min	109	231	310	462	550	650

请计算固定床吸附器的直径、高度和吸附剂用量。

解：（1）根据题意，$V_0 = 1000$m³/h，空床气速 $u_0 = 20$m/min，故床层的直径为：

$$D = \sqrt{\frac{4V_0}{\pi u_0}} = \sqrt{\frac{4 \times 1000}{60 \times 20\pi}} = 1.03\text{m}$$

圆整为：$D = 1.10$m。

（2）床层高度 Z

以 Z 为横坐标，τ_B 为纵坐标将上述实验数据描绘在坐标图上得一直线（例题 7-2 附图 1）。依据图，求出直线的斜率即为 K，截距即为 $-\tau_0$，得：$K = 2164$min/m，$\tau_0 = 100$min。

将 K、τ_0、$\tau_B = 40$h 代入希洛夫公式得：

$$Z = \frac{\tau_B + \tau_0}{K} = \frac{40 \times 60 + 100}{2164} = 1.155\text{m}$$

（3）吸附剂质量

$$S = V_R \rho_B = \frac{\pi}{4} D^2 Z \rho_B = \frac{\pi}{4} \times 1.1^2 \times 1.155 \times 450 = 494.0 \text{kg}$$

若考虑装填损失，所需吸附剂量 $S = 494.0 \times 1.1 = 543.4 \text{kg}$

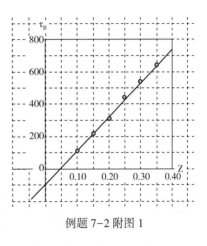

例题 7-2 附图 1

7.5.2.3 透过曲线计算法

透过曲线计算方法与希洛夫近似计算法相比要复杂一些，但还是要假定吸附体系是一个很简单的恒温体系，混合气体中只有一种可被吸附的吸附质，该体系得到的仅有一个吸附波或传质区。此时固定床吸附器计算的主要内容为传质区高度 H、保护作用时间 τ_B 和全床饱和度 S_a。

（1）传质区高度的确定

图 7-25 为一理想透过曲线。设溶质为 i，无溶质气体（载气）为 j，气体的初始比浓度为 $y_0(\text{kg } i/\text{kg } j)$，气体流过床层的质量流速为 $G[\text{kg}(i+j)/(\text{m}^2 \cdot \text{s})]$，则载气的流量 $G_S = \frac{G}{1+y_0}[\text{kg } j/(\text{m}^2 \cdot \text{s})]$。

经过一段时间吸附后流出物总量为 $W(\text{kg } j/\text{m}^3)$。透过曲线是比较陡的，流出物中溶质 i 的浓度从近似为零迅速上升到进口浓度。以 y_B 作为破点的浓度，并认为流出物浓度升到接近 y_0 某一浓度值 y_E 时，吸附剂基本上已耗竭。在破点处流出物量为 W_B，而到吸附剂耗竭时，流出物的量为 W_E。这样，在透过曲线出现期间所积累的流出物量 $W_a = W_E - W_B$。把浓度由 y_B 变化剂 y_E 这部分的床层高度称为一个吸附区或称传质区高度。

当吸附波形成后，随着混合气体的不断通入，传质区沿床层不断移动，令 τ_a 为吸附波移动一个传质区高度所需的时间，则：

$$\tau_a = \frac{(W_E - W_B)}{G} = \frac{W_a}{G} \tag{7-29}$$

又令 τ_E 为由通气开始至床层耗竭所需要的时间，即传质区形成和移出床层所需的时间之和，则：

$$\tau_E = \frac{W_E}{G} \tag{7-30}$$

设传质区形成的时间为 τ_F，则 $\tau_E - \tau_F$ 应是自吸附波形成开始到移出床层的时间。在稳定操作时，当吸附波形成后，其前进的距离和所需的时间之比（即吸附波前进的速度）应是一个常数。设吸附床高度为 Z，传质区高度为 H，则得出传质区高度 H 与床层高度 Z 的比例为：

$$\frac{H}{Z} = \frac{\tau_F}{\tau_E - \tau_F} \tag{7-31}$$

设气体在传质区中，从破点到床层完全耗竭所吸附的 i 的量为 $U(\text{kg}/\text{m}^3$ 床层$)$，即为图 7-26 中阴影的面积：

$$U = \int_{W_B}^{W_E} (y_0 - y) \mathrm{d}W \tag{7-32}$$

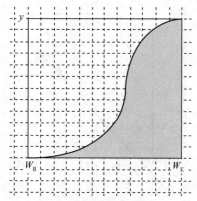

图 7-26 单元吸附高度所吸附的 i 的量

若传质区中所有的吸附剂均为吸附质所饱和，则其吸附容量应为 $y_0 W_a \, \mathrm{kg/m^3}$。但实际情况是，当达到破点时，传质区内仍旧具有一部分吸附容量，其值为 U，如式(7-32)所示。若以 E 代表到达破点时传质区内仍具有的吸附能力与该区内吸附剂总的吸附能力之比，即前述剩余吸附能力分率，则：

$$E = \frac{U}{y_0 W_a} = \frac{\int_{W_B}^{W_E} (y_0 - y)\,\mathrm{d}W}{y_0 W_a} \qquad (7\text{-}33)$$

很显然，$(1-E)$ 即代表了吸附区的饱和程度，E 愈大，说明吸附区的饱和程度愈低，形成传质区所需的时间愈短。当 $E=0$ 时，说明吸附波形成后，吸附区内的吸附剂已全部达到饱和，此情况下，吸附波形成的时间应与移动一个吸附波长度的距离所需时间相等：$\tau_F = \tau_a$。

若 $E=1$，即传质区内吸附剂基本上不含吸附质，则传质区形成的时间基本上等于零。据此两种极端情况，应有：

$$\tau_F = (1-E)\tau_a \qquad (7\text{-}34)$$

将式(3-34)代入式(7-31)得：

$$H = Z \frac{\tau_a}{\tau_E - (1-E)\tau_a} \qquad (7\text{-}35)$$

因为 $\tau_a = W_a/G$，$\tau_E = W_E/G$，代入上式即得：

$$H = Z \frac{W_a}{W_E - (1-E)W_a} \qquad (7\text{-}36)$$

由式(7-36)可知，要确定传质区的高度 H，必须通过实验得出透过曲线的形状，从而确定 W_a、W_E 和 E 的值。在实际吸附计算中，E 一般取 $0.4 \sim 0.6$。

（2）吸附床饱和度

设吸附床横截面积为 A，吸附床高度为 Z，其中吸附剂的堆积密度为 ρ_B，则吸附剂的总量应为 $ZA\rho_B$。

若床层全部被饱和，吸附剂与污染物进口浓度 y_0 成平衡的静活性为 x_T，则此时吸附剂所吸附的吸附质的量为：

$$Q = ZA\rho_B x_T \qquad (7\text{-}37)$$

实际操作中，达到破点时，总会有一部分吸附剂未达饱和，此时吸附床中实际吸附量应为饱和区的吸附量与传质区的吸附量之和。其中：

饱和区吸附污染物的量 $= (Z-H)A\rho_B x_T$

传质区吸附污染物的量 $= H(1-E)A\rho_B x_T$

于是整个吸附床的饱和度 S_a 为：

$$S_a = \frac{(Z-Z_a)A\rho_B x_T + Z_a(1-E)A\rho_B x_t}{ZA\rho_B x_T}$$

则：

$$S_a = \frac{Z-HE}{Z} \qquad (7\text{-}38)$$

（3）传质区中传质单元数和传质单元高度的计算

吸附操作过程中，随着吸附的进行，床层内的传质区沿气流方向移动，移动的速度会远比气流通过的速度慢。假设床层高度 $Z \to \infty$，则在床层顶部气固相达到平衡状态。可对整个床层作物料衡算：

$$G_S(y_0 - 0) = S(x_T) - 0 \tag{7-39}$$

式中 S——假想的吸附剂流量。

即：

$$y_0 = \frac{S}{G_S} x_T \tag{7-40}$$

式（7-40）可以看作是操作线方程，$\dfrac{S}{G_S}$ 为操作线斜率。

对于床层任一截面，则可有如下关系：

$$G_S y = S_x \tag{7-41}$$

设床层截面积为1，则对床层中微元高度 dz 作物料衡算，得：

$$G_S dy = K_y a_p (y - y^*) dz \tag{7-42}$$

此物料衡算式表示的是单位时间单位面积的 dz 高度内，气体中溶质的减少量等于吸附剂固体中吸附的吸附质的量。

式中 G_S——气体质量流速，$\mathrm{kg}j/(\mathrm{m}^2 \cdot \mathrm{s})$；

$K_y a_p$——气相体积传质总系数，$\mathrm{kg}i/(\mathrm{m}^3 \cdot \mathrm{s})$；

y^*——与 x 成平衡的气相浓度，$\mathrm{kg}i/\mathrm{kg}j$。

将式（3-32）整理并在传质区内积分，即得传质区高度 H：

$$H = \frac{G_S}{K_y a_p} \int_{y_B}^{y_E} \frac{dy}{y - y^*} = H_{OG} N_{OG} \tag{7-43}$$

（4）传质区中传质单元数的计算

传质单元数 $N_{OG} = \int_{y_B}^{y_E} \frac{dy}{y - y^*}$

与处理吸收计算相类似，传质单元数可用图解积分法求取。当平衡线接近直线时，也可用下式近似计算：

$$N_{OG} = \frac{y_E - y_B}{\Delta y_m} \tag{7-44}$$

式中 Δy_m——对数平均推动力。

$$\Delta y_m = \frac{(y_E - y_E^*) - (y_B - y_B^*)}{\ln \dfrac{y_E - y_E^*}{y_B - y_B^*}} \tag{7-45}$$

对于低浓度气体，有时也可以用算术平均推动力。下面通过例题讲解有关计算。

【例7-3】 用硅胶固定吸附床净化含苯废气。废气初始浓度为 $y_0 = 0.025\mathrm{kg}$ 苯/kg 空气，操作温度为 $T = 298\mathrm{K}$，$p = 202.7\mathrm{kPa}$，混合气体密度 $\rho_V = 2.38\mathrm{kg/m^3}$，动力黏度 $\mu_V = 1.8 \times 10^{-5}\mathrm{kg/(m \cdot s)}$。气流速度为 $u_g = 1\mathrm{m/s}$，吸附周期为 90min，破点浓度 $y_B = 0.0025\mathrm{kg}$ 苯/kg 空气，排放浓度 $y_E = 0.020\mathrm{kg}$ 苯/kg 空气。硅胶堆积密度 $\rho_B = 650\mathrm{kg/m^3}$，平均粒径 $d_p =$

6mm。比表面积 $a_p = 600m^2/m^3$。给定条件下的平衡关系为 $y^* = 0.167x^{1.5}$，传质单元高度 $H_{OG} = \dfrac{1.42}{a_p}\left(\dfrac{d_p G_S}{\mu_V}\right)^{0.51}$。

试计算床层高度。

解：设床层截面积为 $1m^2$，以简化计算。

废气流量；

$$G_S = \frac{u_g A \rho_V}{1+y_0} = \frac{1 \times 1 \times 2.38}{1+0.025} = 2.322(\text{kg 空气/s})$$

传质单元高度 $H_{OG} = \dfrac{1.42}{a_p}\left(\dfrac{d_p G_S}{\mu_V}\right)^{0.51} = \dfrac{1.42}{600} \times \left(\dfrac{0.006 \times 2.322}{1.8 \times 10^{-5}}\right)^{0.51} = 0.070m$

根据平衡关系式 $y^* = 0.671x^{1.5}$ 绘出吸附等温线。由平衡关系可知，当 $y_0 = 0.025$ 时，$x_T = 0.282$，过平衡线上该点 B 作操作线，并按附表所列逐项计算列出。表中第 1 栏为 y_B 和 y_E 之间选取的 y 值；第 2 栏是自操作线上各点的 y 所对应的平衡线上 y^* 的值。依次计算出之后，用 y 值作横坐标，以 $1/(y-y^*)$ 作纵坐标，绘出曲线，并在 y_B 与 y_E 之间进行图解积分，即可得到第 5 栏的值，即 N_{OG} 的值。据此可得到对应于 y_E 的 $N_{OG} = 5.925$。于是得到传质区高度 $H = H_{OG} \cdot N_{OG} = 0.070 \times 5.925 = 0.415m$。

例题 7-3 附表 1

y	y^*	$y-y^*$	$\dfrac{1}{y-y^*}$	$\int_{y_B}^{y_E} = \dfrac{dy}{y-y^*}$	$\dfrac{W-W_B}{W_A}$	$\dfrac{y}{y_0}$
1	2	3	4	5	6	7
$y_B = 0.0025$	0.0009	0.0016	625	0	0	0.1
0.0050	0.0022	0.0028	358	1.1375	0.192	0.2
0.0075	0.0042	0.0033	304	1.9000	0.321	0.3
0.0100	0.0063	0.0037	270	2.6125	0.441	0.4
0.0125	0.0089	0.0036	278	3.3000	0.556	0.5
0.0150	0.0116	0.0034	294	4.0125	0.676	0.6
0.0175	0.0148	0.0027	370	4.8375	0.815	0.7
$y_E = 0.0200$	0.0180	0.0020	500	5.9250	1.000	0.8

下面根据剩余吸附能力分率 E 的概念，计算吸附床层高度 Z。

将式 (7-33) 变换：$E = \dfrac{\int_{W_B}^{W_E}(y_0 - y)dW}{y_0 W_a} = \int_0^1 \left(1 - \dfrac{y}{y_0}\right)d\left(\dfrac{W-W_B}{W_a}\right)$

按照上式，若以 y/y_0 为坐标，以 $\dfrac{W-W_B}{W_a}$ 为横坐标，绘出曲线，曲线与 $y/y_0 = 1$ 水平线、$(W-W_B)/W_a = 1$ 的垂线之间的面积，即为 E。图解积分可得：$E = 0.55$。

根据物料衡算关系式：

$$1 \times Z\rho_B S_a x_T = GS\tau_B y_0 \tag{7-46}$$

将式 (7-38) 代入上式，得：

$$Z\rho_\text{B} \frac{Z-HE}{Z} x_\text{T} = G_\text{s}\tau_\text{B} y_0 \qquad (7-47)$$

将已知数代入上式，得：

$$Z \times 650 \times \frac{Z-0.415 \times 0.55}{Z} \times 0.282 = 2.322 \times 90 \times 60 \times 0.025$$

解出 $Z = 2.0\text{m}$

有了床层高度 Z，计算一下全床饱和度 S_a：

$$S_\text{a} = \frac{Z-HE}{Z} = \frac{2-0.415 \times 0.55}{2} = 0.886$$

可见，全床饱和度接近 90%，说明设计基本合理。

练 习 题

一、填空题

1. 常见的固体吸附剂有（　　　　）、（　　　　）、（　　　　）及无机聚合物等。

2. 吸附质脱附的方法主要包括：（　　　　）、（　　　　）、（　　　　）、（　　　　）、（　　　　）、（　　　　）等六种。

3. （　　　　）温操作有利于物理吸附，适当（　　　　）温度有利于化学吸附。温度对气相吸附的影响比对液相吸附的影响大。对于气体吸附，压力（　　　　）有利于吸附，压力（　　　　）有利于脱附。

4. 一般来说，吸附剂粒径越小或微孔越发达，其比表面积（　　　　），吸附容量也（　　　　）。但在液相吸附过程中，对相对分子质量大的吸附质，微孔提供的表面积不起很大作用。

5. 若用同种活性炭作吸附剂，对于结构相似的有机物，相对分子质量和不饱和性（　　　　），沸点（　　　　），越易被吸附；对于液相吸附，吸附质的相对分子质量（　　　　），分子极性（　　　　），溶解度（　　　　），越易被吸附。吸附质浓度越高，吸附量越少。

6. 将煤、重质石油馏分、木材、果壳等在（　　　　）的条件下加热至 600℃ 左右，使其热分解，得到的残炭再在（　　　　）以上高温下与空气、水蒸气或二氧化碳反应使其烧蚀，便生成多孔的活性炭。

7. 活性炭具有非极性表面，为（　　　　）水和亲（　　　　）的吸附剂。它具有性能稳定、抗腐蚀、吸附容量大和解吸容易等优点。

8. 沸石分子筛是（　　　　）极性吸附剂，对（　　　　）分子如 H_2O、CO_2、H_2S 和其他类似物质有很强的亲和力，而与有机物的亲和力较弱。

9. 硅胶处于高亲水和高疏水性质的中间状态，硅胶常用于各种气体的（　　　　），也可用于烃类的分离、废气净化（含有 SO_2、NO_x 等）。

10. 活性氧化铝表面的活性中心（　　　　）中心，极性强，对水有很高的亲和作用，主要用于液体与气体的（　　　　），活性氧化铝还可用作催化剂（　　　　）。

11. 常用的吸附模型有：（　　　　）、（　　　　）、（　　　　）。

12. 变压吸附过程包括(　　　　)、(　　　　)、(　　　　)和(　　　　)四个步骤。

13. 由于床层的阻力不同，吸附负荷曲线会有不同的形状。床层阻力愈大，某一时刻床层内各截面上浓度差别(　　　　)，吸附负荷曲线也就变得越(　　　　)。

二、单项或多项选择题

1. 影响透过曲线的因素很多，有吸附剂与吸附质的性质外还有(　　　　)。

A. 操作温度和压力　　　　　　　　　B. 吸附质的浓度和 pH 值

C. 介质流动速度和状态　　　　　　　D. 设备结构尺寸

E. 吸附剂和吸附质的接触方式

2. 固定床并联连续吸附再生流程的优点是(　　　　)。

A. 适于吸附低浓度吸附质物系

B. 适于吸附和解吸速度快的物系

C. 适合处理物料流量大的体系

D. 能用于治理有害气体污染，保护环境

3. 固定床串联连续吸附再生流程的优点是(　　　　)。

A. 适于吸附较高浓度吸附质物系

B. 适于吸附和解吸速度快的物系

C. 适合某吸附质吸附率高的物系

D. 降低了吸附率

三、判断题

1. 吸附剂的活性越高，吸附量越大，吸附速度也越快。(　　　)

2. 吸附时间越长，吸附效果越好。(　　　)

3. 变压吸附适合于吸附率随压力变化大的物系。(　　　)

4. 变压吸附适合于吸附速率大的物系。(　　　)

5. 吸附和解吸过程都属于单向传质。(　　　)

6. 吸附过程放热，解吸过程吸热。(　　　)

四、简答题

1. 简述物理吸附的特点。

2. 简述化学吸附的特点。

3. 良好吸附剂的特性表现在哪些方面？

4. 描述吸附过程机理，并写出相应的传质方程式。

5. 简述固定床吸附过程工作原理。

6. 什么是吸附过程透点？什么是吸附过程干点？

7. 根据图 7-8 说明移动床吸附过程 ab、bc、cd 区的作用。

8. 解释固定床传质区高度、床层高度。

五、计算题

1. 某产品的水溶液还有少量色素，拟用活性炭吸收除去（活性炭几乎被吸附产品）；色素吸附平衡实验获得相关数据如下表所示。表中色度可视为浓度，要求吸附后色度降到原始含量的 10%，分别采用三级逆流吸附时每处理 1000kg 溶液所需活性炭的量。

吸附剂用量/（kg 活性炭/kg 溶液）	0	0.001	0.004	0.008	0.020	0.040
平衡时溶液的色度	9.60	8.10	6.30	4.30	1.70	0.70

2. 用活性炭固定床吸附器吸附净化废气。常温常压下废气流量为 1000m³/h，废气中四氯化碳初始浓度为 2000mg/m³，选定空床气速为 10m/min。活性炭平均粒径为 3mm，堆积密度为 450kg/m³，操作周期为 50h。在上述条件下，进行动态吸附实验取得如下数据：

床层高度 Z/m	0.1	0.15	0.2	0.25	0.3	0.35
透过时间 τ_B/min	109	231	310	462	550	650

请计算固定床吸附器的直径、高度和吸附剂用量。

项目 8　离子交换技术

基本任务

8.1　离子交换原理

8.1.1　基本概念

离子交换是液相中的离子与固相中的离子间所进行的一种可逆性化学反应，当液相中的某些离子较为离子交换固体所喜好时，便会被离子交换固体吸附，为维持水溶液的电中性，离子交换固体必须释出等价离子回溶液中。离子交换树脂在使用一段时间后会失去离子交换功能。将交换耗竭的离子交换树脂和适当的酸、碱或盐溶液发生交换，使树脂转化为所需要的型式，称为再生。这类酸、碱或盐称为再生剂。

离子交换是一种新型的化学分离过程，是从水溶液中提取有用组分的基本单元操作，同时也是软化水，处理水质的一种方法。如图 8-1 所示，以阴离子树脂交换过程为例，离子交换过程可分为以下几个步骤：

① 开始：含有杂质离子(如 Cl^-、NO_3^-、Cr^{3+} 等)的样品水溶液通过离子交换床层。

② 吸附交换：由于阴离子树脂对 Cl^- 等的吸附性高于对 OH^- 的吸附性，所以在树脂表面发生离子的交换，阳离子不发生吸附，和解吸的阴离子共同形成中性溶液离开床层，也

不排除形成难溶物的可能。

③解吸：用解吸剂使被离子交换树脂相吸附的离子重新进入水相的过程，又称洗脱或淋洗。解吸剂又叫淋洗剂。解吸是离子交换工艺的主要环节之一。

④解吸吸附：当离子交换法用于分离性质相似物质如稀土元素离子交换色层分离时，必须借助解吸剂对被吸附的离子解吸能力的强弱来使元素分离，目的就是置换出所需要回收的离子。

⑤再生：就是用碱(或盐或酸)溶液处理吸附了解吸剂的树脂，并用活性离子交换解吸剂离子，从而恢复离子交换树脂的交换功能。在简单的离子交换工艺中，离子交换树脂的解吸和离子交换树脂的再生往往是同时实现的，解吸的过程有时也是再生的过程。

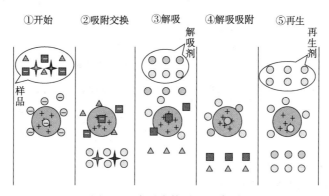

图 8-1　离子交换过程示意图

8.1.2　离子交换树脂的物理结构

人工合成的离子交换树脂是具有网状结构和可电离的活性基团的难溶性高分子电解质。根据树脂骨架上的活性基团的不同，可分为阳离子交换树脂、阴离子交换树脂、两性离子交换树脂、螯合树脂和氧化还原树脂等。用于离子交换分离的树脂要求具有不溶性、一定的交联度和溶胀作用，而且交换容量和稳定性要高。

8.1.2.1　离子交换树脂的构造和组成

离子交换树脂是一类具有离子交换功能的高分子材料，它由不溶性的三维空间网状骨架、连接在骨架上的功能基团以及功能基团上带有相反电荷的可交换离子三部分构成。在离子交换操作中，功能基团上的活性离子与溶液中的同电荷离子进行交换。

要说明的是，植入骨架的功能基团上的活性离子，有些是不能自由移动的固定离子，有些是活动离子，是可交换离子。离子交换树脂的形成过程如图 8-2 所示。

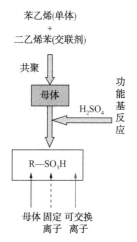

图 8-2　离子交换树脂的
形成过程示意图

8.1.2.2　离子交换树脂的分类

（1）按构成母体的高分子材料主要组成分类

①聚苯乙烯型树脂：苯乙烯与二乙烯苯共聚基体上带有磺酸基的离子交换树脂，其组成是：

$$-CH_2-\overset{\displaystyle H}{\underset{\displaystyle }{C}}-CH_2-\overset{\displaystyle }{\underset{\displaystyle }{C}}-$$

（苯环带 SO_3H 及 $-\overset{\displaystyle }{\underset{\displaystyle H}{C}}-CH_2-$ 交联结构）

② 聚丙烯酸型树脂：丙烯酸与二乙烯苯共聚形成的弱酸性阳离子交换树脂，其组成是：

$$-CH_2-\overset{\displaystyle H}{\underset{\displaystyle COOH}{C}}-CH_2-\overset{\displaystyle H}{\underset{\displaystyle }{C}}-$$

（苯环带 $-CH-CH_2-$ 交联结构）

③ 酚-醛型树脂；苯酚与甲醛缩聚形成的离子交换树脂，其组成是：

$$H-\underset{\displaystyle }{\overset{\displaystyle OH}{\bigcirc}}-CH_2-OH \Big]_n$$

（2）按照选择性交换离子的特性分类

按照交换离子的电荷电性正负，离子交换树脂可分为阳离子交换树脂和阴离子交换树脂。阳离子交换树脂只吸附交换阳离子，又可分为强酸性阳离子交换树脂(磺酸基团)和弱酸性阳离子交换树脂(羧酸基团)。阴离子交换树脂只吸附交换阴离子，又可分为强碱性阴离子交换树脂(季铵基团)和弱碱性阴离子交换树脂(伯、仲、叔胺基)。

$$-CH_2-CH-CH_2-\overset{\displaystyle H}{\underset{\displaystyle }{C}}-$$
$$HO(CH_3)_3NCH_2 \qquad -\overset{\displaystyle }{\underset{\displaystyle H}{C}}-CH_2-$$

$$-CH_2-CH-CH_2-\overset{\displaystyle H}{\underset{\displaystyle }{C}}-$$
$$HO(CH_3)_2NHCH_2 \qquad -\overset{\displaystyle }{\underset{\displaystyle H}{C}}-CH_2-$$

（3）按照离子交换树脂的结构分类

按照交换树脂的结构分类，分为凝胶型和大孔型，如图 8-3 所示。

凝胶型树脂表面光滑，球粒内部没有大的毛细孔。在水中会溶胀成凝胶状，在大分子链节间形成很微细的孔隙，通常称为显微孔。湿润树脂的平均孔径为 $2\sim4nm$（$2\times10^{-9}\sim4\times10^{-9}m$）。在无水状态下，凝胶型离子交换树脂的分子链紧缩，体积缩小，无机小分子无法通过。所以，这类离子交换树脂在干燥条件下或油类中将丧失离子交换功能。同时具有交换容量大、离子交换速度快和耐热性能较好等优点。

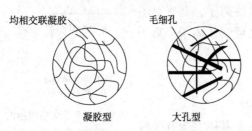

图 8-3　凝胶型和大孔型离子交换树脂结构

大孔型离子交换树脂改善了凝胶型离子交换树脂的缺点，它外观不透明，表面粗糙，为非均相凝胶结构。内部的孔隙又多又大，表面积很大，活性中心多，孔径一般为几纳米至几百纳米，比表面积可达每克树脂几百平方米，因此其吸附功能十分显著，离子交换反应速度快，约比凝胶型树脂快约 10 倍。而且能抗有机物的污染（因为被截留的有机物容易在再生时通过这些孔道除去）。即使在干燥状态，内部也存在不同尺寸的毛细孔，因此可在非水体系中起离子交换和吸附作用。大孔型树脂的缺点是交换容量较低，再生时酸、碱的用量较大和售价较贵等。

常用的离子交换树脂有：

① 强酸性阳离子交换树脂：活性基团是—SO_3H（磺酸基）和—CH_2SO_3H（次甲基磺酸基）；

② 弱酸性阳离子交换树脂：活性基团有—COOH、—OCH_2COOH、C_6H_5OH 等弱酸性基团；

③ 强碱性阴离子交换树脂：活性基团为季胺基团；

④ 弱碱性阴离子交换树脂：活性基团为伯胺、仲胺或叔胺，碱性较弱。

阳离子交换树脂的强弱顺序：

$$R—SO_3H > R—CH_2SO_3H > R—PO_3H_2 > R—COOH > R—OH$$

阴离子交换树脂的强弱顺序：

$$R≡N^+OH^- > R—NH_3^+OH^- > R=NH_2^+OH^- > R≡NH^+OH^-$$

8.1.3 离子交换树脂的性能参数

8.1.3.1 离子交换树脂的物理特性表征

（1）树脂颗粒尺寸

离子交换树脂通常制成珠状的小颗粒，它的尺寸很重要：树脂颗粒较细者，反应速度较大，但细颗粒对液体通过的阻力较大，需要较高的工作压力，特别是浓糖液黏度高，这种影响更显著。因此，树脂颗粒的大小应选择适当。如果树脂粒径在 0.2mm（约为 70 目）以下，会明显增大流体通过的阻力，降低流量和生产能力。

树脂颗粒大小的测定通常用湿筛法，将树脂在充分吸水膨胀后进行筛分，累计其在 20、30、40、50 目……筛网上的留存量，以 90%粒子可以通过其相对应的筛孔直径，称为树脂的"有效粒径"。多数通用的树脂产品的有效粒径在 0.4~0.6mm 之间。

树脂颗粒是否均匀以均匀系数表示。它是在测定树脂的"有效粒径"坐标图上取累计留存量为 40%粒子，相对应的筛孔直径与有效粒径的比例。

（2）树脂的密度

树脂在干燥时的密度称为真密度；湿树脂每单位体积（包括颗粒间空隙）的重量称为视密度。树脂的密度与它的交联度和交换基团的性质有关。通常，交联度高的树脂的密度较高，强酸性或强碱性树脂的密度高于弱酸或弱碱性者，而大孔型树脂的密度则较低。例如，苯乙烯系凝胶型强酸阳离子树脂的真密度为 1.26g/mL，视密度为 0.85g/mL；而丙烯酸系凝胶型弱酸阳离子树脂的真密度为 1.19g/mL，视密度为 0.75g/mL。

（3）含水率

树脂的含水率以每克树脂（在水中充分膨胀）所含水分的百分比（约 50%）来表示。树脂的含水率相应地反映了树脂网架中的孔隙率。

（4）树脂的溶解性

离子交换树脂应为不溶性物质。但树脂在合成过程中夹杂的聚合度较低的物质以及树脂分解生成的物质，会在工作运行时溶解出来。交联度较低和含活性基团多的树脂，溶解倾向较大。

（5）膨胀度

离子交换树脂含有大量亲水基团，与水接触即吸水膨胀。当树脂中的离子变换时，如阳离子树脂由 H^+ 转为 Na^+，阴离子树脂由 Cl^- 转为 OH^-，都因离子直径增大而发生膨胀，增大树脂的体积。通常，交联度低的树脂的膨胀度较大。在设计离子交换装置时，必须考虑树脂的膨胀度，以适应生产运行时树脂中的离子转换发生的树脂体积变化。

（6）耐用性

树脂颗粒使用时有转移、摩擦、膨胀和收缩等变化，长期使用后会有少量损耗和破碎，故树脂要有较高的机械强度和耐磨性。通常，交联度低的树脂较易碎裂，但树脂的耐用性更主要地决定于交联结构的均匀程度及其强度。如大孔树脂，具有较高的交联度者，结构稳定，能耐反复再生。

（7）热稳定性

离子交换树脂的热稳定性是指能保持树脂交换性能的最高使用温度，如苯乙烯强酸阳离子树脂的最高使用温度为120℃，温度达到140~150℃时，易失去磺酸基团而失活；丙烯酸弱酸阳离子的最高使用温度不超过200℃。

8.1.3.2　离子交换树脂的化学特性

（1）交换容量

离子交换树脂进行离子交换反应的性能，表现在它的"离子交换容量"，即每克干树脂 E_V(meq/g，干)或每毫升湿树脂 E_W(meq/mL 湿)所能交换的离子的毫克当量数；当离子为一价时，毫克当量数即是毫克分子数(对二价或多价离子，当量数为摩尔数乘离子价数)。E_V 和 E_W 之间的关系是：

$$E_V = E_W \times (1-含水量) \times 湿视密度$$

交换容量又有总交换容量、工作交换容量和再生交换容量等三种表示方式。

① 总交换容量：表示每单位数量(质量或体积)树脂能进行离子交换反应的化学基团的总量。

② 工作交换容量：表示树脂在某一定条件下的离子交换能力，它与树脂种类、总交换容量以及具体工作条件(如溶液的组成、流速、温度等因素)有关。

③ 再生交换容量，表示在一定的再生剂量条件下所取得的再生树脂的交换容量，表明树脂中原有化学基团再生复原的程度。

通常，再生交换容量为总交换容量的50%~90%(一般控制70%~80%)，而工作交换容量为再生交换容量的30%~90%(对再生树脂而言)，这一比率亦称为树脂的利用率。

（2）离子交换选择性

离子交换反应是可逆的，而且等当量进行。由实验得知，常温下稀溶液中阳离子交换势随离子电荷的增高、半径的增大而增大；高相对分子质量的有机离子及金属络合阴离子具有很高的交换势。高极化度的离子如 Ag^+、Ti^+ 等也有高的交换势。离子交换速度随树脂交联度的增大而降低，随颗粒的减小而增大。温度增高，浓度增大，交换反应速率也增快。

离子交换树脂对溶液中的不同离子有不同的亲和力，对它们的吸附有选择性。各种离子受树脂交换吸附作用的强弱程度有一般的规律，但不同的树脂可能略有差异。主要规律如下：

① 对阳离子的吸附：交换树脂对不同离子的选择性，依价数高优先，电荷数高，静电引力越大；同价位时，依半径大优先，因为水化半径小，与固定离子的静电引力也越大。例如，苯乙烯强酸阳离子型（对阳离子的选择性），$Fe^{3+}>Ca^{2+}>Na^+$，同电荷离子，$Ba^{2+}>Pb^{2+}>Ca^{2+}$。

一些阳离子被吸附的顺序如下：$Fe^{3+}>Al^{3+}>Pb^{2+}>Ca^{2+}>Mg^{2+}>K^+>Na^+>H^+$。

② 对阴离子的吸附：强碱性阴离子树脂对无机酸根吸附的一般顺序为：$SO_4^{2-}>NO_3^->Cl^->HCO_3^->OH^-$。

③ 弱碱性阴离子树脂对阴离子吸附的一般顺序如下：

$OH^->$柠檬酸根$^{3-}>SO_4^{2-}>$酒石酸根$^{2-}>$草酸根$^{2-}>PO_4^{3-}>NO_2^->Cl^->$醋酸根$^->HCO_3^-$。

④ 对有色物的吸附：糖液脱色常使用强碱性阴离子树脂，它对拟黑色素（还原糖与氨基酸反应产物）和还原糖的碱性分解产物的吸附较强，而对焦糖色素的吸附较弱。这被认为是由于前两者通常带负电，而焦糖的电荷很弱。

通常，交联度高的树脂对离子的选择性较强，大孔结构树脂的选择性小于凝胶型树脂。这种选择性在稀溶液中较大，在浓溶液中较小。

（3）酸碱性

树脂在水中电离出 H^+ 和 OH^-，表现出酸碱性。树脂的酸碱性受 pH 值影响，各种树脂在使用时都有适当的 pH 值范围。各种离子交换树脂的 pH 值范围如表8-1所示。

表 8-1　离子交换树脂的有效 pH 值范围

树 脂 类 型	强酸性阳离子交换树脂	弱酸性阳离子交换树脂	强碱性阴离子交换树脂	弱碱性阴离子交换树脂
有效 pH 值范围	0~14	4~14	0~14	0~7

（4）再生性

离子交换过程是个可逆性的反应交换过程，这就决定了在其使用周期内离子交换树脂是可再生循环使用的。这一点我们将在后续离子交换平衡中详细介绍。

8.1.3.3　离子交换树脂的选择、保存、使用和鉴别

（1）树脂选择

选择树脂时应综合考虑原水水质、处理要求、交换工艺以及投资和运行费用等因素。因为原水中所含离子种类、数量不同，离子半径不同，电荷数不同，对离子交换率要求不同，交换工艺流程方式不同，因此必须针对性地选择适合的树脂，才能达到优化投资、降低操作运行费用的目的。

（2）树脂保存

树脂宜在 0~40℃ 下存放，通常强性树脂以盐型保存，弱酸树脂以氢型保存，弱碱树脂以游离胺型保存。

（3）树脂使用

树脂在使用前应进行适当的预处理，以除去杂质。最好分别用水、5% HCl、2%~4% NaOH 反复浸泡清洗两次，每次 4~8h。

（4）树脂的鉴别

离子交换树脂的鉴别方法可以归纳为表8-2中的分析操作步骤。

表8-2 离子交换树脂的鉴别方法

操作1	取未知树脂样品2mL，置于30mL试管中			
操作2	加1mol/L HCl 15mL，摇1~2min，重复2~3次			
操作3	水洗2~3次			
操作4	加10%$CuSO_4$（其中含1%H_2SO_4）5mL，摇1min，放置5min			
检查	浅绿色		不变色	
操作5	加5mol/L 氨液2mL，摇1min，水洗		加1mol/L NaOH15mL 摇1min，水洗，加酚酞，水洗	
检查	深蓝	颜色不变	红色	不变色
结果	强酸性阳离子交换树脂	弱酸性阳离子交换树脂	强碱性阴离子交换树脂	弱碱性阴离子交换树脂

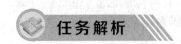

任务解析

8.1.4 离子交换过程原理

8.1.4.1 离子交换反应

离子交换反应是可逆反应，是在固态的树脂和溶液接触的界面间发生的化学反应。工程中，离子交换反应分为交换和再生两个互逆的反应过程，从而使离子交换树脂多次重复使用。

（1）强型树脂的离子交换反应

强型树脂的离子交换反应指强酸性阳离子和强碱性阴离子交换树脂可发生中性盐分解反应、中和反应、复分解反应。

1）中性盐分解反应

$$RSO_3H+NaCl \Longrightarrow RSO_3Na+HCl$$

$$R^-\!\!\equiv\!\!NOH + NaCl \Longrightarrow R^-\!\!\equiv\!\!NCl + NaOH$$

上述离子交换反应在溶液中生成游离的强酸或强碱。

2）中和反应

$$RSO_3H+NaOH \longrightarrow RSO_3Na+H_2O$$

$$R^-\!\!\equiv\!\!NOH + NCl \longrightarrow R^-\!\!\equiv\!\!NCl + H_2O$$

上述反应的结果在溶液中形成电离极弱的水。

3）复分解反应

$$R(SO_3Na)_2+CaCl_2 \Longrightarrow R(SO_3)_2Ca+2NaCl$$

$$R^-(\equiv\!NCl)_2 + Na_2SO_4 \Longrightarrow R^-(\equiv\!N)_2SO_4 + 2NaCl$$

（2）弱型树脂的交换反应

弱型树脂的离子交换反应指弱酸性阳离子和弱碱性阴离子交换树脂，可发生非中性盐分解反应、强酸或强碱中和反应、复分解反应。

弱酸性阳离子交换树脂只能在 pH>4 时进行交换反应，弱碱性阴离子交换树脂只能在

pH<7 时才能进行交换反应，而中性盐分解反应会生成强酸或强碱，听以弱型树脂不能进行中性盐分解反应。

1）非中性盐分解反应

$$R(COOH)_2+Ca(HCO_3)_2 \Longleftrightarrow R(COO)_2Ca+2H_2CO_3$$

$$R=NH_2OH+NH_4Cl \Longleftrightarrow R=NH_2Cl+NH_4OH$$

2）强酸或强碱中和反应

$$RCOOH+NaOH \longrightarrow RCOONa+H_2O$$

$$R=NH_2OH+HCl \longrightarrow R=NH_2Cl+H_2O$$

3）复分解反应

$$R(COONa)_2+CaCl_2 \Longleftrightarrow R(COO)_2Ca+2NaCl$$

$$R=NH_2Cl+NaNO_3 \Longleftrightarrow R=NH_2NO_3+NaCl$$

8.1.4.2 离子交换平衡

离子交换平衡是在一定温度下，经过一定时间，离子交换体系中固相的树脂和液相之间的离子交换反应达到的平衡。服从等物质的量规则和质量作用定律。

设离子交换反应为：$RA+B^+ \Longleftrightarrow RB+A^+$

以 A 型阳离子交换树脂与水中的一价阳离子 B 进行交换，当离子交换反应达平衡时，其平衡常数为：

$$K_A^B = \frac{[RB][A^+]}{[RA][B^+]} \qquad (8-1)$$

式中　$[RB]$、$[RA]$——平衡时树脂相中 B^+ 和 A^+ 的浓度，mmol/L；

　　　$[B^+]$、$[A^+]$——平衡时水中 B^+ 和 A^+ 的浓度，mmol/L

K_A^B 也称为 A 型树脂对 B^+ 的选择性系数，它也可以用离子交换过程各相中离子的分率表示，如果以 y 表示平衡时树脂相中 RB 的分率，其值为：$y=[RB]/([RA]+[RB])$；

以 x 表示平衡时水相中 B^+ 的分率，其值为：$x=[B^+]/([A^+]+[B^+])$，则有：

$$K_A^B = \frac{y}{[1-y]} \cdot \frac{[1-x]}{x} \qquad (8-2)$$

K_A^B 数值的大小代表了树脂对 A^+、B^+ 两种离子的亲和力大小，或称为选择性大小。如果以树脂相中 B^+ 的分率为纵坐标，水（溶液）相中 B^+ 的分率为横坐标，根据不同的 K_A^B 值，用式(8-2)作图，即可得到等价离子交换的平衡曲线，如图 8-4 所示。图中 c 线，$K_A^B>1$ 时，离子交换反应顺利向右进行，离子交换效果好；图中 b 线，$K_A^B=1$ 时，离子交换反应处于动态平衡状态，没有离子交换效果；图中 a 线，K_A^B<1 时，离子交换过程发生逆向反应，类似于树脂再生过程。

8.1.4.3 离子交换反应强弱的影响因素

① 离子价数：优先选择高价离子。

② 离子水化半径的影响：水化半径较小的离子优先吸附。

③ 溶液浓度的影响：亲和力大，浓度大的促进离子交换反应。

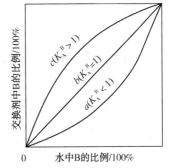

图 8-4　等价离子交换的平衡曲线

④ 有机溶剂的影响：有机溶剂使离子的溶剂化程度降低，减小了离子的电离度，常会使树脂对有机离子的选择性降低，而容易吸附无机离子。

⑤ 树脂与交换离子间的辅助力：对于小分子的无机离子，一般以库仑力为主。对于一些大分子来说，除带电产生的库仑力之外，还可能产生诸如范德华力、氢键等力。吸附大分子时主要以范德华力为主，库仑力居次要地位。

8.1.5　离子交换历程和动力学

8.1.5.1　离子交换过程的特征

强酸性阳离子交换树脂是利用氢离子交换其他阳离子，强碱性阴离子交换树脂是以氢氧根离子交换其他阴离子。如以包含磺酸根的苯乙烯和二乙烯苯制成的阳离子交换树脂会以 H^+ 交换碰到的各种阳离子（例如 Na^+、Ca^{2+}、Al^{3+}）。同样的，以包含季铵盐的苯乙烯制成的阴离子交换树脂会以 OH^- 交换碰到的各种阴离子（如 Cl^-）。从阳离子交换树脂释出的 H^+ 与从阴离子交换树脂释出的 OH^- 相结合后生成纯水。

阴、阳离子交换树脂可被分别包装在不同的离子交换床中，分成所谓的阴离子交换床和阳离子交换床。也可以将阳离子交换树脂与阴离子交换树脂混在一起，置于同一个离子交换床中。不论是哪一种形式，当树脂与水中带电荷的杂质交换完树脂上的 H^+（或）OH^-，就必须进行"再生"。再生的程序恰与纯化的程序相反，利用 H^+ 及 OH^- 进行再生，交换附着在离子交换树脂上的杂质。

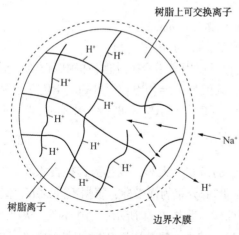

图 8-5　离子交换过程示意图

离子交换过程包括 5 步（以 Na^+ 与 H^+ 的交换为例），如图 8-5 所示。

① 膜扩散过程：树脂微粒周围包围着一层静止的液膜，离子必须通过这个膜方能到达树脂表面，称为膜扩散过程，如：A^+（Na^+）自溶液扩散到树脂表面。

② 粒内扩散过程：A^+（Na^+）从树脂表面扩散到树脂内部的活性中心。

③ 化学交换反应过程：A^+（Na^+）在活性中心发生交换反应：$A^+ + RB \rightleftharpoons RA + B^+$（或者 $Na^+ + RH \rightleftharpoons RNa + H^+$）。

④ 解吸离子：B^+（H^+）自树脂内部的活性中心扩散到树脂表面。

⑤ 粒内反向扩散过程：B^+（H^+）从树脂表面扩散到溶液。

8.1.5.2　离子交换速度以及影响因素

（1）离子交换速率

离子交换过程中，步骤③交换反应可瞬间完成。步骤①和⑤称为液膜扩散步骤，步骤②和④称为树脂内扩散步骤。传质速率较慢，离子的液膜扩散速度和孔道扩散速度其较小者为离子交换速度的控制因素。

离子交换在不同的过程中会受到不同步骤的限制。例如，在一级化学除盐水处理设备运行中，离子交换速度一般受液膜扩散控制；而再生时离子交换速度一般受孔道扩散控制。

根据菲克定律，离子交换速度表示式为：

$$\frac{\mathrm{d}q}{\mathrm{d}t} = \frac{D \cdot B}{\varphi \cdot \delta}(c_1 - c_2)(1 - \varepsilon) \tag{8-3}$$

式中　$\mathrm{d}q/\mathrm{d}t$——单位时间单位体积树脂的离子交换量，$\mathrm{mol}/(\mathrm{m}^3 \cdot \mathrm{s})$；

$\qquad D$——总扩散系数；m^2/s；

$\qquad B$——与离子均匀程度有关的系数；

$\quad c_1$、c_2——分别表示同一种离子在溶液相和树脂相中的浓度，$\mathrm{mol}/\mathrm{m}^3$；

$\qquad \varepsilon$——树脂的空隙度；

$\qquad \varphi$——树脂颗粒的粒径，m；

$\qquad \delta$——扩散距离，m。

（2）影响离子交换速率的因素

① 树脂颗粒：粒度小，内扩散距离缩短和液膜扩散的表面积增大，速度快。

② 树脂交联度：降低交联度，树脂网孔增大，可提高速度。

③ 搅拌和溶液流速：搅拌或流速提高，使液膜变薄，能加快外扩散和液膜扩散，而树脂内扩散基本不受流速或搅拌的影响。

④ 溶液浓度：离子浓度低时，对外扩散速度影响较大，而对内扩散影响较小；离子浓度较高时，则相反。

⑤ 温度：温度提高，扩散速度加快，因而交换速度也增加。

⑥ 离子的大小：小离子交换快，大分子交换慢。

⑦ 离子化合价：离子化合价越高，扩散速度愈小。

8.2　离子交换设备和工艺

8.2.1　离子交换设备

按照操作方式不同离子交换设备分为静态交换设备与动态交换设备两种。

（1）静态交换设备

静态设备为一带有搅拌器的反应罐，交换液与树脂一同放入容器内，搅拌或鼓入空气，充分接触，交换达到平衡时，过滤将液固分离。为了提高交换效果，需进行多次静态交换，又称间歇式交换。这种操作方式费时，效率低，实用价值小。如图8-6所示。

（2）动态交换设备

动态设备分为间歇操作的固定床和连续操作的流动床两大类。固定床有单床(单柱或单罐操作)、多床(多柱或多罐串联)、复床(阴柱、阳柱)、混合床(阴、阳树脂混合在一个柱或罐中)。连续流动床是指溶液及树脂以相反方向连续不断地流入和离开交换设备，一般也有单床、多床之分。

目前使用最广泛的是固定床。固定床离子交换器包括筒体、进水装置、排水装置、再生液分布装置及体外有关管道和阀门，如图8-7所示。

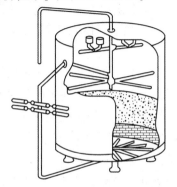

图8-6　柱式离子交换罐剖视图

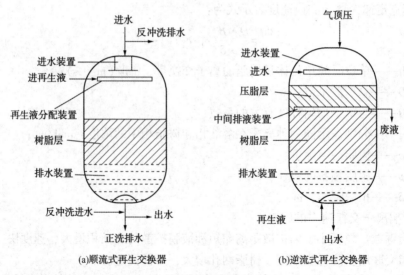

进水
反冲洗排水
进水装置
进再生液
再生液分配装置
树脂层
排水装置
反冲洗进水 ←
出水
正洗排水
(a)顺流式再生交换器

气顶压
进水装置
进水
压脂层
中间排液装置
树脂层
废液
排水装置
再生液
出水
(b)逆流式再生交换器

图 8-7   固定床离子交换反应器

8.2.2　离子交换工艺过程

8.2.2.1　离子交换过程

一个完整的离子交换除盐系统运行周期包括除盐、反洗、再生、正洗 4 步。离子交换过程最关键的步骤是脱盐和再生过程。

（1）脱盐反应过程

先经 RH 除去金属离子等阳离子的水，再经过 ROH 树脂层依次除去水中的阴离子，最后得到纯水。

天然水中常含有 Ca^{2+}、Mg^{2+}、Na^+ 等多种阳离子及 Cl^-、SO_4^{2-}、CO_3^{2-} 等多种阴离子，因此离子交换并非这么简单。但是自上而下被吸着的离子按照该离子选择性顺序在树脂层中依次排布，最上部是选择性最大的离子，最下部是选择性最小的离子，各种离子的选择性差异越大，则在树脂层中的分层就越明显，故当下部出水中含有选择性最小的离子时说明离子交换达到终点且离子树脂已经除盐完毕，交换树脂全部失效。如图 8-8 所示。

① 离子交换第一阶段，0~a 阶段，出水为 pH 值稳定的强酸性水，Na^+ 浓度为 0，酸度值最大。

对于一个强酸性阳离子树脂交换床层而言，含有 Ca^{2+}、Na^+、SO_4^{2-}、Cl^- 的原水自上而下进入交换床层，由于树脂对 Ca^{2+} 的吸附性高于 Na^+ 的吸附性能，所以在固定床的最上层吸附了 Ca^{2+}，树脂层是 R_2Ca；Ca^{2+} 被吸附完全后，相邻的中间层则吸附 Na^+，树脂层是 RNa；在树脂层的下部，当 Ca^{2+}、Na^+ 被吸附完全后，水中没有了 Ca^{2+}、Na^+，所以下层树脂依然是 RH。这时在床层中形成 3 个层区，上部 R_2Ca 层为失效层，中部为工作层，从上到下 RNa 逐渐减少至 0，下部层为未工作层，树脂仍然为 RH，水通过这一层时水质不发生任何变化。随着原水的不断加入，上层的 R_2Ca 层、中层的 RNa 层不断向下扩散延伸，

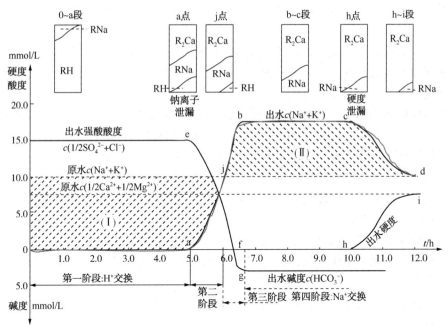

图 8-8 离子交换过程示意图

RH 区域不断缩小，由于树脂上大量 H$^+$ 被置换入水中，这一阶段交换器中的出水所含阳离子全部为 H$^+$，而 Na$^+$ 含量恒等于 0，所以出口水呈强酸性，酸度值维持恒定。

② 离子交换第二阶段，a~b 阶段，出水中 Na$^+$ 逐渐透出，浓度不断增加，pH 值逐渐由酸性过渡到碱性。

在操作时间延续到 a 点时，RH 区域消耗殆尽，过 a 点后出口处水开始有 Na$^+$ 透出迹象。过了 a 点以后，R$_2$Ca 层、RNa 层不断向下延伸，失效层逐渐扩大，工作层不断缩小，床层中 RH 区域逐渐消失，出水中 Na$^+$ 浓度不断增加，H$^+$ 不断减小直至 0，所以出水从强酸性逐渐过渡到中性(j 点)。

过了 j 点以后，R$_2$Ca 层、RNa 层不断继续向下延伸，床层中 RH 区域消失，出水中 Na$^+$ 浓度逐渐升高，H$^+$ 消失，Na$^+$ 浓度继续增加，所以出水从中性逐渐过渡到碱性(从 j 点到 b 点)。

③ 第三阶段，b~c 阶段，Na$^+$ 维持恒定，出水碱度维持恒定。

过了 b 点以后，R$_2$Ca 层、RNa 层不断继续向下延伸，并且 R$_2$Ca 层增加，RNa 层缩减，出水中 Na$^+$ 浓度恒定，所以出水碱度恒定，维持在最大值(从 b 点到 c 点)。

④ 第四阶段，c~d 阶段，Na$^+$ 浓度逐渐衰减至 0，c 点有 Ca^{2+} 透出，至 d 点 Ca^{2+} 浓度达原水 Ca^{2+} 浓度。过了 c 点以后，R$_2$Ca 层、RNa 层继续向下延伸，并且 R$_2$Ca 层增加，RNa 层逐渐消失，出水中 Na$^+$ 浓度恢复到原水中 Na$^+$ 水平，Ca^{2+} 浓度逐渐增多至原水中 Ca^{2+} 浓度，过 d 点后出水和原水一致，树脂层全部为 R$_2$Ca 层，树脂失效。

必须指出的是，经过阳离子交换树脂 RH 处理过的水，还含有 SO$_4^{2-}$、Cl$^-$ 等阴离子，还需用阴离子交换树脂处理。

（2）反洗过程

用清水松动交换剂层，清除树脂层内的悬浮物、破碎的树脂和气泡等，反洗至水澄清为止，反洗水自下而上进行洗涤，便于将树脂层清洁干净且将密实的树脂层适当松动。

（3）再生过程

再生反应过程是脱盐反应过程的逆过程。树脂失去继续交换水中离子的能力时称为失效。通常交换器运行至欲脱去离子开始泄漏即认为失效。失效树脂需再生才能恢复交换能力，恢复树脂的交换能力称为再生。

再生所用的化学药剂称为再生剂，强酸性阳树脂用 HCl 或 H_2SO_4 等强酸及 NaCl、Na_2SO_4 再生；弱酸性阳树脂用 HCl、H_2SO_4 再生；强碱性阴树脂用 NaOH 等强碱及 NaCl 再生；弱碱性阴树脂用 NaOH、Na_2CO_3、$NaHCO_3$ 等再生。因为离子交换反应是可逆的，故树脂运行所吸着的离子完全有可能由再生剂中带同类电荷的离子取代。但是实际上，再生反应只能进行到平衡状态，只用理论量的再生剂是不能使树脂的交换容量完全恢复的，因此再生剂的用量通常超过理论量。

操作方法是打开空气门和进水门后，将一定浓度的再生液送入交换器内，由再生装置将再生液均匀分布到整个树脂层，并将交换器内的空气经气管排出，空气排净后关闭空气门，打开排水门，此时再生液流过树脂层，并与失效的阳离子(或者阴离子)树脂发生离子交换反应，使失效的树脂再生，再生过程废液从排水门排出。

（4）正洗过程

待树脂再生后的废液基本排完，树脂中仍有残留的再生剂和再生产物，必须将其洗除，交换器方能投入运行，正洗时清水沿运行线路进入交换器、排水门、排入地沟。正洗开始时排出废液中仍然有再生剂和再生产物，随着正洗的进行，出水中两者含量逐渐减少，除盐交换反应开始发生，排水基本符合水质标准时关闭排水门结束正洗，开始进行下一周期的运行。

8.2.2.2　离子交换工艺

按操作方式不同，离子交换工艺可分为间歇操作和连续操作方式；按离子交换床层的种类，可将离子交换工艺分为固定床工艺和流化床工艺。

（1）间歇操作交换工艺过程

一个间歇操作工艺过程包含除盐、反洗、再生、正洗 4 个过程。间歇操作工艺主要设备是固定床交换床。固定床离子交换工艺分为单床工艺、多床工艺、复床式工艺、混合床式工艺四种。如图 8-9 所示。

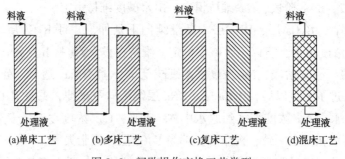

图 8-9　间歇操作交换工艺类型

① 单床工艺：是指床层由一台固定床所组成，床层中装填同一种交换树脂，可以分离出特定的物质离子。

② 多床工艺：是为了增加除去离子的量，采用多床串联的操作方式，增加操作时间，

增加了交换树脂的量。

③ 复床工艺：是指把装有阳离子交换树脂的离子交换器与装有阴离子交换树脂的离子交换器先后串联起来使用，以达到同时除去电解质溶液中的阳离子与阴离子或两种以上不同物质的目的交换器。

④ 混床工艺：是指将阴阳离子交换树脂按一定比例混合后放在同一个交换器内所组成的离子交换系统。通过复床可将水中的矿物盐基本除去。为了获取较好的除盐效果，阳床内装载强酸阳离子交换树脂，阴床内装载强碱阴离子交换树脂。混床工艺又分为体内同步再生式混床和体外再生式混床。

例如，在制纯水过程中，利用固定床式复床离子交换工艺过程（如图 8-10 所示），将自来水先输入到强酸性离子交换固定床层，吸附水中的相关阳离子（Ca^{2+}、Mg^{2+}、Na^+ 等），为了保持水的电性平衡，强酸阳离子交换树脂床出水中 H^+ 浓度高，所以：

$$H^+ + CO_3^{2-} \longrightarrow HCO_3^-$$
$$H^+ + HCO_3^- \longrightarrow CO_2 + H_2O$$

生成的 CO_2 由除碳器用空气吹出；水进入阴离子固定床交换树脂床层，用树脂上的 OH^- 交换吸附水中的 Cl^-、SO_4^{2-}，同时 OH^- 与前一床层置换出的 H^+ 结合生成水。当树脂失活后，则要转换成再生工艺过程，所以称为间歇离子交换工艺过程。

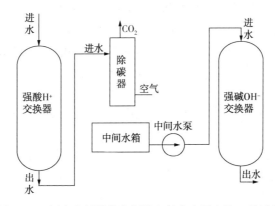

图 8-10 固定床间歇操作制纯水复床离子交换工艺过程

（2）连续交换工艺过程

由交换塔、再生塔和清洗塔组成，如图 8-11 所示。运行时，原水由交换塔下部逆流而上，把整个树脂层承托起来并与之交换离子。流化床工艺特点符合连续交换工艺过程特点。

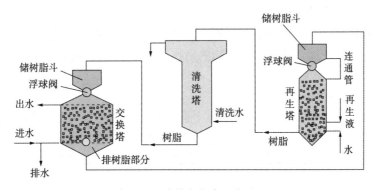

图 8-11 连续交换床工艺过程

离子交换一段时间后，当出水离子开始穿透时，停止进水，并由塔下排水。排水时树脂层下降(称为落床)，由塔底排出部分已饱和的树脂，并循环到再生塔，同时交换塔浮球阀自动打开，放入早已再生洗涤好的树脂，就这样连续不断的循环操作。

① 优点：运行流速高，树脂用量少，利用率高，占地面积小，可连续供水，减少了设备用量。

② 缺点：运行终点较难控制，树脂移动频繁损耗大，阀门操作频繁，易发生故障，自动化要求高等。

8.2.3 离子交换技术的工业应用

离子交换技术广泛用于：①水的软化、高纯水的制备、环境废水的净化。②溶液和物质的纯化，如铀的提取和纯化。③金属离子的分离、痕量离子的富集及干扰离子的除去。④抗生素的提取和纯化等。

(1) 水处理

这是离子交换法最主要的应用领域。最早的离子交换法应用是从工业锅炉用水的处理开始的，水中所含的钙、镁离子会使锅炉结垢，导致锅炉效率降低，久之还有爆炸风险，人们先后采用天然泡沸石、磺化煤、离子交换树脂等解决了这一问题，也带动了离子交换法在其他水处理领域，尤其是饮用水处理领域的应用。常见的例子有硬水软化处理。

(2) 分离纯化冶金、医药、有机合成过程中产生的各种离子

金属盐、有机酸、胺、氨基酸等能够产生的离子都能够被吸附到离子交换剂上，进而富集，从而达到分离的效果，这个方法在分离工程中应用广泛，尤其是在低浓度大批量样品的处理中效果显著。

除了分离某一种特定物质外，还可以利用离子交换层析等方法，批次分离多种物质。

(3) 催化剂制造

离子交换剂分为酸性、碱性、中性等种类，而不少化学反应需要酸性、碱性等物质作为催化剂，离子交换剂大量易得、使用方便、分离容易，可以作为很好的传统酸碱催化剂替代品使用。

(4) 在环境保护上的应用

云天化集团比较了国外较成熟的污水治理技术后，选择了离子交换法，因为它不但能有效治理污染物，使出水达标排放，具备环保效益，而且它能回收、提浓再生产品硝酸铵而具备经济效益。离子交换树脂进行工业废水处理时，不仅树脂可以再生，而且操作简单、工艺条件成熟、流程短，在废水处理方面得到了广泛的应用。

(5) 在食品工业中的应用

离子交换树脂是食品和发酵工业产物中提纯、分离、浓缩、催化的良好材料。它广泛应用于糖液的脱色、脱盐、软化及副产物的回收、分离、异构体拆分和葡萄糖与果糖的分离等。

(6) 在医药工业中的应用

近年来，离子交换分离法是医药工业中最活跃、最有创造力的一种分离技术，主要包括药物的提取纯化、分离除杂、净化分析和制成药物树脂等等。在医药工业中，利用有机物、水的不解离或弱酸解离的特性对葡萄糖、甘露醇、氨基酸等进行电解质离子的分离。

（7）在冶金工业中的应用

近10年来，离子交换法在镍钴湿法冶金技术中取得了迅速发展，离子交换法是一种工艺简化、成本低及对环境友好型的镍钴分离提取技术。阳离子交换树脂IRN-77树脂骨架为苯乙烯–二乙烯苯共聚物，其功能团为磺酸基，属于强酸性树脂，可用于钴或镍的回收。

（8）在原子能工业中的应用

随着原子能事业的发展，离子交换法在其中的应用更加广泛。对处理放射性物质来说，离子交换法是一种简便的分离方法。在反应过程中，可用聚苯乙烯–二乙烯苯季铵盐型强碱性离子交换树脂，从碱性浸出液中提取铀；用弱酸性阳离子交换剂处理核反应堆用水；用阴离子交换树脂除去放射性废水中少数核素碘、磷、钼、氟等；用无机离子交换树脂(包括氧化物、水合氧化物、硫化物、磷酸盐、铝硅酸盐以及铁酸盐)回收核燃料、处理裂变产物；用天然的无机离子交换机处理放射性废液等。

（9）天然物的提取和纯化

随着分离科学与技术的进步，树脂提取分离技术在天然产物提取分离中的应用日益增加。天然氨基酸主要来源于蛋白质水解液或微生物发酵液，根据来源的不同，体系中氨基酸的含量与半生杂质的类型也有所区别，因而提取分离工艺也不尽相同。由于树脂对不同氨基酸的选择性不同，可以利用阳离子交换树脂对混合物氨基酸进行分离；利用弱酸性阳离子交换树脂或弱碱性阴离子交换树脂，可以提取、纯化抗生素和蛋白质；利用阳离子交换树脂提取分离和富集生物碱；利用阴离子交换树脂使糖类物质分离和纯化；利用阴离子交换树脂吸附分离莽草酸等。

8.2.4　固定床离子交换设备的设计

（1）交换器直径 d 计算

$$d = \sqrt{\frac{4Q_1}{\pi v}}$$

（2）一台设备一个周期离子交换容量 E_c（mmol）

$$E_c = Q_1 C_0 T$$

（3）树脂层高度

$$h_R = \frac{4E_c}{E_0(\pi d^2)}$$

练　习　题

一、填空题

1. 人工合成的离子交换树脂是具有（　　　　）和（　　　　）的难溶性高分子电解质。

2. 根据树脂骨架上的活性基团的不同，可分为（　　　　）交换树脂、（　　　　）交换树脂、（　　　　）交换树脂、（　　　　）树脂和（　　　　）树脂等。

3. 用于离子交换分离的树脂要求具有不溶性、一定的交联度和溶胀作用，而且交换容量和稳定性要高。

4. 离子交换树脂是一类具有离子交换功能的高分子材料，它由（　　　　）骨架，连接在骨架上的(　　　　　)，及功能基团上带有相反电荷的(　　　　　)三部分构成。在离子交换操作中功能基团上的活性离子与溶液中的(　　　　)进行交换。

5. 离子交换树脂的化学特性包括：(　　　　　)、(　　　　　)、(　　　　　)和(　　　　)。

6. 交换树脂对不同离子的选择性，依(　　　　)优先，同价位时，依(　　　　)优先。

7. 强碱性阴离子树脂对阴离子 SO_4^{2-}、NO_3^-、Cl^-、HCO_3^-、OH^- 的吸附顺序为(　　　　　　　　　　　　　　　　)(用>号连接)。

8. 弱碱性阴离子树脂对阴离子 OH^-、柠檬酸根、SO_4^{2-}、酒石酸根、草酸根、PO_4^{3-}、NO_2^-、Cl^-、醋酸根、HCO_3^- 的吸附的一般顺序为(　　　　　　　　　　)(用>号连接)。

9. 离子交换反应的类型包括(　　　　　　　)、(　　　　　　　)和(　　　　)。

10. 一个完整的离子交换除盐系统运行周期包括(　　　　　)、(　　　　　)、(　　　　)、(　　　　)4步。离子交换过程最关键的步骤是脱盐和再生过程。

二、单项或多项选择题

1. 阳离子交换树脂的强弱顺序为(　　　)。

A. $R—SO_3H<R—CH_2SO_3H<R—PO_3H_2<R—COOH<R—OH$

B. $R—SO_3H>R—CH_2SO_3H>R—PO_3H_2>R—COOH>R—OH$

C. $R—CH_2SO_3H>R—SO_3H>R—COOH>R—PO_3H_2>R—OH$

D. $R—COOH>R—CH_2SO_3H>R—OH>R—SO_3H>R—PO_3H_2$

2. 阴离子交换树脂的强弱顺序为(　　　)。

A. $R≡N^+OH^->R—NH_3^+OH^->R≡NH_2^+OH^->R≡NH^+OH^-$

B. $R—NH_3^+OH^->R≡N^+OH^->R≡NH_2^+OH^->R≡NH^+OH^-$

C. $R≡NH^+OH^->R—NH_3^+OH^->R≡NH_2^+OH^->R≡N^+OH^-$

D. $R≡N^+OH^->R≡NH_2^+OH^->R—NH_3^+OH^->R≡NH^+OH^-$

3. 可以表征离子交换树脂的物理特性参数有膨胀度、耐用性、热稳定性、(　　　)。

A. 树脂颗粒尺寸　　　B. 树脂的密度　　　C. 含水率　　　D. 树脂的溶解性

4. 苯乙烯强酸阳离子型对阳离子的选择性以下(　　　)描述是正确的。

A. $Fe^{3+}>Ca^{2+}>Na^+$　　　　　　　　B. $Ba^{2+}>Pb^{2+}>Ca^{2+}$

C. $Fe^{3+}<Ca^{2+}<Na^+$　　　　　　　　D. $Pb^{2+}>Ba^{2+}>Ca^{2+}$

5. 离子交换动态设备分为间歇操作的固定床和连续操作的流动床两大类，固定床包括(　　　)。

A. 单床(单柱或单罐操作)

B. 多床(多柱或多罐串联)

C. 复床(阴柱、阳柱)

D. 混合床(阴、阳树脂混合在一个柱或罐中)

三、判断题

1. 离子交换平衡常数 K_A^B 数值的大小代表了树脂对 A、B 两种离子的亲和力大小，或

称为选择性大小。（　　　）

2. $K_A^B > 1$ 时，离子交换反应顺利向右进行，离子交换效果好。（　　　）

3. $K_A^B = 1$ 时，离子交换反应处于动态平衡状态，没有离子交换效果。（　　　）

4. $K_A^B < 1$ 时，离子交换过程发生逆向反应，类似于树脂再生过程。（　　　）

5. 吸附和解吸过程都属于单向传质。（　　　）

6. 吸附过程放热，解吸过程吸热。（　　　）

四、简答题

1. 什么是离子交换技术？

2. 简述离子交换树脂的分类。

3. 试述离子交换树脂的鉴别和分析操作步骤。

4. 写出强型树脂的离子交换反应方程式。

5. 写出弱型树脂的离子交换反应方程式。

6. 什么是离子交换平衡？如何量化平衡？

7. 分析影响离子交换反应强弱的因素。

8. 简述离子交换过程的步骤。

9. 分析脱盐反应过程中树脂层离子浓度变化过程。

10. 举例说明离子交换技术的工业应用。

项目9 膜分离技术

学习目标

学习目的：

通过本项目的学习，了解膜组件及膜的构成；熟练掌握膜分离技术的工业应用。

知识要求：

掌握膜分离过程的种类和工业应用范围；

理解浓差极化现象及对膜分离过程的影响；

了解膜分离技术的进展。

能力要求：

能利用膜分离技术的特点针对不同的混合物选择不同的膜分离方法；

能识别膜分离操作过程中的不正常现象。

基本任务

膜分离过程(Membrane Separation Process)定义为利用天然的或合成的、具有选择透过性的薄膜，以化学位差或电位差为推动力，对双组分或多组分体系进行分离(Separation)、分级(Classification)、提纯(Purification)或富集(Enrichment)的过程。

膜分离技术自20世纪60年代问世后，其应用领域日趋拓宽。近年来，作为新型高效的单元操作，各种膜分离过程得到迅速发展，在化工、生物、医药、能源、环境、冶金等领域得到了日益广泛的应用。

9.1 膜分离技术工业应用案例

(1) 海水淡化及纯净水生产

海水淡化及纯净水生产主要是除去水中所含的无机盐，常用的方法有离子交换法、蒸馏法和膜法(反渗透、电渗析)等。膜法淡化技术有投资费用少、能耗低、占地面积少、建造周期短、易于自动控制、运行简单等优点，已成为海水淡化的主要方法。

近年来，我国建设了大量的海水淡化工程和工业污水处理工程。图9-1是我国嵊泗1000t/d海水淡化三期工程一角，图9-2是太钢集团1700t/h污水处理回收装置，图9-3是二级反渗透海水淡化系统工艺流程。

(2) 乳清加工

乳清中的乳清蛋质、大豆低聚糖和盐类，排放到自然水体会造成污染，回收利用则变废为宝。在乳清蛋白的回收中，最为普遍采用的工艺是利用超滤对乳清进行浓缩分离，通过超滤分离可以获得蛋白质含量在 35%~85% 的乳清蛋白粉。此外，引入超滤和反渗透组合技术，可以在浓缩乳清蛋白的同时，从膜的透过液中除掉乳糖和灰分等，乳清蛋白的质量明显提高。图 9-4 是用超滤对乳清进行浓缩分离工艺装置。

图 9-1　嵊泗 1000t/d 海水淡化三期工程

图 9-2　太钢集团 1700t/h 污水处理回收装置

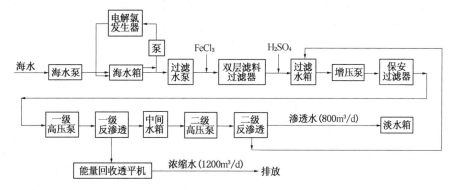

图 9-3　二级反渗透海水淡化系统工艺流程

图 9-4　超滤对乳清进行浓缩分离装置

（3）膜集成技术深度处理石化污水循环使用工艺

膜集成技术在处理石化排放水方面取得广泛应用，我国西北某石化动力厂对其排放的污水进行了一年的连续试验考察，取得了较好的试验结果。

1）微滤（CMF）工艺流程

连续微滤（Continuous Microfiltraton）的工作原理是以中空纤维微滤膜为中心的处理单元，配以特殊设计的管路、阀门、自清洗单元、加药单元和自控单元等，形成闭合回路连续操作系统，使处理液在一定压力下通过微滤膜过滤，达到物理分离的目标。CMF 工艺流程见图 9-5。

该系统采用了一种新的外压中空纤维膜清洗工艺方法．在清洗过程中，反洗液由膜元件的滤过液出口进入到外压中空纤维膜内侧，由内向外进行反向渗透清洗；与此同时，在膜元件的原液入口端鼓入压缩空气，对中空纤维膜的外壁进行空气振荡和气泡擦洗。压缩空气在中空纤维膜的外壁与膜元件壳体之间的空间内上升，与反向渗透清洗共同作用，将膜表面的污染物冲下，随洗后的液体与空气从膜组件的排污口排出。这种自清洗方法可以有效地对中空纤维微滤膜实现在线清洗，从而达到连续生产的目的。工作过程是通过给水泵将污水压入 CMF 膜元件中，经过调压阀调节系统内压力使产水量达到要求，但压力不能超过 0.1MPa，污水经过膜组件得以净化，供反渗透进行进一步的净化处理。

2）反渗透（RO）工艺流程

反渗透（Reverse Osmosis）的工作原理是含各种离子的水在加压（大于渗透压）状态下，高速流过 RO 膜表面，其中一部分水分子和极少量的离子通过膜，而另一部分水和大量的离子被截留，使水被淡化。工作过程是用动力将 CMF 所产净水注入到 RO 膜组件中去，再由增压泵进行加压，由调压阀调节压力，使所产水的产量达到要求为止，所产净水用作生产循环用水，污水再回到传统工艺的调节池进行处理。RO 工艺流程见图 9-6。

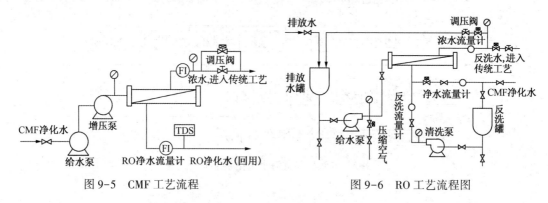

图 9-5　CMF 工艺流程　　　　　图 9-6　RO 工艺流程图

3）膜集成技术的工艺流程

膜集成技术处理石化工业污水的工艺流程如图 9-7 所示。在工作状态下，排放水通过动力作用进入带有气体擦洗-反冲洗系统的中空纤维膜装置的 CMF 系统，反渗透系统脱 COD_{Cr}（COD_{Cr} 是指用重铬酸钾为氧化剂测出的需氧量，是用重铬酸钾法测出 COD 的值）和脱盐处理净化水最终进行循环使用。连续微滤反冲洗水悬浮物含量高，浊度大；反渗透浓水有机物含量较高，相对分子质量较小，不易凝聚，用微滤难以去除，因而把这些水再回到传统污水工艺处理。

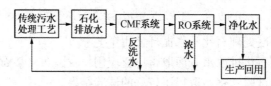

图 9-7　膜集成技术处理石化工业污水的工艺流程

4）膜集成系统的操作条件

① CMF 的操作条件：

进水温度　　　　　　<30℃；

进水压力　　　　　<0.1MPa;

出口水压力　　　　<0.1MPa;

讲口流量　　　　　3500L/h;

反清洗空气流量　　6~8m³/h;

反冲洗1的压力　　0.05~0.06MP;

反冲洗2的压力　　0.09MPa;

② RO 的操作条件:

进水温度　　　　　20~35℃;

进水压力　　　　　≥0.2MPa;

操作压力　　　　　1.0~1.8MPa;

出口流量　　　　　720L/h。

5) 深度处理石化工业排放水的回收率

膜集成技术深度处理石化工业排放水的回收率情况见表9-1。从表9-1可知,膜集成系统的总产水率为39.3%,显得较低。主要原因是中试的处理规模偏小;使CMF和RO单个装置产水率较低。若规模扩大,CMF装置产水率达到95%,RO装置产水率达到80%,其总的产水率可望达76%以上。由于CMF的反冲洗水和RO的浓水回到前面传统废水处理系统再处理,使整个系统的回收率可进一步提高。

表9-1　膜集成系统处理石化污水工艺循环水的回收率

过程	流量/(L/h)				产水率/%	总产水率/%	系统回收率/%
	浓水	净水	反冲水1	反冲水2			
CMF	2002	1687	2300	3000	84.3	39.3	≥90
RO	820	717			46.62		

6) 膜集成技术处理石化工业排放水回用水的成本预算

以在石化企业动力厂的试验设备为依据,算出来的循环水的成本为4.08元/t,显得较高。主要原因是小型中试系统的产水率低,能源的利用率过低,若整个系统规模扩大,总投资和产水率就会相对降低,若是产水量达到10t/h时,总投资60万元左右,设备投资只提高了3倍,吨成本折旧部分降低了70%,耗电量吨成本也有所降低,经测算后月用水每吨成本为1.80元,从经济角度考虑,每吨排放水收费约0.35元,每吨自来水费用1.5~2.0元左右,合计共1.85~2.35元/t。与回用水成本相比差不多,从经济上是可以接受的。而社会效益更是显著的,既节约了水资源,同时又减轻了环境污染。

9.2　膜分离概述

尽管各种膜分离过程的机理并不相同,但它们都有一个共同的特征:借助于膜实现分离。常用的膜具有下述两个特性:①至少必须具有两个界面。通过这两个界面分别与被膜分开于膜两侧的流体物质相互接触。②膜应具有选择透过性,膜可以是完全透过性的,也可以是半透过性的。常见的膜分离过程如图9-8所示。原料混合物通过膜后被分离成一个截留物(Entrapped Substance)(浓缩物)和一个透过物(Permeable Substance)。通常原料为混合物，截留物及透过物为液体或气体。膜可以是薄的无孔聚合物膜，也可以是多孔聚合物、陶瓷或金属材料的薄膜。

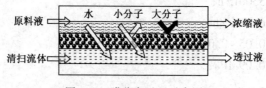

图 9-8　膜分离过程示意图

与常规分离过程相比，膜分离过程的特点是：

① 两个产品(指截留物和透过物)通常是互溶的；

② 多数膜分离过程无相变发生，能耗通常较低；

③ 膜分离过程可以实现分离与浓缩、分离与反应同时进行，大大提高了过程效率，但往往难以实现组分间的清晰分离；

④ 膜分离过程通常在温和条件下进行，适用于热敏物质的分离、浓缩与富集的膜分离过程。不仅适用于有机物或无机物的分离，还适用于许多特殊溶液体系分离，如共沸物或近沸物的分离。

膜的性能可以灵活调节，膜组件简单，可实现连续操作。缺点主要是，膜的浓差极化和膜污染使膜寿命较短。

膜分离过程的推动力常有：压力差、电位差、浓度差和浓度差加化学反应等。表 9-2 对几种主要的膜分离过程作了简单描述。

表 9-2　膜分离的重要工业应用

膜过程	缩写	推 动 力	截 留 物	工 业 应 用
反渗透	RO	压力差 1000~10000kPa	0.1 ~ 1nm 小分子溶质	海水或苦咸水脱盐；地表或地下水的处理；食品浓缩等
渗析	D	浓度差	>0.02μm 截留	从废硫酸中分离硫酸镍；血液透析等
电渗析	ED	电化学势	离子	电化学工厂的废水处理；半导体工业用超纯水的制备；海水淡化
微滤	MF	压力差 100kPa	0.02~10μm 粒子	药物灭菌；饮料的澄清；抗生素的纯化；由液体中分离动物细胞等
超滤	UF	压力差 100~1000kPa	1~20nm 大分子溶质	果汁的澄清；发酵液中疫苗和抗生素的回收等
渗透蒸发	PV	分压差	截留难溶或难挥发性组分	乙烯-水共沸物的脱水；有机溶剂脱水；从水中除去有机物
气体分离	GP	压力差 1000~10000kPa	截留难溶或难挥发性组分	从甲烷或其他烃类中分离 CO_2 或 H_2；合成气 H_2/CO 的调节；从空气中分离 N_2 和 O_2
液膜分离	LM	pH 值差	截留在液膜中的难溶解组分	从电化学工厂废水中回收镍；废水处理等

膜分离过程的经济性和有效性取决于膜及膜组件的特性及其结构、型式，这些特性可以归结为：①具有高渗透性和选择性；②良好的化学和机械加工的环境适应性；③性能稳

定、抗污染和是否有较长的使用寿命；④膜件易于加工制造；⑤能够承受较大的跨膜压差。

9.2.1 膜的分类

膜的种类和功能繁多，不可能用一种方法来明确分类。比较通用的有以下四种分类方法，如表9-3所示。

表9-3 膜 的 分 类

按来源分类	(1) 天然型(生物膜)：指天然物质改性或再生而制成的膜 (2) 合成型：分为无机膜、有机膜和无机-有机复合膜
按作用机理分类	(1) 吸附型膜：包括多孔膜、反应膜 (2) 扩散性膜：包括聚合物膜、金属膜、玻璃膜 (3) 离子交换膜：阴、阳离子树脂交换膜 (4) 反应性膜：包括液膜、膜催化、膜反应器
按结构分类	(1) 多孔膜：包括微孔膜、大孔膜 (2) 非多孔膜：包括无机膜、聚合物膜、结晶型膜 (3) 液膜：包括无固定支撑型(乳化液膜)、有固定支撑型(固定膜或支撑液膜)
按用途分类	(1) 气相系统用膜 (2) 气液系统用膜 (3) 液液系统用膜 (4) 气固系统用膜 (5) 固固系统用膜 (6) 液固系统用膜

9.2.2 膜材料

膜材料应具有良好的成膜性、热稳定性、化学稳定性、耐酸、碱、微生物侵蚀和耐氧化性能。用于分离的膜的种类很多，其中以高分子材料的聚合物膜居多。用于制膜的高分子材料也很多，如各种纤维素酯、脂肪族和芳香族聚酰胺、聚砜、聚丙烯腈、聚四氟乙烯、硅橡胶等。

9.2.2.1 高分子膜材料

按照聚合物膜的结构与作用特点，可将其分为致密膜(Compact Membrane)、微孔膜(Microporous Membrane)、非对称膜(Asymmetric Membrane)、复合膜(Composite Membrane)与离子交换膜(Ion Exchange Membrane)五类。

(1) 致密膜

致密膜又称均质膜，是一种均匀致密的薄膜，物质主要是靠分子扩散通过这类膜。

(2) 微孔膜

微孔膜内含有相互交联的孔道，这些孔道曲曲折折，膜孔大小分布范围宽，一般为 $0.02 \sim 10 \mu m$，膜厚 $50 \sim 250 \mu m$。对于小分子物质，微孔膜的渗透性高，但选择性低。然而，当原料混合物中一些物质的分子尺寸大于膜的平均孔径，而另一些分子小于膜的平均孔径时，则用微孔膜可以实现这两类分子的分离。另有一种核径迹微孔膜，它是以 $10 \sim$

$15\mu m$ 的致密塑料薄膜为原料，先用反应堆产生的裂变碎片轰击，穿透薄膜而产生损伤的径迹，然后在一定温度下用化学试剂侵蚀而成一定尺寸的孔。核径迹膜的特点是孔直而短，孔径分布均匀，但开孔率低。

（3）非对称膜

非对称膜的特点是膜的断面不对称，故称非对称膜。它由用同种材料制成的表面活性层与支撑层两层组成。膜的分离作用主要取决于表面活性层。由于表面活性层很薄（通常仅 $0.1\sim1.5\mu m$），故对分离小分子物质而言，该膜层不但渗透性高，而且分离的选择性好。大孔支撑层呈多孔状，仅起支撑作用，其厚度一般为 $50\sim250\mu m$，它决定了膜的机械强度。

（4）复合膜

复合膜是由在非对称膜表面加一层 $0.2\sim15\mu m$ 的致密活性层构成。膜的分离作用亦取决于这层致密活性层。与非对称膜相比，复合膜的致密活性层可根据不同需要选择多种材料。

（5）离子交换膜

离子交换膜是一种膜状的离子交换树脂，由基膜和活性基团构成。按膜中所含活性基团的种类可分为阳离子交换膜、阴离子交换膜和特殊离子交换膜。膜多为致密膜，厚度在 $200\mu m$ 左右。

常用的聚合物膜见表 9-4。

表 9-4　常用的聚合物膜

材　料	缩　写	过　程	材　料	缩　写	过　程
醋酸纤维素	CA	MF、UF、RO、D、GP	聚丙烯-甲基丙烯酸酯共聚物	—	D
三醋酸纤维素	CTA	MF、UF、RO、GP	聚砜	PS	MF、UF、D、GP
CA-CTA 混合物	—	RO、D、GP	聚苯醚	PPO	UF、GP
混合纤维素酯	—	MF、D	聚碳酸酯	—	MF
硝酸纤维素	—	MF	聚醚	—	MF
再生纤维素	—	MF、UF、D	聚四氟乙烯	PTFE	MF
明胶	—	MF	聚偏氟乙烯	PVF2	UF、MF
芳香族聚酰胺	—	MF、UF、RO、D	聚丙烯	PP	MF
聚酰亚胺	—	UF、RO、GP	聚电解质络合物	—	UF
聚苯并咪唑	PBI	RO	聚甲基丙烯酸甲酯	PMMA	UF、D
聚苯并咪唑酮	PBIL	RO	聚二甲基硅烷	PDMS	GP
聚丙烯	PAN	UF、D			

以上的聚合物膜通常在较低的温度下使用（最高不超过 $200℃$），而且要求待分离的原料流体不与膜发生化学作用。当在较高温度下或原料流体为化学活性混合物时，可以采用由无机材料制成的分离膜。

9.2.2.2 无机膜

无机膜多以金属及其氧化物、陶瓷、多孔玻璃等为原料,制成相应的金属膜、陶瓷膜、玻璃膜等。这类膜的特点是热、机械和化学稳定性好,使用寿命长,污染少且易于清洗,孔径分布均匀。其主要缺点是易破损、成型性差、造价高。无机膜可以分为致密膜和多孔膜两大类,致密膜主要有各类金属及其合金膜,如金属钯膜、金属银膜等;另一类致密膜则是氧化物膜,主要有三氧化二铝膜、二氧化铝膜等。多孔膜按孔径分为三类:粗孔膜(孔径大于50mm)、过渡孔膜(孔径介于2~50mm)、微孔膜(孔径小于2mm)。

无机膜的发展大大拓宽了膜分离的应用领域。目前,无机膜的增长速度远快于聚合物膜。此外,无机材料还可以和聚合物制成杂合膜,该类膜有时能综合无机膜与聚合物膜的优点而具有良好的性能。

9.2.3 膜的分离透过参数

通常用膜的截留率、透过通量、截留相对分子质量等参数来表示膜的分离透过特性。不同的膜分离过程习惯上使用不同的参数以表示膜的分离透过特性。

(1) 截留率 R

$$R = \frac{c_1 - c_2}{c_1} \times 100\% \tag{9-1}$$

式中 c_1、c_2——料液主体和透过液中被分离物质的浓度。

(2) 透过速率(通量 J)

指单位时间、单位膜面积的透过物量,常用的单位为 $kmol/(m^2 \cdot s)$。由于操作过程中膜的压密、堵塞等多种原因,膜的透过速率将随时间而衰减。透过速率与时间的关系一般为:

$$J = J_0 t^m \tag{9-2}$$

式中 J_0——操作初始时的透过速率;

t——操作时间;

m——衰减指数。

(3) 截留相对分子质量

当分离溶液中的大分子物质时,截留物的相对分子质量在一定程度上反映膜孔的大小。但是通常多孔膜的孔径大小不一,被截留物的相对分子质量将分布在某一范围内。所以,一般取截留率为90%的物质的相对分子质量称为膜的截留相对分子质量。

(4) 膜的浓差极化

在以非浓度差(如压力差、电位差等)为推动力的一些膜分离过程中,流动边界层内会出现浓度分布现象。如超滤和反渗透过程中,溶剂在压力推动下通过膜体,由于膜对溶质的透过有选择性,一些随溶剂流动又不能透过膜的溶质在膜前停滞下来,形成溶质的高浓区[图9-9(a)],然后以浓差扩散的方式,返回液体主流。膜面出现高浓区,增加了溶液的渗透压,即降低了溶剂透过膜的推动力,但却增加了溶质渗漏的推动力。工作压力差越大,极化程度也越严重。超滤出现严重极化时,会在膜面产生凝胶层[图9-9(b)],对溶剂流动产生附加阻力,限制了渗透速率的进一步提高。反渗透出现严重极化时,由于溶质浓度过高，会导致沉淀析出。

假定超滤过程的透过率（单位 cm/s）为：

$$J_\text{V} = \frac{1}{A} \frac{\text{d}V}{\text{d}t} \tag{9-3}$$

式中　V——透过膜的溶液体积，cm^3；

　　　A——膜面积，cm^2；

　　　t——时间，s。

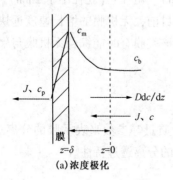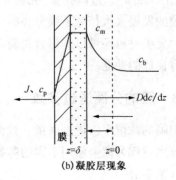

(a) 浓度极化　　　　　　(b) 凝胶层现象

图 9-9　反渗透的浓差极化

对如图 9-3(a) 所示的浓差极化现象，根据物料衡算有：

$$J_\text{V} c_\text{p} = J_\text{V} c - D \frac{\text{d}c}{\text{d}z} \tag{9-4}$$

式中　$J_\text{V} c_\text{p}$——从边界层透过膜的溶质通量，$mol/(cm^2 \cdot s)$；

　　　$J_\text{V} c$——对流传至进入边界层的溶质通量，$mol/(cm^2 \cdot s)$；

　　$D \text{d}c/\text{d}z$——从边界层向主体流扩散通量，$mol/(cm^2 \cdot s)$，其中 D 为扩散系数，cm^2/s。

根据边界条件：$z=0$，$c=c_\text{b}$；$z=\delta$，$c=c_\text{m}$，积分上式可得：

$$J_\text{V} = \frac{D}{\delta} \ln \left[\frac{c_\text{m} - c_\text{p}}{c_\text{b} - c_\text{p}} \right] \tag{9-5}$$

式中　c_b——溶液主体中的溶质浓度，mol/cm^2；

　　　c_m——膜表面的溶质浓度，mol/cm^2；

　　　δ——膜的边界层厚度，cm。

类似于式(9-5)，以摩尔分数表示，进行物料衡算并积分，浓差极化模型方程变为：

$$\ln \left[\frac{c_\text{m} - c_\text{p}}{c_\text{b} - c_\text{p}} \right] = \frac{J_\text{m} \delta}{cD} \tag{9-6}$$

式中　J_m——溶液透过流率，mol/cm^3。

若定义传质系数 $k = D/\delta$，单位 cm/s。则当 $x_\text{p} \ll x_\text{b}$ 和 x_m 时，式(9-6) 可简化为：

$$\frac{x_\text{m}}{x_\text{b}} = \exp \left(\frac{J_\text{m}}{ck} \right) \tag{9-7}$$

式中　x_m/x_b——浓差极化比，其值越大，浓差极化现象越严重。

在超滤过程中，由于被截留的溶质大多为胶体或大分子溶质，这些物质在溶液中的扩散系数很小，溶质反向扩散通量较低，渗透速率远比溶质的反向扩散速率高。因此，超滤过程中的浓差极化比会很高。当大分子溶质或交替在膜表面上的浓度超过它在溶液中的溶解度时，大分子溶质在膜表面上的浓度便饱和而形成凝胶层，如图9-9(b)所示，此时的浓度称为凝胶浓度c_g。

一旦膜面上形成了凝胶层厚，膜表面上的凝胶层溶液浓度和主体溶液浓度间的差值即达到了最大值。若再增加超滤压差，则凝胶层厚度增加而使凝胶层阻力增大，所增加的压力为增厚的凝胶层阻力所抵消，以致实际渗透速率没有明显增加。由此可知，一旦凝胶层形成后，渗透速率就与超滤压差无关，也即在此条件下，再提高超滤压差只增加凝胶层的厚度或阻力，而超滤通量不变。

电渗析过程是以电位差作推动力的，同样也存在浓差极化的现象。在电渗析中不论在阳离子交换膜(简称阳膜)、阴离子交换膜(简称阴膜)或溶液中，电流密度是一致的，在膜内和在电解质溶液中同样依靠阴阳离子的迁移来导电。但由于离子交换膜对离子具有选择透过性，阳离子在阳膜中具有最大的迁移数(在溶液导电过程中，该种离子所分担的份额)，在溶液中次之，在阴膜中最小；阴离子则相反。以阳离子透过阳膜为例，由电场引起的离子迁移通量在膜内比在溶液中大，因此在膜前借浓差扩散来补足送往膜面的离子通量，这样便出现了离子的低浓区。在膜后借浓差扩散来分担送往液体主流的离子通量，因而出现了离子的高浓区，总的情况是淡化室两侧的膜面出现溶质的低浓区，在浓缩室两侧膜面出现溶质的高浓区(图9-10)。低浓区导致膜面电阻的增大，严重时发生水的电离，不仅降低了电流效率，而且酸度变化还会引起其他不良影响；高浓区则导致沉淀析出，堵塞膜内通道。

降低浓差极化以减少其不良影响的对策是：①合理的设计和操作，强化液体的湍动，以减小边界层厚度；②限制操作压力或电流，以免出现严重的极化现象。

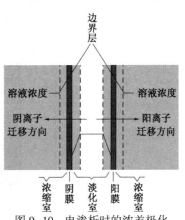

图 9-10　电渗析时的浓差极化

9.2.4　膜组件

膜组件就是按照一定技术要求将膜及其支撑材料封装在一起的组合结构。目前各种膜分离过程主要应用以下几种类型的膜分离组件。

(1) 板框式膜组件

板框式膜组件使用平板式膜，这类膜器件的结构与常用的板框压滤机类似，图9-11是一种板框式膜器的部分示意图。膜组件内装有多孔支撑板，板的表面覆以固体膜。料液进入容器后沿膜表面逐层横向流过，穿过膜的渗透液在多孔板中流动并在板端部流出。浓缩液流经许多平板膜后流出容器。图9-12是紧螺栓式板框式反渗透膜组件。

(2) 管式膜组件

管式膜组件的结构类似管壳式换热器，其结构主要是把膜和多孔支撑体均制成管状，使两者装在一起，管状膜可以在管内侧，也可在管外侧。再将一定数量的这种膜管以一定方式连成一体而组成。管式膜组件的优点是原料液流动状态好，流速易控制；膜容易清洗和更换；能够处理含有悬浮物的、黏度高的，或者能够析出固体等易堵塞液体通道的料液。缺点是设备投资和操作费用高，单位体积的过滤面积较小。

管式膜组件有内压式和外压式两种，内压式管式膜组件的结构原理如图9-13所示，膜直接浇铸在多孔的不锈钢管或用玻璃钢纤维增强的塑料管内。加压料液从管内流过，透过膜的渗透液在管外侧被收集。外压式膜组件，膜被浇铸在管外侧面，流体的流向与内压式相反。

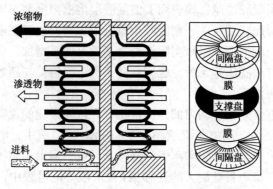

图 9-11　板框式膜组件构造示意图

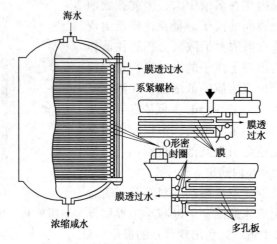

图 9-12　紧螺栓式板框式反渗透膜组件

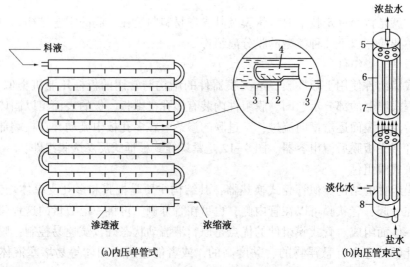

图 9-13　管式膜组件(内压式)示意图

1—多孔管；2—浇铸膜；3—孔；4—料液；5，8—管端帽；6—管束；7—管壳

（3）螺旋卷式膜组件

螺旋卷式膜组件是目前应用最广的膜组件，其结构原理类似于螺旋板式换热器，如图9-14所示。在两张平板膜中间用支撑材料或间隔材料隔开，密封其中三个边，使之成为信封状的膜袋，膜袋口与一根多孔的渗透液收集管（中心管）连接，在膜袋外再叠合一层间隔材料，然后将膜袋和间隔材料一起缠绕在收集管上成为一卷，装入圆筒形压力容器内，就成了一个螺旋卷式膜组件。

螺旋卷式膜组件的优点是结构紧凑、单位体积内的有效膜面积大，透液量大，设备费用低。缺点是易堵塞，不易清洗，换膜困难，膜组件的制作工艺和技术复杂，不宜在高压下操作。

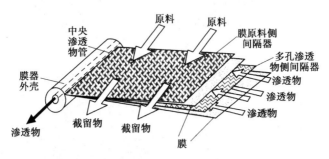

(a)螺旋卷式膜组件内部结构示意图

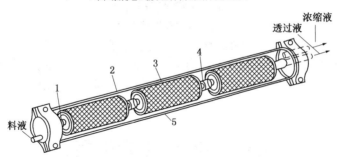

(b)螺旋卷式膜组件示意图

图9-14　螺旋卷式膜组件

1—端盖；2—密封圈；3—卷式膜组件；4—连接器；5—耐压容器

（4）中空纤维式膜组件

中空纤维式膜是一种极细的厚管壁空心管，其外径为 $50\sim200\mu m$，内径为 $25\sim45\mu m$。其特点是具有较高的强度，不需要支撑材料就可以承受很高的压力。中空纤维式膜组件的结构原理与管式膜组件类似，也分为内压式和外压式两种。一般外压式所能承受的压力更大一些，如图9-15(a)所示，将大量的中空纤维式膜安装在一个管状容器内，两端端头的密封采用环氧树脂固封。中空纤维式膜组件的最大特点是单位体积的膜组件所装填的膜面积大，可达 $30000m^2/m^3$。

中空纤维式膜组件的优点是设备单位体积内的膜面积大，不需要支撑材料，寿命可长达5年，设备投资低。图9-15(b)是工业品中空纤维膜。缺点是膜组件的制作技术复杂，管板制造也较困难，易堵塞，不易清洗。

（5）毛细管式

毛细管式膜组件由许多直径为 $0.5\sim1.5mm$ 的毛细管组成，其结构如图9-16所示，料液从每根毛细管的中心通过，透过液从毛细管壁渗出，毛细管由纺丝法制得，无支撑。

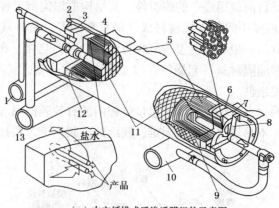

（a）中空纤维式反渗透膜组件示意图

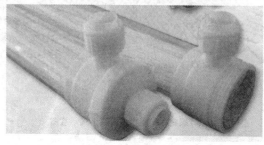

（b）工业品中空纤维膜

图 9-15　中空纤维式膜组件

1—盐水收集管；2，6—O 型圈；3—料液端盖饭；4—进料管；5—中空纤维；7—多孔支撑板；
8—产品端盖板；9—环氧树脂管板；10—产品收集器；11—网筛；12—壳体；13—料液总管

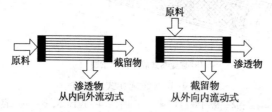

图 9-16　毛细管式膜组件示意图

9.3　膜分离过程

根据被分离物粒子或分子的大小和所采用膜的结构可以将以压力差为推动力的膜分离过程分为微滤（Microfiltration）、超滤（Ultrafiltration）、纳滤（Nanofiltration）与反渗透（Reverse Osmosis），四者组成了一个可分离固态微粒到离子的四级分离过程，如图 9-17所示。当膜两侧施加一定的压差时，可使一部分溶剂及小于膜孔径的组分透过膜，而微粒、大分子、盐等被膜截留下来，从而达到分离的目的。

微滤膜通常截留粒径大于 0.05μm 的微粒。微滤过程常采用对称微孔膜，膜的孔径范围为 0.05 ~ 10μm，操作压差范围为 0.05 ~ 0.2MPa；超滤膜截留的是大分子或直径不大于 0.2μm 的微粒。溶液的渗透压一般可以忽略不计，操作压差范围大约在 0.9 ~ 1.0MPa；反渗透常被用于截留溶液中的盐或其他小分子物质。反渗透过程中溶液的渗透压不能忽略，操作压差需要根据被处理溶液的溶质大小和浓度确定，通常在 2MPa 左右，也可高达 10MPa，甚至 20MPa。反渗透多采用致密的非对称膜或复合膜。介于反渗透与超滤之间的纳滤过程可用来分离溶液中相对分子质量为几百至几千的物质，其操作压差通常比反渗透低，约为 0.55 ~ 3.0MPa。因其截留的组分在纳米范围，故得名纳滤。

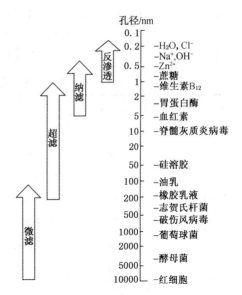

图 9-17 微滤、超滤、纳滤和反渗透的应用范围

9.3.1 反渗透

（1）溶液渗透压

能够让溶液中一种或几种组分通过而其他组分不能通过的选择性膜称为半透膜。当把溶剂和溶液（或两种不同浓度的溶液）分别置于半透膜的两侧时，纯溶剂将透过膜而自发地向溶液（或从低浓度溶液向高浓度溶液）一侧流动，这种现象称为渗透。当溶液的液位升高到所产生的压差恰好抵消溶剂向溶液方向流动的趋势，渗透过程达到平衡，此压力差称为该溶液的渗透压，以 $\Delta\pi$ 表示。若在溶液侧施加一个大于渗透压的压差 Δp 时，则溶剂将从溶液侧向溶剂侧反向流动，此过程称为反渗透（Reverse Osmosis），如图 9-18 所示。这样，可利用反渗透过程从溶液中获得纯溶剂。

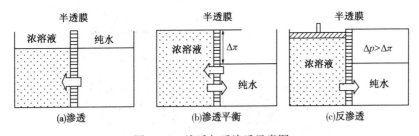

图 9-18 渗透与反渗透示意图

反渗透过程中，溶液的渗透压是非常重要的数据，对于多组分体系的稀溶液可用扩展的范特霍夫（Van't Hoff）渗透压公式计算溶液的渗透压。

$$\pi = RT \sum_{i=1}^{n} c_i \tag{9-8}$$

式中 c_i——溶质摩尔浓度；

n——溶液中的组分数。

实际应用中，常用以下简化方程计算：

$$\pi = B_i x_i \tag{9-9}$$

表9-5列出了某些溶质-水体系的 B 值。

表 9-5　一些溶质-水体系的 B 值(25℃)

溶质	$B \times 10^{-3}/MPa$	溶质	$B \times 10^{-3}/MPa$	溶质	$B \times 10^{-3}/MPa$
尿素	0.135	$LiNO_3$	0.258	$Ca(NO_3)_2$	0.340
甘糖	0.141	KNO_3	0.237	$CaCl_2$	0.368
砂糖	0.142	KCl	0.251	$BaCl_2$	0.353
$CuSO_4$	0.141	K_2SO_4	0.306	$Mg(NO_3)_2$	0.356
$MgSO_4$	0.156	$NaNO_3$	0.247	$MgCl_2$	0.370
NH_4Cl	0.248	$NaCl$	0.255		
$LiCl$	0.258	Na_2SO_4	0.307		

（2）反渗透的传质过程

反渗透过程大致可分为三步进行：①水从料液主体传递到膜的表面；②水从膜表面进入膜的分离层，并渗透过分离层；③从膜的分离层进入支撑体的孔道，然后流出膜。与此同时，少量的溶质也可以透过膜而进入透过液中，这一过程取决于膜的质量。

对于水透过膜过程的传质机理研究甚多，其中应用比较成功的有优先吸附-毛细孔流理论和溶解扩散模型。1960 年，Sourirjan 在 Gibbs 吸附方程基础上，提出了优先吸附-毛细孔流动机理，而后又按此机理发展为定量的表面力-孔流动模型。在图 9-19 中，溶剂是水，溶质为氯化钠，由于膜表面具有选择性吸水斥盐作用，水优先吸附在膜表面上，在压力的作用下优先吸附的水渗透通过膜孔，就形成了脱盐过程。

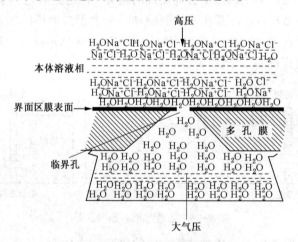

图 9-19　优先吸附-毛细孔流模型

实际的反渗透过程的推动力为：

$$\Delta p = (p_2 - p_1) - (\pi_1 - \pi_2) \tag{9-10}$$

式中　π_1、π_2——原液侧与透过液侧溶液的渗透压。

由此可见，在进行反渗透过程时，在膜两侧施加的压力差必须大于两侧溶液的渗透压差。一般反渗透过程的操作压差为 2~10MPa。

（3）反渗透膜的透过速率

基于 Sourirajan 的优先吸附-毛细孔流动机理，当膜两侧溶液的渗透压差为 $\Delta\pi$ 时，反渗透的推动力为 $(\Delta p - \Delta\pi)$。故溶剂和溶质透过速率可表示为：

$$J_V = \varphi(\Delta p - \Delta\pi) \qquad (9\text{-}11)$$

式中 φ——溶质的透过系数，其值表示单位时间、单位膜表面积在单位压差下的水透过量；

Δp——膜两侧的压力差；

$\Delta\pi$——溶液渗透压差。

与此同时，少量溶质也将由于膜两侧溶液的浓度差而扩散透过膜。溶质的透过速率与膜两侧溶液浓度差的关系为：

$$J_s = \frac{D_m k}{\delta}(c_R x_R - c_p x_p) \qquad (9\text{-}12)$$

式中 c_R、c_p——分别为膜两侧紧靠膜表面上的溶液浓度；

x_R、x_p——分别为膜两侧溶液中溶质的摩尔分数；

D_m——溶质在膜相中的扩散系数；

k——溶质在液相和膜相中的平衡常数；

δ——膜的有效厚度。

（4）应用

其主要应用领域有海水和苦咸水的淡化，纯水和超纯水制备，工业用水处理，饮用水净化，医药、化工和食品等工业料液处理和浓缩，以及废水处理等。

9.3.2 超滤与微滤

（1）基本原理

超滤与微滤（Ultrafiltration and Microfiltration）都是在压力差作用下根据膜孔径的大小进行筛分的分离过程，其基本原理如图 9-20 所示。在一定压力差作用下，当含有高分子溶质 A 和低分子 B 的混合溶液流过膜表面时，溶剂和小于膜孔的低分子溶质（如无机盐类）透过膜，作为透过液被收集起来，而大于膜孔的高分子溶质（如有机胶体等）则被截留，作为浓缩液被回收，从而达到溶液的净化、分离和浓缩的目的。通常，能截留相对分子质量为 $500 \sim 10^6$ 之间分子的膜分离过程称为超滤；截留更大分子（通常称为分散粒子）的膜分离过程称为微滤。

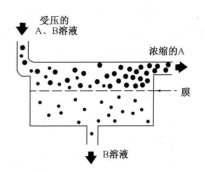

图 9-20　超滤与微滤原理示意图

实际上，反渗透操作也是基于同样的原理，只不过截留的是分子更小的无机盐类，由于溶质的相对分子质量小，渗透压较高，因此必须施加高压才能使溶剂通过，如前所述，反渗透操作压差为 $2 \sim 10\text{MPa}$。而对于高分子溶液而言，即使溶液的浓度较高，但渗透压较低，操作也可在较低的压力下进行。通常，超滤操作的压差为 $0.3 \sim 1.0\text{MPa}$，微滤操作的压差为 $0.1 \sim 0.3\text{MPa}$。

（2）超滤通量

超滤的透过速率仍可用式（9-11）表示。当大分子溶液浓度低、渗透压可以忽略时，超滤的透过速率与操作压力差成正比。

溶剂透过膜的通量为：

$$J_V = \varphi \Delta p \qquad (9-13)$$

溶质随溶剂透过膜的通量为：

$$J_s = J_V c_p \qquad (9-14)$$

（3）影响渗透通量的因素

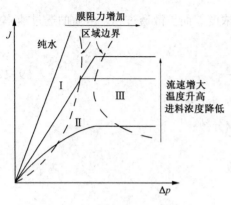

图 9-21　超滤过程中的传质

Ⅰ—动力控制区；Ⅱ—过滤区；Ⅲ—传质控制区

① 操作压差。压差是超滤过程的推动力，对渗透通量产生决定性的影响。图 9-21 为超滤压对通量的影响关系，大致划分成三个传质区：虚线表示区域的界面，在充分低的压差下，其通量与压差的关系呈线性；当操作压差提高到一定范围后，截留溶液中的溶质被膜浓缩，这时的透过速率受传质控制，通量不再随压差的增大而变；在两个传质区之间为过渡区，透过通量同时受操作压差及传质影响，部分受膜污染影响。从该图上还能反映出膜阻力、流速、温度、料液浓度等对通量的影响。进料浓度降低、温度升高以及流速增加均有利于通量的增加。

② 料液流速。工业超滤多采用错流操作，料液与膜面平行流动。流速高，边界层厚度小，传质系数大，浓差极化减轻，膜面处的溶液浓度较低，有利于渗透通量的提高。但流速增加，料液流过膜器的压降增高，能耗增大。

③ 温度。温度高，料液黏度小，扩散系数大，传质系数高，有利于减轻浓差极化，提高渗透通量。

④ 截流液浓度。截流液浓度增加，黏度增大，浓度边界层增厚，容易形成凝胶，这些将导致渗透通量的降低。

（4）超滤的应用

超滤主要适用于大分子溶液的分离与浓缩，广泛应用在食品、医药、工业废水处理、超纯水制备及生物技术工业，包括牛奶的浓缩、果汁的澄清、医药产品的除菌、电泳涂漆废水的处理、各种酶的提取等。微滤是所有膜过程中应用最普遍的一项技术，主要用于细菌、微粒的去除，广泛应用在食品和制药行业中饮料和制药产品的除菌和净化、半导体工业超纯水制备过程中颗粒的去除、生物技术领域发酵液中生物制品的浓缩与分离等。

9.3.3　电渗析

（1）电渗析器的基本构造

电渗析是以电位差为推动力，在直流电作用下利用离子交换膜的选择透过性，把电解质从溶液中分离出来，从而实现溶液的淡化、精制或纯化目的。电渗析的功能主要取决于离子交换膜。阴离子交换膜简称阴膜，它的活性基团是铵基，电离后的固定离子基团带正电荷。阳离子交换膜简称阳膜，它的活性基团通常是磺酸基，电离后的固定离子基团带负电荷。离子交换膜具有选择透过性是由于膜上的固定离子基团吸引膜外溶液中异种电荷离子，使它能在电位差或同时在浓度差的推动下透过膜体，同时排斥同种电荷的离子，拦阻它进入膜内。阳离子易于透过阳膜，阴离子易于透过阴膜。用于电渗析的离子交换膜要求膜的电阻低、选择性高。机械强度和化学稳定性好。离子交换膜也可在水溶液电解时用作电极隔膜，如电解食盐时使用阳离子交换膜，可直接制得高浓度的氢氧化钠溶液。

电渗析器多采用板框式。图9-22是板框式电渗析器组装时的排列方式（电渗析原理示意图）。它的左右两端分别为阴、阳电极室，中间部分自左向右为很多个依次由阳膜、淡化室隔板（构成淡化室）、阴膜、浓缩室隔板（构成浓缩室）构成的组件，呈阴阳离子交换膜与相应的浓缩室和淡化室交替排列，用压紧部件将上述组件压紧，即构成电渗析器。要淡化的原水从右端的导水极水板进入，沿贯穿整个电渗析器诸膜对应的淡水通道流入各淡化室，然后并联流过淡化室。在淡化室中直流电场作用下，水中的阴阳离子分别通过两侧的阴阳离子交换膜进

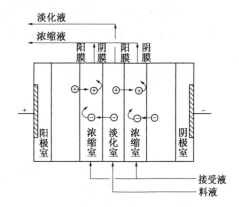

图9-22　电渗析原理示意图

入浓缩室，使水得到淡化。自淡化室流出的淡水汇总后由左端的导水极水板流出。浓水的流动情况与淡化类似，但由左端的导水极水板进入，沿浓水通道流动而后并联流过浓缩室，汇总后由右端导水极水板流出。隔板的厚度仅1~2mm，内有隔网，起保持膜间距和扰动液流的作用。膜组的两端设电极室，室中置电极，并有电极水在电极旁流过。制造电极的材料有不锈钢、石墨、涂钌的钛等。

（2）电渗析的分离原理

以氯化钠水溶液为例。在直流电场内，钠离子向阴极迁移，淡化室中的钠离子透过阳膜进入浓缩室。但浓缩室中的钠离子受阻于阴膜而留下。同时，氯离子向阳极迁移，淡化室中的氯离子透过阴膜进入浓缩室，但浓缩室中的氯离子受阻于阳膜而留下。因此，可从淡化室和浓缩室分别得到脱盐水和卤水。

（3）浓差极化和极限电流密度

如同其他膜过程一样，电渗析过程的浓差极化现象十分严重。电渗析器运行时，在直流电场作用下，水中阴、阳离子分别通过阴膜和阳膜作定向移动，并各自传递一定的电荷。反离子在膜内的迁移数大于其溶液中的迁移数，因此在膜两侧形成反离子的浓度边界层。这种浓差极化对电渗析过程产生极为不利的影响，主要表现在：

① 极化时淡化室附近的离子浓度比溶液的主体浓度低得多，将引起很高的极化电位。

② 当发生极化时，淡化室阳膜侧的水离解产生的 H^+ 透过阳膜进入浓缩室，使膜面处呈碱性，当溶液中存在 Ca^{2+}、Mg^{2+}、HCO_3^- 等离子时，易在阳膜面上形成碳酸钙，或氢氧化镁沉淀。淡化室阴膜侧水解产生的 OH^- 透过阴膜进入浓缩室，则在浓缩室的阴膜侧易生成氢氧化镁和碳酸钙等沉淀。

③ 浓差极化使水离解，产生的 H^+ 与 OH^- 代替反离子传递部分电流，使电流效率降低。

④ 由于浓差极化将引起溶液电阻、膜电阻以及膜电位增加，使所需操作电压增加，电耗增大，在电压一定的条件下，则电流密度将下降，使水的脱盐率下降或产水量降低。

此外，浓差极化引起溶液 pH 值的变化，将使离子膜受到腐蚀而影响其使用寿命。

为避免极化的产生，可采用以下措施减轻浓差极化的影响：

① 严格控制操作电流，使其低于极限电流密度，提高淡化室两侧离子的传递速率。

② 定期清洗沉淀或采用防垢剂和倒换电极等措施来消除沉淀，或对水进行预处理，除去 Ca^{2+} 和 Mg^{2+}，防止沉淀的产生。

③ 提高温度以减小溶液黏度，减薄滞流层厚度。

④ 提高离子扩散系数，有利于减轻极化的影响，使电渗析有可能在较高的电流密度下操作。

（4）电渗析器流程

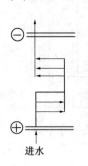

图9-23　二段电渗析

为了减轻浓差极化的影响，在电渗析器的淡化室中电流密度不能很高，应低于极限电流密度，而水流则应保持较高的速度(一般隔室中水的流速为 5~15cm/s)，所以水流通过淡化室一次能够除去的离子量是有限的，因此用电渗析器脱盐时应根据原水含盐量与脱盐要求采用不同的操作流程。对于含盐量很少和脱盐要求不高的情况，水流通过淡化室一次即可达到要求，否则盐水需通过淡化室多次才能达到要求。为此可采用以下的电渗析器结构和操作流程：

① 二段电渗析器。如图9-23所示。含盐原水经淡化室淡化一次后，再串联流经另一组淡化室淡化，以提高脱盐率。

② 多台电渗析器串联连续操作。图9-24是三台电渗析器串联脱盐工艺，依次经过第1、第2、第3台电渗析器中进一步脱盐，以期达到较高的脱盐率。

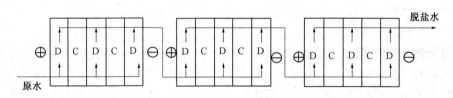

图9-24　一次连续脱盐过程

C—浓缩室；D—脱盐室

③ 循环式脱盐。图9-25是间歇循环式脱盐流程。原水一次加入循环槽，用泵送入电渗析器进行脱盐，从电渗析流出的水回循环槽，然后再用泵送入电渗析器。如此原水每经电渗析器一次脱盐率提高一步，直到脱盐率达到要求为止。

循环式脱盐也可以连续操作，此时循环水的一部分作为淡化水连续导出，同时连续加入原水。

（5）电渗析的应用

电渗析过程广泛应用在化工、医药、食品、电子、冶金等工业部门，包括原料与产品的分离精制和废水废液处理，以除去有害杂质与回收有用的物质等。

① 水的纯化。包括海水、苦咸水和普通自然水的纯化以制取饮用水、初级水(锅炉或医药

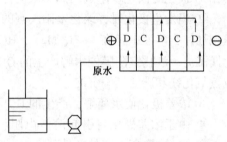

图9-25　间歇循环脱盐流程

用)和高纯水等。

② 有机物中酸的脱除或中和。有机物中的酸可以令其 H⁺ 和酸根从脱盐室两侧的阳、阴膜渗析出来而除去。有机酸盐取代反应制有机酸，例如：柠檬酸盐可在两侧均为阳膜的转化室中使 Na⁺ 从一侧渗出，而从另一侧渗入 H⁺，即可得柠檬酸。

③ 利用离子的可渗性分离氨基酸等。例如从蛋白质中水解液和发酵液中分离氨基酸。

④ 废水处理。用电渗析处理某些工业废水，既可使废水得到净化和重新使用，又可以回收其中有价值的物质。含有酸、碱、盐的各种废水均可以用电渗析法处理，以除去和回收其中的酸、碱、盐。

9.3.4 气体膜分离

气体膜分离是利用有机膜对某些气体组分具有选择性渗透和扩散的特性，以达到气体分离和纯化的目的。其渗透机理如图 9-26 所示，气体分子在压力作用下，首先在膜的高压侧接触，然后是吸附、溶解、扩散、脱溶、逸出。通过非多孔膜的气体迁移是根据溶解-扩散的机理进行的。

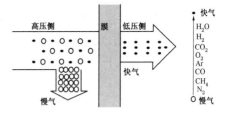

图 9-26 气体膜分离过程

空气和各种气体在透过膜壁时具有不同的渗透速率。当压缩空气经过滤器进入分离器时，空气中的氧气、水蒸气及少量的二氧化碳快速渗透到膜的另一侧，而氮气透过膜的速率相对较慢而滞留在膜的左侧被富集，从而产生干燥的氮气。

透过组分 A 在膜中的扩散系数为：

$$J_A = \frac{D_A}{\delta}(c_{A1} - c_{A2}) \tag{9-15}$$

式中 D_A——A 组分在膜中的扩散系数；

δ——膜厚；

c_{A1}、c_{A2}——膜两侧 A 组分浓度。

式(9-15)也可以写为：

$$J_A = \frac{Q_A}{\delta}(p_{A1} - p_{A2}) \tag{9-16}$$

式中 Q_A——组分 A 的渗透率，$Q_A = \frac{D_A}{\delta}$；

p_{A1}、p_{A2}——膜两侧 A 组分分压。

气体分离中常用分离系数 α 表示膜对组分透过的选择性，其定义为：

$$\alpha_{AB} = \frac{\left(\frac{y_A}{y_B}\right)_2}{\left(\frac{y_A}{y_B}\right)_1} \tag{9-17}$$

式中 y_A、y_B——A，B 两组分在气相中的摩尔分数；

下标 2、1——原料侧与透过侧。

气体膜分离的主要应用有：

① H_2 的分离回收。主要有合成氨尾气中 H_2 的回收、炼油工业尾气中 H_2 的回收等，是当前气体分离应用最广的领域。

② 空气分离。利用膜分离技术可以得到富氧空气和富氮空气，富氧空气可用于高温燃烧节能、家用医疗保健等方面；富氮空气可用于食品保鲜、惰性气氛保护等方面。

③ 气体脱湿。如天然气脱湿、压缩空气脱湿、工业气体脱湿等。

9.3.5 液膜分离

液膜分离技术自 1968 年由 Norman 首先提出以来，便以其新颖独特的结构和高效的分离性能吸引了广泛的研究开发兴趣，并在冶金、医药、环保、原子能、石化、仿生化学等领域得到了一定的应用，具有较为乐观的应用前景。

9.3.5.1 液膜组成、结构和分类

液膜是很薄的一层液体，可以是水溶液也可以是有机溶液。它能把两个互溶但组成不同的溶液隔开，并通过这层液膜的选择性渗透作用实现分离。

显然，当被隔开的两个溶液是水溶液时，液膜应该是油型；而被隔开的两个溶液是有机溶液时，液膜则应该是水型。

（1）液膜组成

① 膜溶剂。是成膜的基体物质，选择膜溶剂主要考虑膜的稳定性和对溶质的溶解性。

② 表面活性剂。又称界面活性剂，是创造液膜固定油水分界面的最重要组分，它直接影响膜的稳定性、渗透速度、分离效率和膜的复用。

③ 流动载体。作用是使指定的溶质或离子进行选择性迁移，决定分离的选择性和通量。

④ 膜增强添加剂。作用是使膜具有合适的稳定性，即要求液膜在分离操作过程中不过早破裂，以保证待分离溶质在内相中富集，而在破乳时又容易被破碎，便于内相与液膜的分离。

一般，液膜溶液中表面活性剂占 1%~5%，流动载体占 1%~5%，其余 90% 以上是膜溶剂。

（2）液膜的结构与分类

分离操作所用的液膜可以分为两类，见图 9-27。

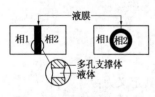

图 9-27 两类液膜示意图

第一类：支撑液膜或固定化液膜。如果液体能润湿某种固体物料，它就在固体表面分布成膜。微孔材料制成的平板膜或中空纤维膜，浸入适当的有机溶剂中，可以很容易地制成支撑液膜。聚四氟乙烯、聚丙烯制成的高度疏水性微孔膜，用以支撑有机液膜。滤纸、醋酸纤维素微孔膜和微孔陶瓷等亲水材料，可支撑水膜。由于膜相仅仅依靠表面张力和毛细管作用吸附在多孔膜的孔内，使用过程中容易流失，造成支撑液膜分离性能下降。解决办法之一是定期从反萃相一侧加入膜相溶液来补充。

第二类：乳状液膜。乳状液膜能够比较容易地通过下述过程制备：首先将两个不互溶的相，如水和油充分混合，从而形成乳状液滴(液滴尺寸 0.5~10μm)，加入表面活性剂使

乳滴稳定，由此得到水/油乳化液。将此乳液加入一个装有水溶液的大容器中形成水/油/水乳化液，此时油相构成液膜。

9.3.5.2 液膜分离过程

（1）乳状液膜

液膜分离过程主要包括制乳、传质（接触）、澄清、破乳等工序，见图9-28。首先用高速搅拌的方法将配制好的含有膜溶剂、表面活性剂、流动载体和其他增强添加剂的液膜溶液和待包封的内相试剂制成较稳定的油包水型或水包油型乳状液，再在适度搅拌下把它加料入液相中，形成油包水再水包油型（W/O/W）或水包油再油包水型（O/W/O）的较粗大的乳状液珠粒，其中间所夹的油层或水层即为液膜。料液中的待分离溶质便通过该液膜的选择性促进迁移通过膜进入到乳状液滴的内相中，经澄清实现乳状液与料液的分相，富集了待分离溶质的乳状液经破乳器破乳后回收内相浓缩液，分出的膜相成分可返回制乳器重新形成新鲜乳状液膜，循环使用。

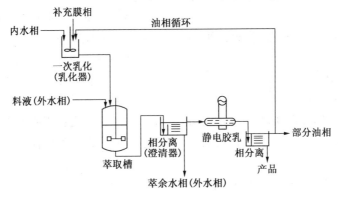

图9-28 液膜分离的典型流程

将上述液膜分离过程与液液萃取过程比较，不难看出，液膜分离过程中增加了制乳和破乳两步操作，其他步骤则与液液萃取类似。

（2）支撑液膜

支撑液膜所用的支撑物有聚砜、聚四氟乙烯、聚丙烯和纤维系列的微孔膜，制成平膜、毛细管和中空纤维。微孔平面膜构成的支撑液膜分离装置采用板框式结构。微孔管状膜和中空纤维膜构成的膜分离装置，采用管壳式结构。

液膜分离技术由于其过程具有良好的选择性和定向性，分离效率很高，因此，它的研究和应用广泛。例如，①烃类混合物的分离。这类工艺已成功地用于分离苯-正己烷、甲烷-庚烷、庚烷-己烯等混合体系；②含酚废水处理。含酚废水产生于焦化、石油炼制、合成树脂、化工、制药等工厂，采用液膜分离技术处理含酚废水效率高、流程简单；③从铀矿浸出液中提取铀。

总之，液膜分离技术多数还处于实验室研究及中试阶段，新的应用领域尚待开发，可以预料，液膜分离技术将会越来越多地应用于湿法冶金、石油化工、医药、环境工程等行业。

本章符号说明

英文字母：

A——渗透系数，kmol/(m² · s · Pa)；膜面积，cm²；

C——物质的浓度，kmol/或 kg/m³；

D——扩散系数，m²/s；

U——电渗析总电压，V；

i——电流密度，A/cm²；

J——渗透通量，kg/(cm² · h) 或 kmol/(m² · s)；

K——总传质系数，m/s 或 kg/(m · s)；

k——传质系数，m/s；

m——衰减系数、公配系数、平衡常数；

P——压力，Pa；

p——组分的分压，Pa；

Q——离子所负载的电量、气体组分通过膜的渗透率，Hm³/(m · s · Pa)；

R——膜分离的截流率，气体常数；

T——温度，K；

t——时间；操作时间，h 或 s；

V——单位质量吸附剂处理的溶液体积，m³/kg；

Z——距膜面的距离，cm；

x——透过气(液)摩尔分数；透过液摩尔分数；

y——透过气(液)摩尔分数；

希腊字母：

α——分离系数；

Δ——差值；

δ——膜的边界层厚度，m；

π——渗透压，Pa；

下标：

A——溶质，渗透组分；

F——原料液；

b——主体溶液中的溶质；

m——膜表面；

p——透过膜的溶质；

S——溶质；吸附剂固体相侧；

V——以体积为流量单位；

0——初给态；

1——原料侧；

2——透过侧。

上标：

m——Wilson 方程中常数；

n——Wilson 方程中常数。

练 习 题

一、简答题

1. 什么是膜分离？有哪几种常用的膜分离过程？

2. 膜分离有哪些特点？分离过程对膜有哪些基本要求？

3. 常用的膜分离器有哪些类型？

4. 反渗透的基本原理是什么？

5. 简述反渗透操作过程中的浓差极化现象及其产生的原因、危害和预防措施。

6. 超滤的分离机理是什么？简述超滤与反渗透的异同点。

7. 电渗析的分离机理是什么？阳膜、阴膜有什么特点？

8. 试分析比较扩散渗析、电渗析、反渗透、超滤、液膜分离等膜技术在废水处理方面的应用特点、应用范围、应用条件，以及它们各自的优缺点和应用前景。

二、计算题

用醋酸纤维膜连续地对盐水进行反渗透处理，见下图。在操作温度25℃、压差10MPa条件下进行，处理量为10m³/h；盐水密度为1022kg/m³，含氯化钠3.5%。经处理后淡水含盐量为5×10^{-6}，水的回收率为60%(以上浓度及回收率均以质量计)。膜的纯水透过系数$\phi = 9.7 \times 10^{-5}$kmol/($m^2 \cdot s \cdot MPa$)。试求：淡水量、浓盐水的浓度及纯水在进出膜分离器两端的透过速率。

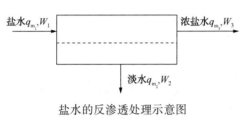

盐水的反渗透处理示意图

项目 10 结晶分离技术

基本任务

结晶是指固体物质以晶体状态从蒸气、溶液或熔融物中析出的过程，在化学工业中常遇到的是从溶液或熔融物中析出晶体的结晶过程。

结晶技术可用于金属、各种盐类、石油化工产品等物质体系的分离，如盐、糖、化肥等大宗产品，以及医药、染料、精细化工品等高附加值的产品。在高新技术领域中，结晶操作的重要性也与日俱增，如生物技术中蛋白质的制造，催化剂行业中超细晶体的生产以及新材料工业中超纯物质的净化都离不开结晶技术。

相对于其他化工分离操作，结晶过程有以下特点：

① 能从杂质含量相当多的溶液或多组分的熔融混合物中，分离出高纯或超纯的晶体。结晶产品外观好，在包装、运输、储存或使用上都较方便。

② 对于许多难分离的混合物系，例如同分异构体混合物、共沸物、热敏性物系等，使用其他分离方法难以奏效时，可以考虑使用结晶分离。

③ 结晶分离法与精馏、吸收、吸附等分离方法相比，能耗低，又可在较低温度下进行，对设备材质要求较低，装置比较简单，操作相对安全。一般无有毒物质或无废气产生，有利于环境保护。

④ 结晶分离是多相、多组分的复杂传热传质过程，也涉及表面过程，尚有晶体粒度及粒度分布问题，结晶过程和设备种类繁多。对于混合物的完全分离，一次结晶往往是不够的，需要多次重结晶或者再结晶。

结晶过程一般可分为溶液结晶、熔融结晶、升华和沉淀四类，其中溶液结晶和熔融结晶是化学工业中最常采用的结晶技术。本项目将讨论这两种结晶过程。

10.1 结晶的基本概念

10.1.1 晶体相关知识

10.1.1.1 晶体的特性

晶体是化学组成均一、具有规则形状的固体，晶体结构是原子、离子或分子等质点在空间按一定规律排列的结果，所形成有规则的多面体外形，称为结晶多面体。该多面体的表面称为晶面，棱边称为晶棱。

晶体具有以下性质：

① 自范性。晶体具有自发生长成为结晶多面体的可能性。理想情况下，晶体在长大时保持几何相似性，且相似多边形各顶点的连线相交于一中心点，此中心点即为结晶中心点，也即原始晶核的所在位置。

② 各向异性。晶体的几何特性及物理性质一般说来常随方向的不同而表现出数量上的差异。例如，除正方体晶型外，一般晶体各晶面的生长速度是不一样的。

③ 均匀性。晶体中每一宏观质点的物理性质和化学组成都相同，产品具有高纯度。

④ 晶体还具有几何形状和物理效应的对称性，具有最小内能，以及在熔融过程中熔点保持不变等特性。

10.1.1.2 晶系和晶习

（1）晶胞

构成晶体的微观质点在晶体所占有的空间中按一定的几何规律排列，各质点间有相互作用，它是晶体结构中的键。由于键的存在，质点得以维持在固定的平衡位置上，彼此保持一定距离，形成空间晶格，称为晶胞。晶体是由许多晶胞并排密集堆砌而成的。无论晶体是大是小，无论其外形是否残缺，其内部的晶胞和晶胞在空间重复再现的方式都是一样的。

晶体的分类是按照其对称性来考查的。晶体的对称要素有以下几种：

① 对称面。假如有一个平面能通过晶体的中心，将晶体分成两半，成为对称镜像，这个平面就称为对称面。

② 对称轴。假如有一条直线通过晶体的中心，使晶体绕直线旋转一定的角度，晶体的新位置能与旧位置完全重合，则这条直线就称为对称轴。

③ 对称中心。假如晶体中有一点，通过这点的任一直线都能被晶体的两个相对面截成两段相等的线段，这点就称为对称中心。

（2）晶系

晶系是指在一定的环境中结晶的外部形态。对于不同物质，所属晶系可能不同。对于同一种物质，当所处的物理环境(如温度、压力等)改变时，晶系也可能变化。

对某一晶胞，选取 x、y、z 三个坐标轴作为晶轴，其长度记为 a、b、c 三个坐标面即为晶轴面,晶轴的交角称为晶轴角,分别记为 α、β、γ。根据 a、b、c、α、β、γ 这六个参数的组合,可将晶体分为七种晶系,即立方晶系(等轴晶系)、四方晶系、六方晶系、立交晶系、单斜晶系、三斜晶系和三方晶系(菱面体晶系)。各晶系的晶格空间结构如图 10-1 所示。实际结晶体形态可以是属于单一晶系,亦可能是二种晶系的过渡体,晶体形态比较复杂。

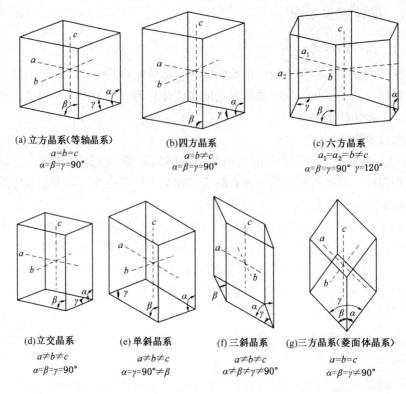

(a) 立方晶系(等轴晶系)
$a=b=c$
$\alpha=\beta=\gamma=90°$

(b)四方晶系
$a=b\neq c$
$\alpha=\beta=\gamma=90°$

(c) 六方晶系
$a_1=a_2=b\neq c$
$\alpha=\beta=\gamma=90°$ $\gamma=120°$

(d)立交晶系
$a\neq b\neq c$
$\alpha=\beta=\gamma=90°$

(e) 单斜晶系
$a\neq b\neq c$
$\alpha=\gamma=90°\neq\beta$

(f) 三斜晶系
$a\neq b\neq c$
$\alpha\neq\beta\neq\gamma\neq90°$

(g)三方晶系(菱面体晶系)
$a=b=c$
$\alpha=\beta=\gamma\neq90°$

图 10-1 常见晶系

(3) 晶习

晶习是指在一定环境中晶体的外部形态,也称晶形或晶体形态。同一物质即使基本晶系不变,晶习也可能不同,如六棱柱晶可能是短粗形、细长形,也可能呈薄片状或多棱针状。

一般而言,生长速度较快的晶面对晶习影响不大,晶习主要取决于生长速度慢的晶面。溶剂和杂质对晶习有很大影响。不同溶剂与晶体晶面间的界面结构不同,从而引起不同的生长速度。杂质嵌入生长着的晶格后,立体化学结构发生变化,从而阻碍晶面的进一步生长,导致晶体呈现不同的晶习。

10.1.1.3 晶体的标记

晶面指数(Miller 指数)是标记晶体的参数。以七种晶系坐标系为基础,一个特定的晶面在三条晶轴上分别有三个截距,截距的倒数记为晶面指数。如果截距的倒数为分数,就转化为互质整数。例如,有一斜方晶体,其平行于三条晶轴的边长分别为 1.27mm、2.54mm 和 5.08mm,则晶轴长度的比为 1:2:4。其前晶面与 x 轴相截而与 y、z 轴平行。取前晶面与 x 轴相交的截距为 1 个单位,则前晶面记为 100。

10.1.1.4　粒度

工业结晶产品的粒度范围是很大的，从纳米级到几个毫米，甚至更大。对于大粒子的行为可以用物理理论来解释，但随着粒子尺寸的减小，比表面积逐渐增大，化学作用的影响越来越显著，不但影响其外观，而且也影响着产品质量和加工性能。因此，对于固体粒子，除了要分析其化学组成外，还应对粒度和形状进行表征。

晶体的粒度可以用一长度来度量。对于一定形状的晶体粒子，可选择某长度为特征尺寸，该尺寸对应于体积形状因子 k_v 和面积形状因子 k_a，于是晶体的体积和表面积可分别写成为：

$$V_c = k_v L^3 \tag{10-1}$$

$$A_c = k_a L^2 \tag{10-2}$$

对于常见固体的几何形状，此特征尺寸接近于筛析确定的晶体粒度。如对立方晶体，$k_v = 1$，$k_a = 6$，边长为特征尺寸 L，即 $V_c = L^3$，$A_c = 6L^2$。

晶体的粒度分布是产品的一个重要质量指标，它是指不同粒度的晶体质量（或粒子数目）与粒度的分布关系。将晶体样品经过筛析，由筛析数据标绘筛下（或筛上）累积质量分数与筛孔尺寸的关系曲线，并可引申为累积粒子数及粒数密度与粒度的关系曲线，以此表达晶体粒度分布。

如用泰勒标准筛分 10g 晶体颗粒，其筛孔标准目数从 18 目至 35 目，筛分结果如表 10-1 所示。

表 10-1　某晶体的粒度分布

标准目数		18 目	20 目	25 目	30 目	35 目	—
直径/mm		1.00	0.85	0.71	0.60	0.50	—
筛分结果	直径/mm	>1.00	0.85~1.00	0.71~0.85	0.60~0.71	0.50~0.60	<0.50
	质量数/g	0.01	2.05	3.25	2.77	1.88	0.04
	粒径分布/%（质）	0.10	20.50	32.50	27.70	18.80	0.40

10.1.2　结晶过程

溶质从溶液中结晶出来，要经历两个步骤：首先要产生称为晶核的微观晶粒作为结晶的核心，产生晶核的过程称为成核；其次是晶核长大成为宏观的晶体，该过程称为晶体生长。

（1）溶液结晶

溶液结晶必须有一个浓度差作为推动力，这个浓度差称为溶液的过饱和度。在结晶器中由溶液结晶出来的晶体与余留下来的溶液构成的混合物，称为晶浆。通常需要用搅拌器或其他方法将晶浆中的晶体悬浮在液相中，以促进结晶的进行，因此晶浆亦称悬浮体。晶浆去除了悬浮其中的晶体后所余留的溶液称为母液。

（2）熔融结晶

熔融结晶是根据待分离物质之间的凝点不同而实现物质结晶分离的过程，推动力是过冷度。熔融结晶有不同的操作模式，一种是在冷却表面上沉析出结晶层固体；另一种是在熔融体中析出处于悬浮状态的晶体粒子。熔融结晶主要应用于有机物的分离提纯。

10.2 溶液结晶基础

10.2.1 溶解度与过饱和度

（1）溶解度

固体与其溶液之间的固液平衡关系通常可用固体在溶剂中的溶解度表示。溶解度的单位常采用100kg溶剂中溶解的无水溶质质量来表示，还有其他的单位，如mol溶质/L溶液，mol溶质/kg溶剂及摩尔分数等。

物质的溶解度与其化学性质、溶剂的性质及温度有关。一定物质在一定溶剂中的溶解度是温度的函数，压力的影响可以忽略。因此，溶解度数据通常用溶解度对温度所标绘的曲线表示，称为溶解度曲线。

如图10-2所示，不同物质的溶解度随温度的变化不同。有些物质的溶解度随温度的升高而迅速增大；有的随温度升高以中等速度增加；有的则随温度升高只有微小的变化。有些物质在溶解过程中需要吸收热量，具有正溶解度特性。还有一些物质，其溶解度随温度升高而下降，它们在溶解过程中放出热量，具有逆溶解度特性。

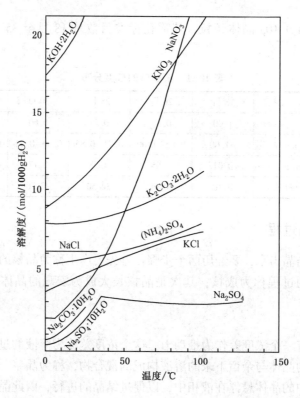

图10-2 几种无机物在水中的溶解度曲线

许多物质的溶解度曲线是连续的，但另有若干形成水合物晶体的物质，其溶解度曲线上有断折点，又称变态点。例如，在低于32.4℃时，从硫酸钠水溶液中结晶出来的固体是$Na_2SO_4 \cdot 10H_2O$，而在这个温度以上结晶出来的固体是无水Na_2SO_4，这两种固相的溶解度曲线在32.4℃处相交。一种物质可以有几个这样的变态点。

不同的溶解度特征对于选择结晶工艺起决定性的作用。一般来说，对溶解度随温度变化敏感的物质选择变温结晶方法分离；对于溶解度随温度变化缓慢的物质，选择蒸发结晶工艺。

物质的溶解度数据可以在有关手册或专著中查得，也可以用下面两种经验式计算：

$$\ln x = \frac{a}{T} + b \tag{10-3}$$

$$\ln x = A + \frac{B}{T} + C \lg T \tag{10-4}$$

式中　　　　　　x——溶质浓度，摩尔分数；

　　　　　　　　T——溶液温度，K；

a、b 或 A、B、C——用实验溶解度数据回归的经验常数。

工业上的溶液极少为纯物质溶液，除温度外，结晶母液的 pH 值，可溶性杂质等可能改变溶解度，所以引用手册数据时需慎重，必要时应对实际物系进行测定。

如果在溶液中存在有两种溶质，则用 x 轴和 y 轴分别表示两溶质的浓度，其溶解度用等温线表示。若有三个或更多的溶质，可采用两维和三维图形描述溶解度。

（2）过饱和度

溶液的过饱和度决定了成核和晶体生长的推动力。影响结晶的速率，因此理解过饱和概念是很重要的。溶质在溶液中的浓度大于其结晶度是结晶操作的必要条件，但不是充分条件。理论上，在任一温度下，溶液浓度超过溶解度浓度曲线就应该有固体溶质析出。或者，在处于溶解度曲线状况下的溶液，只要温度降低，也会有固体溶质析出。但实际上，把不饱和溶液用冷却浓缩方法使其略呈过饱和状况，一般并无结晶析出。只有达到某种程度的过饱和状态，才有晶体析出，这就是过溶解度曲线。如图 10-3 所示，当溶液浓度恰好等于溶质的溶解度时，称为饱和溶液，用曲线 AB 表示。一个完全纯净的溶液在不受任何干扰的条件下缓慢冷却，就可以得到过饱和溶液。但超过一定限度后，澄清的过饱和溶液就会开始析出晶核，CD 线表示溶液过饱和且能自发产生晶

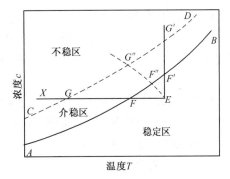

图 10-3　过溶解度曲线及介稳区

核的曲线，称为过溶解度曲线。这两条曲线将浓度-温度图分为三个区域：AB 线以下的区域是稳定区，在此区中溶液尚未达到饱和，不可能产生晶核；AB 线以上是过饱和区，该区又分为两部分：AB 线和 CD 线之间为介稳区，在该区不会自发地产生晶核，但如果向溶液中加入晶种，这些晶种就会长大；CD 线以上的区域是不稳区，在此区域中，溶液能自发地产生晶核和进行结晶。一个特定物系只有一条确定的溶解度曲线，但过溶解度曲线的位置受到很多因素的影响，例如有无搅拌、搅拌强度大小、有无晶种、晶种大小与加入量多少、冷却速度快慢等，因此，过溶解度曲线应是一簇曲线，其相对位置大致平行，为表示这一特点，CD 线用虚线标注。图中 E 代表一个欲结晶物系，分别使用冷却法、蒸发法和真空绝热蒸发法进行结晶，所经途径相应为 EFG、$EF'G'$ 和 $EF''G''$。

工业结晶过程要获得平均粒度大的结晶产品，应避免自发成核，只有尽量控制在介稳

区内结晶才能达到这个目的。所以，按工业结晶条件得到的过溶解度曲线和介稳区宽度对结晶工艺设计非常重要。

过饱和度的测定，一般可应用平衡溶解度测定方法，即由浓度分析法关联溶液物理性质(如折射率、电导率、熟度、相对密度等)的物理化学测试结果求取。目前在中间实验及生产控制中，常常应用准确的流量、温度等测试方法，并辅以化学分析，进行物料及热平衡计算，再对照产品粒度分析值来推算实际过饱和度，以此作为操作条件查定及设计的依据。

形成过饱和溶液的方法主要有：改变温度、蒸发溶剂、利用化学反应和改变溶剂组成等。由于大多数物质的溶解度随温度的降低而减小，因此，冷却法是最常用的形成过饱和度的方法，其次是蒸发溶剂法。

10.2.2　结晶动力学

10.2.2.1　晶核形成法

在饱和溶液中新形成的结晶微粒称为晶核，是晶体生长必不可少的核心。晶核形成速率为单位时间内在单位体积晶浆或溶液中生成新粒子的数目。成核速率是决定晶体产品粒度分布的首要动力学因素。工业结晶过程要求有一定的成核速率，如果成核速率过高，将导致晶体产品细碎、粒度分布宽、产品质量下降。

工业生产中，产生晶核的方法一般有以下三种：

(1) 自然成核法

将溶液浓缩到较高的过饱和区，达到介稳区，一般过饱和度系数(溶液浓度与饱和浓度之比)达到1.4以上，晶核便自然析出。这种方法生成的晶核数目不易控制，且体系浓度较高，黏度大，流动性差，于结晶不利。目前工业上已经很少应用此方法。

(2) 干预成核法

将溶液浓缩到介稳区，过饱和系数在1.2~1.3时突然施加人为干预，如改变温度、改变真空度、施以搅拌等，晶核便析出。这种方法的优点是结晶快，晶粒整齐，缺点是仍然不易控制晶核的数目和大小。

(3) 种子成核法

将溶液的过饱和度保持在介稳区较低的过饱和状态，投入一定大小和数量的晶种细粉，溶液中的过量溶质便在晶种表面上析出。这种方法生成的晶粒整齐，可以控制晶核数目和大小，在工业上广泛应用。

10.2.2.2　晶核形成和成核速率

晶核形成模式大体分为两类：初级成核和二次成核。初级成核为无晶体存在下的成核，其中又分为初级均相成核和初级非均相成核；二次成核为有晶体存在下的成核，又分为流体剪应力成核、磨损成核和接触成核。

在工业结晶过程中，一般控制二次成核为晶核主要来源。只有在超微粒子制造中，才依靠初级成核过程爆发成核。晶核的大小粗估为纳米至数十微米的数量级。

(1) 初级成核

1) 初级均相成核

初级均相成核发生于无晶体或无任何外来微粒存在的条件下。为满足这一要求，结晶容器必须仔细清理，内壁磨光和密闭操作，避免大气中灰尘侵入引起非均相成核。

过饱和溶液是处于非平衡状态的溶液，从宏观上看，溶液的平均浓度是一个常数；但从微观看，溶液局部溶质的浓度波动是很大的。这种波动会使溶质单元(原子、分子或离子)在运动和相互碰撞中，可能迅速结合在一起，形成有序微区或线体。根据经典的成核理论，线体在溶液中通过累加机理形成，当线体增大到某种程度以后，形成晶胚。晶胚可能继续生长，也可能分解为线体和溶质单元。当晶胚达到某一粒度时，能与溶液建立起热力学平衡，进一步生长的自由能变化可忽略。此时的晶胚粒度称为临界粒度，而这种长大了的稳定的晶胚称为晶核。晶核所含溶质单元数一般为数百个。

成核速率随过饱和度和温度的增高而增大，随表面能(界面张力)的增加而减小。其中最主要的影响因素是过饱和度。例如，水在过饱和度大于1的任何状态下，只要有足够的结晶时间，均能自发成核，但仅仅当过饱和度达到4.0附近时才能瞬时成核，并且成核速率成指数增加，无法控制。

对于具有一般溶解度的物质，均相成核所需的很大的过饱和度是无法实现的。加之由于不溶杂质、结晶器壁、搅拌桨和挡板等物理因素的存在，均相成核在实际操作中是十分罕见的。

2）初级非均相成核

由于真实溶液常常包含大气中的灰尘或其他外来物质粒子，这些外来物质能在一定程度上降低成核的能量势垒，诱导晶核的生成，这类初级成核称为非均相成核。非均相成核一般在比均相成核低的过饱和度下发生。

在工业结晶的初级成核中，一般使用简单的经验关联式表达初级成核速率 B_p 与过饱和度上 Δc 的关系，即：

$$B_p = k_p \Delta c^n \tag{10-5}$$

式中 k_p ——初级成核速率常数；

n ——成核指数，一般>2。

k_p 和 n 的数值由具体系统的物理性质和流体力学条件而定。

相对于二次成核速率，初级成核速率大得多，而且对过饱和度变化非常敏感而难以控制，因此除超细粒子制造外，一般工业结晶过程要力图避免发生初级成核。

（2）二次成核

在已有晶体存在条件下形成晶核称为二次成核。这是绝大多数工业结晶器的主要晶核来源。由于结晶产品要求具有指定的粒度分布指标，而二次成核速率是决定粒度分布的关键因素之一，因此，了解二次成核机理以及过程操作参数和结晶器结构参数对二次成核的影响是非常重要的。

1）二次成核机理

由于过饱和溶液中有晶体存在，这些母晶对成核现象有催化作用，因此，二次成核可在比自发成核更低的过饱和度下进行。二次成核机理比较复杂，尽管已做了大量研究工作，但对其机理和动力学的认识仍不十分清楚。

已提出几种理论解释二次成核，这些理论分为两类：一类理论认为二次核来源于母晶，其中又包括初始增殖、针状结晶增殖和接触成核；另一类认为二次核源于液相中的溶质，包括杂质浓度梯度成核和流体剪应力成核。

接触成核大概是最重要的二次核来源。二次核产生于晶体的磨损或来自尚未结晶的溶质吸附层。研究表明，在过饱和溶液中，晶体只要与固体物作能量很低的接触，就会产生大量的粒子，其粒度范围一般在 $1 \sim 10 \mu m$ 之间，甚至更大。接触成核的成核速率的级数较低，容易实现稳定操作的控制，因此，接触成核在工业结晶中被认为是获得晶核最好、最简单的方法。

接触成核的方式大概有四种：①晶体与搅拌桨之间的碰撞；②在湍流运动作用下，晶体与结晶器内表面间的碰撞；③湍流运动造成的晶体和晶体之间的碰撞；④由于沉降速度不同而造成晶体与晶体之间的碰撞。其中晶体与搅拌桨之间的碰撞成核在结晶器中占首要地位。

影响二次成核的主要因素包括过饱和度、冷却速率、搅拌程度和设备材质等。

过饱和度是控制成核速率的关键参数。过饱和度对成核速率的影响有三方面：第一，在过饱和度较高的情况下，吸附层比较厚，引起大量晶核的生成；第二，临界晶核粒度随过饱和度的增高而降低，因此晶核存活的概率是比较高的；第三，随着过饱和度的增高，晶体表面的粗糙程度也增加，导致晶核总数比较大。一般说来，成核速率随过饱和度的增加而增高，然而，与初级成核相比，其成核指数是比较低的。

温度在二次成核中的作用不十分清楚。研究表明，在固定过饱和度条件下，成核速率随温度升高而降低。这归因于在较高温度下，吸附层与晶体表面结合的速率比较快。由于吸附层的厚度减小，成核速率随温度升高也降低。也有少数有矛盾的结果，如硝酸钾系统的成核速率随温度的升高而降低，而氯化钾系统的成核速率随温度的升高而增高。成核级数对温度的变化不敏感。

搅拌溶液可使吸附层变薄而导致成核速率的降低。又有人发现，对于比较小的硫酸镁晶粒 $(1 \sim 10 \mu m)$，成核速率随搅拌程度的加强而增加；对于较大晶粒，成核速率与搅拌程度无关。

接触材料的硬度和晶体的硬度对二次核生成的影响通常为：材料越硬，对成核速率的增加越有效。例如钢质的搅拌叶轮与聚乙烯材质叶轮相比较，成核速率增加 $4 \sim 10$ 倍。晶粒的硬度也影响成核性质，硬而光滑的晶体不太有效，有一定粗糙度的不规则晶体相对来说更有效。

晶核的生成量还与晶种的粒度密切相关。一般而言，晶种越小，越容易随流体流动的方式运动，与搅拌桨或结晶壁接触产生二次核的概率也就越小。因此，晶种越大，产生的二次核越多。

2）二次成核动力学

二次成核是一个很复杂的现象，目前还没有预测成核速率普遍适用的理论。在工业结晶中，接触成核是二次成核的主要来源，此时，成核速率是搅拌程度、悬浮液密度和过饱和度的函数，可表示为：

$$B_s = k_b M_T^j N^l \Delta c^b \tag{10-6}$$

式中　　B_s——二次成核速率，数目$/(m^3 \cdot s)$；

　　　　k_b——与温度相关的成核速率常数；

　　　　M_T——悬浮密度，kg/m^3 溶液；

　　　　N——搅拌速度（转速或周边线速），L/s 或 m/s；

　　　　Δc——过饱和度。

指数 j，l 和 b——受操作条件影响的常数。

二次成核动力学可通过测量介稳区宽度、诱导时间(产生过饱和度到新相形成所经历的时间)或成核计数法来确定。

与初级成核相比较,二次成核所需的过饱和度较低,所以在二次成核为主时,初级成核可忽略不计。结晶过程中,总成核速率 B^o 即单位时间单位体积溶液中新生核数目可表达为:

$$B^o = k\Delta c^m \tag{10-7}$$

式中　k——总成核速率常数;

　　　m——成核动力学指数。

10.2.2.3　结晶生长

在过饱和溶液中有晶核形成或加入晶种后,以过饱和度为推动力,溶质分子或离子一层层排列上去而形成晶粒,这种晶核长大的现象称为晶体生长。晶核形成和晶体生长共同决定着结晶产品的最终粒度分布。此外,晶体生长环境和速度对产品的纯度和晶习也有巨大的影响。

关于晶体生长的理论和模型为数较多,但没有统一的说法,其中在工业结晶中应用最普遍的是扩散理论。该理论认为,晶体的生长过程由三步组成:

第一步为溶质扩散,即待结晶的溶质借扩散穿过靠近晶体表面的一个静止液层,从溶液中转移至晶体表面,推动力为浓度差。

第二步为表面反应,即到达晶体表面的溶质长入晶面,使晶体长大,同时放出结晶热。

第三步放出的结晶热借热传导回到溶液中。

一般地,可将晶体生长用式(10-8)表示。

$$G_M = k_G(c - c^*)^g \tag{10-8}$$

式中　G_M——晶体的质量生长速率;

　　　k_G——晶体生长总系数;

　　$c - c^*$——过饱和度;

　　　g——晶体生长指数。

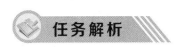

任务解析

10.3　熔融结晶基础

熔融结晶是根据待分离物质之间的凝固点不同而实现物质结晶分离的过程。熔融结晶和溶液结晶同属于结晶过程,其基础理论是相同的,例如固液平衡性质、成核和晶体生长过程等。然而熔融结晶和溶液结晶之间也存在着重要的差异,见表10-2。

表 10-2　熔融与溶液结晶过程的比较

项　　目	溶液结晶过程	熔融结晶过程
原理	冷却或除去部分溶剂,使溶质从溶液中结晶出来	利用待分离组分凝固点的不同,使其得以结晶分离

项　目	溶液结晶过程	熔融结晶过程
操作温度	取决于物系的溶解度特性	在结晶组分的熔点附近
推动力	过饱和度	过冷度
过程的主要控制因素	传质及结晶速率	传热、传质及结晶速率
目的	分离、纯化，产品晶粒化	分离、纯化
产品形态	呈一定分布的晶体颗粒	液体或固体
结晶器型式	釜式为主	釜式或塔式

根据熔融结晶的析出方式及结晶装置的类型，熔融结晶过程有以下基本操作模式：

① 悬浮结晶法：在具有搅拌的容器中或塔式设备中从熔融体中快速结晶析出晶体粒子，该粒子悬浮在熔融体之中，然后再经纯化、融化而作为产品排出，亦称填充床结晶法。

② 正常冷凝法：在冷却表面上从静止的或者熔融体滞流膜中徐徐沉析出结晶层，亦称逐步冷凝法或定向结晶法。

③ 区域熔炼法：使待纯化的固体材料（或称锭材），顺序局部加热，使熔融区从一端到另一端通过锭块，以完成材料的纯化或提高结晶度，从而改善材料的物理性质。

第三种模式专门用于冶金材料的精制或高分子材料的加工，前两种模式主要用于有机物的分离和提纯。在这两种熔融结晶过程中，由结晶器或者结晶器的结晶区产生的粗晶，还需要经过净化器或结晶器的纯化区来移除多余的杂质而达到结晶的净化提纯。按照杂质存在的方式，移除的方法如表 10-3 所示。

表 10-3　杂质存在方式及净化技术

杂质存在方式	杂质存在的部位	杂质的移除方法
母液的黏附	结晶表面物质粒子之间	洗涤、离心
宏观的夹杂	结晶表面和内部包藏	挤压+洗涤
微观的夹杂	内部的包藏	发汗+再结晶
固体溶液	晶格点阵	发汗+再结晶

10.3.1　固液平衡

10.3.1.1　二元物系

有机物系的固液平衡关系比较复杂，三个重要的基本类型是：低共熔型物系、化合物形成型物系和固体溶液型物系。值得指出的是，上述基本类型也适用于盐的水溶液，这说明熔融结晶和溶液结晶没有根本的区别。

（1）低共熔型物系

图 10-4 是二元低共熔物系的典型相图。在系统中能形成具有最低结晶温度的"低共熔物"，它是 A 和 B 按一定比例混合的固体。点 A 是纯物质 A 的结晶固化温度，点 B 是纯物质 B 的结晶温度。液相线 AE 和 BE 表示 A 和 B 不同组成混合物系析出结晶的温度。在 AEB 曲线上方，A、B 混合物仅以液相存在。如果处于 X 点混合物沿垂线 XZ 冷却，则首先在 Y 点出现纯 B 组分结晶。进一步冷却，更多的 B 结晶出来。在冷却过程中，液相组成连续沿 BE 曲线变化，当冷却至 Z 点时，处于 C 点的固相是纯 B，而液相 L 则是 A 和 B 的

混合物，固相与液相的质量比例服从杠杆规则。当冷却到 S 点时，组成为 E 的低共熔物与纯 B 同时固化。E 点称为低共熔点，具有相应组成的液相在此点全部以同样组成形成固体混合物。尽管对于特定物系，具有组成固定的低共熔物，但它不是化合物，而只是组分 A 和 B 简单的物理混合。位于 AE 曲线上方的混合物，其冷却情况与上述情况相似，其区别是开始结晶出的固体是纯 A，而不是纯 B。

（2）固体溶液型物系

固体溶液是指由二个（或更多）组分，以分子级别掺和的混合物。图 10-5 是固体溶液物系的典型相图。

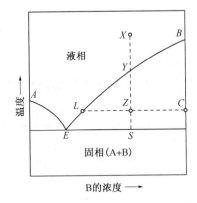

图 10-4　二元低共熔物系相图

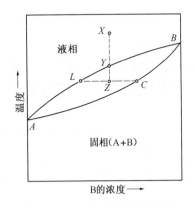

图 10-5　二元固体溶液型相图

图中 A 点与 B 点分别表示纯 A 和纯 B 的结晶温度。上曲线为液相线或凝点曲线，表示在冷却时，不同组分的 A 和 B 的混合物开始结晶的温度；下曲线为固相线或熔点曲线，指在加热情况下，A 和 B 混合物开始熔融的温度。X 点组成的混合液，冷却至 Y 点开始结晶。在 Z 点温度处，结晶出具有 C 组成的固相，液相组成相应变成 L，固、液相的相对质量比也符合杠杆规则。应该注意到，固相结晶物 C 不是纯物质而是固体溶液。由此可见，与低共熔物系相比较，固体溶液物系的分离不能是单级结晶，采用多级结晶方可奏效。

另一类相对来说不太普遍的固体溶液是形成最低共熔点的物系，该二组分液固相图与形成最低共沸物的气液平衡相图相仿。固体也像液体一样有部分互溶的特点，因此，对于固体溶液也会出现更复杂的部分互熔的液固相图。例如包晶系统、低共熔系统以及具有低共熔点的包晶系统，这些相图的特征可参阅有关文献。

（3）化合物形成型物系

类似于在水溶液中能形成水合物盐的情况，由溶质和溶剂构成的二组分物系，也可能生成一种或多种溶剂化化合物。如果此化合物能与组成相同的液相以一种稳定平衡关系共存，也就是说固相溶剂化化合物可熔化为同样组成的液相，其熔点即称为同成分熔点；反之，为异成分熔点。图 10-6 为这种类型的二元相图。

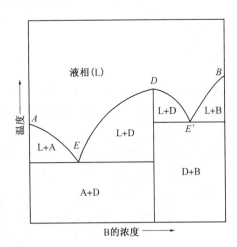

图 10-6　AB 生成 D 的二元相图
（D 具有同成分熔点）
L—液相；E，E′—低共熔点

10.3.1.2　多组分物系

若一个物系中含有三个甚至多个组分，则相平衡更加复杂，用相图表示也更加困难。有关文献详尽地介绍了多组分固液相图和它们的应用。多组分固液平衡的预测方法在有关文献中也有论述。

10.3.1.3　分配系数

由于熔融结晶物系，特别是应用正常冷凝和区域熔融的物系通常仅含有1%甚至更少的杂质，相平衡常常用分配系数表示。分配系数定义为：

$$k_i = \frac{c_s}{c_l} \tag{10-9}$$

式中　c_s——固相中杂质i的浓度；

　　　c_l——液相中杂质i的浓度，二者浓度单位一致即可。

文献中已经报道有大量无机物和少量有机物的分配系数值，表10-4为所选择的部分数据。

表 10-4　部分物质的分配系数

组　分	$T/℃$	杂质 k_i
Al	659.7	Co(0.14)、Cr(0.8)、Ca(0.06)、Fe(0.29)、Ca(<0.1)、La(<0.1)、Mn(1)、Sc(0.17)、Sm(0.67)、W(0.32)
Fe	1535	C(0.29)、O(0.022)、P(0.17)、S(0.04~0.06)
CaAs	1238	Cd(<0.2)、Cu(<0.002)、Fe(0.003)、Ge(0.018)
H_2O	0	$D_2O(1.021)$、$HF(10^{-4})$、$NH_3(0.17)$、$NH_4F(0.02)$
Sn	231.9	Ag(0.03)、Bi(0.5)、La(0.5)、Sb(1.5)、Zn(0.05)
蒽		蒽醌(0.005)、咔唑(>2.0)、芴(0.1)、菲(0.06)、并四苯(0.06)
萘		2-萘酚(1.85 和 2.3)
2-萘酚		萘(0.4)
苯酚		硝基苯胺(0.22)
芘		蒽(0.125)、1.2-苯并蒽(1.95)
环己烷		甲基环戊烷(0.6)
苯		环己烷(~0.15)
十六醇		十八醇(0.75)

对大多数杂质，$k_i < 1.0$，杂质可以从晶体中排出；若 $k_i \ll 1.0$，当达到平衡时杂质可基本上完全排除。

分配系数能与相图相联系。对于固体溶液型相图(见图10-5)，由图上可得到任意温度下的 k_i。设 A 为杂质，其分配系数等于同一温度下固相线上 A 的浓度与液相线上 A 的浓度之比，分配系数随组成而变。如果液相线和固相线是直线，则 k_i 是常数。仍以上述二元固体溶液相图为例，在纯 A 和 B 的附近区域中液相线和固相线变成直线，即分配系数变成常数。这是许多用分步凝固法获取超纯物质中假设 k 为常数的依据。对于图 10-4 所示的二元低共熔物系，固相为纯的组分，故 $k_i = 0$。然而，因存在杂质的包藏、洗涤不完全或其他非理想性等问题，表观分配系数大于0。杂质浓度比较低的区域，不同杂质的分配系数一般是独立的。

10.3.2　熔融结晶动力学分析

10.3.2.1　熔融结晶中动力学因素的影响

熔融结晶是从含有高浓度可结晶物质的混合物中结晶的过程，而在溶液结晶中溶剂是溶液的主要组分。熔融结晶可认为是含杂质的熔融物的部分冻结，其动力学过程受溶液结晶和旱纯固化共同支配。

熔融结晶包括以下各步：①待结晶组分从主体溶液向固-液界面传递，与此同时非结晶组分向反方向传递；②晶体生长，即分子嵌入晶格；③固化热自界面向外传出。

其中的传质过程受流体流动的影响，表面嵌入过程受杂质含量的影响，而这些过程又都受温度控制，因为扩散系数和黏度都与温度有关。步骤①和③依赖于浓度和温度梯度，与主体相和固液界面的条件有关，这些关系也依赖于过程的类型，即分层生长或悬浮生长。

（1）熔融结晶中的层生长和悬浮结晶

1）层生长过程

在层生长过程，固相沉积在被冷却的表面上，固化热通过固相连续移出。固相沉积速率正比于传热速率，传热速率又依赖于传热表面的冷却速率。如果系统采取搅拌来保持界面的稳定性，层生长过程线性生长速率可高达$7 \times 10^{-6}\mathrm{m/s}$。这样高的生长速率仅仅通过固体晶体层移出热量即可实现。固化热没有通过液相传出，故不产生边界层温度梯度。为了避免杂质在界面处累积而导致不稳定生长，采用搅拌的方法分散杂质，使之返回到熔融的主体中去。

层生长的主要优势在于：①无结垢问题，因为所谓的垢层即是产品，其去除方式由设备操作方法决定；②晶体生长速率可控性好，通过调节冷壁温度控制结晶推动力；③依靠重力作用，无固-液分离问题；④容易对冷壁表面的晶体层进行后处理，如发汗、洗涤等，以进一步提高产品纯度；⑤无晶浆悬浮液，操作方便。

层生长的局限性表现在：①冷壁面积（即传质面）有限，产量受限；②传热表面晶体产品层的不断加厚要求温差推动力要不断加大以保持相同的生长速率；③需要另外加入热量以重新熔化冷壁表面上新附的晶体产品，不易实现连续操作；④随产品带出的部分液体需要重新固化。

2）悬浮结晶

悬浮结晶在绝热下进行，类似于常规的溶剂结晶。热量从熔融体移出，使熔融物处于过冷状态，促进晶体生长。悬浮结晶过程的过饱和度应保持比较低，避免过度成核和产生过细的晶粒。其线性生长速率比层生长过程低1或2个数量级。为使固化热及时从液相移出，不产生形成不稳定界面的条件，控制较低的生长速率是必要的。又由于晶体通常悬浮在液体中，杂质穿过边界层的扩散是很慢的。一般说来，总希望得到比较大的晶体粒度，以便于后续固液分离的顺利进行。但其不利因素是减少了可用于晶体生长的表面积，增加了结晶器的体积和停留时间。

悬浮结晶的主要优点在于：①传质过程推动力由化学势差、组分的物性差别和传质界面面积所决定，由小粒子构成的悬浮液可提供很大的传质界面；②无须进行固体产品的再熔化以清理设备；③晶体生长速率适中，产品纯度高。

悬浮结晶的不足之处在于：需要固液分离以取出最终产品，设备中需要旋转部件，并有结垢问题。

表 10-5 列出了层生长和悬浮结晶过程的典型数据。

表 10-5　层生长和悬浮结晶过程的比较

项　　　目	层　生　长	悬　浮　结　晶
推动力	被冷却表面	过饱和度
线性生长速率/(m/s)	7×10^{-6}	10^{-7}
单位体积的表面积/(m²/m³)	80	2000
停留时间/s	1800	5000

（2）熔融结晶中的传质和传热

熔融结晶中的传质和传热是很重要的，而且熔融结晶与溶液结晶相比传热问题通常要重要得多。其温度和浓度分布如图 10-7 所示。

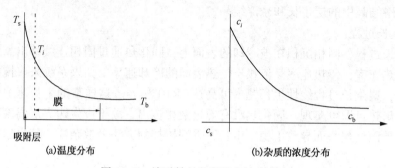

(a)温度分布　　　　　　(b)杂质的浓度分布

图 10-7　熔融结晶的温度和浓度分布

由于固化潜热必须传出，所以固相温度一般稍高于液相温度。通常假设固相处于熔点状态。对于很慢的过程，例如正常冷凝和区域熔融，过冷程度$(T_s - T_b)$可以仅有零点几度。

对生长晶体的传热分析，通过膜的传热表示为：

$$\frac{dq}{dt} = hA(T_i - T) \tag{10-10}$$

式中　A——晶体的面积；

　　　h——膜传热系数，$h = \lambda/\delta_T$，其中 λ 为导热系数，δ_T 为虚拟的膜厚。

遗憾的是 δ_T 的数值未知，它并不等于传质过程的膜厚。T 也是未知的。因此该式难以使用。按惯例，传热速率用总传热系数表示，即：

$$\frac{dq}{dt} = UA(T_s - T) \tag{10-11}$$

式中　U——总传热系数；

　　　T_s——固体温度，取为熔点。

必须传出的能量是熔化潜热 ΔH，故：

$$\frac{dq}{dt} = \Delta H \frac{dm}{dt} \tag{10-12}$$

式中　m——沉积固体的质量。

如果晶体生长速率受传热控制，则式（10-11）等于式（10-12），得：

$$\frac{dm}{dt} = \frac{UA(T_s - T)}{\Delta H} \tag{10-13}$$

传热常是冷凝和区域熔融的控制步骤。在这些操作中，杂质量很少时，并且杂质的存在不影响结晶动力学；当杂质大量存在时，传质常受到限制；介于二者之间时，传热和传质必须同时考虑。

10.4 结晶过程与设备

10.4.1 溶液结晶类型和设备

结晶设备在化学工业中早就为人们所使用，第一代的结晶设备多属于间歇式结晶器，不控制过饱和度。由于此种结晶设备结疤沉积严重，能力小，劳动力消耗大，目前除小批量的生产仍有沿用外，多半已经淘汰。

随着结晶设备广泛地使用和大型化，现代结晶设备的特点除规模大、操作自动化外，都是连续式的，而且无一例外地要精确控制过饱和度的影响。为了控制合理的过饱和度，溶液必须循环，按照物质溶解度随温度变化的特性，基本上有以下类型：冷却结晶器、蒸发结晶器、真空结晶器、盐析结晶器和反应结晶器等，使用最广泛的是前三种。这些结晶器，按操作方式的不同、按结晶物质和产物的不同、按其结构的不同等，又可分为若干种结晶器。

10.4.1.1 冷却结晶器

最简单的冷却结晶器是无搅拌的结晶釜。热的结晶母液置于釜中几小时甚至几天，自然冷却结晶，所得晶体纯度较差，容易发生结块现象。设备所占空间较大，容时生产能力较低。由于这种结晶设备造价低，安装使用条件要求不高，目前在某些产量不大、对产品纯度及粒度要求不严格的情况下仍在应用。

（1）间接换热冷却结晶器

搅拌釜是最常用的间接换热冷却结晶器。釜内装有搅拌器，釜外有夹套，设备简单，操作方便。图 10-8 是内循环冷却结晶器；设备顶部呈圆锥形，用以减慢上升母液的流速，避免晶粒被废母液带出；设备的直筒部分为晶体生长区，内装导流筒，在其底部装有搅拌，使晶浆循环。结晶器内可安装换热构件。图 10-9 为外循环式冷却结晶器，通过浆液外部循环可使器内混合均匀和提高换热速率。该结晶器可以连续或间歇操作。

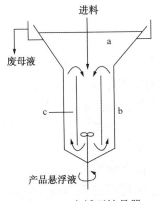

图 10-8　内循环结晶器
a—稳定区；b—生长区；c—导流筒

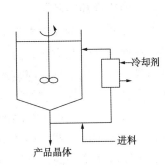

图 10-9　外循环结晶器

（2）直接接触冷却结晶器

间接换热冷却结晶的缺点是冷却表面结垢，导致换热效率下降。直接接触冷却结晶避免了这一问题的发生。它的原理是依靠结晶母液与冷却介质直接混合致冷。以乙烯、氟利昂等惰性液体碳氢化合物为冷却介质，靠其蒸发汽化移出热量。应注意的是结晶产品不应被冷却介质污染，以及结晶母液中溶剂与冷却介质不互溶或者易于分离。也有用气体或固体以及不沸腾的液体作为冷却介质的，通过相变或显热移走结晶热。目前在润滑油脱蜡、水脱盐及某些无机盐生产中采用这些方法。

10.4.1.2 蒸发结晶器

依靠蒸发除去一部分溶剂的结晶过程称为蒸发结晶。它是使结晶母液在加压、常压或减压下加热蒸发浓缩而产生过饱和度。蒸发法结晶消耗的热能较多，加热面结垢问题也会使操作遇到困难，目前主要用于糖及盐类的工业生产。为了节约能量，糖的精制已使用了由多个蒸发结晶器组成的多效蒸发，操作压力逐效降低，以便重复利用二次蒸汽的热能。很多类型的自然循环及强制循环的蒸发结晶器已在工业中得到应用。溶液循环推动力可借助于泵、搅拌器或蒸汽鼓泡热虹吸作用产生。蒸发结晶也常在减压下进行，目的在于降低操作温度，减小热能损耗。图 10-10 为两种蒸发结晶器。

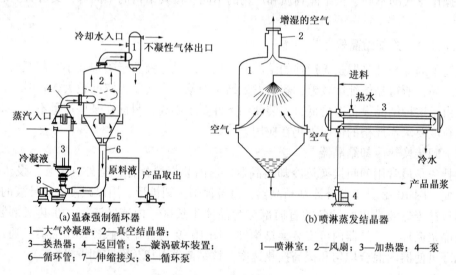

(a)温森强制循环器
1—大气冷凝器；2—真空结晶器；
3—换热器；4—返回管；5—漩涡破坏装置；
6—循环管；7—伸缩接头；8—循环泵

(b)喷淋蒸发结晶器
1—喷淋室；2—风扇；3—加热器；4—泵

图 10-10　蒸发结晶器

10.4.1.3 真空绝热冷却结晶器

真空绝热冷却结晶是使溶剂在真空下绝热闪蒸，同时依靠浓缩与冷却两种效应来产生过饱和度。这是广泛使用的结晶方法。图 10-11 为带有导流筒及挡板的结晶器，简称 DTB 型结晶器。这种结晶器除可用于真空绝热冷却法之外，还可用于蒸发法、直接接触冷却法以及反应结晶法等多种结晶操作。它的优点在于生产强度高，能产生粒度达 $600 \sim 1200 \mu m$ 的大粒结晶产品，已成为国际上连续结晶器的最主要形式之一。

DTB 型结晶器属于典型的晶浆内循环结晶器，由于设置了内导流筒及高效搅拌器，形成了内循环通道，内循环速率很高，可使晶浆质量密度保持至 $30\% \sim 40\%$，并可明显地消除高饱和度区域，器内各处的过饱和度都比较均匀，而且较低，因而强化了结晶器的生产能力。DTB 型结晶器还设有外循环通道，用于消除过量的细晶以及产品粒度的淘析，保证了生产粒度分布范围较窄的结晶产品。

图 10-12 是 Oslo 流化床真空结晶器，它在工业上曾得到较广泛的应用，它的主要特点是过饱和度产生的区域与晶体生长区分别置于结晶器的两处，晶体在循环母液中流化悬浮，为晶体生长提供了较好的条件，可生产出粒度较大而均匀的晶体。该装置也可用于蒸发结晶。

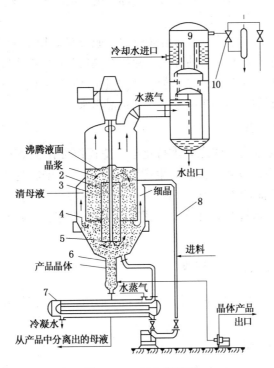

图 10-11　DTB 结晶器

1—结晶器；2—导流筒；3—环形挡板；4—沉降区；5—搅拌桨；
6—淘析腿；7—加热器；8—循环管；9—大气冷凝器；10—喷射真空泵

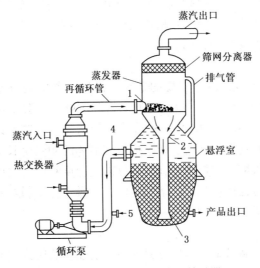

图 10-12　Oslo 流化床真空结晶器

1—闪蒸区入口；2—介稳区入口；3—床层区入口；4—循环流入口；5—结晶母液进料口

由于真空结晶器的真空系统需要在666~2000Pa压力下操作，故此类结晶器相对复杂一些。真空结晶器通常用于大吨位生产。

10.4.1.4 盐析结晶器

盐析结晶的特点是向待结晶的溶液中加入某些物质，可较大程度地降低溶质在溶剂中的溶解度导致结晶。例如，向盐溶液中加入甲醇，则盐的溶解度发生变化；如将甲醇加进盐的饱和水溶液中，经常引起盐的沉淀。

结晶器可采用简单的搅拌釜，但需增加甲醇回收设备。甲醇的盐析作用可应用于$Al_2(SO_4)_3$的结晶过程，并能降低晶浆的黏度。盐析结晶的另一个应用是将$(NH_4)_2SO_4$加到蛋白质溶液中，选择性地沉淀不同的蛋白质。工业上已使用NaCl加到饱和NH_4Cl溶液中，利用共同离子效应使母液中NH_4Cl尽可能多地结晶出来。

10.4.1.5 反应结晶器

反应结晶是通过气体或液体之间进行化学反应而沉淀出固体产品的过程。该过程常用于煤焦工业、制药工业和某些化肥的生产中。例如，由焦炉废气中回收NH_3，就是利用NH_3和H_2SO_4反应结晶产生$(NH_4)_2SO_4$的方法。一旦反应产生了很高的过饱和度，沉淀会析出，只要仔细控制过程产生的过饱和度，就可以把反应沉淀过程变为反应结晶过程。

10.4.2 熔融结晶过程和设备

溶液结晶中采用的搅拌结晶器对于熔融结晶不适用，因为多数熔融结晶物系密度都很大，不易实现高效搅拌。

10.4.2.1 悬浮结晶法

在悬浮熔融结晶中，晶体是不连续相，熔融液是连续相。有三种不同的设备和操作方法：单(多)级分离结晶、末端加料塔式结晶和中央加料塔式结晶。已经工业化的熔融结晶过程，大多应用塔式结晶器，实现了从低共熔混合物或固体溶液中分离出高纯度的产物，并避免经过多次重复的结晶。熔融物系以液体形式进料，高纯度产品也以液体状态由塔中输出，固液交换的传热传质过程全部在塔内进行。在塔内同时进行着重结晶、逆流洗涤和发汗过程，从而达到分离提纯的目的。

(1) 刮板式结晶器

具有夹套的垂直圆柱形容器是常规的单级结晶器，器中装有旋转刮板，如图10-13(a)所示。这种结晶器直径较大，器内设置通风管和沉降区，分别用于排放黏稠的晶浆产品和无固体的剩余液。图10-13(b)是水平管式刮板结晶器，器外设置夹套，通入冷却剂移走结晶热，器内安装有缓慢旋转的刮板。成核和晶体的初步生长均在器壁上进行，然后这些晶体被刮板刮下进入熔融主体中，在有足够的过冷度和停留时间的条件下，继续长大为产品。旋转的刮板同时也促使悬浮体缓和地混合。操作时物料在器内呈活塞流。对生产能力大的装置可采用多级串联结构。

(2) 塔式结晶器

连续多级逆流分步结晶塔是根据精馏原理而开发成功的塔式结晶装置。在塔内用晶体和液体的逆流进行结晶提纯，比釜式结晶获得纯度更高的产品。该过程首先从内部或外部形成晶体相，而后运送晶体通过逆流的浓缩回流液。设备结构应保证可靠的固相运动以及高效率的加热和除热，实现高纯度和高产量。塔式结晶器可分为中央加料式和末端加料式，它们在结构和性能上有差别。

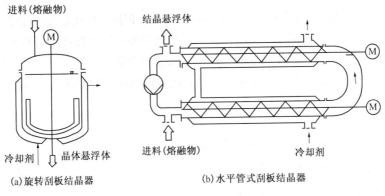

(a) 旋转刮板结晶器　　　　(b) 水平管式刮板结晶器

图 10-13　刮板结晶器

① 中央加料塔式结晶器以熔融液体为原料，在塔内形成晶体，如图 10-14(a) 所示。在外观上与精馏塔相似。在塔底，晶体熔融产生具有较高熔点的产品，塔底的回流等价于精馏的回流。在结晶塔顶采出相当纯的低熔点产品。部分熔融体在冷却器冻凝后作为回流返回塔顶。从概念上讲，该流程很容易将二元混合物分离成两个相当纯的产品。

② 布朗迪塔是卧式中央加料塔，如图 10-14(b) 所示。它对萘和对氯二苯的连续提纯已经实现商业化。液体进料在热的精制段和冷的回收段之间进塔。熔融物经过精制段和回收段器壁间接冷却，在器内形成晶体。结晶后的残液则从塔的最冷处出装置。螺旋输送器控制固体在塔中的输送。

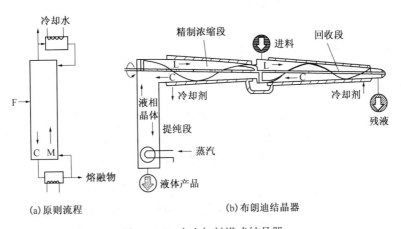

(a) 原则流程　　　　　　(b) 布朗迪结晶器

图 10-14　中央加料塔式结晶器

③ 末端加料塔式结晶器是菲利浦石油公司开发成功并已商业化的结晶装置，如图 10-15 所示。熔融进料在刮板表面冷却器中析出晶体，然后进入塔顶。晶体在垂直塔中受到活塞产生的脉冲作用向下移动。在塔的上部，含杂质的母液经塔壁过滤器采出。在塔底加热器中，熔融的纯晶体除作为产品出料外，另有一部分作为洗涤母液向上流动进行传质。

10.4.2.2　逐步冻凝法

逐步冻凝或称正常冻凝，是指熔融物缓慢而定向地固化，无论是低共熔物系或固体溶液物系，在缓慢凝固时，都会发生杂质从固体界面排至液相的趋势，通过重复的凝固和液体排除可产生很纯的晶体。

（1）单级分离结晶器

图10-16为Proabd精制器示意图，所进行的结晶过程属于单级逐步冻凝结晶过程，也是间歇冷却过程。在结晶器内流动的熔融体在翅片换热管外表面上逐渐结晶析出，剩余母液中杂质含量不断增加，当结晶操作完成后，停止通入冷却介质，改通加热介质，使晶体缓慢熔化，最初熔化液中杂质含量高，待熔化液中所需组分的浓度达到要求后作为产品收集。

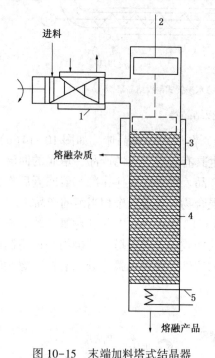

图 10-15　末端加料塔式结晶器

1—刮板表面冷凝器；2—活塞；
3—塔壁过滤器；4—结晶器；5—加热器

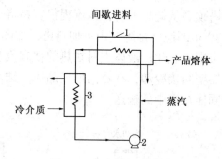

图 10-16　Proabd 精制器

1—结晶器；2—泵；3—换热器

图10-17为旋转鼓式结晶器，它也属于单级结晶分离器。熔融体送入槽内，空心转鼓部分浸入熔融体内，冷却剂通过转鼓轴心输入与流出转鼓空腔。当转鼓转动时，在转鼓冷却表面部分形成结晶层，随后结晶层又被刮刀刮下成为产品。

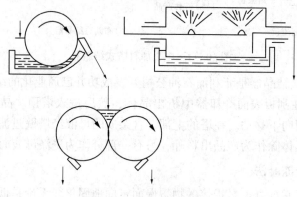

图 10-17　旋转鼓式结晶器

具有刮刀的热交换器式结晶器的基本结构是由带有夹套的圆柱形管构成的热交换器型的结晶器，在管内装配有刮刀。在结晶时管子以慢速转动。结晶器排出的母液中有细小的晶体，对后续分离要求很高。

（2）多级结晶过程 多级结晶过程有两种操作模式：

① 多次重复进行结晶、熔融、再结晶的重结晶操作，重复的次数越多，达到的产品纯度越高。应选择适宜的重复次数。

② 完成一级结晶后，用纯的液态物质对晶体进行逆流洗涤，以达到晶体的纯化。

如果熔融体内杂质含量高，目的产物含量低，一般选用第一种操作模式。对于固体溶液的熔融物系的分离是必须考虑第一种操作模式的。对于熔融体内杂质含量低的物系适合采用第二种操作模式。在许多工业结晶中，实际上是将两种操作模式结合起来实施的。

图 10-18 为苏尔寿 MWB 结晶过程。它的主体设备是立式管式换热器结构的结晶器，结晶母液循环于管程，冷却介质或加热介质在壳程循环。结晶首先发生在冷却表面上，然后再发汗，再熔融，再结晶，重复操作，直至完成多级结晶过程。MWB 装置已经有效地用于有机混合物多规模的工业分离。例如氯苯、硝基氯苯、脂肪酸的物质的结晶分离。

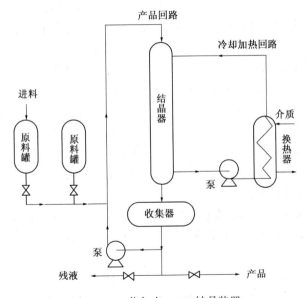

图 10-18　苏尔寿 MWB 结晶装置

本章符号说明

英文字母：

A——晶体的面积，m^2；成核速率中的指前因子，数目/$(cm^3 \cdot s)$；用实验溶解度回归的经验常数；

a——用实验溶解度数据回归的经验常数；

B——用实验溶解度数据回归的经验常数；

B_0——成核速率，；

B_p——初级成核速率（经验式），数目/$(cm^3 \cdot s)$ 或数目/$(L \cdot h)$；

B_s——二次成核速率，数目/$(cm^3 \cdot s)$ 或数目/$(L \cdot h)$；

b——用实验溶解度数据回归的经验
常数；

C——用实验溶解度数据回归的经验
常数；

c——溶质的浓度，kg/kg 溶剂；

c_i——熔融结晶中液相中杂质 i 的
浓度；

c_s——熔融结晶中固相中杂质 i 的
浓度；

c_p——溶液的比热容，J/(kg·℃)；

Δc——过饱和度；

c_1——原料溶液浓度，kg 溶质/kg
溶剂；

c_2——结晶最终溶液浓度，kg 溶质/kg
溶剂；

G——晶体的线性生长率，m/s 或
μm/s；

h——膜传热系数，W/(m²·K)；

K_b——与温度相关的成核速率常数；

K_p——初级成核速率常数；

k——分配系数；

k_a——晶体的面积形状因子；

k_i——熔融结晶中的平衡常数；

k_v——晶体的体积形状因子；

L——晶体的特征尺寸，mm 或 μm；

M——溶液中溶质的相对分子质量，
kg/mol；

M_T——悬浮密度，kg/m³ 溶液；

N——搅拌速度(转速或周边线速)，
s⁻¹ 或 m/s；晶体粒子数目；

n——成核指数；晶体粒数密度，数
目/(μm·L)；

n_0——晶核的粒数密度，数目/(μm·L)；

$\bar{n}$——L_1 至 L_2 粒度范围中的平均数粒

度，数目/(μm·L)；

Q——悬浮液体积流率，m³/s；

Q_i——进入结晶器的体积流率；m³/s 或
m³/h；

q_c——结晶热，J/kg；

R——溶剂化合物与溶质的相对分子质
量之比；气体常数，8.314J/(mol·
K)；

T——温度，K；

t——时间，s 或 h；

U——总传热系数，W/(m²·K)；

V——溶剂蒸发量，kg 溶剂/kg 原料液
中溶剂；结晶器中清液体
积，m³；

V_c——晶体的体积，m³；

W——原料液中溶剂量，kg 或 kg/h；

x——组分的浓度(摩尔分数)；

Y——晶体收率，kg 或 kg/h。

上标：

　　g——晶体生长指数；

　　m——成核动力学指数。

下标：

　A，B——组分；

　　in——进口；

　　i——组分；界面；杂质；

　　l——液相；

　　s——固相。

希腊字母：

　　δ——滞留层或停滞膜厚度，cm；

　　λ——融化潜热；溶剂的蒸发潜热，
J/kg；

　　ρ_s——晶体密度，kg/cm³ 或 kg/m³；

　　τ——晶体的生长时间，s。

练 习 题

1. 有一连续操作的真空冷却结晶器，用来使醋酸钠溶液结晶，生产带 3 个结晶水的醋
酸钠(CH₃COONa·3H₂O)。原料液为温度 353K、质量分数为 40% 的醋酸钠水溶液，进料
量为 2000kg/h。已知操作压力(绝压)为 2.64kPa，溶液的沸点为 302K，质量比热容为

3.50kJ/(kg·K)，结晶热为 144kJ/kg，结晶操作结束时母液中溶质的含量为 0.54kg/kg 水。试求每小时的结晶产量。

2. 利用一冷却结晶器生产带有 2 个结晶水的碳酸钾($K_2CO_3 \cdot 2H_2O$)结晶产品，原料液为温度 350K、质量分数 59.8% 的碳酸钾水溶液，处理量为 1200kg/h，母液的含量为 53%。试求结晶产品量。

3. 利用一冷却结晶器生产带有 12 个结晶水的磷酸钠($Na_3PO_4 \cdot 12H_2O$)结晶产品，原料液为质量分数为 25% 的磷酸钠水溶液，所得母液的含量为 13%，结晶过程汽化的水量为原料液量的 5%，若要求结晶产品量为 6000kg/h，试求每小时提供的原料液的量。

参 考 文 献

[1] 刘家祺. 分离过程[M]. 北京：化学工业出版社，2005.

[2] 刘家祺. 传质分离工程[M]. 北京：高等教育出版社，2005.

[3] 靳海波，徐新，何广湘，等. 化工分离过程[M]. 北京：中国石化出版社，2008.

[4] 陈洪钫，刘家祺. 化工分离工程[M]. 北京：化学工业出版社，1995.

[5] 陈洪钫. 基本有机化工分离过程[M]. 北京：化学工业出版社，1981.

[6] 金克新，赵传钧，马沛生. 化工热力学[M]. 天津：天津大学出版社，2002.

[7] 吴章朽，黎喜林. 基本有机合成工艺学[M]. 2版. 北京：化学工业出版社，1990.

[8] 中国石化集团上海工程有限公司. 化工工艺设计手册[M]（上册）. 北京：化学工业出版社，2003.

[9] 时钧，等. 化学工程手册[M]. 2版. 北京：化学工业出版社，2003.

[10] R Rautenbach 著，王乐夫译. 膜工艺[M]. 北京：化学工业出版社，2001.

[11] 裘元焘. 基本有机化工过程及设备[M]. 北京：化学工业出版社，1995.

后　记

　　在本教材的编写过程中，我参考了大量的文献资料，由于学习过程中没有特别标注，所以一些参考资料没有列入参考文献中，在此我要向所在文献作者一并表示由衷的感谢，对他们的工作表示敬意！这里特别要感谢的是《物质物性参数计算》的作者，您的工作解决了教学工作中一直困扰我的物质物性参数查询太难的问题，您公开了您杰出的工作成果，是我们学习的榜样！

　　在本教材第一版的使用过程中也得到了广大读者的支持、鼓励和鞭策，在此表示感谢！

　　本教材在出版过程中得到了中国石化出版社的大力支持，也得到了责任编辑王瑾瑜老师的悉心帮助，同样表示感谢！

本书读者福利

扫描二维码，一键获取：

本书专属课件
结合书本学习，效果翻倍

本书配套物性计算表
轻松对照不翻书

世界前沿化工科技成果讲解
最前沿的化工科技成果的最通俗讲解

本书读者还可获得以下服务：

• 可与本书配合学习的好书推荐

• 关于化工专业领域的最新研究资讯

微信扫码